Numerical

Approximation

and

Computational

Geometry

数值逼近
与计算几何

朱春钢

李彩云

编

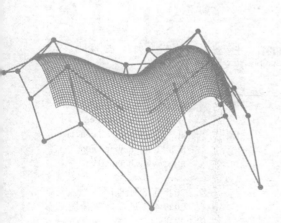

高等教育出版社·北京

内容简介

　　本书将数值逼近与计算几何相结合，除介绍基本的函数逼近理论之外，还介绍了样条函数、曲线与曲面造型等理论，并较为清晰地展示了两者的关系。本书以"基函数"为纽带，按照"Weierstrass定理—插值法—样条函数—Bézier方法—B样条方法—NURBS方法"这一主线展开，内容丰富，理论性与实用性较强，是一本将计算数学与计算机科学密切结合的教材。

　　为了加深读者对重要知识点的掌握并练习实践相关算法，本书配备了数字资源，内容包括各章典型习题的解答或提示，代表性实例与图形的程序代码，上机实验练习与答案、程序代码。

　　本书可作为高等学校信息与计算科学、计算数学专业的教材或参考书，也可供从事计算机辅助几何设计及计算机图形学等领域的科技工作者参考。

图书在版编目（CIP）数据

　　数值逼近与计算几何 / 朱春钢，李彩云编 . -- 北京：
高等教育出版社，2020.8
　　ISBN 978-7-04-054474-9

　　Ⅰ.①数… Ⅱ.①朱… ②李… Ⅲ.①数值逼近－高
等学校－教材②计算几何－高等学校－教材 Ⅳ.
①O174.41 ②O18

　　中国版本图书馆 CIP 数据核字（2020）第 113944 号

Shuzhi Bijin yu Jisuan Jihe

| 策划编辑　刘　荣 | 责任编辑　刘　荣 | 封面设计　王　鹏 | 版式设计　杨　树 |
| 插图绘制　邓　超 | 责任校对　刁丽丽 | 责任印制　赵义民 | |

出版发行　高等教育出版社	网　　址　http://www.hep.edu.cn
社　　址　北京市西城区德外大街 4 号	http://www.hep.com.cn
邮政编码　100120	网上订购　http://www.hepmall.com.cn
印　　刷　三河市潮河印业有限公司	http://www.hepmall.com
开　　本　787mm×1092mm　1/16	http://www.hepmall.cn
印　　张　21.5	
字　　数　420 千字	版　　次　2020 年 8 月第 1 版
购书热线　010-58581118	印　　次　2020 年 8 月第 1 次印刷
咨询电话　400-810-0598	定　　价　42.80 元

数值逼近
与计算几何

朱春钢

李彩云

1 计算机访问 http://abook.hep.com.cn/1258622，或手机扫描二维码、下载并安装 Abook 应用。

2 注册并登录，进入"我的课程"。

3 输入封底数字课程账号（20位密码，刮开涂层可见），或通过 Abook 应用扫描封底数字课程账号二维码，完成课程绑定。

4 单击"进入课程"按钮，开始本数字课程的学习。

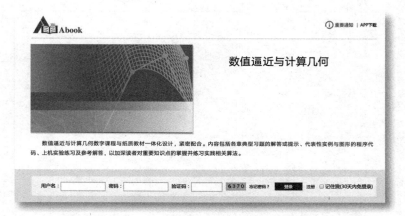

课程绑定后一年为数字课程使用有效期。受硬件限制，部分内容无法在手机端显示，请按提示通过计算机访问学习。

如有使用问题，请发邮件至 abook@hep.com.cn。

扫描二维码
下载 Abook 应用

http://abook.hep.com.cn/1258622

数值逼近狭义上指对函数的逼近, 即对于给定的较广泛的函数类 X 中的函数 f, 从 X 的一个较小且便于计算的子函数类 Y 中, 寻求 f 在某种度量意义下的近似函数 g, 以便于进一步计算、处理和应用。对于某些特定的被逼近函数类 X 与逼近函数类 Y, 函数逼近的主要研究内容包括: 讨论最佳逼近的存在性、唯一性、结构特征、误差估计以及算法等, 它是现代数值分析的基本组成部分。目前, 广义的数值逼近泛指计算数学中的近似解法, 除了包括函数逼近外, 还包含了函数逼近在计算中的应用方法、数值积分、数值微分、函数求根的近似方法、数据拟合等内容。

计算几何是 20 世纪 40 年代现代计算机出现后, 在计算机辅助设计 (CAD)、计算机辅助制造 (CAM) 以及计算机图形学等一系列重要应用驱动下, 由计算数学、逼近论、微分几何、代数几何与计算机科学相互交叉形成的几何学分支。计算几何主要研究几何外形信息的计算机表示、分析与综合, 是计算机辅助几何设计 (CAGD) 的数学基础。计算几何理论的一个重要来源是数值逼近。例如, 著名的 Bézier 曲线曲面表示中最重要的因素就是 Bernstein 基函数, 而 Bernstein 基函数是在 Weierstrass 逼近定理的构造性证明中给出的。随着逼近理论的发展, 相关结论也随之应用于计算几何中, 包括 B 样条方法、NURBS 方法以及目前研究逐渐火热的等几何分析等。

本书不仅较为系统地介绍了最佳一致逼近、最佳平方逼近、多项式插值法、数值积分与数值微分、样条函数等数值逼近内容, 而且还介绍了 Bézier 方法、B 样条方法与 NURBS 方法等计算几何相关内容。通过曲线曲面表示这一重要渠道将数值逼近与计算几何结合起来, 目的是有效衔接本科生基础理论与研究生科研方向, 为今后欲从事计算几何与相关学科方向的研究人员提供必要的理论基础与应用指导。

为了加深读者对重要知识点的理解、便于相关算法的实践练习, 本书还提供了数字资源, 其中包括各章典型习题的解答或提示, 代表性实例与图形的程序代码, 上机实验练习与答案、程序代码。典型习题解答或提示给出部分习题的理论证明或计算过程, 实例与图形的程序代码提供计算几何中部分曲线曲面的实例与图形的源代码, 上机实验资源则针对全书重要知识点与算法提供典型的上机实验题目及其参考解答与程序实现。数字资源中的代码均为 MATLAB 程序代码。典型习题的解答或提示, 上机实验练习与答案、程序代码均放在各章末尾; 代表性实例与图形的程序代码放在第 6—8 章对应图形处。

本书可作为高等学校信息与计算科学专业的本科生教材, 也可作为计算数学专业硕士生与博士生相关课程的教材或参考书。本书还可供从事计算机辅助几何设计、计算机辅助设计、计算机图形学与图像处理等相关领域的科技工作者参考。

作者曾多年在大连理工大学为本科生 "数值逼近与计算几何" 课程和研究生 "计算几何" 课程讲述本书内容。虽经多次修改, 本书的选材或内容恐怕仍有不妥之处, 敬请专家、读者不吝指教。

我们感谢国家自然科学基金委员会多年来的一贯资助与帮助 (No. 11671068, 11401077, 11271060, 10801024, 10726068 等), 感谢大连理工大学教学改革基金的资助 (No. JC2019027, MS2014062, MS201269, MS201077 等)。没有以上的支持与帮助, 本书是难以面世的。另外, 大连理工大学计算几何讨论班的博士生与硕士生为本书的校对付出了辛勤的劳动, 作者也向他们表示诚挚的感谢。

编者

2020 年 4 月于大连理工大学创新园

目 录

用简单的函数近似地代替复杂函数或未知函数, 是计算数学中最基本的方法之一, 这种近似代替又称为函数逼近. 函数逼近问题的一般提法如下:

对于赋范线性空间 X, 范数为 $\|\cdot\|$. 给定元素 $x \in X$ 与 X 的一个相对简单且便于计算的非空子空间 $Y \subset X$, 问能否在 Y 中找到一个 "接近" x 的元素 y? 关于 "接近" 的刻画有如下两种含义:

(1) 对 $x \in X$, 是否存在 Y 的一个点列 $\{y_n\}$ 一致收敛于 x, 即

$$\lim_{n \to \infty} \|x - y_n\| = 0?$$

这称为一致逼近问题.

(2) 对 $x \in X$, 是否存在 $y^* \in Y$, 使得

$$\|x - y^*\| = \inf_{y \in Y} \|x - y\|?$$

这称为最佳逼近问题.

解决这些问题需要两个先决条件: 一是 X 与 Y 的选择, 二是确定 "接近" 程度的度量. 本章将赋范线性空间 X 取为连续函数或周期函数空间, 并对如上两类逼近问题进行讨论. 本章的出发点是引进范数 $\|\cdot\|_\infty$ 作为度量, Y 选用代数多项式或三角多项式函数空间, "接近" 程度则由误差余项的范数来度量. 由于 $\|\cdot\|_\infty$ 也称为一致范数, 因此相关最佳逼近问题也称为最佳一致逼近问题, 这样可以有效地避免那些在个别点处逼近程度很好但整体逼近程度较差的情形发生.

本章中, 我们首先在第 1.1 节回顾赋范线性空间的定义, 并在赋范线性空间上介绍关于如上问题 (2) 的最佳逼近问题. 在第 1.2 节中, 当 X 为连续函数空间, Y 为 X 上所有代数多项式或三角多项式所构成的子空间时, 讨论如上问题 (1) 的一致逼近问题. 当 X 为连续函数空间, 当 Y 为 X 的 n 次代数多项式或三角多项式子空间时, 第 1.3 节与第 1.4 节分别讨论如上问题 (2) 的最佳一致逼近问题. 在最后一节中介绍最佳一致逼近的收敛阶.

1.1 赋范线性空间上的最佳逼近

定义 1.1 设 X 为线性空间, 若定义在 X 上的实函数 $\|\cdot\|$ 满足如下三点:

(1) $\|x\| \geqslant 0, \forall x \in X$, 且 $\|x\| = 0 \Longleftrightarrow x = 0$;

(2) $\|\lambda x\| = |\lambda| \cdot \|x\|$, $\forall x \in X, \forall \lambda \in \mathbb{R}$;

(3) $\|x + y\| \leqslant \|x\| + \|y\|, \forall x, y \in X$,

则称 $\|\cdot\|$ 是线性空间 X 的范数或模, X 称为赋范线性空间.

在赋范线性空间中, $\|x - y\|$ 表示 x 与 y 之间的距离, 其值越小表示 x 与 y 越 "接近". 利用定义 1.1 的第 (1) 条, 只有当 $x = y$ 时才有 $\|x - y\| = 0$.

例 1.1 对线性空间 $\mathbb{R}^n$, 其中任意元素表示为 $\boldsymbol{x} = (x_1, x_2, \cdots, x_n)^{\mathrm{T}}$. 如果在 $\mathbb{R}^n$ 上定义范数

$$\|\boldsymbol{x}\|_2 = \sqrt{\sum_{i=1}^{n} x_i^2}, \tag{1.1}$$

则 $\mathbb{R}^n$ 构成的赋范线性空间就是我们熟知的 Euclid 空间, 范数 $\|\cdot\|_2$ 称为 Euclid 范数或 2–范数. 如果在 $\mathbb{R}^n$ 上引入如下定义的另外两种范数:

$$\|\boldsymbol{x}\|_1 = \sum_{i=1}^{n} |x_i|,$$

$$\|\boldsymbol{x}\|_\infty = \max_{1 \leqslant i \leqslant n} |x_i|,$$

则其构成另两类赋范线性空间, 范数 $\|\cdot\|_1$ 称为 1–范数, 范数 $\|\cdot\|_\infty$ 称为 Chebyshev 范数或 ∞–范数. 因此, 在同一个线性空间上定义不同的范数, 可能构成不同的赋范线性空间.

例 1.2 设 $[a, b]$ 上所有连续函数的集合为 $C[a, b]$, 其构成一个无限维线性空间. $C[a, b]$ 对如下定义的两类范数分别构成赋范线性空间:

(1) L_1 范数

$$\|f\|_1 = \int_a^b |f(x)|\mathrm{d}x,$$

(2) Chebyshev 范数 (也称为 ∞–范数或一致范数)

$$\|f\|_\infty = \max_{x \in [a, b]} |f(x)|.$$

设所有以 2π 为周期的连续函数集合为 $C_{2\pi}$, 其同样构成一个无限维线性空间. 若采用与如上 $C[a, b]$ 相同的范数定义, $C_{2\pi}$ 也构成赋范线性空间.

下面给出赋范线性空间上最佳逼近的一般定义.

> **定义 1.2**　设 Y 是赋范线性空间 X 的一个线性子空间, $x \in X$, 则称
>
> $$\Delta(x, Y) = \inf_{y \in Y} \|x - y\| \tag{1.2}$$
>
> 为子空间 Y 对元素 x 的最佳逼近, 称 Y 为逼近子空间. 满足
>
> $$\|x - y^*\| = \Delta(x, Y) = \inf_{y \in Y} \|x - y\|$$
>
> 的 Y 中元素 y^* 称为 x 在 Y 中的最佳逼近元.

赋范线性空间上的最佳逼近所研究的核心问题是: 最佳逼近元的存在性、唯一性、结构特征与最佳逼近元的构造. 在此, 我们不加证明地给出存在性与唯一性的结论, 感兴趣的读者可以参考文献 [13].

赋范线性空间 X 的范数 $\|\cdot\|$ 称为严格凸的, 如果当 $x, y \in X$, $x \neq y$ 且 $\|x\| = \|y\| = 1$ 时, 有 $\|x + y\| < 2$.

> **定理 1.1**　设 X 是赋范线性空间, Y 是 X 的一个有限维子空间, 则对任意的 $x \in X$, 它在 Y 中都存在最佳逼近元.

> **定理 1.2**　设 X 是严格凸的赋范线性空间, Y 是 X 的一个有限维子空间, 则对任意的 $x \in X$, 它在 Y 中的最佳逼近元存在且唯一.

由于某些子空间并不是严格凸的, 例如赋范线性空间 $C[a, b]$ 关于 $\|\cdot\|_\infty$ 并不是严格凸的, 因此有些情况并不能采用如上结论直接证明最佳逼近元的存在性与唯一性, 需要对子空间的选择加以限制. 本章中, 我们选择代数多项式子空间, 对赋范线性空间 $C[a, b]$ 上的函数关于 $\|\cdot\|_\infty$ 进行最佳一致逼近.

1.2　Weierstrass 逼近定理

给定 $C[a, b]$ 上的一个函数 $f(x)$, 能否找到一个定义在区间 $[a, b]$ 上的代数多项式, 使其充分 "接近" $f(x)$? 换句话说, 对任意的 $\varepsilon > 0$, 是否都存在代数多项式 $p(x)$, 使得

$$\|f - p\|_\infty < \varepsilon?$$

这个问题称为连续函数的一致逼近问题, 也称为 Weierstrass 逼近问题. 对此问题, Weierstrass 早在 1885 年就给出了肯定的答案.

定理 1.3 (Weierstrass 第一定理) 设函数 $f(x) \in C[a,b]$, 对任意的 $\varepsilon > 0$, 都存在代数多项式 $p(x)$, 满足

$$\|f - p\|_\infty < \varepsilon.$$

Weierstrass 第一定理说明: 对 $C[a,b]$ 上的任意函数, 都可以构造代数多项式序列对其一致逼近. 换句话说, 代数多项式函数空间在连续函数空间 $C[a,b]$ 上是紧的. 对于定理 1.3 的证明, 目前已有许多不同的方法, 其中被认为最完美的一个是由 Bernstein 在 1912 年所给出的构造性证明.

不失一般性, 我们假定区间 $[a,b] = [0,1]$, 考虑 $C[0,1]$ 上连续函数的一致逼近问题. Bernstein 引进了如下定义的 Bernstein 多项式序列:

$$B_n^f(x) = \sum_{k=0}^{n} f\left(\frac{k}{n}\right)\binom{n}{k}x^k(1-x)^{n-k}, \quad n = 1, 2, \cdots, \tag{1.3}$$

其中 $f(x) \in C[0,1]$, 并证明了

$$\lim_{n \to \infty} \|f - B_n^f\|_\infty = 0.$$

可以验证, 公式 (1.3) 中的 $(n+1)$ 个多项式

$$B_k^n(x) = \binom{n}{k}x^k(1-x)^{n-k}, \quad k = 0, 1, \cdots, n \tag{1.4}$$

构成一元 n 次多项式空间的一组基, 因此也称为 n 次 Bernstein 基函数. Bernstein 基函数来源于二项式定理

$$(x+y)^n = \sum_{k=0}^{n} \binom{n}{k}x^k y^{n-k}. \tag{1.5}$$

对 (1.5) 式两端关于 x 求导, 再分别乘 $\dfrac{x}{n}$ 得到

$$x(x+y)^{n-1} = \sum_{k=0}^{n} \binom{n}{k}\frac{k}{n}x^k y^{n-k}. \tag{1.6}$$

继续对 (1.6) 式两端关于 x 求导, 再分别乘 $\dfrac{x}{n}$ 得到

$$\frac{x}{n}(x+y)^{n-1} + \frac{n-1}{n}x^2(x+y)^{n-2} = \sum_{k=0}^{n} \binom{n}{k}\left(\frac{k}{n}\right)^2 x^k y^{n-k}. \tag{1.7}$$

令 $y = 1-x$, 分别代入 (1.5)—(1.7) 式, 可得关于连续函数 $1, x, x^2$ 的 n 次 Bernstein 多项式如下:

$$B_n^1(x) = \sum_{k=0}^{n} \binom{n}{k} x^k (1-x)^{n-k} = 1, \tag{1.8}$$

$$B_n^x(x) = \sum_{k=0}^{n} \left(\frac{k}{n}\right) \binom{n}{k} x^k (1-x)^{n-k} = x, \tag{1.9}$$

$$B_n^{x^2}(x) = \sum_{k=0}^{n} \left(\frac{k}{n}\right)^2 \binom{n}{k} x^k (1-x)^{n-k} = x^2 + \frac{x(1-x)}{n}. \tag{1.10}$$

由 (1.10) 式, 可得在 $[0,1]$ 上 x^2 与 $B_n^{x^2}(x)$ 的误差估计式

$$\left| x^2 - B_n^{x^2}(x) \right| = \frac{x(1-x)}{n} \leqslant \frac{1}{4n}.$$

证明 (定理 1.3 的证明) 由 Bernstein 多项式的定义, 在 $[0,1]$ 上, 误差函数满足

$$\begin{aligned}
\left| f(x) - B_n^f(x) \right| &= \left| f(x) - \sum_{k=0}^{n} f\left(\frac{k}{n}\right) \binom{n}{k} x^k (1-x)^{n-k} \right| \\
&= \left| \sum_{k=0}^{n} \left[f(x) - f\left(\frac{k}{n}\right) \right] \binom{n}{k} x^k (1-x)^{n-k} \right| \\
&\leqslant \sum_{k=0}^{n} \binom{n}{k} \left| f(x) - f\left(\frac{k}{n}\right) \right| x^k (1-x)^{n-k}. \tag{1.11}
\end{aligned}$$

由于 $f(x) \in C[0,1]$, 因此 $f(x)$ 在 $[0,1]$ 上有界且一致连续. 设存在正数 M, 使得在 $[0,1]$ 上 $|f(x)| < M$, 因此

$$\left| f(x) - f\left(\frac{k}{n}\right) \right| < 2M. \tag{1.12}$$

由 $f(x)$ 在 $[0,1]$ 上一致连续可知, 对任意的 $\varepsilon > 0$, 都存在 $\delta(\varepsilon) > 0$, 使得当 $\left| x - \frac{k}{n} \right| < \delta(\varepsilon)$ 时,

$$\left| f(x) - f\left(\frac{k}{n}\right) \right| < \frac{\varepsilon}{2}. \tag{1.13}$$

将 (1.11) 式拆分为两部分,

$$\begin{aligned}
\left| f(x) - B_n^f(x) \right| &\leqslant \sum_{\left| x - \frac{k}{n} \right| < \delta(\varepsilon)} \binom{n}{k} \left| f(x) - f\left(\frac{k}{n}\right) \right| x^k (1-x)^{n-k} + \\
&\quad \sum_{\left| x - \frac{k}{n} \right| \geqslant \delta(\varepsilon)} \binom{n}{k} \left| f(x) - f\left(\frac{k}{n}\right) \right| x^k (1-x)^{n-k}. \tag{1.14} \\
&= S_1 + S_2.
\end{aligned}$$

由一致连续性 (1.13) 式, 可得

$$S_1 < \frac{\varepsilon}{2} \sum_{|x-\frac{k}{n}|<\delta(\varepsilon)} \binom{n}{k} x^k(1-x)^{n-k}$$

$$\leqslant \frac{\varepsilon}{2} \sum_{k=0}^{n} \binom{n}{k} x^k(1-x)^{n-k} = \frac{\varepsilon}{2}. \tag{1.15}$$

再利用一致有界性 (1.12) 式, 当 $\left|x-\dfrac{k}{n}\right| \geqslant \delta(\varepsilon)$ 时,

$$S_2 < 2M \sum_{|x-\frac{k}{n}|\geqslant\delta(\varepsilon)} \binom{n}{k} x^k(1-x)^{n-k}$$

$$\leqslant \frac{2M}{\delta^2(\varepsilon)} \sum_{k=0}^{n} \left(x-\frac{k}{n}\right)^2 \binom{n}{k} x^k(1-x)^{n-k}$$

$$= \frac{2M}{\delta^2(\varepsilon)} \left(x^2 B_n^1(x) - 2x B_n^x(x) + B_n^{x^2}(x)\right) \tag{1.16}$$

$$= \frac{2M}{\delta^2(\varepsilon)} \left(x^2 - 2x^2 + x^2 + \frac{x(1-x)}{n}\right)$$

$$\leqslant \frac{2M}{\delta^2(\varepsilon)} \frac{1}{4n} = \frac{M}{2n\delta^2(\varepsilon)}.$$

因此当 n 满足 $n > \dfrac{M}{\delta^2(\varepsilon)\varepsilon}$ 时, 由 (1.14)—(1.16) 式, 可得

$$\left|f(x)-B_n^f(x)\right| \leqslant S_1+S_2 < \frac{\varepsilon}{2} + \frac{M}{2n\delta^2(\varepsilon)} < \varepsilon, \tag{1.17}$$

这就证明了 Weierstrass 第一定理. $\qquad\square$

例 1.3 利用 Bernstein 多项式在 $[0,1]$ 上逼近 $f(x)=\mathrm{e}^x$, 数值结果如下表所示. 对 $i=0,1,\cdots,n$, 将 $f\left(\dfrac{i}{n}\right)=\mathrm{e}^{\frac{i}{n}}$ 取小数点后四位有效数字, 代入 (1.3) 式, 得到 Bernstein 多项式 $B_n^f(x)$, 误差也同样取小数点后四位有效数字.

n	$f(i/n), \ i=0,1,\cdots,n$	$\|f-B_n^f\|_\infty$
1	1, 2.718 3	0.211 9
2	1, 1.648 7, 2.718 3	0.108 0
3	1, 1.395 6, 1.947 7, 2.718 3	0.072 4
4	1, 1.284 0, 1.648 7, 2.117 0, 2.718 3	0.054 4
5	1, 1.221 4, 1.491 8, 1.822 1, 2.225 5, 2.718 3	0.043 6
6	1, 1.181 4, 1.395 6, 1.648 7, 1.947 7, 2.301 0, 2.718 3	0.036 4
7	1, 1.153 6, 1.330 7, 1.535 1, 1.770 8, 2.042 7, 2.356 4, 2.718 3	0.031 2
8	1, 1.133 1, 1.284 0, 1.455 0, 1.648 7, 1.868 2, 2.117 0, 2.398 9, 2.718 3	0.027 3

从表中可以看出, 随着 n 的增大, 误差 $\|f - B_n^f\|_\infty$ 越来越小, 说明用 Bernstein 多项式逼近连续函数是有效的. 但是本例也同样反映出 $B_n^f(x)$ 收敛到 $f(x)$ 的速度较慢, 即使 $\|f - B_8^f\|_\infty$ 仍大于 10^{-2}.

对 $f(x) \in C^1[a, b]$, 我们还可进一步证明 $(B_n^f)'(x)$ 同样一致收敛到 $f'(x)$ (定理 1.4), 证明过程请读者自己考虑, 也可参看文献 [5].

> **定理 1.4** 设 $f(x) \in C^1[a, b]$, 则
>
> $$\lim_{n \to \infty} \left\| f' - \left(B_n^f \right)' \right\|_\infty = 0.$$

对周期函数的一致逼近问题, Weierstrass 同样给出了相应的结论. 鉴于 $C_{2\pi}$ 上函数的周期性, 我们希望用简单的周期函数对其进行逼近, 因此三角多项式是很自然的选择. 函数

$$T(x) = a_0 + \sum_{k=1}^{n} (a_k \cos(kx) + b_k \sin(kx)), \quad a_0, a_k, b_k \in \mathbb{R}, k = 1, 2, \cdots, n$$

称为 n 阶三角多项式, 其中 a_n, b_n 不全为零. 在此我们不加证明地给出如下结论:

> **定理 1.5 (Weierstrass 第二定理)** 设函数 $f(x) \in C_{2\pi}$, 对任意的 $\varepsilon > 0$, 都存在三角多项式 $T(x)$, 满足
>
> $$\|f - T\|_\infty < \varepsilon.$$

1.3 代数多项式的最佳一致逼近

利用 Bernstein 多项式 (1.3) 去逼近闭区间上的连续函数 $f(x)$ 时, 虽然在个别点上逼近的精度不高, 但其在整个区间上具有良好的一致逼近性质, 这对整体逼近性质要求较高的逼近问题效果较好. 不过 Bernstein 多项式的主要缺点是收敛速度太慢 (如例 1.3 所示), 直接利用 (1.3) 式去做数值计算, 效果并不理想. 因此, 要想提高逼近精度, 就只好增加多项式的次数. 然而随着多项式次数的增加, 可能会出现数值不稳定现象.

设所有 n 次实代数多项式构成的集合为 $\mathbb{P}_n$, 它是 $C[a, b]$ 的 $(n + 1)$ 维线性子空间. 众所周知, $\mathbb{P}_n$ 最常用的一组基函数为幂基 (也称为单项式基), 即

$$\mathbb{P}_n = span\{1, x, \cdots, x^n\}.$$

而 (1.4) 式给出 $\mathbb{P}_n$ 的另外一组基函数——Bernstein 基函数.

对给定的函数 $f(x) \in C[a,b]$ 与多项式 $p(x) \in \mathbb{P}_n$, 称

$$\Delta(f,p) = \|f - p\|_\infty$$

为函数 $f(x)$ 与 $p(x)$ 的偏差, 称

$$\Delta(f, \mathbb{P}_n) = \inf_{p(x) \in \mathbb{P}_n} \Delta(f,p)$$

为 $f(x)$ 关于 $\mathbb{P}_n$ 的最佳逼近, 也称为 Chebyshev 逼近. 由于 $\|\cdot\|_\infty$ 是一致范数, 因此相应的最佳逼近问题也称为最佳一致逼近问题. 称满足

$$\Delta(f, p^*) = \Delta(f, \mathbb{P}_n) = \inf_{p(x) \in \mathbb{P}_n} \Delta(f,p)$$

的多项式 $p^*(x) \in \mathbb{P}_n$ 为 $f(x)$ 在 $[a,b]$ 上的 n 次最佳一致逼近代数多项式, 简称为最佳逼近多项式.

需要注意的是, 如上最佳逼近问题所考虑的逼近子空间为 $\mathbb{P}_n$, 而 Weierstrass 逼近问题所考虑的逼近子空间为整个多项式空间. 最佳逼近 $\Delta(f, \mathbb{P}_n)$ 显然满足

$$\Delta(f, \mathbb{P}_n) \geqslant \Delta(f, \mathbb{P}_{n+1}) \geqslant \cdots,$$

再由 Weierstrass 第一定理, 有 $\Delta(f, \mathbb{P}_n) \to 0 (n \to \infty)$.

研究最佳一致逼近, 需要解决如下问题: 最佳逼近多项式是否存在? 如果最佳逼近多项式存在, 那么它是否唯一? 最佳逼近多项式的特征是什么? 如何构造最佳逼近多项式? 我们将在本节逐一回答如上这些问题.

1.3.1 最佳逼近的特征定理

对于最佳逼近多项式的存在性问题, 可以采用定理 1.1 直接给出肯定的回答. 根据多项式函数子空间的特殊性, 如下 Borel 存在性定理也给出了确定的答案:

> **定理 1.6 (Borel 定理)** 对任意给定的 $f(x) \in C[a,b]$, 总存在 $p^*(x) \in \mathbb{P}_n$, 使得
>
> $$\Delta(f, p^*) = \Delta(f, \mathbb{P}_n).$$

证明 由于 $\Delta(f, \mathbb{P}_n) = \inf_{p(x) \in \mathbb{P}_n} \Delta(f,p)$, 因此对任意的 $\varepsilon > 0$, 必有 $p_\varepsilon(x) \in \mathbb{P}_n$ 使得

$$\Delta(f, \mathbb{P}_n) \leqslant \Delta(f, p_\varepsilon) < \Delta(f, \mathbb{P}_n) + \varepsilon.$$

特别地, 取 $\varepsilon = \dfrac{1}{m}$, 其中 m 为正整数, 则存在 $p_m(x) \in \mathbb{P}_n$, 使得

$$\Delta(f, \mathbb{P}_n) \leqslant \Delta(f, p_m) < \Delta(f, \mathbb{P}_n) + \frac{1}{m}. \tag{1.18}$$

设

$$p_m(x) = a_{0,m} + a_{1,m}x + \cdots + a_{n,m}x^n,$$

则 $p_m(x)$ 为多项式, 其在 $[a,b]$ 上必有界. 在 $[a,b]$ 中任取 $(n+1)$ 个互异点 $x_i, i = 0, 1, \cdots, n$, 满足

$$a \leqslant x_0 < x_1 < \cdots < x_n \leqslant b,$$

将 $a_{i,m}$ $(i = 0, 1, \cdots, n)$ 看做未知数, 考虑线性方程组

$$\begin{cases} a_{0,m} + a_{1,m}x_0 + \cdots + a_{n,m}x_0^n = p_m(x_0), \\ a_{0,m} + a_{1,m}x_1 + \cdots + a_{n,m}x_1^n = p_m(x_1), \\ \cdots\cdots\cdots\cdots \\ a_{0,m} + a_{1,m}x_n + \cdots + a_{n,m}x_n^n = p_m(x_n). \end{cases}$$

由 Cramer 法则, 可得到

$$a_{i,m} = \frac{\begin{vmatrix} 1 & x_0 & \cdots & p_m(x_0) & \cdots & x_0^n \\ 1 & x_1 & \cdots & p_m(x_1) & \cdots & x_1^n \\ \vdots & \vdots & & \vdots & & \vdots \\ 1 & x_n & \cdots & p_m(x_n) & \cdots & x_n^n \end{vmatrix}}{\begin{vmatrix} 1 & x_0 & \cdots & x_0^i & \cdots & x_0^n \\ 1 & x_1 & \cdots & x_1^i & \cdots & x_1^n \\ \vdots & \vdots & & \vdots & & \vdots \\ 1 & x_n & \cdots & x_n^i & \cdots & x_n^n \end{vmatrix}}$$

$$= \frac{1}{\prod\limits_{0 \leqslant s < t \leqslant n}(x_t - x_s)} \sum_{j=0}^n p_m(x_j)Q_{i,j}, \quad i = 0, 1, \cdots, n.$$

其中 $Q_{i,j}$ 为分子行列式按第 $(i+1)$ 列展开时, 元素 $p_m(x_j)$ 的代数余子式. 从而可得 $p_m(x)$ 的各系数 $a_{0,m}, a_{1,m}, \cdots, a_{n,m}$ 皆有界, 即存在非负实数 $K \geqslant 0$, 使得

$$|a_{i,m}| \leqslant K, \quad i = 0, 1, \cdots, n.$$

由 Bolzano-Weierstrass 定理, 可逐次选出 $(n+1)$ 个同时收敛的子序列 $\{a_{i,m_j}\}, i = 0, 1, \cdots, n$, 使得

$$\lim_{j \to \infty} a_{i,m_j} = a_i, \quad i = 0, 1, \cdots, n.$$

构造 n 次代数多项式

$$p^*(x) = a_0 + a_1x + \cdots + a_nx^n.$$

显然, 当 $j \to \infty$ 时, 多项式 $p_{m_j}(x)$ 在 $[a,b]$ 上一致收敛到 $p^*(x)$. 由 $p^*(x) \in \mathbb{P}_n$, 则有

$$\Delta(f, p^*) \geqslant \Delta(f, \mathbb{P}_n),$$

由 $p_{m_j}(x)$ 的取法, 可知

$$\Delta(f, p_{m_j}) < \Delta(f, \mathbb{P}_n) + \frac{1}{m_j}.$$

但是

$$
\begin{aligned}
\Delta(f, p^*) &= \max_{a \leqslant x \leqslant b} |f(x) - p^*(x)| \\
&\leqslant \max_{a \leqslant x \leqslant b} |f(x) - p_{m_j}(x)| + \max_{a \leqslant x \leqslant b} |p_{m_j}(x) - p^*(x)| \qquad (1.19) \\
&< \Delta(f, \mathbb{P}_n) + \frac{1}{m_j} + \varepsilon_j,
\end{aligned}
$$

令 $j \to \infty$, 由 (1.19) 式可以得到

$$\Delta(f, p^*) \leqslant \Delta(f, \mathbb{P}_n),$$

从而

$$\Delta(f, p^*) = \Delta(f, \mathbb{P}_n). \qquad \square$$

对给定函数 $f(x) \in C[a, b]$ 与多项式 $p(x) \in \mathbb{P}_n$, 点集

$$E^+(f - p) = \{x \mid f(x) - p(x) = \Delta(f, p), x \in [a, b]\},$$
$$E^-(f - p) = \{x \mid f(x) - p(x) = -\Delta(f, p), x \in [a, b]\},$$

分别称为 $f(x) - p(x)$ 在 $[a, b]$ 上的正、负偏差点集, 称点集

$$E(f - p) = E^+(f - p) \cup E^-(f - p)$$

为 $f(x) - p(x)$ 在 $[a, b]$ 上的偏差点集.

利用 $f(x)$ 的连续性可以证明, $E^+(f - p)$, $E^-(f - p)$ 和 $E(f - p)$ 都是有界闭集. 由极值原理知, $E^+(f - p)$ 和 $E^-(f - p)$ 之一可能为空集, 但 $E(f - p)$ 非空.

> **定义 1.3** 如果点集 $\{x_i, i = 1, 2, \cdots, k \mid x_1 < x_2 < \cdots < x_k\} \subset E(f - p)$ 满足:
>
> $$f(x_j) - p(x_j) = -[f(x_{j+1}) - p(x_{j+1})], \quad j = 1, 2, \cdots, k - 1,$$
>
> 则称它为 $f(x) - p(x)$ 在 $[a, b]$ 上的交错偏差点组, 简称交错点组. 如果不存在由 k 个以上的点组成的交错点组, 则由 k 个点形成的交错点组称为是极大的.

一个显然的事实是: 如果多项式 $p^*(x)$ 为 $f(x)$ 在 $[a, b]$ 上的 n 次最佳逼近多项式, 那么 $f(x) - p^*(x)$ 在 $[a, b]$ 上的正、负偏差点一定同时存在, 即 $E^+(f - p^*)$ 与 $E^-(f - p^*)$ 都是非空集合. 换句话说, $E(f - p^*)$ 中一定存在 $f(x) - p^*(x)$ 的交错点组. 否则一定可以找到另外一个 n 次多项式, 使得其与 $f(x)$ 的偏差小于 $\Delta(f, p^*)$ (具体证明留作习题, 请读者自己思考).

为了给出最佳逼近的特征定理, 我们先介绍如下关于最佳逼近的下界估计:

定理 1.7 (Vallée-Poussin 定理)　设 $f(x) \in C[a,b]$, 若在 $[a,b]$ 上存在多项式 $p(x) \in \mathbb{P}_n$, 使得 $f(x) - p(x)$ 至少在 $(n+2)$ 个点 $x_1, x_2, \cdots, x_{n+2}$ $(x_1 < x_2 < \cdots < x_{n+2})$ 处取异于零的正负相间值, 则

$$\Delta(f, \mathbb{P}_n) \geqslant \lambda,$$

其中 $\lambda = \min\limits_{1 \leqslant i \leqslant n+2} |f(x_i) - p(x_i)|$.

证明　假设 $\Delta(f, \mathbb{P}_n) < \lambda$. 设 $p^*(x)$ 是 $f(x)$ 的 n 次最佳逼近多项式, 且

$$\eta(x) = p^*(x) - p(x) = [f(x) - p(x)] - [f(x) - p^*(x)].$$

因此, 函数 $\eta(x_i)$ 的符号完全由 $f(x_i) - p(x_i)$ 的符号所决定. 由已知, $\eta(x)$ 在 $x_i (i = 1, 2, \cdots, n+2)$ 处取正负交错值. 由连续函数介值定理, $\eta(x)$ 在 $[a,b]$ 上至少有 $(n+1)$ 个零点. 再由 $\eta(x) \in \mathbb{P}_n$, 必有 $\eta(x) \equiv 0$, 即 $p(x) \equiv p^*(x)$. 于是

$$\Delta(f, \mathbb{P}_n) = \Delta(f, p) = \|f - p\|_\infty \geqslant \max\limits_{1 \leqslant i \leqslant n+2} |f(x_i) - p(x_i)| \geqslant \lambda.$$

这与假设相矛盾, 从而定理得证. □

如下 Chebyshev 定理刻画了最佳逼近多项式的本质特征:

定理 1.8 (Chebyshev 定理)　设 $f(x) \in C[a,b]$, 则 $p^*(x) \in \mathbb{P}_n$ 是 $f(x)$ 在 $[a,b]$ 上的 n 次最佳逼近多项式的充要条件是, $f(x) - p^*(x)$ 在 $[a,b]$ 上有至少 $(n+2)$ 个点组成的交错点组.

证明　先证充分性. 假设 $f(x) - p^*(x)$ 在 $[a,b]$ 上的一个不少于 $(n+2)$ 个点组成的交错点组为 $\{x_i, i = 1, 2, \cdots, N | x_1 < x_2 < \cdots < x_N\}(N \geqslant n+2)$. 由 Vallée-Poussin 定理可知,

$$\Delta(f, \mathbb{P}_n) \geqslant \min\limits_{1 \leqslant i \leqslant n+2} |f(x_i) - p^*(x_i)| = \|f - p^*\|_\infty = \Delta(f, p^*). \tag{1.20}$$

另一方面, 由最佳一致逼近的定义知, $\Delta(f, \mathbb{P}_n) \leqslant \Delta(f, p^*)$, 从而由 (1.20) 式可得

$$\Delta(f, p^*) = \Delta(f, \mathbb{P}_n),$$

这表明 $p^*(x)$ 是 $f(x)$ 在 $[a,b]$ 上的 n 次最佳逼近多项式.

对必要性采用反证法证明. 假设 $f(x) - p^*(x)$ 的交错点组为 $\{x_i, i = 1, 2, \cdots, N | x_1 < x_2 < \cdots < x_N\}$, 其中 $N \leqslant n+1$. 将 $[a,b]$ 分成 N 个子区间:

$$[\xi_0, \xi_1], \quad [\xi_1, \xi_2], \quad \cdots, \quad [\xi_{N-1}, \xi_N],$$

其中 $\xi_0 = a, \xi_N = b$, 使得每一个子区间 $[\xi_{i-1}, \xi_i]$ 仅包含一个交错点组中的点 x_i. 存在正数 α, 使得对不同的交错点 x_i, 在子区间 $[\xi_{i-1}, \xi_i]$ 上成立

$$\begin{cases} -\|f - p^*\|_\infty + \alpha \leqslant f(x) - p^*(x) \leqslant \|f - p^*\|_\infty, & x_i \in E^+(f - p^*), \\ -\|f - p^*\|_\infty \leqslant f(x) - p^*(x) \leqslant \|f - p^*\|_\infty - \alpha, & x_i \in E^-(f - p^*). \end{cases} \tag{1.21}$$

构造次数不超过 n 的多项式

$$\phi(x) = \beta(x - \xi_1)(x - \xi_2) \cdots (x - \xi_{N-1}),$$

并通过调整 β 的符号和大小, 使其满足

$$\|\phi\|_\infty \leqslant \frac{1}{2}\alpha, \quad \phi(x_1)(f(x_1) - p^*(x_1)) > 0. \tag{1.22}$$

因此, 函数 $\phi(x)$ 在 (ξ_{i-1}, ξ_i) 内的符号和 $f(x) - p^*(x)$ 在点 x_i 处的符号相同.

若 $x_i \in E^+(f - p^*)$, 则在 (ξ_{i-1}, ξ_i) 上 $\phi(x) > 0$, 因此, 可以推出

$$f(x) - p^*(x) - \phi(x) < \|f - p^*\|_\infty, \quad x \in [\xi_{i-1}, \xi_i]. \tag{1.23}$$

另一方面, 由 (1.21) 式的第一式知, 当 $x \in [\xi_{i-1}, \xi_i]$ 时,

$$f(x) - p^*(x) - \phi(x) \geqslant -\|f - p^*\|_\infty + \alpha - \frac{\alpha}{2} > -\|f - p^*\|_\infty. \tag{1.24}$$

联合 (1.23) 式和 (1.24) 式得

$$|f(x) - p^*(x) - \phi(x)| < \|f - p^*\|_\infty, \quad x \in [\xi_{i-1}, \xi_i]. \tag{1.25}$$

当 $x_i \in E^-(f - p^*)$, 同样可以推出 (1.25) 式成立, 因此在整个 $[a, b]$ 上都有

$$|f(x) - p^*(x) - \phi(x)| < \|f - p^*\|_\infty. \tag{1.26}$$

由于 $\phi(x)$ 是次数不超过 n 的多项式, 从而 $p^*(x) + \phi(x) \in \mathbb{P}_n$. (1.26) 式表明

$$\Delta(f, p^* + \phi) < \Delta(f, p^*) = \Delta(f, \mathbb{P}_n),$$

即 $p^*(x) + \phi(x)$ 是 $\mathbb{P}_n$ 中的一个比 $p^*(x)$ 更逼近 $f(x)$ 的多项式. 这与 $p^*(x)$ 是 $f(x)$ 在 $[a, b]$ 上的最佳逼近多项式相矛盾, 因此假设 $N \leqslant n + 1$ 不成立. □

定理 1.8 中所说的交错点组也称为 Chebyshev 交错点组. Chebyshev 定理揭示了 $C[a, b]$ 上最佳逼近多项式的特征性质, 描述了最佳一致逼近误差曲线的状态, 这对于构造连续函数的最佳逼近多项式具有指导意义. 此外, 根据定理 1.8 的结论, 还可以证明最佳逼近多项式不仅存在, 而且唯一.

推论 1.1 设 $f(x) \in C[a, b]$, 则其在 $\mathbb{P}_n$ 中的最佳逼近多项式存在且唯一.

证明 假设 $p(x)$ 和 $q(x)$ 都是 $f(x)$ 的 n 次最佳逼近多项式, 令 $r(x) = \frac{1}{2}[p(x) + q(x)]$, 则

$$\Delta(f, \mathbb{P}_n) \leqslant \Delta(f, r) \leqslant \frac{1}{2}[\Delta(f, p) + \Delta(f, q)] = \Delta(f, \mathbb{P}_n),$$

从而 $r(x)$ 也是 $f(x)$ 的最佳逼近多项式. 由 Chebyshev 定理知, $f(x) - r(x)$ 存在 Chebyshev 交错点组, 不妨设为 $\{x_k\}_{k=1}^N$, 其中 $N \geqslant n + 2$. 设 x_k 为 $f(x) - r(x)$ 的正偏离点, 则

$$\begin{aligned}
\Delta(f, \mathbb{P}_n) = f(x_k) - r(x_k) &= f(x_k) - \frac{1}{2}[p(x_k) + q(x_k)] \\
&= \frac{1}{2}[f(x_k) - p(x_k)] + \frac{1}{2}[f(x_k) - q(x_k)].
\end{aligned} \tag{1.27}$$

由

$$f(x_k) - q(x_k) \leqslant \Delta(f, q) = \Delta(f, \mathbb{P}_n),$$

可知

$$f(x_k) - p(x_k) \geqslant \Delta(f, \mathbb{P}_n).$$

再由

$$f(x_k) - p(x_k) \leqslant \Delta(f, p) = \Delta(f, \mathbb{P}_n),$$

可知

$$f(x_k) - p(x_k) = \Delta(f, \mathbb{P}_n),$$

即 x_k 为 $f(x) - p(x)$ 的正偏离点. 同理可证, 交错点组 $\{x_k\}_{k=1}^N$ 中 $f(x) - r(x)$ 的正、负偏离点也同时为 $f(x) - p(x)$ 与 $f(x) - q(x)$ 的正、负偏离点, 从而可得

$$f(x_k) - p(x_k) = f(x_k) - q(x_k), \quad k = 1, 2, \cdots, N.$$

因此多项式 $p(x) - q(x) \in \mathbb{P}_n$ 满足

$$p(x_k) - q(x_k) = 0, \quad k = 1, 2, \cdots, N.$$

由于 $N \geqslant n + 2$, 因此 $p(x) - q(x) \equiv 0$, 从而 $p(x) = q(x)$. $\qquad \square$

需要注意的是, 虽然由 Chebyshev 定理, 我们知道 Chebyshev 交错点组存在, 但是其往往是不唯一的, 这给 Chebyshev 交错点组的构造与计算带来了一定的困难. 而对某些特殊的函数 $f(x) \in C[a, b]$, 其 Chebyshev 交错点组不仅唯一, 而且其中的某些特殊点也容易被确定.

推论 1.2 设 $f(x) \in C[a, b]$, 如果在 $[a, b]$ 上 $f(x)$ 的 $(n + 1)$ 阶导数存在, 并且 $f^{(n+1)}(x)$ 在区间 (a, b) 内保号 (恒正或恒负), 那么其 Chebyshev 交错点组唯一, 且区间端点 a, b 属于 Chebyshev 交错点组.

证明 证明 $f(x)$ 在 $\mathbb{P}_n$ 上 Chebyshev 交错点组唯一, 本质上就是证明其所含点的个数恰好是 $n+2$. 假设 Chebyshev 交错点组所含点的个数超过 $(n+2)$ 个, 或者 a(或 b) 不属于 Chebyshev 交错点组, 都将导致在开区间 (a,b) 内存在至少 $(n+1)$ 个点 ξ_i $(i=1,2,\cdots,n+1)$, 使得

$$f'(\xi_i) - (p^*)'(\xi_i) = 0, \quad i = 1,2,\cdots,n+1,$$

其中 $p^*(x)$ 为 $f(x)$ 在 $[a,b]$ 上的 n 次最佳逼近多项式. 反复利用 Rolle 定理, 可以得到在 (a,b) 内, 必存在点 ξ, 使得

$$f^{(n+1)}(\xi) - (p^*)^{(n+1)}(\xi) = f^{(n+1)}(\xi) = 0.$$

这与 $f^{(n+1)}(x)$ 在 (a,b) 内保号相矛盾, 因此, Chebyshev 交错点组所含点的个数恰好是 $n+2$. □

例 1.4 设 $f(x) \in C[a,b]$, 则 $f(x)$ 在 $\mathbb{P}_0$ 上的最佳逼近多项式为

$$p^*(x) = \frac{1}{2}\left[\min_{a \leqslant x \leqslant b} f(x) + \max_{a \leqslant x \leqslant b} f(x)\right].$$

例 1.5 设 $f(x) \in C^2[a,b]$, 且 $f''(x) > 0 (a \leqslant x \leqslant b)$, 求 $f(x)$ 在 $\mathbb{P}_1$ 上的最佳逼近多项式.

解 设 $f(x)$ 在 $[a,b]$ 上的最佳逼近多项式为 $p^*(x) = Ax + B \in \mathbb{P}_1$, 其中 $A, B \in \mathbb{R}$. 由推论 1.2 可知, Chebyshev 交错点组点数恰好为 3, 且 a, b 都属于交错点组. 那么在区间 (a,b) 内存在一个 $f(x) - p^*(x)$ 的交错点, 设其为 c. 点 c 必为 $f(x) - p^*(x)$ 的稳定点, 即

$$f'(c) - (p^*)'(c) = f'(c) - A = 0,$$

于是 $A = f'(c)$. 再由点组的交错性, 可得

$$f(a) - p^*(a) = -[f(c) - p^*(c)] = f(b) - p^*(b). \tag{1.28}$$

求解方程 (1.28), 可得

$$A = \frac{f(b)-f(a)}{b-a}, \quad B = \frac{f(a)+f(c)}{2} - \frac{a+c}{2} \cdot \frac{f(b)-f(a)}{b-a}.$$

所以最佳逼近多项式

$$p^*(x) = \frac{f(b)-f(a)}{b-a}x + \frac{f(a)+f(c)}{2} - \frac{a+c}{2} \cdot \frac{f(b)-f(a)}{b-a},$$

其中 c 由 $f'(c) = \dfrac{f(b)-f(a)}{b-a}$ 所决定.

例 1.5 所给结果有明显的几何意义: 曲线 $y = f(x)$ 在点 $x = c$ 处的切线, 平行于由点 $(a, f(a))$ 与 $(b, f(b))$ 所决定的直线. 对满足例 1.5 要求的如下两种常见连续函数, 我们给出其一次最佳逼近多项式:

(1) 设 $f(x) = \mathrm{e}^x$, 区间 $[a, b] = [0, 1]$, 那么其一次最佳逼近多项式为

$$p^*(x) = (\mathrm{e} - 1)x + \frac{1}{2}[\mathrm{e} - (\mathrm{e} - 1)\ln(\mathrm{e} - 1)].$$

(2) 设 $f(x) = \sqrt{x}$, 区间 $[a, b] = \left[\dfrac{1}{4}, 1\right]$, 那么其一次最佳逼近多项式为

$$p^*(x) = \frac{17}{48} + \frac{2}{3}x. \tag{1.29}$$

当函数 $f(x)$ 分别取为 e^x 与 $\sqrt{x}$ 时, 由 Maple 生成其最佳一次逼近多项式 $p^*(x)$ 的图形如图 1.1 所示.

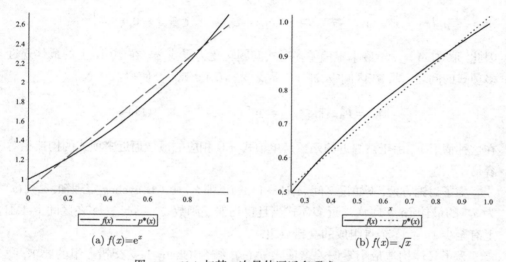

图 1.1 $f(x)$ 与其一次最佳逼近多项式 $p^*(x)$

1948 年, Kolmogorov 从另外的角度给出一个结果来刻画最佳一致逼近的特征.

定理 1.9 (Kolmogorov 定理) 多项式 $p^*(x)$ 是 $f(x) \in C[a, b]$ 在 $\mathbb{P}_n$ 中的最佳一致逼近多项式, 当且仅当对所有的 $q(x) \in \mathbb{P}_n$, 均有

$$\max_{x_i \in E(f-p^*)} \left\{ [f(x_i) - p^*(x_i)] q(x_i) \right\} \geqslant 0. \tag{1.30}$$

条件 (1.30) 表明关系式

$$[f(x_i) - p^*(x_i)]q(x_i) < 0$$

不能对一切 $x_i \in E(f - p^*)$ 都成立, 即 $f(x_i) - p^*(x_i)$ 与 $q(x_i)$ 不能对一切 $x_i \in E(f - p^*)$ 都取相反的符号. 鉴于篇幅, 此处略掉定理的证明, 请读者补证或参考文献 [11].

1.3.2 Chebyshev 多项式

在所有首项 (最高次项) 系数为 1 的 n 次多项式中, 寻找多项式 $p_n^*(x)$, 使其在给定的有界闭区间 $[a,b]$ 上与零的偏差尽可能地小. 这是一个具有重要理论意义和实际意义的问题, 它被称为最小零偏差多项式问题 (或最小偏零多项式问题).

为了防止出现平凡结果, 不失一般性, 我们设 $\widetilde{\mathbb{P}}_n$ 表示最高次项 x^n 的系数为 1 的所有 n 次多项式的集合. 那么最小零偏差多项式问题是: 在区间 $[a,b]$ 上, 寻找 $p_n^*(x) \in \widetilde{\mathbb{P}}_n$, 使得

$$\|p_n^* - 0\|_\infty = \|p_n^*\|_\infty = \inf_{p_n(x) \in \widetilde{\mathbb{P}}_n} \|p_n\|_\infty = \inf_{p_n(x) \in \widetilde{\mathbb{P}}_n} \|p_n - 0\|_\infty. \tag{1.31}$$

由于 $\widetilde{\mathbb{P}}_n$ 中的任意多项式 $p_n(x)$ 可表示为

$$p_n(x) = x^n - (c_{n-1}x^{n-1} + \cdots c_1 x + c_0), \quad c_i \in \mathbb{R}, i = 0, 1, \cdots, n-1,$$

因此, 取 $f(x) = x^n$, 最小零偏差多项式问题转化为寻找 x^n 在 $\mathbb{P}_{n-1}$ 上的最佳逼近多项式的问题, 即: 在区间 $[a,b]$ 上, 寻找 $p_{n-1}^*(x) \in \mathbb{P}_{n-1}$, 使得

$$\|x^n - p_{n-1}^*\|_\infty = \inf_{p_{n-1}(x) \in \mathbb{P}_{n-1}} \|x^n - p_{n-1}(x)\|_\infty.$$

在这种情形下, 由于被逼近的函数是单项式 x^n, 相应的最佳逼近多项式的构造相对容易.

为了讨论方便, 不妨设区间 $[a,b] = [-1,1]$. 那么, 由 Chebyshev 定理知, $p_{n-1}^*(x)$ 为 x^n 的最佳 $(n-1)$ 次逼近多项式当且仅当误差函数 $x^n - p_{n-1}^*(x)$ 在区间 $[-1,1]$ 上有至少 $(n+1)$ 个点组成的交错点组.

为了具体构造最小零偏差多项式 $p_n^*(x)$, 结合 Chebyshev 交错点组的要求, 我们回顾一下三角函数 $\cos n\theta$ 的简单性质. 显然, 这个函数在 $(n+1)$ 个点

$$\theta_i = \frac{i\pi}{n}, \quad i = 0, 1, \cdots, n$$

处依次改变符号, 并轮流达到其最大值 1 和最小值 -1. 由于三角函数的这种性质, Chebyshev 发现, 最小零偏差多项式问题同如下函数有关:

$$T_n(x) = \cos(n \arccos x), \quad -1 \leqslant x \leqslant 1. \tag{1.32}$$

$T_n(x)(n = 0, 1, \cdots)$ 称为第一类 Chebyshev 多项式, 简称 Chebyshev 多项式. 所有 Chebyshev 多项式构成的集合 $\{T_n(x)\}_{n=0}^\infty$ 称为 Chebyshev 多项式系.

显然 $T_n(x)$ 同样在 $[-1,1]$ 的 $(n+1)$ 个特定点处依次改变符号, 并轮流达到其最大值 1 和最小值 -1. 如果 $T_n(x)$ 为 n 次多项式, 按照前面的分析, 若 $T_n(x)$ 的首项系数为 c_n, 那么 $\dfrac{T_n(x)}{c_n}$ 就是我们要求的 n 次最小零偏差多项式. 那么现在的

问题是: $T_n(x)$ 真的是多项式吗? 利用三角恒等式

$$\cos(n+1)\theta + \cos(n-1)\theta = 2\cos n\theta \cos\theta,$$

设 $\theta = \arccos x$, 我们可以得到 Chebyshev 多项式的递推公式

$$\begin{cases} T_0(x) = 1, T_1(x) = x, \\ T_{n+1}(x) = 2xT_n(x) - T_{n-1}(x), \quad n = 1, 2, \cdots, \end{cases} \quad (1.33)$$

因此 $T_n(x)$ 确实是 n 次多项式. 图 1.2 给出了当 $n = 1, 2, \cdots, 6$ 时, 由 Maple 生成的 Chebyshev 多项式在 $[-1, 1]$ 上的图形.

利用 $T_n(x)$ 的定义 (1.32) 与其递推公式 (1.33), 不难推出 $T_n(x)$ 满足的性质.

性质 1.1 Chebyshev 多项式 $T_n(x)$ 具有如下性质:

(1) $T_n(x)$ 是 n 次代数多项式, 且当 $n \geqslant 1$ 时, 最高次项系数为 2^{n-1};

(2) 当 $x \in [-1, 1]$ 时, $|T_n(x)| \leqslant 1$, 在点

$$\overline{x}_k = \cos\frac{k\pi}{n}, \quad k = 0, 1, \cdots, n$$

处 $T_n(x)$ 的符号依次正负交错且绝对值取到最大值 1;

(3) $T_n(x)$ 在 $(-1, 1)$ 内有 n 个不同的实根

$$x_k = \cos\left(\frac{2(n-k)+1}{2n}\pi\right), \quad k = 1, 2, \cdots, n;$$

(4) $T_n(x) = (-1)^n T_n(-x)$, 即 $T_n(x)$ 随 n 为奇数或偶数分别成为 $[-1, 1]$ 上的奇函数或偶函数;

(5) Chebyshev 多项式系 $\{T_n(x)\}_{n=0}^{\infty}$ 具有正交性:

$$\int_{-1}^{1} \frac{T_m(x)T_n(x)}{\sqrt{1-x^2}}dx = \begin{cases} \pi, & m = n = 0, \\ \dfrac{\pi}{2}, & m = n \neq 0, \\ 0, & m \neq n. \end{cases}$$

容易证明性质 (1)—(4). 如图 1.3 所示, 从几何上看, 如果将以原点为圆心, 以 1 为半径的上半圆周分成 $2n$ 等份 (点 $(1, 0)$ 为第 0 个分点, 点 $(-1, 0)$ 为第 $2n$ 个分点), 再把圆周上所有奇分点往 x 轴上投影, 则得到的点列恰好是性质 (3) 给出的 $T_n(x)$ 的零点集. 特别是当 n 较大时, 它们总是在开区间 $(-1, 1)$ 的两端比较密集, 而在该区间的中部比较稀疏. 性质 (5) 可以通过变量代换以及三角函数的正交性得到, 即

$$\int_{-1}^{1} \frac{T_n(x)T_m(x)}{\sqrt{1-x^2}}dx = \int_{0}^{\pi} \cos n\theta \cos m\theta \, d\theta = \begin{cases} \pi, & m = n = 0, \\ \dfrac{\pi}{2}, & m = n \neq 0, \\ 0, & m \neq n. \end{cases}$$

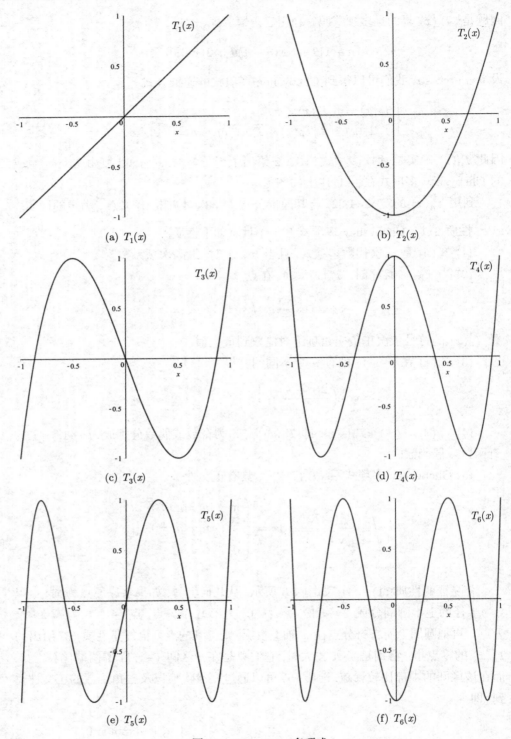

(a) $T_1(x)$

(b) $T_2(x)$

(c) $T_3(x)$

(d) $T_4(x)$

(e) $T_5(x)$

(f) $T_6(x)$

图 1.2 Chebyshev 多项式

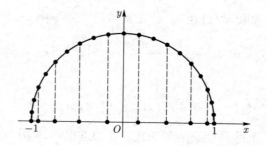

图 1.3　Chebyshev 多项式的零点

这一性质对 Chebyshev 多项式在最佳平方逼近与 Gauss 求积公式的构造中起到了重要作用, 我们将在随后内容中进行介绍.

根据 Chebyshev 定理, 结合性质 (1), 就可以得到如下的最小零偏差多项式构造定理.

> **定理 1.10**　当 $n \geqslant 1$ 时, 在所有首项系数为 1 的 n 次多项式中, $p_n^*(x) = 2^{1-n}T_n(x)$ 是 $[-1,1]$ 上唯一的最小零偏差多项式, 即
>
> $$2^{1-n} = \|2^{1-n}T_n\|_\infty = \inf_{p_n(x) \in \widetilde{\mathbb{P}}_n} \|p_n\|_\infty.$$

Chebyshev 多项式的这一性质可以应用于多项式插值节点选取, 我们将在第 3.4.1 小节进行介绍. 此外, 定理 1.10 还可以应用在逼近多项式的次数经济化 (以较低次数的多项式满足给定的误差要求) 方面.

设 $f(x) \in C[-1,1]$, 假如我们已通过某种途径 (例如 Taylor 展开式) 得到了 $f(x)$ 在 $[-1,1]$ 上的一个逼近多项式 $p_n(x) \in \mathbb{P}_n$, 且误差满足

$$\|f - p_n\|_\infty < \varepsilon_1.$$

我们希望寻找一个次数低于 n 的多项式 $p^*(x)$, 使得 $p^*(x)$ 与 $f(x)$ 在 $[-1,1]$ 上的误差不超过事先给定的允许误差 ε (一般来说, $\varepsilon > \varepsilon_1$), 即

$$\|f - p^*\|_\infty < \varepsilon.$$

现在的问题是, 如何从 $p_n(x)$ 出发来选取这样的 $p^*(x) \in \mathbb{P}_{n-1}$?

不妨设

$$p_n(x) = a_n x^n + p_{n-1}(x), \quad a_n \neq 0, \tag{1.34}$$

其中 $p_{n-1}(x) \in \mathbb{P}_{n-1}$, 于是

$$\begin{aligned}
p_n(x) - p^*(x) &= a_n x^n + p_{n-1}(x) - p^*(x) \\
&= a_n \left[x^n + \frac{p_{n-1}(x) - p^*(x)}{a_n} \right].
\end{aligned} \tag{1.35}$$

根据定理 1.10, 应该选取 $p^*(x) \in \mathbb{P}_{n-1}$, 使其满足

$$x^n + \frac{p_{n-1}(x) - p^*(x)}{a_n} = 2^{1-n}T_n(x),$$

于是

$$p^*(x) = p_n(x) - a_n 2^{1-n} T_n(x) \qquad (1.36)$$

恰为 $p_n(x)$ 在 $\mathbb{P}_{n-1}$ 上的最佳逼近多项式. 由 (1.34)式, 若用 $p_{n-1}(x)$ 来近似代替 $p_n(x)$, 则在 $[-1,1]$ 上的误差为 $|a_n|$. 若用 (1.36) 式中的 $p^*(x)$ 来近似代替 $p_n(x)$, 则在 $[-1,1]$ 上的误差不超过 $2^{1-n}|a_n|$. 因此

$$\begin{aligned}
\|f - p^*\|_\infty &= \|(f - p_n) + (p_n - p^*)\|_\infty \\
&\leqslant \|f - p_n\|_\infty + \|p_n - p^*\|_\infty \\
&\leqslant \varepsilon_1 + 2^{1-n}|a_n|.
\end{aligned}$$

若 $\varepsilon_1 + 2^{1-n}|a_n| < \varepsilon$, 则可以使用 $p^*(x)$ 代替 $p_n(x)$ 来近似 $f(x)$, 达到次数降低的目的. 如果 $\varepsilon_1 + 2^{1-n}|a_n| < \varepsilon$, 仍希望继续降低次数, 可以重复以上的过程, 一直到累积后的误差满足要求时为止.

利用 Chebyshev 多项式的定义与递推公式, 我们可以得到单项式 x^k 采用 Chebyshev 多项式的表示公式为

$$x^k = \frac{1}{2^{k-1}}\left[T_k(x) + \binom{k}{1}T_{k-2}(x) + \binom{k}{2}T_{k-4}(x) + \cdots\right], \qquad (1.37)$$

其中方括号中的最后一项依赖于 k 的奇偶性, 即当 k 为奇数时, 它为

$$\binom{k}{(k-1)/2}T_1(x),$$

而当 k 为偶数时, 它为

$$\frac{1}{2}\binom{k}{k/2}T_0(x).$$

将如上表达式代入函数 $f(x)$ 的 Taylor 展开式, 从而达到次数经济化的目的. 常用的低次幂表达式为

$$\begin{aligned}
1 &= T_0(x), \\
x &= T_1(x), \\
x^2 &= \frac{1}{2}[T_0(x) + T_2(x)], \\
x^3 &= \frac{1}{4}[3T_1(x) + T_3(x)], \\
x^4 &= \frac{1}{8}[3T_0(x) + 4T_2(x) + T_4(x)], \\
x^5 &= \frac{1}{16}[10T_1(x) + 5T_3(x) + T_5(x)],
\end{aligned}$$

$$x^6 = \frac{1}{32}[10T_0(x) + 15T_2(x) + 6T_4(x) + T_6(x)],$$

$$x^7 = \frac{1}{64}[35T_1(x) + 21T_3(x) + 7T_5(x) + T_7(x)],$$

$$x^8 = \frac{1}{128}[35T_0(x) + 56T_2(x) + 28T_4(x) + 8T_6(x) + T_8(x)].$$

例 1.6 利用六次多项式在区间 $[-1,1]$ 上逼近 $f(x) = \cos x$.

解 采用 $f(x) = \cos x$ 在点 $x = 0$ 处 Taylor 展开式的前四项部分和

$$q_6(x) = 1 - \frac{x^2}{2!} + \frac{x^4}{4!} - \frac{x^6}{6!},$$

逼近 $f(x)$ 的误差界为

$$0.000\,025 > \frac{1}{8!} > \max_{-1 \leqslant x \leqslant 1} |f(x) - q_6(x)| \geqslant |f(1) - q_6(1)| > \frac{1}{8!} - \frac{1}{10!} > 0.000\,024.$$

若用 $f(x) = \cos x$ 的 Taylor 展开式的前五项部分和

$$q_8(x) = 1 - \frac{x^2}{2!} + \frac{x^4}{4!} - \frac{x^6}{6!} + \frac{x^8}{8!}$$

来逼近, 它与 $f(x)$ 在 $[-1,1]$ 上的误差不超过 $\frac{1}{10!}$. 将 x^8 的 Chebyshev 多项式表示代入 $q_8(x)$ 中, 可得

$$q_8(x) = \widetilde{q}_6(x) + \frac{1}{8!} \frac{1}{128} T_8(x),$$

其中 $\widetilde{q}_6(x)$ 为一个六次多项式. 使用 $\widetilde{q}_6(x)$ 代替 $q_8(x)$ 来逼近 $\cos x$, 其误差为

$$\max_{-1 \leqslant x \leqslant 1} |f(x) - \widetilde{p}_6(x)| < \frac{1}{10!} + \frac{1}{8!128} < 0.000\,000\,47.$$

如此一个简单的替换, 采用同样是六次的多项式做逼近, 而精确度却提高了 50 倍之多!

例 1.7 在区间 $[-1,1]$ 上, 寻找一个次数尽可能低的多项式近似代替 $f(x) = \mathrm{e}^x$, 使得误差 $\varepsilon < 0.01$.

解 先对 $f(x) = \mathrm{e}^x$ 在点 $x = 0$ 处作 Taylor 展开, 有

$$\mathrm{e}^x = 1 + x + \frac{x^2}{2!} + \frac{x^3}{3!} + \frac{x^4}{4!} + \frac{x^5}{5!} + \cdots.$$

若取前六项之和

$$p_5(x) = 1 + x + \frac{1}{2}x^2 + \frac{1}{6}x^3 + \frac{1}{24}x^4 + \frac{1}{120}x^5$$

逼近 e^x, 其误差满足

$$\max_{x \in [-1,1]} |\mathrm{e}^x - p_5(x)| = \max_{x \in [-1,1]} \left| \frac{1}{6!} \mathrm{e}^\xi \cdot x^6 \right| < \frac{1}{6!}\mathrm{e} = \frac{1}{720}\mathrm{e} < 0.003\,8 < 0.01,$$

即误差确实满足要求. 注意到 $p_5(x)$ 是一个五次多项式, 利用 x^k 和 $T_k(x)$ 的关系式, $p_5(x)$ 也可表示为

$$p_5(x) = \frac{81}{64}T_0(x) + \frac{217}{192}T_1(x) + \frac{13}{48}T_2(x) + \frac{17}{384}T_3(x) + \frac{1}{192}T_4(x) + \frac{1}{1920}T_5(x).$$

我们发现上式中, k 越大, $T_k(x)$ 的系数就越小. 由于 $\|T_k\|_\infty = 1$, 因此在满足误差的情况下, 可以去掉某些次数高的 $T_k(x)$, 从而达到次数降低的目的. 若略去 $p_5(x)$ 的最后两项, 剩下的项构成的三次多项式 $p_3(x)$ 与 e^x 的误差为

$$\max_{x\in[-1,1]}|e^x - p_3(x)| \leqslant \max_{x\in[-1,1]}|e^x - p_5(x)| + \max_{x\in[-1,1]}|p_5(x) - p_3(x)|$$
$$< 0.003\,8 + \frac{1}{192} + \frac{1}{1920}$$
$$< 0.003\,8 + 0.005\,8$$
$$= 0.009\,6.$$

因此用 $p_3(x)$ 来逼近 e^x, 其误差仍不超过 0.01. 再利用 $T_k(x)$ 的表达式, 把 $p_3(x)$ 改写为常用的幂基表示:

$$p_3(x) = \frac{1}{384}(382 + 383x + 208x^2 + 68x^3),$$

其次数比原来的 $p_5(x)$ 降低了二次.

上述方法称为缩减幂级数法, 此方法降低了逼近多项式的次数, 又使误差的分布更为均匀, 因此可以作为 $f(x)$ 的近似最佳逼近多项式. 对于任一有限区间 $[a,b]$ 上的逼近问题, 可以通过变量替换

$$x = \frac{a+b}{2} + \frac{b-a}{2}t,$$

把其转化为区间 $[-1,1]$ 上的逼近问题来讨论.

1.3.3 Remez 算法

前面内容已经解决最佳一致逼近多项式的存在性、唯一性与结构特征的问题, 本小节将介绍一种构造最佳一致逼近多项式的方法.

设 $f(x) \in C[a,b]$, 目的是要寻找 $f(x)$ 的 n 次最佳一致逼近代数多项式

$$p^*(x) = \sum_{j=0}^{n} a_j^* x^j.$$

由 Chebyshev 定理可以看出, 求解问题的关键在于确定具有 $(n+2)$ 个点的交错点组 $\{x_i\}_{i=0}^{n+1}$ (即 Chebyshev 交错点组), 如果这个点组可以找到, 那么其必满足

$$f(x_i) - \sum_{j=0}^{n} a_j^* x_i^j = (-1)^i \eta, \quad i = 0, 1, \cdots, n+1, \tag{1.38}$$

其中 $\eta = \Delta(f, \mathbb{P}_n)$ 或 $-\Delta(f, \mathbb{P}_n)$. 显然, (1.38) 式可以看做关于 $(n+2)$ 个变元 $\eta, a_j^*(j = 0, 1, \cdots, n)$ 的 $(n+2)$ 阶线性方程组. 它有唯一解, 从而可求得最佳逼近多项式 $p^*(x)$ 和最佳逼近 $|\eta|$. 但是由于确定交错点组并非易事, 若在如上方程组中将交错点组也作为待定变量, 求解问题变为非线性, 方程组更加难以求解. 为此, Remez 于 1957 年采用逐次逼近的思想, 提出一种求解近似最佳逼近多项式的算法, 称为反复校正法或迭代法, 一般也称之为 Remez 算法.

算法 1.1 (Remez 算法) 给定 $f(x) \in C[a, b]$, 计算 $f(x)$ 的 n 次最佳逼近多项式 $p^*(x) = \sum\limits_{j=0}^{n} a_j^* x^j$.

第 1 步, 在 $[a, b]$ 上选 $(n+2)$ 个由小到大排列的初始点列 $\mathcal{A} = \{x_i\}_{i=0}^{n+1}$ 作为近似交错点组, 并设置精度 $\varepsilon > 0$;

第 2 步, 利用 (1.38) 式求得近似多项式 $p^*(x)$ 和近似偏差 η;

第 3 步, 若 $\|f - p^*\|_\infty - |\eta| \leqslant \varepsilon$, 即 $\Delta(f, p^*) \leqslant |\eta| + \varepsilon$, 则迭代终止; 否则, 用偏差点集 $E(f - p^*)$ 中的点取代 $\mathcal{A}$ 中的点, 构成新的近似交错点组, 使得 $f - p^*$ 在新点组上正负相间, 返回第 2 步.

需要特殊说明的是, Remez 算法第 3 步终止的条件是, 满足初始误差精度要求. 在实际应用中, 往往要求下一次求解方程组得到的近似多项式系数和 η 与上一次求得结果相近 (也可设置误差要求), 便可停止计算. 此外, 第 3 步中, 构造新交错点组的途径主要有两种, 一种是单一交换法, 另一种是同时交换法. 单一交换法是用 $E(f - p^*)$ 中的一个点 $\overline{x}$ 替代 $\mathcal{A}$ 中的某一点, 其具体方法如下:

(1) 当 $\overline{x} \in [a, x_0]$ 时, 若 $f(x_0) - p^*(x_0)$ 与 $f(\overline{x}) - p^*(\overline{x})$ 同号, 则在 $\mathcal{A}$ 中用 $\overline{x}$ 取代 x_0, 否则 $\mathcal{A} = \{\overline{x}, x_0, x_1, \cdots, x_n\}$;

(2) 当 $\overline{x} \in (x_{n+1}, b]$ 时, 若 $f(x_{n+1}) - p^*(x_{n+1})$ 与 $f(\overline{x}) - p^*(\overline{x})$ 同号, 则在 $\mathcal{A}$ 中用 $\overline{x}$ 取代 x_{n+1}, 否则 $\mathcal{A} = \{x_1, x_2, \cdots, x_{n+1}, \overline{x}\}$;

(3) 当 $\overline{x} \in (x_i, x_{i+1})$ 时, 若 $f(x_i) - p^*(x_i)$ 与 $f(\overline{x}) - p^*(\overline{x})$ 同号, 则在 $\mathcal{A}$ 中用 $\overline{x}$ 取代 x_i, 否则在 $\mathcal{A}$ 中用 $\overline{x}$ 取代 x_{i+1}.

同时交换法是指用 $E(f - p^*)$ 中多个点按上述法则依次取代 $\mathcal{A}$ 中的点.

例 1.8 对 $n = 1$, 图 1.4 给出了利用交换法构造新交错点组的几何解释. 图 1.4(a)—(c) 分别给出单一交换法对应的如上三种情况: 对图 1.4(a), 新的近似交错点组为 $\mathcal{A} = \{\overline{x}, x_0, x_1\}$; 对图 1.4(b), 新的近似交错点组为 $\mathcal{A} = \{x_0, x_1, \overline{x}\}$; 对图 1.4(c), 新的近似交错点组为 $\mathcal{A} = \{x_0, \overline{x}, x_2\}$. 在图 1.4(d) 中, 若使用同时交换法, 则新的近似交错点组可取为 $\mathcal{A} = \{a, \overline{x}, b\}$, 显然, 它替换掉了原近似交错点组中的所有点.

值得注意的是, 在 Remez 算法中, 每次迭代都需要确定误差函数的偏差点, 即绝对误差函数的最大值点. 但由于在数值计算上不易确定一般函数在有界闭区间

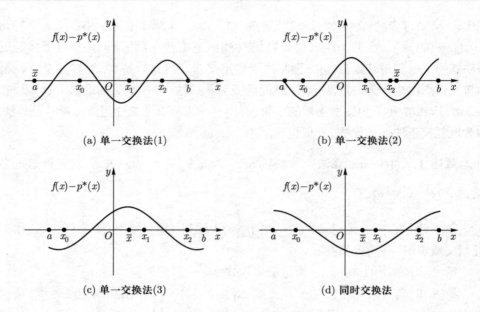

图 1.4　构造新点组的交换法

上的最大值, 使得 Remez 算法的实施仍存在一定的困难. 一般的解决办法是使用相对容易寻找的局部最优来代替整体最优. 如果 $f(x)$ 有连续的二阶导数时, 可采用如下 Newton 迭代:

$$x^{k+1} = x^k - \frac{f'(x^k) - (p^*)'(x^k)}{f''(x^k) - (p^*)''(x^k)}, \quad k = 0, 1, \cdots$$

来寻找误差函数 $f(x) - p^*(x)$ 的偏差点, 其中迭代初值可取为当前近似交错点组中的某个点. 若采用同时交换法, 则迭代初值可取为当前近似交错点组中的多个点, 从而得到多个近似偏差点.

　　Remez 算法具有二阶收敛性, 证明可以参见文献 [5]. 下面我们用一个实例来说明 Remez 算法的有效性与收敛性.

　　例 1.9　对 $f(x) = \sqrt{x}, x \in \left[\frac{1}{4}, 1\right]$, 用 Remez 算法求 $f(x)$ 的一次最佳逼近多项式.

　　解　设 $f(x)$ 的一次最佳逼近多项式为

$$p^*(x) = a_0^* + a_1^* x.$$

由于 $f''(x)$ 在 $\left[\frac{1}{4}, 1\right]$ 上不变号, 利用推论 1.2, 区间端点 $\frac{1}{4}, 1$ 都属于 $f(x) - p^*(x)$ 的交错点组, 还剩下一个交错点需要确定, 不妨先取为 $\frac{1}{2}$.

　　第 1 步, 设初始交错点组为

$$x_0 = \frac{1}{4}, \quad x_1 = \frac{1}{2}, \quad x_2 = 1;$$

第 2 步, 求解方程组

$$
\begin{cases}
\sqrt{x_0} - a_0^* - a_1^* x_0 = \eta, \\
\sqrt{x_1} - a_0^* - a_1^* x_1 = -\eta, \\
\sqrt{x_2} - a_0^* - a_1^* x_2 = \eta,
\end{cases}
\tag{1.39}
$$

解出 a_0^*, a_1^*, η;

第 3 步, 求 $\left(\dfrac{1}{4}, 1\right)$ 内 $\sqrt{x} - a_0^* - a_1^* x$ 的极值点, 即新的交错点 $\overline{x}$, 其满足

$$
\frac{1}{2\sqrt{x}} - a_1^* = 0, \quad \text{即} \quad \overline{x} = \left(\frac{1}{2a_1^*}\right)^2.
$$

将 x_1 替换为 $\overline{x}$, 而 x_0, x_2 保持不变, 代入 (1.39) 式中, 求解方程组从而得到新的一组 a_0^*, a_1^*, η; 返回第 2 步继续计算, 直到数值稳定达到精度要求, 返回最佳逼近多项式与 η.

经过计算, 计算一次后返回结果为

$$
p^*(x) = 0.353\ 553\ 390\ 5 + 0.666\ 666\ 666\ 7x,
$$

$$
\eta = -0.020\ 220\ 057\ 2, \quad x_1 = 0.562\ 500\ 005\ 3.
$$

此时误差 $\|f - p^*\|_\infty = |\eta| + 1.226\ 552\ 28 \times 10^{-3}$.

将 $x_0 = \dfrac{1}{4}, x_1 = 0.562\ 500\ 005\ 3, x_2 = 1$ 代入 (1.39) 式继续计算, 返回结果为

$$
p^*(x) = 0.354\ 166\ 666\ 7 + 0.666\ 666\ 666\ 7x, \quad \eta = -0.020\ 833\ 333\ 33.
$$

此时误差 $\|f - p^*\|_\infty = |\eta| - 5 \times 10^{-11}$, 误差已经达到令人满意的结果, 结束计算. 这与采用例 1.5 的方法得到的 (1.29) 式

$$
p^*(x) = \frac{17}{48} + \frac{2}{3}x
$$

是一致的.

1.4   三角多项式的最佳一致逼近

Weierstrass 第二定理表明, 对 $C_{2\pi}$ 上的周期函数, 利用三角多项式在整体上也有很好的逼近效果. 利用 n 阶实系数三角多项式的集合

$$
\mathbb{T}_n = span\{1, \cos x, \sin x, \cdots, \cos nx, \sin nx\}
$$

作为逼近子空间. 对函数 $f(x) \in C_{2\pi}$ 与 $T(x) \in \mathbb{T}_n$, 称

$$\Delta(f, T) = \|f - T\|_\infty$$

为 $f(x)$ 与三角多项式 $T(x)$ 的偏差, 称

$$\Delta(f, \mathbb{T}_n) = \inf_{T \in \mathbb{T}_n} \Delta(f, T) = \inf_{T \in \mathbb{T}_n} \|f - T\|_\infty$$

为 $f(x)$ 关于 $\mathbb{T}_n$ 的最佳逼近.

函数 $f(x)$ 在 $C_{2\pi}$ 上的最佳一致逼近问题为: 寻找 $T^*(x) \in \mathbb{T}_n$, 使得

$$\Delta(f, T^*) = \Delta(f, \mathbb{T}_n) = \inf_{T \in \mathbb{T}_n} \|f - T\|_\infty.$$

此时 $T^*(x)$ 称为 $f(x)$ 的 n 阶最佳一致逼近三角多项式, 简称最佳逼近三角多项式.

类似地, 对于如上最佳一致逼近需要解决如下问题: 最佳逼近三角多项式是否存在? 如果存在, 是否唯一? 最佳逼近三角多项式的特征是什么? 如何构造最佳逼近三角多项式? 由于代数多项式和三角多项式在某些方面的共性, $C_{2\pi}$ 上的最佳一致逼近与 $C[a,b]$ 上的最佳一致逼近具有一定相似特征, 上述一系列问题可以部分地借助于关于代数多项式的最佳一致逼近结论而得到解答.

在本节中, 我们略掉有关最佳逼近三角多项式的存在性证明, 留作作业, 请读者自己证明. 下面给出实系数三角多项式满足的一些基本性质.

性质 1.2 设 $T(x), H(x) \in \mathbb{T}_n, G(x) \in \mathbb{T}_m$, 则

(1) $T(x) + H(x) \in \mathbb{T}_n$;

(2) $\forall c \in \mathbb{R}, T(x + c), cT(x) \in \mathbb{T}_n$;

(3) $T(x)G(x) \in \mathbb{T}_{n+m}$, 即三角多项式的乘积仍是三角多项式;

(4) 若 $T(x)$ 是偶函数, 即 $T(-x) = T(x)$, 则其表示为

$$T(x) = \sum_{k=0}^{n} a_k \cos kx;$$

若 $T(x)$ 是奇函数, 即 $T(-x) = -T(x)$, 则其表示为

$$T(x) = \sum_{k=0}^{n} b_k \sin kx;$$

(5) $T'(x) \in \mathbb{T}_n$, 即 n 阶三角多项式的导数仍然是 n 阶三角多项式;

(6) 若 $T(x)$ 为不恒为零的 n 阶三角多项式, 其在 $[0, 2\pi)$ 上实零点个数不超过 $2n$ (计重数).

证明 利用三角公式、简单的代数运算与求导运算, 易证性质 (1)—(5). 对于性质 (6), 应用 Euler 恒等式, 任意 n 阶三角多项式 $T(x)$ 可以表示为

$$T(x) = a_0 + \sum_{k=1}^{n}(a_k \cos kx + b_k \sin kx)$$

$$= a_0 + \sum_{k=1}^{n}\left(a_k \frac{e^{ikx}+e^{-ikx}}{2} + b_k \frac{e^{ikx}-e^{-ikx}}{2i}\right)$$

$$= \sum_{k=-n}^{n} c_k e^{ikx} \tag{1.40}$$

$$= e^{-inx}\sum_{k=0}^{2n} c_{k-n}e^{ikx}, \tag{1.41}$$

其中 $i=\sqrt{-1}, c_0=a_0$, 且

$$c_k = \frac{a_k - ib_k}{2}, \quad c_{-k} = \frac{a_k + ib_k}{2}, \quad k=1,2,\cdots,n. \tag{1.42}$$

由于 $T(x)$ 是 n 阶实系数三角多项式, 其系数 a_n, b_n 不同时为零, 从而 $c_n \neq 0$, $c_{-n} \neq 0$. 设 $2n$ 次代数多项式

$$p(z) = \sum_{k=0}^{2n} c_{k-n}z^k.$$

由于 $p(z)$ 的首项系数 c_n 和常数项 c_{-n} 都不为零, 而 $p(z)$ 的所有零点都是非零零点, 因此 $p(z)$ 恰好在复数域内有 $2n$ 个非零零点 (计重数). 由 (1.40) 式, 可证

$$T(x) = e^{-inx}p(e^{ix}),$$

即 $p(z)$ 的非零零点又与 $T(x)$ 的零点对应, 从而 $T(x)$ 的复零点个数恰好为 $2n$ (计重数), 在 $[0,2\pi)$ 上实零点个数不超过 $2n$ (计重数). □

> **定理 1.11 (Vallée-Poussin 定理)** 假设 $f(x) \in C_{2\pi}$, 如果存在三角多项式 $T(x) \in \mathbb{T}_n$, 使得 $f(x)-T(x)$ 在 $[0,2\pi)$ 上至少在 $(2n+2)$ 个互异点 $x_1 < x_2 < \cdots < x_{2n+2}$ 处正负相间取值, 则必有
> $$\Delta(f, \mathbb{T}_n) \geqslant \min_{1\leqslant i\leqslant 2n+2}|f(x_i)-T(x_i)|.$$

上述 Vallée-Poussin 定理可以采用定理 1.7 的证明方法类似地进行证明, 在此不做赘述. 有了如上的准备工作, 我们可以给出关于三角多项式最佳逼近的 Chebyshev 定理 (定理 1.12), 它揭示了最佳逼近三角多项式的本质特征. 此定理的证明可按多项式最佳逼近的 Chebyshev 定理 (定理 1.8) 的证明方法平行展开, 在此我们略掉证明细节, 只简单介绍证明思路: 必要性证明时需要仔细构造辅助三角多项式 $\phi(x)$, 可以利用性质 1.2 来构造; 充分性的证明, 主要利用如上 Vallée-Poussin 定理 (定理 1.11), 证明过程与定理 1.8 类似; 唯一性的证明与推论 1.2 的证明类似.

定理 1.12 (Chebyshev 定理) 设 $f(x) \in C_{2\pi}$, 则 $T^*(x) \in \mathbb{T}_n$ 是 $f(x)$ 的最佳逼近三角多项式的充要条件是, $f(x) - T^*(x)$ 在 $[0, 2\pi]$ 上有至少 $(2n+2)$ 个点构成的交错点组. 更进一步, $f(x)$ 在 $\mathbb{T}_n$ 上的最佳逼近三角多项式是唯一的.

需要注意的是, 前面的结论已经给出最佳逼近三角多项式的存在性、唯一性与结构特征. 对于构造问题, 可借助于构造近似最佳逼近多项式的 Remez 算法来实现, 只需将其中的幂函数换成相应的三角函数即可.

推论 1.3 设 $f(x) \in C_{2\pi}$, $T^*(x) \in \mathbb{T}_n$ 是 $f(x)$ 的最佳逼近三角多项式, 则 $T^*(x)$ 与 $f(x)$ 有相同的奇偶性.

证明 设 $f(x)$ 是偶函数. 由周期性知, 若 $T^*(x)$ 是 $f(x)$ 的最佳逼近三角多项式, 则 $\Delta(f, T^*) = \Delta(f, \mathbb{T}_n)$, 因此

$$|f(x) - T^*(x)| \leqslant \Delta(f, \mathbb{T}_n), \quad x \in (-\infty, +\infty).$$

注意到 $f(-x) = f(x)$, 则有

$$|f(x) - T^*(-x)| = |f(-x) - T^*(-x)| \leqslant \Delta(f, \mathbb{T}_n), \quad x \in (-\infty, +\infty),$$

这说明 $T^*(-x)$ 也是 $f(x)$ 在 $\mathbb{T}_n$ 上的最佳逼近三角多项式. 再由唯一性得

$$T^*(-x) = T^*(x), \quad x \in (-\infty, +\infty),$$

表明 $T^*(x)$ 也是偶函数. 类似地, 当 $f(x)$ 是奇函数时, $T^*(x)$ 也是奇函数. □

1.5 最佳一致逼近的收敛阶

利用 Weierstrass 逼近定理, 我们知道闭区间上的连续函数可以用代数多项式序列来一致逼近. 因此对于连续函数的最佳一致逼近, 随着选择的多项式空间次数 n 的不断增大, 最佳逼近 $\Delta(f, \mathbb{P}_n)$ 一致收敛到 0. 同样地, 利用三角多项式来最佳一致逼近周期连续函数也具有相同的性质. 那么很自然的一个问题是: 最佳一致逼近收敛到 0 的速度 (即收敛阶) 如何? 也就是说, 若已知函数 $f(x)$ 具有某种结构性质, 则相应的最佳一致逼近多项式 (或三角多项式) 的次数与收敛阶 (或逼近阶) 具有怎样的函数关系? 本节将针对这个问题进行讨论, 首先介绍三角多项式最佳逼近的收敛阶估计, 随后利用三角多项式与代数多项式之间的关系, 给出代数多项式最佳逼近的收敛阶.

1.5.1 连续模数

"连续模数"是一种用来表示函数连续性状态的量, 在分析函数的结构性质与多项式逼近速度之间的关系时, 它起着很重要的作用. 连续模数可以定义在任意区间的函数上, 下面用符号 $\langle a,b \rangle$ 来表示以 a,b 为端点的一般区间 (可以是开的、闭的、半开半闭的区间, 也可以是 $(-\infty,+\infty)$).

> **定义 1.4** 设 $f(x)$ 是定义在 $\langle a,b \rangle$ 上的实函数, 数量
>
> $$\omega_f(\delta) = \sup_{|x-y| \leqslant \delta} \{|f(x) - f(y)| \mid x,y \in \langle a,b \rangle\}$$
>
> 称为函数 $f(x)$ 的连续模数, 其中 δ 是任意正数.

对固定的 δ, 连续模数 $\omega_f(\delta)$ 是函数 $f(x)$ 振荡特性的度量. 实际上, $\omega_f(\delta)$ 刻画了当自变量的两个取值之差不大于 δ 时, $f(x)$ 的函数值之间最大相差的可能值.

$f(x) \in Lip_M\alpha$ 表示函数 $f(x)$ 在区间 $\langle a,b \rangle$ 上满足如下 Lipschitz 条件:

$$|f(x) - f(y)| \leqslant M |x-y|^\alpha,$$

其中正常数 $\alpha(0 < \alpha \leqslant 1)$ 和 M 分别称为指数和系数, 并把满足此种条件的所有函数的集合称为 Lipschitz 函数类, 记为 $Lip_M\alpha$. 下面我们列出有关连续模数的一系列基本性质.

> **性质 1.3** 设 $f(x)$ 是定义在 $\langle a,b \rangle$ 上的实函数, 则其连续模数 $\omega_f(\delta)$ 具有如下性质:
>
> (1) 函数 $\omega_f(\delta)$ 是单调递增的, 亦即当 $\delta_1 \leqslant \delta_2$ 时,
>
> $$\omega_f(\delta_1) \leqslant \omega_f(\delta_2);$$
>
> (2) 函数 $f(x)$ 在 $\langle a,b \rangle$ 上一致连续的充要条件是
>
> $$\lim_{\delta \to 0} \omega_f(\delta) = 0;$$
>
> (3) 对任意正整数 n, 有
>
> $$\omega_f(n\delta) \leqslant n\omega_f(\delta),$$
>
> 这相当于不等式
>
> $$\sup_{|x-y| \leqslant n\delta} |f(x) - f(y)| \leqslant \sum_{i=1}^{n} \sup_{|x_i-y_i| \leqslant \delta} |f(x_i) - f(y_i)|;$$
>
> (4) 对任意正数 λ, 有
>
> $$\omega_f(\lambda\delta) \leqslant (\lambda + 1)\omega_f(\delta);$$
>
> (5) $f(x) \in Lip_M\alpha$ 与 $\omega_f(\delta) \leqslant M\delta^\alpha$ 是等价的.

证明　性质 (1)(2) 的证明都是简单的, 性质 (3) 的证明留作习题, 请读者思考. 对性质 (4), 令 $[\lambda]$ 表示 λ 的整数部分, 则

$$\omega_f(\lambda\delta) \leqslant \omega_f(([\lambda]+1)\delta) \leqslant ([\lambda]+1)\omega_f(\delta) \leqslant (\lambda+1)\omega_f(\delta).$$

对性质 (5), 若 $f(x) \in Lip_M\alpha$, 则

$$\omega_f(\delta) = \sup_{|x-y|\leqslant\delta} |f(x)-f(y)| \leqslant M \sup_{|x-y|\leqslant\delta} |x-y|^\alpha = M\delta^\alpha.$$

反之, 若 $\omega_f(\delta) \leqslant M\delta^\alpha$, 则

$$|f(x)-f(y)| \leqslant \omega_f(|x-y|) \leqslant M|x-y|^\alpha,$$

从而 $f(x) \in Lip_M\alpha$. □

1.5.2　三角多项式最佳逼近的收敛阶

如果已知函数 $f(x)$ 的结构性质 (如连续性、可微性或满足 Lipschitz 条件等), 那么这些结构性质究竟对最佳逼近 (或最小偏差) $\Delta(f,\mathbb{T}_n)$ 收敛到 0 的速度会产生怎样的影响呢? Jackson 定理给出了相应的最佳逼近收敛阶结果.

> **定理 1.13 (Jackson 定理 1)**　设 $f(x) \in Lip_M 1$ 且 $f(x) \in C_{2\pi}$, 则
> $$\Delta(f,\mathbb{T}_n) \leqslant \frac{KM}{n}, \quad n=1,2,3,\cdots, \tag{1.43}$$
> 其中 K 为与 n 无关的常数.

这一结果刻画了利用三角多项式对 $Lip_M 1$ 中的周期连续函数进行最佳一致逼近的收敛阶, 说明了最佳逼近以与 $\dfrac{1}{n}$ 同阶的速度收敛到 0. Jackson 定理 1 的证明比较繁琐, 鉴于篇幅在此省略, 可以参考文献 [5, 6, 11].

> **定理 1.14 (Jackson 定理 2)**　设 $f(x) \in C_{2\pi}$, 则
> $$\Delta(f,\mathbb{T}_n) \leqslant K\omega_f\left(\frac{1}{n}\right), \quad n=1,2,3,\cdots, \tag{1.44}$$
> 其中 K 为与 n 无关的常数.

证明　只需要证明存在 n 阶三角多项式 $T(x)$, 使得不等式

$$\left|f(x)-T(x)\right| \leqslant K\omega_f\left(\frac{1}{n}\right)$$

成立即可.

对给定的函数 $f(x)$, 构造分段线性函数 $g(x)$, 使其在下列节点

$$-\pi, -\pi+\frac{2\pi}{n}, -\pi+\frac{4\pi}{n}, \cdots, \pi-\frac{2\pi}{n}, \pi$$

处取值与 $f(x)$ 一致. 显然, 如此构造的函数 $g(x) \in C_{2\pi}$. 由于它是分段线性函数, 每条直线段由 $f(x)$ 相应的函数值唯一确定, 其图形是由直线段连成的, 各段端点的纵坐标之差显然不会大于 $\omega_g\left(\dfrac{2\pi}{n}\right)$. 因此各直线段的斜率的绝对值不超过

$$M = \frac{\omega_g(2\pi/n)}{2\pi/n}, \tag{1.45}$$

由此可得 $g(x) \in Lip_M 1$. 利用 Jackson 定理 1(定理 1.13), 存在三角多项式 $T^*(x) \in \mathbb{T}_n$, 使得

$$|g(x) - T^*(x)| \leqslant \|g - T^*\|_\infty = \Delta(g, \mathbb{T}_n) \leqslant \frac{K'M}{n} = \frac{K'}{2\pi}\omega_g\left(\frac{2\pi}{n}\right),$$

其中 K' 为与 n 无关的常数. 再由 $\omega_g\left(\dfrac{2\pi}{n}\right) \leqslant \omega_f\left(\dfrac{2\pi}{n}\right)$, 因此

$$|g(x) - T^*(x)| \leqslant \frac{K'}{2\pi}\omega_f\left(\frac{2\pi}{n}\right).$$

另一方面, 由于具有同一横坐标 x 的 $f(x)$ 与 $g(x)$ 之差都不会大于 $\omega_f\left(\dfrac{2\pi}{n}\right)$, 因此

$$|f(x) - g(x)| \leqslant 2\omega_f\left(\frac{2\pi}{n}\right).$$

于是合并起来, 并注意 $\omega_f(\lambda\delta) \leqslant (\lambda + 1)\omega_f(\delta)$, 便得到了不等式

$$\begin{aligned}
|f(x) - T^*(x)| &= |f(x) - g(x) + g(x) - T^*(x)| \\
&\leqslant |f(x) - g(x)| + |g(x) - T^*(x)| \\
&\leqslant 2\omega_f\left(\frac{2\pi}{n}\right) + \frac{K'}{2\pi}\omega_f\left(\frac{2\pi}{n}\right) \\
&\leqslant \left(2 + \frac{K'}{2\pi}\right)\omega_f\left(\frac{2\pi}{n}\right).
\end{aligned}$$

取 $K = (2\pi + 1)\left(\dfrac{K'}{2\pi} + 2\right)$, 从而存在三角多项式 $T^*(x) \in \mathbb{T}_n$, 使得

$$|f(x) - T^*(x)| \leqslant K\omega_f\left(\frac{1}{n}\right),$$

从而定理得证. □

Jackson 定理 2 给出了利用三角多项式对周期连续函数进行最佳一致逼近的收敛阶, 说明了最佳逼近以与连续模数 $\omega_f\left(\dfrac{1}{n}\right)$ 同阶的速度收敛到 0. 事实上, 由于 $\omega_f\left(\dfrac{1}{n}\right) \to 0(n \to \infty)$, 如下推论 1.4 显然成立:

推论 1.4 Weierstrass 第二定理恒成立.

利用 Jackson 定理 2 与性质 1.3 的第 (5) 条, 可以推出最佳逼近的如下收敛阶估计:

推论 1.5　若 $f(x) \in Lip_M\alpha$, 其中 $0 < \alpha \leqslant 1$, 则

$$\Delta(f, \mathbb{T}_n) \leqslant KM\frac{1}{n^\alpha}, \quad n = 1, 2, 3, \cdots,$$ (1.46)

其中 K 为与 n 无关的常数.

定理 1.15 (Jackson 定理 3)　若 $f(x) \in C_{2\pi}$ 且一阶导数连续, 则

$$\Delta(f, \mathbb{T}_n) \leqslant K\frac{1}{n}\|f'\|_\infty, \quad n = 1, 2, 3, \cdots,$$

其中 K 为与 n 无关的常数.

证明　由 Lagrange 中值定理, 若 $|x_1 - x_2| < \frac{1}{n}$, 则存在 $\xi \in (x_1, x_2)$ 使得

$$|f(x_1) - f(x_2)| = |f'(\xi)(x_1 - x_2)| \leqslant \max_{|x_1-x_2|<1/n} |f'(\xi)||x_1 - x_2| \leqslant \frac{1}{n}\|f'\|_\infty,$$

因此由定理 1.14, 可知

$$\Delta(f, \mathbb{T}_n) \leqslant K\omega_f\left(\frac{1}{n}\right) \leqslant K\frac{1}{n}\|f'\|_\infty,$$

其中 K 为与 n 无关的常数.　　□

对于 Jackson 定理 3 中的常数 K, 在文献 [5, 6] 中给出了某些具体形式, 在此我们不加证明地将其罗列如下:

定理 1.16　设 $f(x) \in C_{2\pi}$ 且 $f(x) \in Lip_M1$, 则

$$\Delta(f, \mathbb{T}_n) \leqslant \frac{M\pi}{2(n+1)}, \quad n = 1, 2, 3, \cdots.$$ (1.47)

定理 1.17　设 $f(x) \in C_{2\pi}$ 且 k 阶导数连续, 其中 $k \geqslant 1$, 则

$$\Delta(f, \mathbb{T}_n) \leqslant \frac{\pi}{2(n+1)^k}\|f^{(k)}\|_\infty, \quad n = 1, 2, 3, \cdots.$$

1.5.3　代数多项式最佳逼近的收敛阶

要研究闭区间上连续函数的结构性质与其代数多项式最佳逼近收敛阶之间的关系, 最简单的方法就是先通过变量代换法把被逼近的函数转变成周期连续函数, 然后利用三角多项式来进行逼近.

设 $f(x) \in C[a,b]$, 做变量代换

$$x = \frac{1}{2}\left[(b-a)t + (b+a)\right],$$

从而将定义在区间 $[a,b]$ 上的变量 x 变换为定义在区间 $[-1,1]$ 上的变量 t, 且函数 $f(x)$ 变换为关于变量 t 的函数

$$\varphi(t) = f\left(\frac{(b-a)t + (b+a)}{2}\right).$$

对 $t \in [-1,1]$, 再做变量代换 $t = \cos\theta$, 而 θ 定义在 $(-\infty, +\infty)$ 上, 从而得到一个周期为 2π 的偶函数

$$g(\theta) = \varphi(\cos\theta).$$

称如此变量代换得出的 $g(\theta)$ 为函数 $f(x)$ 的诱导函数. 我们将利用 $f(x) \in C[a,b]$ 与其诱导函数 $g(\theta) \in C_{2\pi}$ 之间的关系, 并借助第 1.5.2 小节中关于三角多项式最佳逼近的收敛阶估计, 从而给出代数多项式最佳逼近的收敛阶估计.

引理 1.18　设 $f(x) \in C[a,b]$, 其诱导函数为 $g(\theta) \in C_{2\pi}$, 则

$$\Delta(f, \mathbb{P}_n) = \Delta(g, \mathbb{T}_n).$$

证明　设 $f(x)$ 在 $\mathbb{P}_n$ 上的最佳逼近多项式为 $p^*(x) = \sum_{k=0}^{n} a_k x^k$, 使得

$$|f(x) - p^*(x)| \leqslant \|f - p^*\|_\infty = \Delta(f, \mathbb{P}_n). \tag{1.48}$$

显然, $p^*(x)$ 的诱导函数 $T(\theta)$ 必定是阶数不高于 n 的三角多项式. 因此不等式 (1.48) 化为

$$|g(\theta) - T(\theta)| \leqslant \Delta(f, \mathbb{P}_n).$$

由此推出 $\Delta(g, \mathbb{T}_n) \leqslant \Delta(f, \mathbb{P}_n)$.

反之, 由于 $g(\theta)$ 为偶函数, 利用推论 1.3, 设周期函数 $g(\theta)$ 在 $\mathbb{T}_n$ 上的最佳逼近多项式为

$$T^*(\theta) = \sum_{k=0}^{n} a_k \cos k\theta = \sum_{k=0}^{n} c_k \cos^k \theta,$$

使得

$$|g(\theta) - T^*(\theta)| \leqslant \|g - T^*\|_\infty = \Delta(g, \mathbb{T}_n). \tag{1.49}$$

由 $g(\theta) = \varphi(\cos\theta) = \varphi(t)$, 可知 (1.49) 式相当于

$$\left|\varphi(t) - \sum_{k=0}^{n} c_k t^k\right| \leqslant \Delta(g, \mathbb{T}_n).$$

再做变量代换 $t = \dfrac{2x - b - a}{b - a}$, 上式变成

$$|f(x) - p(x)| \leqslant \Delta(g, \mathbb{T}_n),$$

其中 $p(x) \in \mathbb{P}_n$, 由此又推出 $\Delta(g, \mathbb{T}_n) \geqslant \Delta(f, \mathbb{P}_n)$, 从而 $\Delta(g, \mathbb{T}_n) = \Delta(f, \mathbb{P}_n)$. □

引理 1.19 设 $f(x) \in C[a, b]$, 其诱导函数为 $g(\theta) \in C_{2\pi}$, 则

$$\omega_g(\delta) \leqslant \omega_f\left(\frac{1}{2}(b - a)\delta\right) \leqslant L\omega_f(\delta),$$

其中常数 $L = \dfrac{1}{2}(b - a) + 1$.

证明 由微分中值公式, 对三角函数 $\cos\theta$ 显然有

$$|\cos\theta_1 - \cos\theta_2| \leqslant |\theta_1 - \theta_2|.$$

因此当 $|\theta_1 - \theta_2| \leqslant \delta$ 时, 利用变量代换关系, 可得估计式

$$
\begin{aligned}
|g(\theta_1) - g(\theta_2)| &= |\varphi(\cos\theta_1) - \varphi(\cos\theta_2)| \\
&\leqslant \omega_\varphi(|\cos\theta_1 - \cos\theta_2|) \\
&\leqslant \omega_\varphi(|\theta_1 - \theta_2|) \leqslant \omega_\varphi(\delta) \\
&= \max_{|t_1 - t_2| \leqslant \delta} \left| f\left(\frac{(b - a)t_1 + (b + a)}{2}\right) - f\left(\frac{(b - a)t_2 + (b + a)}{2}\right) \right| \\
&\leqslant \omega_f\left(\frac{1}{2}(b - a)\delta\right).
\end{aligned}
$$

再由性质 1.3 的第 (4) 条, 可知

$$\omega_f\left(\frac{1}{2}(b - a)\delta\right) \leqslant \left(\frac{1}{2}(b - a) + 1\right)\omega_f(\delta). \qquad \square$$

有了以上内容作准备, 我们便不难根据三角多项式最佳逼近的 Jackson 定理推出代数多项式最佳逼近的相应结论.

定理 1.20 (Jackson 定理 4) 设 $f(x) \in C[a, b]$, 则

$$\Delta(f, \mathbb{P}_n) \leqslant K'\omega_f\left(\frac{b - a}{2n}\right) \leqslant K\omega_f\left(\frac{1}{n}\right), \quad n = 1, 2, 3, \cdots,$$

其中 K' 为与 n 无关的常数, 而 $K = \left(\dfrac{1}{2}(b - a) + 1\right)K'$.

证明 令 $g(\theta)$ 表示 $f(x)$ 的诱导函数. 利用引理 1.18 及引理 1.19, 结合 Jackson 定理 2(定理 1.14), 可知

$$\Delta(f, \mathbb{P}_n) = \Delta(g, \mathbb{T}_n) \leqslant K'\omega_g\left(\frac{1}{n}\right) \leqslant K'\omega_f\left(\frac{b - a}{2n}\right) \leqslant K\omega_f\left(\frac{1}{n}\right),$$

其中 K', K 为与 n 无关的常数, 且

$$K = \left(\frac{1}{2}(b-a) + 1 \right) K'.$$

从而定理得证. □

Jackson 定理 4 (定理 1.20) 给出了 $C[a,b]$ 上的函数用代数多项式最佳逼近时的收敛阶. 利用 Jackson 定理 4, 不难得出如下一系列结论:

推论 1.6 设 $f(x) \in C[a,b]$ 且 $f(x) \in Lip_M \alpha$, 其中 $0 < \alpha \leqslant 1$, 则

$$\Delta(f, \mathbb{P}_n) \leqslant KM \left(\frac{1}{n} \right)^\alpha, \quad n = 1, 2, 3, \cdots,$$

其中 K 为与 n 无关的常数.

推论 1.7 设 $f(x) \in C^1[a,b]$, 则

$$\Delta(f, \mathbb{P}_n) \leqslant K \frac{1}{n} \|f'\|_\infty, \quad n = 1, 2, 3, \cdots,$$

其中 K 为与 n 无关的常数.

引理 1.21 若 $f(x) \in C^1[a,b]$, 则 $\mathbb{P}_n$ 上关于 $f(x)$ 的最佳逼近与 $\mathbb{P}_{n-1}$ 上关于 $f'(x)$ 的最佳逼近满足

$$\Delta(f, \mathbb{P}_n) \leqslant \frac{K}{n} \Delta(f', \mathbb{P}_{n-1}),$$

其中 K 为与 n 无关的常数.

证明 设 $p(x)$ 是 $f'(x)$ 的 $(n-1)$ 次最佳逼近多项式, 则

$$|f'(x) - p(x)| \leqslant \Delta(f', \mathbb{P}_{n-1}),$$

令

$$\varphi(x) = f(x) - \int_0^x p(t)\, \mathrm{d}t,$$

对其关于 x 求导数, 则

$$\varphi'(x) = f'(x) - p(x),$$

从而

$$|\varphi'(x)| \leqslant \Delta(f', \mathbb{P}_{n-1}).$$

再利用推论 1.7 便推出

$$\Delta(\varphi, \mathbb{P}_n) \leqslant \frac{K}{n} \Delta(f', \mathbb{P}_{n-1}),$$

其中 K 为与 n 无关的常数. 注意 $\int_0^x p(t)\, \mathrm{d}t$ 为 $\mathbb{P}_n$ 中的多项式, 故

$$\Delta(f, \mathbb{P}_n) \leqslant \Delta(\varphi, \mathbb{P}_n) \leqslant \frac{K}{n} \Delta(f', \mathbb{P}_{n-1}),$$

从而可知引理成立. □

如果 $f(x)$ 在 $[a,b]$ 上具有高阶导数的连续性, 那么还有如下更一般的结果:

> **定理 1.22 (Jackson 定理 5)**　设 $f(x) \in C^k[a,b]$, 其中整数 k 满足 $0 \leqslant k < n$, 则
> $$\Delta(f, \mathbb{P}_n) \leqslant K \left(\frac{1}{n}\right)^k \omega_{f^{(k)}} \left(\frac{b-a}{2(n-k)}\right), \quad n = 1, 2, 3, \cdots,$$
> 其中 K 是一个与 n 无关的常数.

证明　反复利用引理 1.21, 得出

$$\begin{aligned}
\Delta(f, \mathbb{P}_n) &\leqslant K_1 \left(\frac{1}{n}\right) \Delta(f', \mathbb{P}_{n-1}) \\
&\leqslant K_2 \left(\frac{1}{n}\right) \left(\frac{1}{n-1}\right) \Delta(f'', \mathbb{P}_{n-2}) \\
&\leqslant \cdots \\
&\leqslant K_{k-1} \left(\frac{1}{n}\right) \left(\frac{1}{n-1}\right) \cdots \left(\frac{1}{n-k+1}\right) \Delta(f^{(k)}, \mathbb{P}_{n-k}) \\
&\leqslant K' \left(\frac{1}{n}\right)^k \Delta(f^{(k)}, \mathbb{P}_{n-k}),
\end{aligned} \tag{1.50}$$

其中 K' 与 n 无关. 再根据 Jackson 定理 4(定理 1.20) 的证明过程, 可知

$$\Delta(f^{(k)}, \mathbb{P}_{n-k}) \leqslant L \omega_{f^{(k)}} \left(\frac{b-a}{2(n-k)}\right),$$

其中 L 与 n 无关. 以此代入不等式 (1.50), 令 $K = K'L$, 从而定理得证. □

如果对 Jackson 定理 5 再继续利用引理 1.19 或定理 1.20 的证明过程, 我们还可以得到另外的一种收敛阶估计

$$\Delta(f, \mathbb{P}_n) \leqslant K \left(\frac{1}{n}\right)^k \omega_{f^{(k)}} \left(\frac{1}{n-k}\right),$$

其中 K 为与 n 无关的常数.

值得注意的是, 前面所有的 Jackson 定理中的收敛阶系数 K 与 K' 都与 n 无关, 但与区间 $[a,b]$ 以及具有的连续导数阶数 k 是有关的.

■ 习题 1

1. 证明: 按范数
$$\|f\|_4 = \left[\int_a^b |f(x)|^4 \mathrm{d}x\right]^{\frac{1}{4}}, \quad f(x) \in C[a,b],$$
$C[a,b]$ 构成赋范线性空间, 且范数 $\|\cdot\|_4$ 是严格凸的.

2. 证明: 赋范线性空间 X 的范数 $\|\cdot\|$ 是严格凸的, 当且仅当对任意的 $\|x\| = \|y\| = 1$ 且 $x \neq y$, 成立

$$\|cx + (1-c)y\| < 1, \quad c \in (0,1).$$

3. 设 $f(x) = \sin\left(\dfrac{\pi}{4}x\right)$, 给出 $[0,1]$ 上的 Bernstein 多项式 $B_1^f(x)$ 与 $B_3^f(x)$.

4. 构造适当的线性变换, 使得 Bernstein 多项式序列可以一致逼近任意有限区间 $[a,b]$ 上的连续函数 $f(x)$.

5. 当 $f(x)$ 为任意线性多项式时, 证明: $B_n^f(x) = f(x)$. (此性质说明 Bernstein 算子具有线性多项式再生性.)

6. 证明定理 1.4.

7. 证明: n 次 Bernstein 基函数具有积分等值性, 即

$$\int_0^1 B_i^n(x)\mathrm{d}x = \frac{1}{n+1}, \quad i = 0, 1, \cdots, n.$$

8. 对 $f(x) \in C[0,1]$, 证明: Bernstein 多项式的逼近阶为

$$\max_{x \in [0,1]} \left| f(x) - B_n^f(x) \right| = \left\| f - B_n^f \right\|_\infty \leqslant \frac{5}{4} \omega_f\left(\frac{1}{\sqrt{n}}\right).$$

若 $f(x) \in C^1[0,1]$, 则 Bernstein 多项式的逼近阶为

$$\max_{x \in [0,1]} \left| f(x) - B_n^f(x) \right| = \left\| f - B_n^f \right\|_\infty \leqslant \frac{5}{4\sqrt{n}} \|f'\|_\infty.$$

9. 证明: 如果多项式 $p^*(x)$ 为 $f(x)$ 在 $[a,b]$ 上的最佳 n 次逼近多项式, 那么 $f(x) - p(x)$ 在 $[a,b]$ 上的正、负偏差点一定同时存在, 即 $E^+(f-p)$ 与 $E^-(f-p)$ 都是非空集合.

10. 设 $f(x) = x^2$, 求 $f(x)$ 在 $[0,1]$ 上的一次最佳逼近多项式.

11. 求常数 a, b, 使得 $\max\{|\mathrm{e}^x - ax - b|, x \in [0,1]\}$ 最小.

12. 证明: Chebyshev 多项式满足

$$T_m(T_n(x)) = T_n(T_m(x)) = T_{mn}(x),$$
$$T_{2n}(x) = T_n(2x^2 - 1).$$

13. 在一切最高次项系数为 1 的 n 次多项式中, 寻找在 $[a,b]$ 上与零偏差最小的多项式.

14. 在一切最高次项系数为 $a(a \neq 0)$ 的 n 次多项式中, 寻找在 $[-1,1]$ 上与零偏差最小的多项式.

15. 给定 4 次多项式 $f(x) = x^4 - x^3 + x^2 - x + 1$, $x \in [0,1]$, 在允许误差 0.008 的要求下, 降低 $f(x)$ 的次数.

16. 证明 Kolmogorov 定理 (定理 1.9).

17. 利用 Remez 算法, 编程计算 $f(x) = e^x$ 在 $[0,1]$ 上的近似一次最佳逼近多项式, 算法终止误差要求小于 $\varepsilon = 10^{-6}$, 计算要求保留小数点后 10 位.

18. 证明: 对任意给定的 $f(x) \in C_{2\pi}$, 总存在 $T^*(x) \in \mathbb{T}_n$, 使得

$$\Delta(f, T^*) = \Delta(f, \mathbb{T}_n).$$

19. 证明性质 1.3 的第 (3) 条.

20. 利用一元 Bernstein 基函数, 尝试构造二元张量积型 Bernstein 基函数, 并用它们来一致逼近二元连续函数.

习题 1 典型习题
解答或提示

上机实验
练习 1 与答案

上机实验练习 1
程序代码

2　最佳平方逼近

在线性空间中引进内积, 从而构成内积空间, 由内积又可诱导出范数, 称为平方范数. 在此意义上, 内积空间也是一种赋范线性空间, 该空间中在平方范数度量下的最佳逼近问题称为最佳平方逼近问题. 在本章中, 我们将介绍最佳平方逼近的基础理论、正交多项式系的相关知识以及最小二乘法.

2.1　内积空间上的最佳逼近

定义 2.1　假设 X 是实线性空间, 如果在其上定义一个满足如下性质的二元实值函数 $(\cdot, \cdot)$:

(1) $(x, y) = (y, x), \forall x, y \in X$;

(2) $(\lambda x, y) = \lambda(x, y), \forall x, y \in X, \forall \lambda \in \mathbb{R}$;

(3) $(x + y, z) = (x, z) + (y, z), \forall x, y, z \in X$;

(4) $(x, x) \geqslant 0, \forall x \in X$, 且 $(x, x) = 0 \Longleftrightarrow x = 0$,

则称实值函数 $(\cdot, \cdot)$ 为 X 上的内积, 而 X 称为内积空间.

对内积空间 X, 如果 $x, y \in X$ 满足 $(x, y) = 0$, 则称 x, y 是正交的. 对任意的 $x \in X$, 称

$$\|x\| = \sqrt{(x, x)} \tag{2.1}$$

为 x 的长度.

性质 2.1　内积空间 X 满足如下性质:

(1) 平行四边形法则: $\forall x, y \in X$,

$$\|x + y\|^2 + \|x - y\|^2 = 2(\|x\|^2 + \|y\|^2);$$

(2) Schwarz 不等式: $\forall x, y \in X$,

$$|(x, y)| \leqslant \|x\| \cdot \|y\|;$$

(3) 公式 (2.1) 满足范数的定义 (定义 1.1). 换句话说, 按 (2.1) 式所定义的内积空间 X 是赋范线性空间.

按内积与长度的定义, 性质 2.1 中的第 (1) 条和第 (2) 条容易验证, 留作习题, 请读者自行完成; 第 (3) 条借助 Schwarz 不等式也容易得出. 值得注意的是, 其中的 (3) 说明, 内积空间都是赋范线性空间, 反之却不尽然. 例如, 具有范数 $\|\cdot\|_\infty$ 的连续函数空间 $C[a, b]$ 就不是内积空间.

例 2.1 最简单的内积空间是 Euclid 空间 $\mathbb{R}^n$, 它也是线性空间. 任取

$$\boldsymbol{x} = (x_1, x_2, \cdots, x_n)^{\mathrm{T}}, \quad \boldsymbol{y} = (y_1, y_2, \cdots, y_n)^{\mathrm{T}} \in \mathbb{R}^n,$$

定义内积

$$(\boldsymbol{x}, \boldsymbol{y}) = \boldsymbol{x}^{\mathrm{T}} \boldsymbol{y} = \sum_{i=1}^{n} x_i y_i. \tag{2.2}$$

容易验证, 由 (2.2) 式定义的内积, 满足定义 2.1 中关于内积的四条性质. 进一步, 此内积按照 (2.1) 式所定义的范数

$$\|\boldsymbol{x}\| = \sqrt{(\boldsymbol{x}, \boldsymbol{x})} = \sqrt{\sum_{i=1}^{n} x_i^2}, \quad \boldsymbol{x} \in \mathbb{R}^n$$

使得 $\mathbb{R}^n$ 构成赋范线性空间, 而它与由 (1.1) 式所定义的 Euclid 范数 (2–范数) 是一致的.

由于内积空间构成赋范线性空间, 因此内积空间 X 中的最佳逼近问题同样可以由定义 1.2 所定义, 在此不做赘述. 对内积空间 X 而言, 若其子空间 Y 是有限维的, 那么其最佳逼近元的存在性由定理 1.1 可以保证. 对于最佳逼近元的唯一性, 利用定理 1.2 和如下引理可以得到:

引理 2.1 内积空间是严格凸的.

证明 设 X 是内积空间, $x, y \in X$. 假定 $x \neq y$ 且 $\|x\| = \|y\| = 1$, 则有 $\|x - y\| = \alpha > 0$. 利用性质 2.1 的第 (1) 条 (平行四边形法则),

$$\|x + y\|^2 = -\|x - y\|^2 + 2(\|x\|^2 + \|y\|^2)$$
$$= -\alpha^2 + 4$$
$$< 4,$$

因此, $\|x + y\| < 2$. □

定理 2.2 设 X 是内积空间, Y 是 X 的一个有限维子空间, 则对任意的 $f \in X$, 它在 Y 中的最佳逼近元存在且唯一.

关于内积空间的最佳逼近, 我们已经解决其存在性与唯一性问题, 为了给出最佳逼近特征定理, 我们需要先将逼近子空间与最佳逼近问题具体化. 设 X 是内积空间, 其 n 维子空间 Φ_n 由 X 中 n 个线性无关元素 $\varphi_i\ (i = 1, 2, \cdots, n)$ 生成, 即

$$\Phi_n = span\{\varphi_1, \varphi_2, \cdots, \varphi_n\}.$$

对 $f \in X$, 其在 Φ_n 上的最佳逼近定义为

$$\Delta(f, \Phi_n) = \|f - \varphi^*\| = \inf_{\varphi \in \Phi_n} \|f - \varphi\|, \tag{2.3}$$

其中元素 φ^* 为 f 在 Φ_n 上的唯一最佳逼近元.

> **定理 2.3** 设 X 是内积空间, $f \in X$, 则 $\varphi^* \in \Phi_n$ 为 f 在 Φ_n 上的最佳逼近元的充要条件是
>
> $$(f - \varphi^*, \varphi) = 0, \quad \forall \varphi \in \Phi_n. \tag{2.4}$$

定理 2.3 给出了最佳逼近元的特征, 其几何解释为: f 在 Φ_n 上的最佳逼近元就是 f 在 Φ_n 上的正交投影, 如图 2.1 所示.

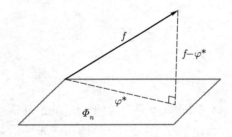

图 2.1 最佳逼近元的几何解释

由于 Φ_n 由 $\{\varphi_i\}_{i=1}^n$ 生成, 那么定理 2.3 与如下定理 2.4 等价, 因此我们只需证明定理 2.4 即可.

> **定理 2.4** 设 X 是内积空间, $f \in X$, 则 $\varphi^* \in \Phi_n$ 为 f 在 Φ_n 上的最佳逼近元的充要条件是
>
> $$(f - \varphi^*, \varphi_i) = 0, \quad i = 1, 2, \cdots, n. \tag{2.5}$$

证明 先证必要性. 假设存在某个元素 $\varphi_k, k \in \{1, 2, \cdots, n\}$, 使得

$$(f - \varphi^*, \varphi_k) = \beta \neq 0,$$

则构造 Φ_n 中的元素

$$\overline{\varphi} = \varphi^* + \frac{\beta \varphi_k}{(\varphi_k, \varphi_k)}.$$

注意内积满足

$$(x - y, x - y) = (x, x) - 2(x, y) + (y, y),$$

于是

$$\begin{aligned}
\|f - \overline{\varphi}\|^2 &= (f - \overline{\varphi}, f - \overline{\varphi}) \\
&= (f - \varphi^*, f - \varphi^*) - \frac{2\beta}{(\varphi_k, \varphi_k)}(f - \varphi^*, \varphi_k) + \frac{\beta^2}{(\varphi_k, \varphi_k)} \\
&= \|f - \varphi^*\|^2 - \frac{\beta^2}{(\varphi_k, \varphi_k)} \\
&< \|f - \varphi^*\|^2.
\end{aligned}$$

这与 φ^* 是 f 在 Φ_n 中的最佳逼近元相矛盾, 必要性得证.

再证充分性. 任取 $\varphi \in \Phi_n$, 其表示为 $\varphi = c_1\varphi_1 + c_2\varphi_2 + \cdots + c_n\varphi_n$. 若 (2.5) 式成立, 则利用内积的线性性质, 必有

$$(f - \varphi^*, \varphi) = \sum_{i=1}^{n} c_i(f - \varphi^*, \varphi_i) = 0.$$

因此, 对任意 $\varphi \in \Phi_n$, 有

$$\begin{aligned}
\|f - \varphi\|^2 &= \|f - \varphi^* + \varphi^* - \varphi\|^2 \\
&= \|f - \varphi^*\|^2 + 2(f - \varphi^*, \varphi^* - \varphi) + \|\varphi^* - \varphi\|^2 \\
&= \|f - \varphi^*\|^2 + \|\varphi^* - \varphi\|^2 \\
&\geqslant \|f - \varphi^*\|^2.
\end{aligned} \tag{2.6}$$

等号成立当且仅当 $\varphi = \varphi^*$. 因此, φ^* 是 f 关于 Φ_n 的最佳逼近元. □

定理 2.3 与定理 2.4 给出了 f 在 Φ_n 上最佳逼近元 φ^* 的结构特征, 也称为最佳逼近的特征定理. 但遗憾的是, 从这两个定理出发并不能很容易地构造出最佳逼近元, 我们需要另外寻找 φ^* 的求解方法.

设 $\varphi^* = c_1^*\varphi_1 + c_2^*\varphi_2 + \cdots + c_n^*\varphi_n$, 将其代入公式 (2.5) 中, 可以得到

$$\left(f - \sum_{k=1}^{n} c_k^*\varphi_k, \varphi_i\right) = 0, \quad i = 1, 2, \cdots, n,$$

即

$$\sum_{k=1}^{n} c_k^*(\varphi_k, \varphi_i) = (f, \varphi_i), \quad i = 1, 2, \cdots, n. \tag{2.7}$$

引进记号 $\boldsymbol{c}^* = (c_1^*, c_2^*, \cdots, c_n^*)^{\mathrm{T}}$ 和矩阵

$$\boldsymbol{G} = \begin{pmatrix}
(\varphi_1, \varphi_1) & (\varphi_2, \varphi_1) & \cdots & (\varphi_n, \varphi_1) \\
(\varphi_1, \varphi_2) & (\varphi_2, \varphi_2) & \cdots & (\varphi_n, \varphi_2) \\
\vdots & \vdots & & \vdots \\
(\varphi_1, \varphi_n) & (\varphi_2, \varphi_n) & \cdots & (\varphi_n, \varphi_n)
\end{pmatrix},$$

则 (2.7) 式可以改写成线性方程组

$$Gc^* = ((f, \varphi_1), (f, \varphi_2), \cdots, (f, \varphi_n))^{\mathrm{T}}. \tag{2.8}$$

如果矩阵 G 是非奇异的, 则从 (2.8) 式可唯一解出 c^*, 从而可以求出最佳逼近元 φ^*. 因此, 特征定理 2.4 实际上给出了一种计算最佳逼近元 φ^* 的方法. 实对称矩阵 G 称为关于 $\varphi_1, \varphi_2, \cdots, \varphi_n$ 的 Gram 矩阵, 而相应的行列式称为 Gram 行列式, 它有如下性质:

> **定理 2.5** 设 X 是内积空间, 则 X 中的元素 $\varphi_1, \varphi_2, \cdots, \varphi_n$ 线性无关的充要条件是相应的 Gram 行列式不为零.

证明 为简单起见, 我们证明与本定理等价的另一形式: 设 X 是内积空间, 则 X 中的元素 $\varphi_1, \varphi_2, \cdots, \varphi_n$ 线性相关的充要条件是相应的 Gram 行列式为零.

先证必要性. 假设 $\varphi_1, \varphi_2, \cdots, \varphi_n$ 线性相关, 则必存在不全为零的数 $c_i(i = 1, 2, \cdots, n)$, 满足

$$c_1\varphi_1 + c_2\varphi_2 + \cdots + c_n\varphi_n = 0.$$

上式两端分别关于 $\varphi_i(i = 1, 2, \cdots, n)$ 作内积, 得

$$\sum_{k=1}^n c_k(\varphi_k, \varphi_i) = 0, \quad i = 1, 2, \cdots, n. \tag{2.9}$$

方程组 (2.9) 可以改写成矩阵形式 $Gc = 0$, 其中 $c = (c_1, c_2, \cdots, c_n)^{\mathrm{T}}$. 因此齐次方程组 (2.9) 有非零解, 从而 G 为降秩矩阵, 即 Gram 行列式为零.

再证充分性. 若 $\det G = 0$, 则方程组 (2.9) 必有非零解向量 $c = (c_1, c_2, \cdots, c_n)^{\mathrm{T}}$. 令

$$\varphi = \sum_{k=1}^n c_k\varphi_k,$$

则方程组 (2.9) 可改写为

$$(\varphi, \varphi_i) = 0, \quad i = 1, 2, \cdots, n. \tag{2.10}$$

依次对 (2.10) 式两边同乘 c_i, 再关于 i 从 1 到 n 求和, 可得

$$(\varphi, \varphi) = 0,$$

利用内积定义推出 $\varphi = 0$, 即 $\sum_{k=1}^n c_k\varphi_k = 0$. 由于 $c = (c_1, c_2, \cdots, c_n)^{\mathrm{T}}$ 为非零向量, 因此 $\varphi_1, \varphi_2, \cdots, \varphi_n$ 线性相关. □

实际上, 对 Gram 行列式而言, 还有更进一步的结论, 我们在此不加证明地给出下面的定理, 感兴趣的读者可以自行证明或参考文献 [11].

> **定理 2.6** 设 X 是内积空间, 则 X 中的线性无关元素 $\varphi_1, \varphi_2, \cdots, \varphi_n$ 构成的 Gram 行列式大于零.

定理 2.5 表明, 若 $\varphi_1, \varphi_2, \cdots, \varphi_n$ 线性无关, 则方程组 (2.8) 具有唯一解, 从而可求出最佳逼近元, 该方程组也称求解最佳逼近元 φ^* 的法方程组. 在实际数值计算中, Gram 矩阵 G 是实对称矩阵, 虽然求解方程组 (2.8) 可以采用相应的数值算法, 但是一般来说仍不易求解. 经常采取的方法是, 寻找适当的线性无关元素 $\varphi_1, \varphi_2, \cdots, \varphi_n$, 使得 Gram 矩阵具有特殊性, 从而简化求解. 当然, 最为容易求解的就是当 G 为单位矩阵时, 此时 $\varphi_1, \varphi_2, \cdots, \varphi_n$ 具有规范正交性. 我们将在后续内容中着重介绍 $\varphi_1, \varphi_2, \cdots, \varphi_n$ 的选择与构造.

下面我们给出最佳逼近的误差估计式. 假设 $\varphi^* = c_1^* \varphi_1 + c_2^* \varphi_2 + \cdots + c_n^* \varphi_n$ 是 f 在子空间 Φ_n 上的最佳逼近元, 则

$$
\begin{aligned}
\|f - \varphi^*\|_2^2 &= (f - \varphi^*, f - \varphi^*) \\
&= (f - \varphi^*, f) - (f - \varphi^*, \varphi^*) \\
&= (f - \varphi^*, f) = (f, f) - (f, \varphi^*) \\
&= \|f\|^2 - \sum_{i=1}^{n} c_i^* (f, \varphi_i).
\end{aligned}
\tag{2.11}
$$

至此, 关于内积空间中的最佳逼近元的存在性、唯一性、结构特征、构造方法与误差估计已给出. 利用公式 (2.6), 令 $\varphi = 0$, 有

$$
\|f\|^2 = \|f - \varphi^*\|^2 + \|\varphi^*\|^2,
$$

这更加明显地在几何上解释了 f 在 Φ_n 上的最佳逼近元就是 f 在 Φ_n 上的正交投影 (图 2.1).

2.2 最佳平方逼近

上一节介绍了内积空间上最佳逼近的一般理论, 本节将问题具体化, 引进一类非常重要的内积空间 $L_\rho^2[a, b]$, 并讨论其上函数的最佳逼近问题.

为保证数学理论的严密性, 我们采用 Lebesgue 积分、零测度集与可测函数等概念来定义 $L_\rho^2[a, b]$, 这些概念在实变函数中有详细的定义, 在此不做过多介绍. 对没有学过实变函数的读者, 在不影响数学理论严密性的情况下, 不妨把 Lebesgue 可积理解为通常意义下的 Riemann 可积, 把零测度集理解为空集, 而把可测函数看做连续 (或分段连续) 函数.

> **定义 2.2** 如果 $\rho(x)$ 是 $[a, b]$ 上 Lebesgue 可积的非负函数, 并且至多在一个零测度集上为零, 则称 $\rho(x)$ 是 $[a, b]$ 上的权函数.

设 $\rho(x)$ 是 $[a,b]$ 上的权函数, 在 $[a,b]$ 上满足 $\rho(x)f^2(x)$ 为 Lebesgue 可积的所有可测函数 $f(x)$ 的集合构成一个线性空间, 记为 $L_\rho^2[a,b]$. 在 $L_\rho^2[a,b]$ 上定义二元函数 $(\cdot,\cdot)$:

$$(f,g) = \int_a^b \rho(x)f(x)g(x)\,\mathrm{d}x, \quad f(x), g(x) \in L_\rho^2[a,b], \tag{2.12}$$

可以验证其满足定义 2.1 中关于内积的四条性质, 因此 $L_\rho^2[a,b]$ 构成内积空间. 在此内积基础上定义 $L_\rho^2[a,b]$ 上的范数

$$\|f\|_2 = \sqrt{(f,f)} = \left(\int_a^b \rho(x)f^2(x)\,\mathrm{d}x \right)^{\frac{1}{2}}, \quad f(x) \in L_\rho^2[a,b], \tag{2.13}$$

从而 $L_\rho^2[a,b]$ 构成赋范线性空间. 可以借助赋范线性空间与内积空间上的最佳逼近理论, 来讨论空间 $L_\rho^2[a,b]$ 上的最佳逼近问题.

定义 2.3 设 $f(x) \in L_\rho^2[a,b]$, Φ_n 是由 $L_\rho^2[a,b]$ 中 n 个线性无关的函数 $\varphi_i(x)(i=1,2,\cdots,n)$ 生成的 n 维子空间, 即

$$\Phi_n = span\{\varphi_1(x), \varphi_2(x), \cdots, \varphi_n(x)\}. \tag{2.14}$$

称

$$\Delta(f, \Phi_n) = \inf_{\varphi(x) \in \Phi_n} \|f - \varphi\|_2 \tag{2.15}$$

为空间 Φ_n 对 $f(x)$ 的最佳平方逼近, 空间 Φ_n 中满足

$$\|f - \varphi^*\|_2 = \inf_{\varphi(x) \in \Phi_n} \|f - \varphi\|_2 = \Delta(f, \Phi_n) \tag{2.16}$$

的函数 $\varphi^*(x)$ 称为 $f(x)$ 在 Φ_n 上的最佳平方逼近函数.

由于 $L_\rho^2[a,b]$ 是内积空间, 利用第 2.1 节中内积空间上最佳逼近的相关结论, 可以得到 $L_\rho^2[a,b]$ 上最佳平方逼近函数的存在性、唯一性、误差估计、结构特征以及一般构造方法. 利用公式 (2.7), 结合内积定义 (2.12), 求解线性方程组

$$\sum_{i=1}^n c_i^* \int_a^b \rho(x)\varphi_i(x)\varphi_k(x)\,\mathrm{d}x = \int_a^b \rho(x)f(x)\varphi_k(x)\,\mathrm{d}x, \quad k=1,2,\cdots,n, \tag{2.17}$$

从而构造出 $f(x)$ 在 Φ_n 上的最佳平方逼近函数

$$\varphi^*(x) = c_1^*\varphi_1(x) + c_2^*\varphi_2(x) + \cdots + c_n^*\varphi_n(x).$$

例 2.2 在线性多项式空间中构造 $f(x) = \sqrt{x} \in L_\rho^2\left[\dfrac{1}{4}, 1\right]$ 的最佳平方逼近多项式, 其中权函数 $\rho(x) = 1$.

解 取线性多项式空间的基函数为幂基, 即 $\mathbb{P}_1 = span\{\varphi_1(x), \varphi_2(x)\}$, 其中 $\varphi_1(x) = 1, \varphi_2(x) = x$. 设 $f(x)$ 在 $\mathbb{P}_1$ 上的最佳平方逼近多项式为

$$\varphi^*(x) = c_1^* \varphi_1(x) + c_2^* \varphi_2(x),$$

注意 $\rho(x) = 1$, 可得

$$(\varphi_1, \varphi_1) = \int_{1/4}^1 1 \mathrm{d}x = \frac{3}{4}, \quad (\varphi_1, \varphi_2) = \int_{1/4}^1 x \mathrm{d}x = \frac{15}{32},$$

$$(\varphi_2, \varphi_1) = (\varphi_1, \varphi_2) = \frac{15}{32}, \quad (\varphi_2, \varphi_2) = \int_{1/4}^1 x^2 \mathrm{d}x = \frac{21}{64},$$

$$(f, \varphi_1) = \int_{1/4}^1 \sqrt{x} \mathrm{d}x = \frac{7}{12}, \quad (f, \varphi_2) = \int_{1/4}^1 x\sqrt{x} \mathrm{d}x = \frac{31}{80}.$$

利用公式 (2.17), 方程组为

$$\begin{cases} \dfrac{3}{4} c_1^* + \dfrac{15}{32} c_2^* = \dfrac{7}{12}, \\ \dfrac{15}{32} c_1^* + \dfrac{21}{64} c_2^* = \dfrac{31}{80}, \end{cases}$$

求解得到 $c_1^* = \dfrac{10}{27}, c_2^* = \dfrac{88}{135}$, 从而最佳平方逼近多项式为

$$\varphi^*(x) = \frac{10}{27} + \frac{88}{135} x.$$

回顾例 1.5 与 (1.29) 式, $f(x) = \sqrt{x}$ 在 $\left[\dfrac{1}{4}, 1\right]$ 上的一次最佳一致逼近多项式为

$$p^*(x) = \frac{17}{48} + \frac{2}{3} x.$$

在例 1.9 中, 利用 Remez 算法, 我们也给出其近似一次最佳一致逼近多项式. 由 Maple 生成的图 2.2 显示了 $f(x) = \sqrt{x}$ 与其一次最佳平方逼近多项式 $\varphi^*(x)$, 图 2.3(a) 与 (b) 分别给出 $p^*(x)$ 与 $\varphi^*(x)$ 关于 $\sqrt{x}$ 的逼近与相应的误差函数 $f(x) - p^*(x), f(x) - \varphi^*(x)$. 由于使用的度量 (范数) 不同, 虽然采用的都是线性多项式, 但是结果不同. 相对来说, 例 1.5 和例 1.9 中的计算比这里的要复杂. 对于同一个给定的函数, 要根据实际问题来选择合适的范数与逼近方式.

上一节已经在理论上给出方程组 (2.17) 是唯一可解的. 在实际数值计算中, 方程组 (2.17) 对应的 Gram 矩阵虽然是实对称矩阵, 但一般来说仍不易求解. 如果在子空间 Φ_n 中选择适当的基函数, 那么方程组 (2.17) 的系数矩阵 (即 Gram 矩阵) 将会有更简单的结构, 不但相应的求解大大简化, 而且还可以提高求解过程的数值稳定性.

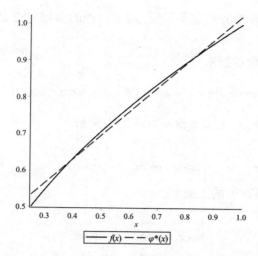

图 2.2 $f(x) = \sqrt{x}$ 的一次最佳平方逼近多项式

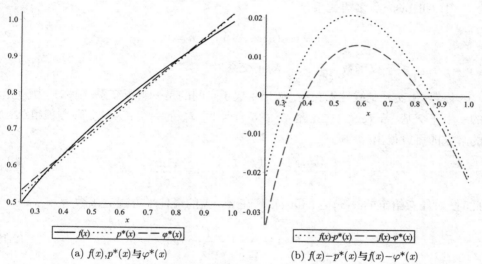

(a) $f(x), p^*(x)$ 与 $\varphi^*(x)$

(b) $f(x) - p^*(x)$ 与 $f(x) - \varphi^*(x)$

图 2.3 $f(x) = \sqrt{x}$ 的一次最佳一致逼近与最佳平方逼近多项式及其误差函数

定义 2.4 若给定的函数系 $\{\varphi_i(x)\}_{i=1}^{\infty} \subset L_\rho^2[a, b]$ 满足

$$(\varphi_i, \varphi_j) = \int_a^b \rho(x)\varphi_i(x)\varphi_j(x)\,\mathrm{d}x \begin{cases} = 0, & i \neq j, \\ \neq 0, & i = j, \end{cases}$$

则称 $\{\varphi_i(x)\}_{i=1}^{\infty}$ 为在 $[a, b]$ 上关于权 $\rho(x)$ 的正交函数系, 简称正交系. 若正交系 $\{\varphi_i(x)\}_{i=1}^{\infty}$ 满足

$$(\varphi_i, \varphi_i) = \int_a^b \rho(x)\varphi_i^2(x)\,\mathrm{d}x = 1, \quad i = 1, 2, \cdots,$$

即 $\|\varphi_i\|_2 = 1, i = 1, 2, \cdots$, 则称 $\{\varphi_i(x)\}_{i=1}^{\infty}$ 为标准正交系.

以下给出 4 个常见的正交系实例, 对于其他的多项式正交系我们将在后面内容中着重介绍.

例 2.3 (1) 三角函数系

$$1, \cos x, \sin x, \cos 2x, \sin 2x, \cdots, \cos nx, \sin nx, \cdots$$

是定义在闭区间 $[-\pi, \pi]$ 上关于权函数 1 的正交系;

(2) 余弦函数系

$$1, \cos x, \cos 2x, \cdots, \cos nx, \cdots$$

是 $[0, \pi]$ 上关于权函数 1 的正交系;

(3) 正弦函数系

$$\sin x, \sin 2x, \cdots, \sin nx, \cdots$$

是 $[0, \pi]$ 上关于权函数 1 的正交系;

(4) Chebyshev 多项式系

$$T_n(x) = \cos(n \arccos x), \quad n = 0, 1, \cdots$$

是 $[-1, 1]$ 上关于权函数 $\dfrac{1}{\sqrt{1-x^2}}$ 的正交系.

显然, 正交系是线性无关的. 如果生成子空间的是一组正交系, 则称其为该空间的一组正交基. 若 $\{\varphi_i(x)\}_{i=1}^n$ 是 $L_\rho^2[a,b]$ 子空间 Φ_n 的一组正交基, 则方程组 (2.17) 的解立即可以得出:

$$c_i^* = \frac{(\varphi_i, f)}{(\varphi_i, \varphi_i)} = \frac{(\varphi_i, f)}{\|\varphi_i\|_2^2}, \quad i = 1, 2, \cdots, n. \tag{2.18}$$

此时, 对任意给定的 $f(x) \in L_\rho^2[a,b]$, 其在 Φ_n 上的最佳平方逼近函数为

$$\varphi^*(x) = \sum_{i=1}^n \frac{(\varphi_i, f)}{\|\varphi_i\|_2^2} \varphi_i(x). \tag{2.19}$$

同时, 由 (2.11) 式, 可以得到最佳逼近为

$$\Delta(f, \Phi_n) = \sqrt{\|f\|_2^2 - \sum_{i=1}^n (c_i^*)^2 \|\varphi_i\|_2^2}, \tag{2.20}$$

即

$$\Delta^2(f, \Phi_n) = \|f\|_2^2 - \sum_{i=1}^n (c_i^*)^2 \|\varphi_i\|_2^2. \tag{2.21}$$

由此, 我们可以得到如下定理:

定理 2.7 若 $\{\varphi_i(x)\}_{i=1}^n$ 是 $L_\rho^2[a,b]$ 子空间 Φ_n 的一组正交基, 则对任意给定的函数 $f(x) \in L_\rho^2[a,b]$, 其在 Φ_n 上的最佳平方逼近函数由 (2.19) 式给出, 而相应的最佳逼近由 (2.20) 式给出.

值得注意的是, 如果我们选用的正交基同时也是标准正交系, 那么公式中的 $\|\varphi_i\|_2 = 1(i = 1, 2, \cdots, n)$, 从而可以将运算更加简化. 下面将公式 (2.19) 与 $c_i^* = \dfrac{(\varphi_i, f)}{\|\varphi_i\|_2^2}$ 推广, 可以得到广义 Fourier 级数的定义.

定义 2.5 若 $\{\varphi_i(x)\}_{i=1}^{\infty} \in L_\rho^2[a, b]$ 是正交系, 设 $f(x) \in L_\rho^2[a, b]$, 则称

$$\sum_{i=1}^{\infty} c_i \varphi_i(x) \tag{2.22}$$

为 $f(x)$ 的广义 Fourier 级数, 其系数

$$c_i = \frac{(\varphi_i, f)}{\|\varphi_i\|_2^2} = \frac{\displaystyle\int_a^b \rho(x) f(x) \varphi_i(x) \, \mathrm{d}x}{\displaystyle\int_a^b \rho(x) \varphi_i^2(x) \, \mathrm{d}x}, \quad i = 1, 2, \cdots \tag{2.23}$$

称为广义 Fourier 系数, 并记

$$f(x) \sim \sum_{i=1}^{\infty} c_i \varphi_i(x).$$

符号 "$\sim$" 只能表示 $f(x)$ 的广义 Fourier 级数由 $f(x)$ 定义, 并不能断定级数的收敛性. 尽管如此, 利用以上分析, 这个级数的部分和却仍可以用来解决一般形式的最佳平方逼近问题.

定理 2.8 (Toepler 定理) 设 $\{\varphi_i(x)\}_{i=1}^{\infty}$ 为 $L_\rho^2[a, b]$ 上的正交系. 对于任意指定的正整数 n, 用线性组合式

$$\varphi(x) = \sum_{i=1}^{n} a_i \varphi_i(x)$$

构造函数对给定的 $f(x) \in L_\rho^2[a, b]$ 进行最佳平方逼近, 也就是说求解使得偏差

$$\|f - \varphi\|_2 = \left(\int_a^b \rho(x) \left[f(x) - \varphi(x) \right]^2 \mathrm{d}x \right)^{\frac{1}{2}}$$

取最小值的最佳平方逼近函数 $\varphi^*(x)$, 那么 $\varphi^*(x)$ 必等于 $f(x)$ 的广义 Fourier 级数 (2.22) 式的前 n 项部分和, 即

$$\varphi^*(x) = S_n(x) = \sum_{i=1}^{n} c_i^* \varphi_i(x),$$

其中广义 Fourier 系数 $c_i^*(i = 1, 2, \cdots, n)$ 可由 (2.23) 式求得, 而最小偏差值由公式 (2.20) 给出.

由于最佳逼近 $\Delta(f, \Phi_n) \geqslant 0$, 由 (2.21) 式知

$$\|f\|_2^2 \geqslant \sum_{i=1}^{n} (c_i^*)^2 \|\varphi_i\|_2^2, \tag{2.24}$$

再令 $n \to \infty$, 则

$$\|f\|_2^2 \geqslant \sum_{i=1}^{\infty} (c_i^*)^2 \|\varphi_i\|_2^2. \tag{2.25}$$

这就是熟知的 Bessel 不等式的推广, 我们称之为广义 Bessel 不等式. 另外, 我们称等式

$$\|f\|_2^2 = \sum_{i=1}^{\infty} (c_i^*)^2 \|\varphi_i\|_2^2 \tag{2.26}$$

为 Parseval 等式. 而 Parseval 等式成立的等价条件是广义 Fourier 级数收敛.

对 $L_\rho^2[a, b]$ 中的正交系 $\{\varphi_i(x)\}_{i=1}^{\infty}$, 若除了几乎处处为零的函数外, $L_\rho^2[a, b]$ 中不存在与 $\{\varphi_i(x)\}_{i=1}^{\infty}$ 中所有元素都正交的函数, 则称 $\{\varphi_i(x)\}_{i=1}^{\infty}$ 为完备的正交系. 事实上, 三角函数系 $\{1, \cos x, \sin x, \cos 2x, \sin 2x, \cdots\}$ 就是 $L_1^2[-\pi, \pi]$ 上的一个完备正交系, 但非标准正交系. 对正交系 $\{\varphi_i(x)\}_{i=1}^{\infty}$, 若 Parseval 等式对任意 $f(x) \in L_\rho^2[a, b]$ 都成立, 则称 $\{\varphi_i(x)\}_{i=1}^{\infty}$ 是封闭的正交系. 在此我们不展开正交系相关知识的深入讨论, 仅不加证明地给出如下部分相关结论, 详细理论可参考文献 [11].

定理 2.9　设 $\{\varphi_i(x)\}_{i=1}^{\infty} \subset L_\rho^2[a, b]$ 是正交系, 则下列论断彼此等价:

(1) $\{\varphi_i(x)\}_{i=1}^{\infty}$ 是完备的正交系;

(2) $\{\varphi_i(x)\}_{i=1}^{\infty}$ 是封闭的正交系;

(3) $span\{\varphi_i(x) \,|\, i = 1, 2, \cdots\}$ 在 $L_\rho^2[a, b]$ 中稠密;

(4) 只有几乎处处为零的函数才能与 $\{\varphi_i(x)\}_{i=1}^{\infty}$ 中所有元素都正交;

(5) Parseval 等式对任意的 $f(x) \in L_\rho^2[a, b]$ 都成立;

(6) 当 $L_\rho^2[a, b]$ 中两个函数具有相同的广义 Fourier 级数时, 它们必然几乎处处相等.

一般来说, 对 $L_\rho^2[a, b]$ 中的子空间 Φ_n, 我们初始获得的 Φ_n 的基函数不一定是正交基, 下面介绍从一般基函数出发, 构造标准正交基的方法.

设 $\{\psi_i\}_{i=1}^{n}$ 是 $L_\rho^2[a, b]$ 中的一个线性无关函数系, 我们的目的是从 $\{\psi_i\}_{i=1}^{n}$ 出发, 构造一个标准正交系 $\{\varphi_i\}_{i=1}^{n}$, 即满足

$$(\varphi_i, \varphi_j) = \delta_{ij}, \quad i, j = 1, 2, \cdots, n.$$

这个过程也称为正交化, 其中 δ_{ij} 是 Kronecker 符号. 下面给出一个正交化算法.

算法 2.1　**输入**　$L_\rho^2[a, b]$ 中的线性无关函数系 $\{\psi_i(x)\}_{i=1}^{n}$, 其中 $n \geqslant 2$.

输出　$L_\rho^2[a, b]$ 中标准正交系 $\{\varphi_i(x)\}_{i=1}^{n}$.

第 1 步, 设 $s = 1$. 令

$$\varphi_1(x) = \frac{\psi_1(x)}{\|\psi_1\|_2}, \quad \psi_i^s = \psi_i(x) - (\varphi_1, \psi_i)\varphi_1(x), \quad i = 2, 3, \cdots, n.$$

第 2 步, 函数系 $\{\varphi_1(x), \varphi_2(x), \cdots, \varphi_s(x), \psi_{s+1}^s(x), \psi_{s+2}^s(x), \cdots, \psi_n^s(x)\}$ 中前 s 个函数的集合 $\{\varphi_1(x), \varphi_2(x), \cdots, \varphi_s(x)\}$ 是标准正交系, 且满足

$$(\varphi_i, \psi_j^s) = 0, \quad i = 1, 2, \cdots, s; j = s + 1, s + 2, \cdots, n.$$

第 3 步, 令 $\varphi_{s+1}(x) = \dfrac{\psi_{s+1}^s(x)}{\|\psi_{s+1}^s\|_2}$. 若 $n = s + 1$, 则得到标准正交系 $\{\varphi_i(x)\}_{i=1}^n$, 终止迭代; 否则令

$$\psi_i^{s+1}(x) = \psi_i^s(x) - (\varphi_{s+1}, \psi_i^s)\varphi_{s+1}(x), \quad i = s + 2, s + 3, \cdots, n,$$

且 $s = s + 1$, 返回第 2 步.

从以上算法可以分析得出, 函数系 $\{\psi_i(x)\}_{i=1}^n$ 与 $\{\varphi_i(x)\}_{i=1}^n$ 可以互相线性表示, 即它们是等价的. 换句话说, 如果 $\{\psi_i(x)\}_{i=1}^n$ 是子空间 Φ_n 的一组基函数, 则 $\{\varphi_i(x)\}_{i=1}^n$ 是此空间的一个标准正交基. 从而函数 $f(x)$ 在子空间 Φ_n 上的最佳平方逼近问题可以由定理 2.7 轻松求解. 需要说明的是, 上述算法对无限多个 (可数) 函数构成的函数系 $\{\psi_i(x)\}_{i=1}^\infty$ 同样成立, 只需由第 2 步和第 3 步一直迭代即可.

2.3 正交多项式系

由上一节的内容可知, 正交系在最佳平方逼近的求解中起到了重要作用. 对于函数而言, 我们最熟知、最简单且便于计算的莫过于多项式, 因此对正交多项式系的讨论就显得非常自然. 不仅如此, 正交多项式还在后续将要介绍的数值积分中起到重要作用.

2.3.1 正交多项式系的性质

对多项式系而言, 我们经常使用的是幂函数系 $1, x, x^2, \cdots$, 显然它们在任何区间 $[a, b]$ 上都是线性无关的, 但一般不构成正交系. 可以用上节的正交化算法 (算法 2.1) 对其进行正交化, 从而得到正交多项式系. 此外, 我们还可以通过如下方法构造正交多项式系:

给定区间 $[a,b]$ 与其上的权函数 $\rho(x)$, 设 $\{x^i\}_{i=1}^{\infty}$ 是 $[a,b]$ 上的幂函数系. 令 $\varphi_0(x) = 1$, 当 $k \geqslant 1$ 时, 令

$$\varphi_k(x) = \begin{vmatrix} (1,1) & (1,x) & \cdots & (1,x^{k-1}) & 1 \\ (x,1) & (x,x) & \cdots & (x,x^{k-1}) & x \\ \vdots & \vdots & & \vdots & \vdots \\ (x^k,1) & (x^k,x) & \cdots & (x^k,x^{k-1}) & x^k \end{vmatrix}, \tag{2.27}$$

显然 $\varphi_k(x)$ 按最后一列可展开成 k 次多项式

$$\varphi_k(x) = G_{k1} + G_{k2}x + \cdots + G_{kk}x^k, \tag{2.28}$$

其中 G_{ik} 是最后一列元素 x^i 的代数余子式. 利用定理 2.6, G_{kk} 为 $1, x, \cdots, x^{k-1}$ 构成的 Gram 行列式, 故 $G_{kk} > 0$. (2.28) 式说明, $\varphi_k(x)$ 可以用 $\{x^i\}_{i=0}^k$ 线性表示, 且最高次项系数大于零. 令 $\varphi_k(x)$ 与 x^i 做内积, 显然有

$$(\varphi_k, x^i) = \begin{vmatrix} (1,1) & (1,x) & \cdots & (1,x^{k-1}) & (1,x^i) \\ (x,1) & (x,x) & \cdots & (x,x^{k-1}) & (x,x^i) \\ \vdots & \vdots & & \vdots & \vdots \\ (x^k,1) & (x^k,x) & \cdots & (x^k,x^{k-1}) & (x^k,x^i) \end{vmatrix} = 0, \quad 0 \leqslant i \leqslant k-1.$$

结合 (2.28) 式说明 $(\varphi_k, \varphi_i) = 0, i = 0, 1, \cdots, k-1$. 利用定理 2.6, (φ_k, x^k) 恰好是由 $1, x, \cdots, x^k$ 构成的 Gram 行列式, 故由公式 (2.28) 与 $(\varphi_k, x^i) = 0(0 \leqslant i \leqslant k-1)$ 可知

$$(\varphi_k, \varphi_k) = G_{kk}(\varphi_k, x^k) > 0.$$

于是 $\{\varphi_i(x)\}_{i=1}^{\infty}$ 构成 $[a,b]$ 上关于权函数 $\rho(x)$ 的正交多项式系. 对其单位化

$$\varphi_i(x) = \frac{\varphi_i(x)}{\|\varphi_i\|_2}, \quad i = 0, 1, \cdots, \tag{2.29}$$

从而得到标准正交多项式系.

定理 2.10 给定区间 $[a,b]$ 与其上的权函数 $\rho(x)$, 存在标准正交多项式系 $\{\varphi_i(x) \,|\, i = 0, 1, 2, \cdots\}$, 其中 $\varphi_i(x)$ 为 i 次多项式, 构造方法由 (2.27) 式与 (2.29) 式给出.

性质 2.2 假设 $\{\varphi_i(x)\}_{i=1}^{\infty}$ 是由空间 $L_\rho^2[a,b]$ 的幂函数系经正交化得到的正交多项式系, 则

(1) $\{\varphi_i(x)\}_{i=0}^{n}$ 是 n 次代数多项式空间 $\mathbb{P}_n$ 的一组正交基;

(2) 当 $i \geqslant 1$ 时, $\varphi_i(x)$ 与所有次数低于 i 的多项式都正交, 即

$$(\varphi_i, p_{i-1}) = \int_a^b \rho(x)\varphi_i(x)p_{i-1}(x)\,\mathrm{d}x = 0,$$

其中 $p_{i-1}(x) \in \mathbb{P}_{i-1}$;

    (3) $\{\varphi_i(x)\}_{i=0}^{\infty}$ 构成空间 $L_\rho^2[a,b]$ 中的完备正交系 (即封闭正交系).

    性质 2.2 中的第 (1) 条和第 (2) 条容易得出, 第 (3) 条的证明需要用到结论 "对 $L_\rho^2[a,b]$ 中的任何函数 $f(x)$, 都存在多项式序列 $p_n(x)$, 使得当 $n \to \infty$ 时, $\|f - p_n\|_2 \to 0$", 即 "多项式空间 (即 $span\{\varphi_i(x), i = 0, 1, 2, \cdots\}$) 在 $L_\rho^2[a,b]$ 中是紧的", 此结论的证明留作习题, 请读者自行证明, 也可以参考文献 [11]. 由该结论, 再结合定理 2.9 可以得出性质 2.2 中的第 (3) 条.

    定理 2.11 设 $n \geqslant 1$, 则正交多项式 $\varphi_n(x)$ 的所有根都是实单根, 并且都在开区间 (a,b) 中.

    证明 假设 $\varphi_n(x)$ 在 (a,b) 上的根都是偶重根 (或无根), 不妨设为 $x_1, x_2, \cdots, x_j$, 其中 $j < n$. 那么在 (a,b) 内存在保持定号的函数 $p(x)$, 使得

$$\varphi_n(x) = p(x)(x - x_1)^2(x - x_2)^2 \cdots (x - x_j)^2.$$

从而

$$\int_a^b \rho(x)\varphi_n(x)\,\mathrm{d}x = \int_a^b \rho(x)p(x)(x - x_1)^2(x - x_2)^2 \cdots (x - x_j)^2\,\mathrm{d}x \neq 0,$$

这与 $\varphi_n(x)$ 和 $\varphi_0(x)$ 是正交的, 即

$$\int_a^b \rho(x)\varphi_n(x)\,\mathrm{d}x = \int_a^b \rho(x)\varphi_n(x)\varphi_0(x)\,\mathrm{d}x = 0$$

相矛盾. 因此, $\varphi_n(x)$ 在 (a,b) 上至少有一个奇重根.

    假设 $\varphi_n(x)$ 在 (a,b) 内恰有 j 个奇重根 $x_1, x_2, \cdots, x_j$, 其中 $j < n$, 那么存在在 (a,b) 内保持定号的函数 $q(x)$, 使得

$$\varphi_n(x) = q(x)(x - x_1)^{k_1}(x - x_2)^{k_2} \cdots (x - x_j)^{k_j},$$

其中 $k_1, k_2, \cdots, k_j$ 为奇数. 从而

$$\varphi_n(x)(x - x_1)(x - x_2) \cdots (x - x_j)$$
$$= q(x)(x - x_1)^{k_1+1}(x - x_2)^{k_2+1} \cdots (x - x_j)^{k_j+1},$$

$j < n$ 意味着 $(x - x_1)(x - x_2) \cdots (x - x_j)$ 的次数小于 n, 则利用正交性可知

$$\int_a^b \rho(x)\varphi_n(x)(x - x_1)(x - x_2) \cdots (x - x_j)\,\mathrm{d}x = 0.$$

再由在 (a, b) 内 $q(x)$ 保持定号, 且 $k_i + 1(i = 1, 2, \cdots, j)$ 都为偶数, 可知

$$\int_a^b \rho(x) q(x) (x - x_1)^{k_1+1} (x - x_2)^{k_2+1} \cdots (x - x_j)^{k_j+1} \, \mathrm{d}x \neq 0,$$

故导出矛盾, 即 $j < n$ 不成立. 因此 $j = n$, 表明 $\varphi_n(x)$ 的所有根都是实单根. □

利用定理 2.11, 再结合数学归纳法, 可以给出如下结论:

定理 2.12 设 $n \geqslant 1$, 则正交多项式 $\varphi_n(x)$ 与 $\varphi_{n+1}(x)$ 的根必互相交错, 即若满足 $a < x_1 < x_2 < \cdots < x_n < b$ 的 $x_i(i = 1, 2, \cdots, n)$ 是正交多项式 $\varphi_n(x)$ 的 n 个根, 那么在每个区间 $(a, x_1), (x_1, x_2), \cdots, (x_n, b)$ 内都有 $\varphi_{n+1}(x)$ 的一个根.

对正交多项式系 $\{\varphi_i(x)\}_{i=0}^\infty$ 中每个多项式都进行首一化 (最高次项系数化为 1), 得到首一正交多项式系 $\{\hat{\varphi}_i(x)\}_{i=0}^\infty$, 即

$$\begin{cases} \hat{\varphi}_0(x) = 1, \\ \hat{\varphi}_i(x) = \dfrac{1}{a_i} \varphi_i(x), \quad i = 1, 2, \cdots, \end{cases} \tag{2.30}$$

其中 $a_i \neq 0$ 是 $\varphi_i(x)$ 的最高次项 x^i 的系数. 如下结论给出构造首一正交多项式系的三项递推关系式:

定理 2.13 正交多项式系 $\{\hat{\varphi}_i(x)\}_{i=1}^\infty$ 可以按如下方式迭代构造:

$$\begin{cases} \hat{\varphi}_0(x) = 1, \quad \hat{\varphi}_1(x) = x - \alpha_0, \\ \hat{\varphi}_{n+1}(x) = (x - \alpha_n) \hat{\varphi}_n(x) - \beta_{n-1} \hat{\varphi}_{n-1}(x), \quad n = 1, 2, \cdots, \end{cases} \tag{2.31}$$

其中

$$\alpha_0 = \frac{(x\hat{\varphi}_0, \hat{\varphi}_0)}{(\hat{\varphi}_0, \hat{\varphi}_0)}, \quad \alpha_n = \frac{(x\hat{\varphi}_n, \hat{\varphi}_n)}{(\hat{\varphi}_n, \hat{\varphi}_n)} = \frac{\displaystyle\int_a^b x\rho(x)\hat{\varphi}_n^2(x) \, \mathrm{d}x}{\displaystyle\int_a^b \rho(x)\hat{\varphi}_n^2(x) \, \mathrm{d}x},$$

$$\beta_{n-1} = \frac{(\hat{\varphi}_n, \hat{\varphi}_n)}{(\hat{\varphi}_{n-1}, \hat{\varphi}_{n-1})} = \frac{\displaystyle\int_a^b \rho(x)\hat{\varphi}_n^2(x) \, \mathrm{d}x}{\displaystyle\int_a^b \rho(x)\hat{\varphi}_{n-1}^2(x) \, \mathrm{d}x}.$$

证明 利用 $\hat{\varphi}_0(x) = 1, \hat{\varphi}_1(x) = x - \alpha_0$ 且 $(\hat{\varphi}_0, \hat{\varphi}_1) = 0$ 容易得出

$$\alpha_0 = \frac{(x\hat{\varphi}_0, \hat{\varphi}_0)}{(\hat{\varphi}_0, \hat{\varphi}_0)}.$$

对 $n \geqslant 1$, 由于 $x\hat{\varphi}_n(x)$ 是 $(n + 1)$ 次多项式, 且最高次项系数为 1, 因此存在常数 $c_j(j = 0, 1, \cdots, n)$, 使得 $x\hat{\varphi}_n(x)$ 可由 $\hat{\varphi}_0(x), \hat{\varphi}_1(x), \cdots, \hat{\varphi}_{n+1}(x)$ 线性表示为

$$x\hat{\varphi}_n(x) = \hat{\varphi}_{n+1}(x) + \sum_{j=0}^n c_j \hat{\varphi}_j(x). \tag{2.32}$$

对 (2.32) 式两边同时与 $\hat{\varphi}_s(x)$ 做内积, 有

$$(x\hat{\varphi}_n, \hat{\varphi}_s) = \left(\hat{\varphi}_{n+1} + \sum_{j=0}^{n} c_j\hat{\varphi}_j, \hat{\varphi}_s\right)$$

$$= (\hat{\varphi}_{n+1}, \hat{\varphi}_s) + \sum_{j=0}^{n} c_j(\hat{\varphi}_j, \hat{\varphi}_s).$$

上式左端当 $s = 0, 1, \cdots, n-2$ 时, 利用正交性并注意 $x\hat{\varphi}_s(x)$ 次数小于 n, 可知

$$(x\hat{\varphi}_n, \hat{\varphi}_s) = (\hat{\varphi}_n, x\hat{\varphi}_s) = 0,$$

从而有

$$c_s(\hat{\varphi}_s, \hat{\varphi}_s) = 0, \tag{2.33}$$

那么可得 $c_s = 0, s = 0, 1, \cdots, n-2$. 于是 (2.32) 式可化为

$$x\hat{\varphi}_n(x) = \hat{\varphi}_{n+1}(x) + c_n\hat{\varphi}_n(x) + c_{n-1}\hat{\varphi}_{n-1}(x). \tag{2.34}$$

下面我们来确定 c_n, c_{n-1}. 对 (2.34) 式两边同时与 $\hat{\varphi}_{n-1}(x)$ 做内积, 并利用正交性, 可得

$$(x\hat{\varphi}_n, \hat{\varphi}_{n-1}) = c_{n-1}(\hat{\varphi}_{n-1}, \hat{\varphi}_{n-1}). \tag{2.35}$$

由于

$$(x\hat{\varphi}_n, \hat{\varphi}_{n-1}) = (\hat{\varphi}_n, x\hat{\varphi}_{n-1}),$$

且

$$x\hat{\varphi}_{n-1}(x) = \hat{\varphi}_n(x) + \sum_{i=0}^{n-1} b_i\hat{\varphi}_i(x),$$

代入 (2.35) 式两端得

$$c_{n-1} = \frac{(\hat{\varphi}_n, \hat{\varphi}_n)}{(\hat{\varphi}_{n-1}, \hat{\varphi}_{n-1})}.$$

同理, 对 (2.34) 式两边同时与 $\hat{\varphi}_n(x)$ 做内积, 可得

$$c_n = \frac{(x\hat{\varphi}_n, \hat{\varphi}_n)}{(\hat{\varphi}_n, \hat{\varphi}_n)}.$$

设 $\alpha_n = c_n, \beta_{n-1} = c_{n-1}$, 代入 (2.34) 式两端并加以整理, 即得到定理结论. $\quad\square$

2.3.2 常用的正交多项式系

显然, 根据权函数 $\rho(x)$ 的不同选择, 我们可以构造不同的正交多项式系, 这只要分别利用正交化过程就可以完成. 虽然前面讨论的正交多项式所在的区间 $[a, b]$ 都是有限的, 但是权函数、正交多项式和 L_ρ^2 空间的概念完全可以推广到无限区间

上, 在此我们不对推广进行详细介绍. 下面介绍一些具有代表性的正交多项式系的例子, 它们在数值计算中具有重要作用.

(1) **Legendre 多项式系.** 定义在 $[-1,1]$ 上、以 $\rho(x) = 1$ 为权函数的正交多项式系

$$P_0(x) = 1, \quad P_n(x) = \frac{1}{2^n n!} \frac{\mathrm{d}^n}{\mathrm{d}x^n} (x^2 - 1)^n, \quad n = 1, 2, \cdots \tag{2.36}$$

称为 Legendre 多项式系. $P_n(x)$ 的首项系数为 $\dfrac{(2n)!}{2^n (n!)^2}$, 且满足如下基本性质:

(a) 正交性

$$\int_{-1}^1 P_n(x) P_m(x) \, \mathrm{d}x = \begin{cases} 0, & m \neq n, \\ \dfrac{2}{2n+1}, & m = n; \end{cases} \tag{2.37}$$

(b) 奇偶性

$$P_n(x) = (-1)^n P_n(-x);$$

(c) 三项递推公式

$$\begin{cases} P_0(x) = 1, \quad P_1(x) = x, \\ P_{n+1}(x) = \dfrac{2n+1}{n+1} x P_n(x) - \dfrac{n}{n+1} P_{n-1}(x), \quad n = 1, 2, \cdots. \end{cases} \tag{2.38}$$

(2) **Chebyshev 多项式系.** 第 1.3.2 小节 (或例 2.3) 已经给出 Chebyshev 多项式系 (也称为第一类 Chebyshev 多项式系):

$$T_n(x) = \cos(n \arccos x), \quad n = 0, 1, 2, \cdots.$$

由性质 1.1 可以发现, $\{T_n(x)\}_{n=0}^{\infty}$ 是定义在区间 $[-1, 1]$ 上、关于权函数 $\rho(x) = \dfrac{1}{\sqrt{1-x^2}}$ 的正交多项式系. $\{T_n(x)\}_{n=0}^{\infty}$ 的递推公式与基本性质在第 1.3.2 小节中已经详细给出, 我们在此就不再做介绍.

若取权函数 $\rho(x) = \sqrt{1-x^2}$, 则 $L_\rho^2[-1, 1]$ 上满足

$$U_n(x) = \frac{\sin((n+1) \arccos x)}{\sin(\arccos x)}, \quad n = 0, 1, 2, \cdots$$

的正交多项式系 $\{U_n(x)\}_{n=0}^{\infty}$ 称为第二类 Chebyshev 多项式系. $U_n(x)$ 的首项系数为 2^n, 且具有如下基本性质:

(a) 三项递推公式

$$\begin{cases} U_0(x) = 1, \quad U_1(x) = 2x, \\ U_{n+1}(x) = 2x U_n(x) - U_{n-1}(x), \quad n = 1, 2, \cdots; \end{cases} \tag{2.39}$$

(b) 正交性

$$\int_{-1}^1 \sqrt{1-x^2} U_m(x) U_n(x) \, \mathrm{d}x = \begin{cases} \dfrac{\pi}{2}, & m = n, \\ 0, & m \neq n. \end{cases}$$

(3) **Laguerre 多项式系.** 定义在区间 $[0, +\infty)$ 上、以 $\rho(x) = e^{-x}$ 为权函数的正交多项式系

$$L_n(x) = e^x \frac{d^n}{dx^n}(x^n e^{-x}), \quad n = 0, 1, 2, \cdots$$

称为 Laguerre 多项式系. $L_n(x)$ 的首项系数为 $(-1)^n$, 且具有如下基本性质:

(a) 三项递推公式

$$\begin{cases} L_0(x) = 1, \quad L_1(x) = 1 - x, \\ L_{n+1}(x) = (1 + 2n - x)L_n(x) - n^2 L_{n-1}(x), \quad n = 1, 2, \cdots; \end{cases} \tag{2.40}$$

(b) 正交性

$$\int_0^{+\infty} e^{-x} L_m(x) L_n(x) \, dx = \begin{cases} (n!)^2, & m = n, \\ 0, & m \neq n; \end{cases}$$

(4) **Hermite 多项式系.** 定义在区间 $(-\infty, +\infty)$ 上、以 $\rho(x) = e^{-x^2}$ 为权函数的正交多项式系

$$H_n(x) = (-1)^n e^{x^2} \frac{d^n}{dx^n}(e^{-x^2}), \quad n = 1, 2, \cdots$$

称为 Hermite 多项式系. $H_n(x)$ 的首项系数为 2^n, 且具有如下基本性质:

(a) 三项递推公式

$$\begin{cases} H_0(x) = 1, \quad H_1(x) = 2x, \\ H_{n+1}(x) = 2x H_n(x) - 2n H_{n-1}(x), \quad n = 1, 2, \cdots; \end{cases} \tag{2.41}$$

(b) 正交性

$$\int_{-\infty}^{+\infty} e^{-x^2} H_m(x) H_n(x) \, dx = \begin{cases} 2^n n! \sqrt{\pi}, & m = n, \\ 0, & m \neq n; \end{cases}$$

2.4 最小二乘法

在科学实验与实际数据处理中, 人们获得了大量的数据或者许许多多的经验, 凭借这些数据或经验做出某种判断与预测, 从而制定相应的计划安排. 由于这些来自实验或者观测的数据往往具有一定的误差, 而实践得来的经验由于没有量化的关系, 往往也具有不确定性, 因此得出的判断或者预测也具有 "大概" "差不多" 的特点, 制定的计划也只能具有 "凑合" "基本可行" 等一些模糊的概念. 人们希望把这些数据和量化后的经验, 借助于某些数学手段来做相对 "精确" 的判断或者预测, 这就是数据拟合的思想, 而最小二乘法是数据拟合中最基本的方法之一.

对给定的由 m 个离散数据点构成的点集, 将其按顺序组成一个已知向量, 我们希望寻找某个子空间上的向量或者函数, 对这个数据点向量进行拟合, 目的是让误差在给定度量下最小. 所用度量最常见的就是在第 1.1 节中 (或例 1.1) 所定义的 Euclid 范数 (或称 2-范数) $\|\cdot\|_2$, 而这种方法也可以看做最佳平方逼近的离散化.

2.4.1　Euclid 空间上的最小二乘法

对给定的数据值 $y_0, y_1, \cdots, y_m$, 构造 $(m+1)$ 维向量 $\boldsymbol{y} = (y_0, y_1, \cdots, y_m)^{\mathrm{T}} \in \mathbb{R}^{m+1}$. 设 $\boldsymbol{x}_0, \boldsymbol{x}_1, \boldsymbol{x}_2, \cdots, \boldsymbol{x}_n$ 是 $\mathbb{R}^{m+1}$ 中的 $(n+1)$ 个线性无关的向量, 并要求 $m > n$, 则向量空间

$$V = span\{\boldsymbol{x}_0, \boldsymbol{x}_1, \cdots, \boldsymbol{x}_n\}$$

成为 $\mathbb{R}^{m+1}$ 中的 $(n+1)$ 维线性子空间, 我们希望用 V 中的向量来表示或逼近 $\boldsymbol{y}$. 一般来说 $\boldsymbol{y}$ 不在 V 中, 因此

$$\boldsymbol{y} = c_0 \boldsymbol{x}_0 + c_1 \boldsymbol{x}_1 + \cdots + c_n \boldsymbol{x}_n$$

不一定有解, 即 $\boldsymbol{y}$ 不一定能用 $\boldsymbol{x}_0, \boldsymbol{x}_1, \cdots, \boldsymbol{x}_n$ 线性表示. 设

$$\boldsymbol{A} = (\boldsymbol{x}_0, \boldsymbol{x}_1, \cdots, \boldsymbol{x}_n), \quad \boldsymbol{c} = (c_0, c_1, \cdots, c_n)^{\mathrm{T}},$$

也就是说方程组 $\boldsymbol{Ac} = \boldsymbol{y}$ 不一定有解. 基于此原因, 利用 V 中的向量来逼近 $\boldsymbol{y}$, 我们可以考虑如下度量的最佳逼近问题:

$$\Delta(\boldsymbol{y}, V) = \min_{\boldsymbol{x} \in V} \|\boldsymbol{y} - \boldsymbol{x}\|_2, \tag{2.42}$$

此问题称为最小二乘问题, 这里的范数是由 (1.1) 式定义的 Euclid 范数. 最小二乘问题的解, 即满足

$$\|\boldsymbol{y} - \boldsymbol{x}^*\|_2 = \Delta(\boldsymbol{y}, V) = \min_{\boldsymbol{x} \in V} \|\boldsymbol{y} - \boldsymbol{x}\|_2 = \min_{\boldsymbol{c} \in \mathbb{R}^{n+1}} \|\boldsymbol{y} - \boldsymbol{Ac}\|_2$$

的解 $\boldsymbol{x}^*$ 称为最小二乘解.

需要说明的是, 为了与工程计算等方面的符号一致, 这里采用 min 替代 inf. 由于 Euclid 空间是内积空间, 因此第 2.1 节的理论保证了最小二乘解的存在唯一性. 另一方面, 由于 Euclid 空间的结构比较简单, 最小二乘解将会有更简单的表示方式. 借助 (2.7) 式与 (2.8) 式, 我们可以得到问题 (2.42) 的最小二乘解

$$\boldsymbol{x}^* = c_0^* \boldsymbol{x}_0 + c_1^* \boldsymbol{x}_1 + \cdots + c_n^* \boldsymbol{x}_n = \boldsymbol{Ac}^* \in V$$

中的系数向量 $\boldsymbol{c}^*$ 一定满足方程组

$$\begin{pmatrix} (\boldsymbol{x}_0, \boldsymbol{x}_0) & (\boldsymbol{x}_0, \boldsymbol{x}_1) & \cdots & (\boldsymbol{x}_0, \boldsymbol{x}_n) \\ (\boldsymbol{x}_1, \boldsymbol{x}_0) & (\boldsymbol{x}_1, \boldsymbol{x}_1) & \cdots & (\boldsymbol{x}_1, \boldsymbol{x}_n) \\ \vdots & \vdots & & \vdots \\ (\boldsymbol{x}_n, \boldsymbol{x}_0) & (\boldsymbol{x}_n, \boldsymbol{x}_1) & \cdots & (\boldsymbol{x}_n, \boldsymbol{x}_n) \end{pmatrix} \begin{pmatrix} c_0 \\ c_1 \\ \vdots \\ c_n \end{pmatrix} = \begin{pmatrix} (\boldsymbol{x}_0, \boldsymbol{y}) \\ (\boldsymbol{x}_1, \boldsymbol{y}) \\ \vdots \\ (\boldsymbol{x}_n, \boldsymbol{y}) \end{pmatrix}, \tag{2.43}$$

即

$$A^{\mathrm{T}}Ac = A^{\mathrm{T}}y. \tag{2.44}$$

我们称方程组 (2.44) 为求解最小二乘问题的法方程组. 由于向量组 $x_0, x_1, \cdots, x_n$ 线性无关, 故矩阵 A 列满秩. 因此 $A^{\mathrm{T}}A$ 必为正定矩阵, 即 $(A^{\mathrm{T}}A)^{-1}$ 存在, 于是

$$c^* = (A^{\mathrm{T}}A)^{-1}A^{\mathrm{T}}y, \tag{2.45}$$

从而可以得到最小二乘解 $x^* = Ac^*$.

利用最小二乘法做数据拟合, 最为关键的是基向量组 $x_0, x_1, \cdots, x_n$ 的选择, 这往往需要根据问题所给数据情况与积累的经验而定. 选择好的基向量组就能更好地拟合数据点, 从而做出更准确的判断和估计; 反之, 则有可能得到不准确甚至错误的结论. 实际计算中, 我们往往把基向量组的选择转化为函数空间的选择, 利用函数空间构造相应的基向量组从而解决最小二乘问题.

2.4.2 函数空间上的最小二乘法

给定一组数据点集 $\{(x_i, y_i)\}_{i=0}^m$, 其中 $x_i \in [a, b]$ 且两两不同, 而 y_i 可以认为是来自某个函数 $f(x)$ 在点 x_i 处的函数值, 即 $y_i = f(x_i), i = 0, 1, \cdots, m$. 设 $m > n$. 最小二乘法的一般思想是: 在 $(n+1)$ 维函数空间 Φ_{n+1} 中寻找一个函数 $S^*(x)$, 使得

$$\|\delta\|_2^2 = \sum_{i=0}^m \delta_i^2 = \sum_{i=0}^m [S^*(x_i) - y_i]^2 = \min_{S(x) \in \Phi_{n+1}} \sum_{i=0}^m [S(x_i) - y_i]^2, \tag{2.46}$$

其中 $\delta = (\delta_0, \delta_1, \cdots, \delta_m)^{\mathrm{T}}$, 而 $\delta_i = S^*(x_i) - y_i (i = 0, 1, \cdots, m)$ 称为残差, $\|\delta\|_2^2$ 称为平方误差或残差平方和. 这种拟合数据点集的方法称为数据拟合的最小二乘法, 在几何上, 也称为曲线拟合的最小二乘法. 满足 (2.46) 式的函数

$$S^*(x) = c_0^* \varphi_0(x) + c_1^* \varphi_1(x) + \cdots + c_n^* \varphi_n(x) \tag{2.47}$$

称为最小二乘解, 其中 $\varphi_0(x), \varphi_1(x), \cdots, \varphi_n(x)$ 线性无关且

$$\Phi_{n+1} = span\{\varphi_0(x), \varphi_1(x), \cdots, \varphi_n(x)\}.$$

为了使问题的提法更有一般性, 通常在最小二乘问题 (2.46) 中考虑 $\|\delta\|_2^2$ 为加权残差平方和

$$\sum_{i=0}^m \omega(x_i)[S^*(x_i) - y_i]^2 = \min_{S(x) \in \Phi_{n+1}} \sum_{i=0}^m \omega(x_i)[S(x_i) - y_i]^2, \tag{2.48}$$

这里 $\omega(x) \geqslant 0$ 是 $[a, b]$ 上的权函数, 可以理解为表示数据点 (x_i, y_i) 的重要性或准确性. 当 $\omega(x)$ 是常数时, 如上问题 (2.48) 退化为一般最小二乘问题 (2.46). 所谓的加权最小二乘问题, 就是在 Φ_{n+1} 中寻找函数 $S^*(x)$, 使其满足 (2.48) 式. 若设

$$S(x) = c_0 \varphi_0(x) + c_1 \varphi_1(x) + \cdots + c_n \varphi_n(x) \in \Phi_{n+1}, \tag{2.49}$$

则问题 (2.48) 转化为求多元函数

$$I(c_0, c_1, \cdots, c_n) = \sum_{i=0}^{m} \omega(x_i) \left[\sum_{j=0}^{n} c_j \varphi_j(x_i) - y_i \right]^2 \tag{2.50}$$

的极小值点 $(c_0^*, c_1^*, \cdots, c_n^*)$ 的问题. 由求多元函数取极值的必要条件, 有

$$\frac{\partial I}{\partial c_k} = 2 \sum_{i=0}^{m} \omega(x_i) \left[\sum_{j=0}^{n} c_j \varphi_j(x_i) - y_i \right] \varphi_k(x_i) = 0, \quad k = 0, 1, \cdots, n. \tag{2.51}$$

若记

$$\varphi_i = (\varphi_i(x_0), \varphi_i(x_1), \cdots, \varphi_i(x_m))^{\mathrm{T}},$$
$$\boldsymbol{y} = (y_0, y_1, \cdots, y_m)^{\mathrm{T}},$$
$$(\varphi_k, \varphi_j) = \sum_{i=0}^{m} \omega(x_i) \varphi_k(x_i) \varphi_j(x_i),$$
$$(\varphi_k, \boldsymbol{y}) = \sum_{i=0}^{m} \omega(x_i) \varphi_k(x_i) y_i,$$

则 (2.51) 式可改写为

$$\sum_{j=0}^{n} c_j(\varphi_k, \varphi_j) = (\varphi_k, \boldsymbol{y}), \quad k = 0, 1, \cdots, n, \tag{2.52}$$

其矩阵形式为

$$\begin{pmatrix} (\varphi_0, \varphi_0) & (\varphi_0, \varphi_1) & \cdots & (\varphi_0, \varphi_n) \\ (\varphi_1, \varphi_0) & (\varphi_1, \varphi_1) & \cdots & (\varphi_1, \varphi_n) \\ \vdots & \vdots & & \vdots \\ (\varphi_n, \varphi_0) & (\varphi_n, \varphi_1) & \cdots & (\varphi_n, \varphi_n) \end{pmatrix} \begin{pmatrix} c_0 \\ c_1 \\ \vdots \\ c_n \end{pmatrix} = \begin{pmatrix} (\varphi_0, \boldsymbol{y}) \\ (\varphi_1, \boldsymbol{y}) \\ \vdots \\ (\varphi_n, \boldsymbol{y}) \end{pmatrix}. \tag{2.53}$$

线性方程组 (2.53) 称为求解最小二乘问题的法方程组, 系数矩阵设为 $\boldsymbol{G}$.

令矩阵

$$\boldsymbol{A} = (\varphi_0, \varphi_1, \cdots, \varphi_n),$$
$$\boldsymbol{B} = diag(\omega(x_0), \omega(x_1), \cdots, \omega(x_m)),$$

则法方程组 (2.53) 的系数矩阵 $\boldsymbol{G} = \boldsymbol{A}^{\mathrm{T}} \boldsymbol{B} \boldsymbol{A}$.

我们注意到, 法方程组 (2.53) 与 Euclid 空间中最小二乘问题的法方程组 (2.43) 具有形式上的相似性. 本质上, 如果我们令 $\omega(x)$ 为常数, $\boldsymbol{x}_i = \varphi_i (i = 0, 1, \cdots, n)$, 那么法方程组 (2.53) 完全可以由法方程组 (2.43) 的推导过程推出.

必须指出, 与 Euclid 空间的最小二乘问题所不同的是, 函数系 $\{\varphi_i(x)\}_{i=0}^n$ 在 $[a, b]$ 上线性无关不能推出向量组 $\{\boldsymbol{\varphi}_i\}_{i=0}^n$ 线性无关, 即系数矩阵 $\boldsymbol{G}$ 可能是奇异的. 因此法方程组 (2.53) 不一定有唯一解. 例如, 令 $\varphi_0(x) = \sin x, \varphi_1(x) = \sin 2x, x \in [0, 2\pi]$, 显然 $\{\varphi_0(x), \varphi_1(x)\}$ 在 $[0, 2\pi]$ 上线性无关. 设 $m = 2$, 取点 $x_i = i\pi, i = 0, 1, 2$, 那么有 $\varphi_0(x_i) = \varphi_1(x_i) = 0, i = 0, 1, 2$, 由此得出

$$\det(\boldsymbol{G}) = \begin{vmatrix} (\boldsymbol{\varphi}_0, \boldsymbol{\varphi}_0) & (\boldsymbol{\varphi}_0, \boldsymbol{\varphi}_1) \\ (\boldsymbol{\varphi}_1, \boldsymbol{\varphi}_0) & (\boldsymbol{\varphi}_1, \boldsymbol{\varphi}_1) \end{vmatrix} = 0.$$

这说明, 为保证法方程组 (2.53) 的系数矩阵 $\boldsymbol{G}$ 非奇异, 必须要满足额外的条件.

定义 2.6 $C[a, b]$ 的 $(n+1)$ 维线性子空间 Φ_{n+1} 称为在 $[a, b]$ 上满足 Haar 条件, 如果对任意的非零函数 $\varphi(x) \in \Phi_{n+1}$, 其在 $[a, b]$ 上最多有 n 个不同零点.

定理 2.14 设 Φ_{n+1} 是 $C[a, b]$ 上的 $(n+1)$ 维线性子空间, 则 Φ_{n+1} 在 $[a, b]$ 上满足 Haar 条件的充要条件是, 对 Φ_{n+1} 的任意一组基 $\{\varphi_i(x)\}_{i=0}^n$ 与在 $[a, b]$ 上任取的 $(n+1)$ 个不同的点 $x_i(i = 0, 1, \cdots, n)$, 矩阵

$$\boldsymbol{P} = \begin{pmatrix} \varphi_0(x_0) & \varphi_1(x_0) & \cdots & \varphi_n(x_0) \\ \varphi_0(x_1) & \varphi_1(x_1) & \cdots & \varphi_n(x_1) \\ \vdots & \vdots & & \vdots \\ \varphi_0(x_n) & \varphi_1(x_n) & \cdots & \varphi_n(x_n) \end{pmatrix} \tag{2.54}$$

非奇异.

证明 先证必要性. 采用反证法, 假设 Φ_{n+1} 满足 Haar 条件, 而存在 $[a, b]$ 上 $(n+1)$ 个不同的点 $x_i(i = 0, 1, \cdots, n)$, 使得由 (2.54) 式所定义的矩阵 $\boldsymbol{P}$ 奇异. 那么以 $\boldsymbol{P}$ 为系数矩阵的齐次线性方程组一定有非零解, 因此存在不全为零的实数 $c_0, c_1, \cdots, c_n$ 使得

$$\sum_{i=0}^n c_i \varphi_i(x_j) = 0, \quad j = 0, 1, \cdots, n. \tag{2.55}$$

设函数

$$\varphi(x) = \sum_{i=0}^n c_i \varphi_i(x), \quad x \in [a, b], \tag{2.56}$$

显然 $\varphi(x) \in \Phi_{n+1}$ 并且 $x_i(i = 0, 1, \cdots, n)$ 为函数 $\varphi(x)$ 的 $(n+1)$ 个不同零点, 这与 Φ_{n+1} 满足 Haar 条件矛盾. 因此假设不成立, 必要性得证.

充分性同样采用反证法证明. 假设存在非零函数 $\varphi(x) \in \Phi_{n+1}$, 在 $[a, b]$ 上有 $(n+1)$ 个不同零点. 不妨设 $\varphi(x)$ 如 (2.56) 式表示, 而其 $(n+1)$ 个零点如 (2.55) 式表示. 显然由 (2.55) 式组成的线性方程组系数矩阵奇异, 这与已知矛盾, 充分性得证. $\qquad\square$

　　显然, 多项式 $1, x, \cdots, x^n$ 在任意区间 $[a, b]$ 上都满足 Haar 条件. 如果 Φ_{n+1} 在 $[a, b]$ 上满足 Haar 条件, 由定理 2.14 可以推出矩阵 A 具有非奇异的 $(n+1)$ 阶子阵, 因此其列向量组线性无关. 当 $\omega(x_i) > 0 (i = 0, 1, \cdots, m)$ 时, 法方程组 (2.53) 的系数矩阵 $G = A^{\mathrm{T}} B A$ 可逆, 此时法方程组存在唯一解向量 $c^* = (c_0^*, c_1^*, \cdots, c_n^*)^{\mathrm{T}}$. 设

$$S^*(x) = c_0^* \varphi_0(x) + c_1^* \varphi_1(x) + \cdots + c_n^* \varphi_n(x),$$

可以证明这样得到的 $S^*(x)$, 对任何 $S(x) \in \Phi_{n+1}$, 都有

$$\sum_{i=0}^m \omega(x_i)[S^*(x_i) - y_i]^2 \leqslant \sum_{i=0}^m \omega(x_i)[S(x_i) - y_i]^2,$$

故 $S^*(x)$ 确是所求最小二乘解.

　　很显然, 用最小二乘法求拟合函数 $S^*(x)$ 时, 首先要确定 Φ_{n+1}, 这不是单纯的数学问题, 还与所研究问题的运动规律、所得数据点集 $\{(x_i, y_i)\}_{i=0}^m$ 特征或者实验经验有关. 通常要从问题的运动规律或给定数据点绘图, 确定 Φ_{n+1} 具有的形式, 并通过实际计算选出较好的结果, 我们举两个例子进行说明.

　　例 2.4　已知一组实验数据如下表所示, 求它的拟合曲线:

i	0	1	2	3	4	5
x_i	1	2	3	4	5	6
y_i	0.8	2.2	3.1	3.9	5.2	6.1
$\omega(x_i)$	1	2	1	3	1.5	1

　　解　首先在坐标系中绘制所给数据点集, 如图 2.4 所示. 从图中可以看出, 各个数据点分布在一条直线附近, 因此可以选择线性函数作为拟合函数. 选择函数空间 $\Phi_2 = \mathbb{P}_1$, 并选择幂基

$$\varphi_0(x) = 1, \quad \varphi_1(x) = x,$$

那么 Φ_2 中的线性多项式可表示为

$$S(x) = c_0 + c_1 x.$$

由已知数据点, 可得

$$\varphi_0 = (1, 1, 1, 1, 1, 1)^{\mathrm{T}}, \quad \varphi_1 = (1, 2, 3, 4, 5, 6)^{\mathrm{T}},$$
$$y = (0.8, 2.2, 3.1, 3.9, 5.2, 6.1)^{\mathrm{T}},$$

从而

$$(\boldsymbol{\varphi}_0, \boldsymbol{\varphi}_0) = \sum_{i=0}^{5} \omega(x_i)\varphi_0(x_i)\varphi_0(x_i) = 9.5,$$

$$(\boldsymbol{\varphi}_0, \boldsymbol{\varphi}_1) = \sum_{i=0}^{5} \omega(x_i)\varphi_0(x_i)\varphi_1(x_i) = 33.5,$$

$$(\boldsymbol{\varphi}_1, \boldsymbol{\varphi}_1) = \sum_{i=0}^{5} \omega(x_i)\varphi_1(x_i)\varphi_1(x_i) = 139.5,$$

$$(\boldsymbol{\varphi}_0, \boldsymbol{y}) = \sum_{i=0}^{5} \omega(x_i)\varphi_0(x_i)y_i = 33.9,$$

$$(\boldsymbol{\varphi}_1, \boldsymbol{y}) = \sum_{i=0}^{5} \omega(x_i)\varphi_1(x_i)y_i = 141.3.$$

所以法方程组为

$$\begin{pmatrix} 9.5 & 33.5 \\ 33.5 & 139.5 \end{pmatrix} \begin{pmatrix} c_0 \\ c_1 \end{pmatrix} = \begin{pmatrix} 33.9 \\ 141.3 \end{pmatrix},$$

解得 $c_0 \approx -0.022\ 167, c_1 \approx 1.018\ 227$, 从而最小二乘解为

$$S^*(x) \approx -0.022\ 167 + 1.018\ 227x,$$

由 Maple 生成的拟合曲线如图 2.4 所示.

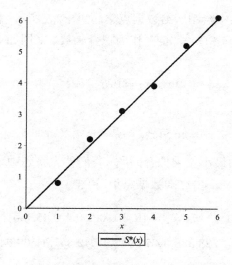

图 2.4 线性函数最小二乘拟合

例 2.4 中的方法表明, 当数据点集分布在一条直线附近时, 我们可以采用线性函数来拟合, 求解也比较简单. 有时通过仔细观察或实验经验, 希望采用的拟合函

数 $y = S(x)$ 虽然表面上不是线性函数的形式, 但通过变换仍可化为线性模型. 这主要有两种情况:

(1) 希望采用 $S(x) = ae^{bx}$ 去拟合给定的数据点集. 对其两端取自然对数, 则

$$\ln S(x) = \ln a + bx,$$

再设

$$y(x) = \ln S(x), \quad c_0 = \ln a, \quad c_1 = b,$$

从而转换为线性函数的最小二乘拟合问题.

(2) 希望采用 $S(t) = at^b$ 去拟合给定的数据点集. 对其两端取自然对数, 则

$$\ln S(t) = \ln a + b \ln t,$$

再设

$$x = \ln t, \quad y(x) = \ln S(e^x), \quad c_0 = \ln a, \quad c_1 = b,$$

从而也转换为线性函数的最小二乘拟合问题.

例 2.5　已知一组实验数据如下表所示, 求它的拟合曲线.

i	0	1	2	3	4	5
x_i	0	0.1	0.2	0.4	0.45	0.5
y_i	2.800 000	3.415 513	3.564 208	4.675 474	4.804 937	4.846 164
$\omega(x_i)$	1	1	1	1	1	1

解　首先在坐标系中绘制所给数据点集, 如图 2.5 所示. 根据数据图形与实验经验, 选择指数函数 $y = S(x) = ae^{bx}$ 作为拟合函数. 采用如上方法 (1), 对其两端取自然对数, 则

$$\ln S(x) = \ln a + bx,$$

再设

$$\overline{y}(x) = \ln S(x), \quad c_0 = \ln a, \quad c_1 = b,$$

从而转换为线性函数的最小二乘拟合问题. 我们首先将表中 y_i 转换为 $\overline{y}_i = \ln y_i$, 再设 $\varphi_0(x) = 1, \varphi_1(x) = x$. 由已知数据点集, 可得

$$\boldsymbol{\varphi}_0 = (1, 1, 1, 1, 1, 1)^{\mathrm{T}}, \quad \boldsymbol{\varphi}_1 = (0, 0.1, 0.2, 0.4, 0.45, 0.5)^{\mathrm{T}},$$

$$\overline{\boldsymbol{y}} = (1.029\,619, 1.228\,328, 1.270\,942, 1.542\,331, 1.569\,644, 1.578\,187)^{\mathrm{T}},$$

从而

$$(\boldsymbol{\varphi}_0, \boldsymbol{\varphi}_0) = 6, \quad (\boldsymbol{\varphi}_0, \boldsymbol{\varphi}_1) = 1.650\,000, \quad (\boldsymbol{\varphi}_1, \boldsymbol{\varphi}_1) = 0.662\,500,$$

$$(\boldsymbol{\varphi}_0, \overline{\boldsymbol{y}}) = 8.219\,049, \quad (\boldsymbol{\varphi}_1, \overline{\boldsymbol{y}}) = 2.489\,387.$$

那么法方程组为

$$\begin{pmatrix} 6 & 1.650\ 000 \\ 1.650\ 000 & 0.662\ 500 \end{pmatrix} \begin{pmatrix} c_0 \\ c_1 \end{pmatrix} = \begin{pmatrix} 8.219\ 049 \\ 2.489\ 387 \end{pmatrix},$$

解得 $c_0 \approx 1.067\ 970, c_1 \approx 1.097\ 716$, 因此

$$a = \mathrm{e}^{c_0} \approx 2.909\ 467, \quad b = c_1 \approx 1.097\ 716.$$

从而最小二乘解为

$$S^*(x) \approx 2.909\ 467\mathrm{e}^{1.097\ 716x},$$

由 Maple 生成的拟合曲线如图 2.5 所示.

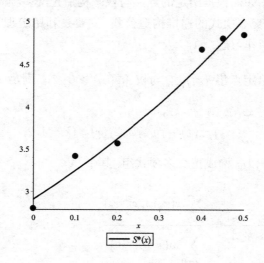

图 2.5 指数函数最小二乘拟合

前面两个例子表明, 利用线性函数或指数函数进行最小二乘拟合是容易计算的, 但是对数据点集要求过高. 对于给定的一般数据点集, 由于 n 次多项式空间 $\mathbb{P}_n$ 满足 Haar 条件并且较为简单, 我们希望将 Φ_{n+1} 选为该空间来进行最小二乘拟合. 如果选择幂基, 即 $\varphi_i(x) = x^i (i = 0, 1, \cdots, n)$, 此时系数矩阵可能呈现病态, 法方程组 (2.53) 同样不易求解. 但是如果我们选择 $\mathbb{P}_n$ 的基函数具有正交性, 从而使得法方程组 (2.53) 的系数矩阵 $\boldsymbol{G}$ 是对角矩阵, 此时法方程组显然很容易求解.

设 $\varphi_0(x), \varphi_1(x), \cdots, \varphi_n(x) \in \mathbb{P}_n$, 满足

$$(\boldsymbol{\varphi}_k, \boldsymbol{\varphi}_j) = \sum_{i=0}^m \omega(x_i)\varphi_k(x_i)\varphi_j(x_i) = \begin{cases} 0, & k \neq j, \\ A_j > 0, & k = j, \end{cases} \tag{2.57}$$

则 $\{\varphi(x)\}_{i=0}^n$ 称为关于点集 $\{x_i\}_{i=0}^m$ 与权 $\{\omega(x_i) \geqslant 0\}_{i=0}^m$ 正交的多项式组. 如果 $\{\varphi(x)\}_{i=0}^n$ 是正交多项式组, 那么它们一定线性无关, 从而构成 $\mathbb{P}_n$ 的一组基函数.

此时法方程组 (2.53) 的解为

$$c_k^* = \frac{(\boldsymbol{\varphi}_k, \boldsymbol{y})}{(\boldsymbol{\varphi}_k, \boldsymbol{\varphi}_k)} = \frac{\displaystyle\sum_{i=0}^{m} \omega(x_i) y_i \varphi_k(x_i)}{\displaystyle\sum_{i=0}^{m} \omega(x_i) \varphi_k^2(x_i)}, \quad k = 0, 1, \cdots, n, \tag{2.58}$$

且平方误差为

$$\|\boldsymbol{\delta}\|_2^2 = \|\boldsymbol{y}\|_2^2 - \sum_{k=0}^{n} (c_k^*)^2 \|\boldsymbol{\varphi}_k\|^2.$$

如上平方误差公式与误差公式 (2.21) 推导过程类似, 在此省略具体过程.

现在的问题是, 如何根据给定的点集与权来构造正交多项式组 $\{\varphi_i(x)\}_{i=0}^{n}$? 我们在此给出一类正交多项式的递推构造公式, 主要是利用定理 2.13 中构造正交函数系的思想, 证明留作习题.

定理 2.15 给定点集 $\{x_i\}_{i=0}^{m}$ 与权 $\{\omega(x_i) \geqslant 0\}_{i=0}^{m}$, 满足

$$\begin{cases} \varphi_0(x) = 1, \quad \varphi_1(x) = x - \alpha_0, \\ \varphi_{k+1}(x) = (x - \alpha_k)\varphi_k(x) - \beta_{k-1}\varphi_{k-1}(x) \quad (k = 1, 2, \cdots, n-1) \end{cases} \tag{2.59}$$

的多项式组 $\{\varphi_i(x)\}_{i=0}^{n}$ 构成正交多项式组, 其中

$$\alpha_k = \frac{(\boldsymbol{x}\boldsymbol{\varphi}_k, \boldsymbol{\varphi}_k)}{(\boldsymbol{\varphi}_k, \boldsymbol{\varphi}_k)} = \frac{\displaystyle\sum_{i=0}^{m} \omega(x_i) x_i \varphi_k^2(x_i)}{\displaystyle\sum_{i=0}^{m} \omega(x_i) \varphi_k^2(x_i)}, \quad k = 0, 1, \cdots, n-1, \tag{2.60}$$

$$\beta_{k-1} = \frac{(\boldsymbol{\varphi}_k, \boldsymbol{\varphi}_k)}{(\boldsymbol{\varphi}_{k-1}, \boldsymbol{\varphi}_{k-1})} = \frac{\displaystyle\sum_{i=0}^{m} \omega(x_i) \varphi_k^2(x_i)}{\displaystyle\sum_{i=0}^{m} \omega(x_i) \varphi_{k-1}^2(x_i)}, \quad k = 1, 2, \cdots, n-1, \tag{2.61}$$

且 $\boldsymbol{x}\boldsymbol{\varphi}_k = (x_1\varphi_k(x_1), x_2\varphi_k(x_2), \cdots, x_m\varphi_k(x_m))$.

■ 习题 2

1. 对内积空间 X 与其上所定义范数 $\|x\| = \sqrt{(x, x)}$, 证明:

(1) 平行四边形法则: $\forall x, y \in X$,

$$\|x + y\|^2 + \|x - y\|^2 = 2(\|x\|^2 + \|y\|^2);$$

(2) Schwarz 不等式: $\forall x, y \in X$,

$$|(x, y)| \leqslant \|x\| \cdot \|y\|.$$

2. 证明定理 2.6.

3. 证明: 设 $f(x) \in L_\rho^2[a, b]$, 对任意的 $\varepsilon > 0$, 都存在多项式 $p(x)$, 使得

$$\|f - p\|_2 = \sqrt{\int_a^b \rho(x) \left(f(x) - p(x)\right)^2 \, \mathrm{d}x} < \varepsilon,$$

即多项式空间在 $L_\rho^2[a, b]$ 上是紧的.

4. 设连续函数系 $\{\varphi_i(x)\}_{i=0}^\infty$ 是区间 $[a, b]$ 上带权 $\rho(x)$ 正交的函数系, 并且 $\varphi_0(x)$ 恒正. 证明: 对任意的实数 $c_i(i = 1, 2, \cdots, n)$, 广义多项式

$$\varphi(x) = \sum_{i=1}^n c_i \varphi_i(x)$$

在区间 $[a, b]$ 上至少有 1 个根.

5. 设权函数 $\rho(x) = 1 + x^2$, 在区间 $[-1, 1]$ 上利用公式 (2.31) 构造首项系数为 1 的正交多项式 $\hat{\varphi}_i(x), i = 0, 1, 2, 3$.

6. 证明定理 2.12.

7. 设函数 $f(x) = x^3$, 权函数 $\rho(x) = 1$, 在区间 $[-1, 1]$ 上求 $f(x)$ 在 $\mathbb{P}_1$ 中的最佳平方逼近多项式.

8. 设函数 $f(x) = \mathrm{e}^x$, 权函数 $\rho(x) = 1$, 在区间 $[0, 1]$ 上求 $f(x)$ 在 $\mathbb{P}_2$ 中的最佳平方逼近多项式.

9. 分别写出 Legendre 多项式系, Laguerre 多项式系和 Hermite 多项式系的前 5 个多项式.

10. 设 $\{\varphi(x)\}_{i=0}^n$ 为关于点集 $\{x_i\}_{i=0}^m$ 与权 $\{\omega(x_i)\}_{i=0}^m$ 的正交多项式组. 证明:
    (1) $\{\varphi(x)\}_{i=0}^n$ 一定线性无关, 从而构成 $\mathbb{P}_n$ 的一组基函数;
    (2) 求解法方程组 (2.53) 所得最小二乘解 $S^*(x)$ 与数据点集 $\boldsymbol{y} = (y_0, y_1, \cdots, y_m)^{\mathrm{T}}$ 的平方误差为

$$\|\boldsymbol{\delta}\|_2^2 = \|\boldsymbol{y}\|_2^2 - \sum_{k=0}^n (c_k^*)^2 \|\boldsymbol{\varphi}_k\|^2.$$

11. 判定下列子空间是否满足 Haar 条件:
    (1) $\Phi = span\{1, x^2, x^4\}, \quad x \in [0, 1]$;
    (2) $\Phi = span\{1, x^2, x^4\}, \quad x \in [-1, 1]$;
    (3) $\Phi = span\{1, 2 - x, x^2 + 3\}, \quad x \in [-1, 1]$;
    (4) $\Phi = span\{\sin x, \sin 2x, \cdots, \sin nx\}, \quad x \in (0, \pi)$;

(5) $\Phi = span\{1, \sin x, \sin 2x, \cdots, \sin nx, \cos x, \cos 2x, \cdots, \cos nx\}$, $x \in [0, 2\pi]$.

12. 实验测量一物体直线运动的数据如下:

i	0	1	2	3	4	5
时间 t_i	0.0	0.5	1.2	1.8	2.4	3.0
距离 s_i	0.0	5.1	12.5	17.5	25.0	29.0

利用最小二乘法, 求物体的近似运动方程.

13. 使用函数 $y = at^b$ 最小二乘拟合如下测量的实验数据:

i	0	1	2	3	4	5
x_i	0.5	0.9	1.3	1.6	2.0	2.4
y_i	3.9	2.3	1.4	1.3	1.1	0.8

14. 给定函数 (也称 Runge 函数)

$$f(x) = \frac{1}{1 + 25x^2}, \quad x \in [-1, 1],$$

利用最小二乘法, 使用三次多项式拟合数据点集 $\{(x_i, y_i)\}_{i=0}^{10}$, 其中

$$x_i = -1 + \frac{i}{5}, \ y_i = f(x_i), \quad i = 0, 1, \cdots, 10.$$

15. 对例 2.5 中给定的数据点集, 利用公式 (2.59) 构造二次正交多项式组 $\{\varphi_0(x), \varphi_1(x), \varphi_2(x)\}$, 并用其最小二乘拟合此数据点集, 绘图与例 2.5 所得指数函数进行对比分析.

16. 证明定理 2.15.

习题 2 典型习题
解答或提示

上机实验
练习 2 与答案

上机实验练习 2
程序代码

3 多项式插值

插值法是一种古老而又实用的数值计算方法, 它有着非常悠久的历史. 隋朝数学家刘焯首先提出等距节点内插公式, 而不等距节点内插公式是由唐朝数学家张遂提出的, 这比西欧学者提出的相应结果早一千年. 插值法是数值逼近的重要内容, 它不仅在数值计算的许多方向有重要应用 (包括我们后面将介绍的数值积分与数值微分), 还在科学与工程的其他学科中有重要作用.

本章首先介绍插值问题, 随后对 Lagrange 插值、Newton 插值与 Hermite 插值等一元多项式插值的基本理论进行介绍, 最后简单介绍多元多项式插值.

3.1 插 值 问 题

人们在生产、工程计算或科学实验中获得一些数据, 这些数据可以认为是某个函数 $f(x)$ 在某些给定点处的函数值或导数值, 而 $f(x)$ 的表达式可能比较复杂或不便于计算, 有时甚至根本就没有表达式. 那么我们需要通过获得的数据来构造一个 (或一类) 相对简单且便于计算的函数 $\varphi(x)$ 来逼近 $f(x)$, 使其与 $f(x)$ 在给定的点上具有相同的函数值或导数值, 从而可以利用 $\varphi(x)$ 来代替 $f(x)$ 进行数值计算, 这样的函数逼近问题就是插值问题. 下面给出线性空间插值问题的一般提法.

给定闭区域 $D \subset \mathbb{R}^d$ 中两两不同点构成的点集 $\{\boldsymbol{x}_i\}_{i=1}^n \subset D$ 与实数集 $\{y_i\}_{i=1}^n \subset \mathbb{R}$, 其中 d 为正整数. 设

$$\Phi_n = span\{\varphi_1(\boldsymbol{x}), \varphi_2(\boldsymbol{x}), \cdots, \varphi_n(\boldsymbol{x})\}$$

为定义在 D 上的 n 维函数空间, 其中 $\varphi_1(\boldsymbol{x}), \varphi_2(\boldsymbol{x}), \cdots, \varphi_n(\boldsymbol{x})$ 为 Φ_n 的一组基.

所谓插值问题的一般提法是: 寻找函数 $\varphi(\boldsymbol{x}) \in \Phi_n$, 使其满足插值条件

$$\varphi(\boldsymbol{x}_i) = y_i, \quad i = 1, 2, \cdots, n. \tag{3.1}$$

如果满足如上插值条件的 $\varphi(\boldsymbol{x})$ 存在, 则称其为插值函数, 点集 $\{\boldsymbol{x}_i\}_{i=1}^n$ 称为插值节点组 (或插值结点组), D 称为插值区域. 如果插值数据点集 $\{(\boldsymbol{x}_i, y_i)\}_{i=1}^n$ 来自某个定义在 D 上的 d 元实值函数 $y = f(\boldsymbol{x})$, 即满足 $y_i = f(\boldsymbol{x}_i)(i = 1, 2, \cdots, n)$, 则称 $f(\boldsymbol{x})$ 为被插函数, $f(\boldsymbol{x}) - \varphi(\boldsymbol{x})$ 为误差余项或插值余项.

显然, 如上插值问题中函数空间 Φ_n 可以有多种选择, 比如多项式函数空间、三角函数空间、样条函数空间、有理函数空间、径向基函数空间, 等等. 选择不同的函数空间, 得到的插值函数 $\varphi(x)$ 也具有不同的性质特征, 逼近效果也不相同 (见例 3.1). 因此, 研究插值问题的过程一般分为如下 5 个部分:

(1) 根据数据点集的实际情况与特征选择适当的插值函数空间;

(2) 判断插值问题解 (即插值函数) 的存在性与唯一性;

(3) 构造插值函数;

(4) 分析插值余项;

(5) 应用插值函数进行数值计算.

例 3.1 设已知某个函数 $y = f(x)$ 的列表函数值

i	1	2	3	4	5	6
x_i	0	1	2	4	5	6
y_i	3	5	2	1	3	3

我们可以通过一个五次多项式

$$p(x) = \frac{x^5}{80} - \frac{19\,x^4}{60} + \frac{209\,x^3}{80} - \frac{997\,x^2}{120} + 8\,x + 3$$

来达到满足插值条件

$$p(x_i) = y_i, \quad i = 1, 2, \cdots, 6$$

的目的, 从而可以利用 $p(x)$ 代替 $f(x)$ 进行数值计算, 例如估计 $f(3) \approx p(3) = \dfrac{3}{20}$.

同样地, 利用分段线性函数 $g(x)$ 一样可以达到满足插值条件

$$g(x_i) = y_i, \quad i = 1, 2, \cdots, 6$$

的目的. 显然 $g(x)$ 与 $p(x)$ 的函数结构性质截然不同, 图形也有很大差别, 由 Maple 生成的图形如图 3.1 所示. 利用它们代替 $f(x)$ 来进行数值计算的结果也不尽相同, 例如此时估计 $f(3) \approx g(3) = \dfrac{3}{2}$, 这与 $p(3) = \dfrac{3}{20}$ 相差较大.

显然, $\varphi(\boldsymbol{x}) \in \Phi_n = span\{\varphi_1(\boldsymbol{x}), \varphi_2(\boldsymbol{x}), \cdots, \varphi_n(\boldsymbol{x})\}$ 可以表示为

$$\varphi(\boldsymbol{x}) = \sum_{i=1}^{n} c_i \varphi_i(\boldsymbol{x}),$$

因此插值条件 (3.1) 转换为方程组

$$\sum_{i=1}^{n} c_i \varphi_i(\boldsymbol{x}_i) = y_i, \quad i = 1, 2, \cdots, n. \tag{3.2}$$

设

$$\boldsymbol{\varphi}_i = (\varphi_i(\boldsymbol{x}_1), \varphi_i(\boldsymbol{x}_2), \cdots, \varphi_i(\boldsymbol{x}_n))^{\mathrm{T}}, \quad i = 1, 2, \cdots, n,$$

$$\boldsymbol{A} = (\boldsymbol{\varphi}_1, \boldsymbol{\varphi}_2, \cdots, \boldsymbol{\varphi}_n), \quad \boldsymbol{c} = (c_1, c_2, \cdots, c_n)^{\mathrm{T}}, \quad \boldsymbol{y} = (y_1, y_2, \cdots, y_n)^{\mathrm{T}},$$

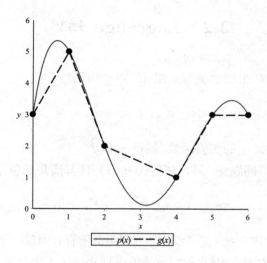

图 3.1 插值给定点集的两个不同函数

则 (3.2) 式转化为方程组的矩阵形式

$$Ac = y.$$

因此插值条件 (3.1) 的解存在且唯一的充要条件是

$$\det(A) \neq 0.$$

遗憾的是, 一般来说, 对 $D \subset \mathbb{R}^d$ 上任给的插值节点组 $\{x_i\}_{i=1}^n$, 条件 $\det(A) \neq 0$ 并不是一定成立的. 使得 $\det(A) \neq 0$ 的插值节点组 $\{x_i\}_{i=1}^n$ 称为函数空间 Φ_n 上的插值适定节点组. 当 $d = 1$ 时, $\det(A) \neq 0$ 成立的条件是 $\varphi_1(x), \varphi_2(x), \cdots, \varphi_n(x)$ 满足 Haar 条件 (定义 2.6). 多项式是最简单的函数, 且多项式函数空间在闭区间上的连续函数空间里是紧集, 可以一致逼近任意连续函数. 对 $d = 1$, 区域 D 一般是闭区间 $[a, b]$, 称之为插值区间, 如果利用多项式进行插值, 由于其满足 Haar 条件, 插值条件 (3.1) 的解一定存在且唯一, 也就是说插值区间 $[a, b]$ 上任给插值节点组 $\{x_i\}_{i=1}^n$(当 $i \neq j$ 时, 要求 $x_i \neq x_j$) 一定是插值适定节点组. 对 $d > 1$, 条件 $\det(A) \neq 0$ 十分依赖于插值节点组 $\{x_i\}_{i=1}^n$ 的选取, 问题变得更为复杂. 因此, 多项式插值法, 尤其是一元多项式插值法具有重要地位.

本章第 3.2 节至第 3.6 节我们将介绍一元多项式插值的相关知识, 第 3.7 节介绍多元多项式插值函数的基本理论以及二元多项式插值适定节点组的构造方法. 此外, 多项式作为插值函数可有效地解决一系列有应用价值的计算问题, 特别是数值积分与数值微分问题, 我们将在后面章节中陆续介绍.

3.2 Lagrange 插值

设给定区间 $[a, b]$ 上的插值节点组 $\{x_i\}_{i=0}^n$ 满足

$$a \leqslant x_0 < x_1 < \cdots < x_n \leqslant b,$$

$y = f(x)$ 是定义 $[a, b]$ 上的实值函数, 使得 $y_i = f(x_i), i = 0, 1, \cdots, n$.

一元多项式插值问题是: 寻求多项式 $p_n(x)$, 使其满足插值条件

$$p_n(x_i) = y_i, \quad i = 0, 1, \cdots, n. \tag{3.3}$$

由于插值条件 (3.3) 共有 $(n+1)$ 个方程, 方程组的解存在且唯一的必要条件是 $p_n(x)$ 来自 $(n+1)$ 维函数空间, 因此我们设插值多项式 $p_n(x)$ 来自 n 次多项式空间 $\mathbb{P}_n$. 此时, 如下定理保证了插值条件 (3.3) 的解的存在性与唯一性:

> **定理 3.1** 满足插值条件 (3.3) 的 n 次多项式 $p_n(x) \in \mathbb{P}_n$ 存在且唯一.

证明 设 n 次多项式 $p_n(x)$ 表示为

$$p_n(x) = a_0 + a_1 x + a_2 x^2 + \cdots + a_n x^n, \tag{3.4}$$

因此插值条件 (3.3) 的解是否存在且唯一等价于关于 $a_0, a_1, \cdots, a_n$ 的线性方程组

$$\begin{cases} a_0 + a_1 x_0 + a_2 x_0^2 + \cdots + a_n x_0^n = y_0, \\ a_0 + a_1 x_1 + a_2 x_1^2 + \cdots + a_n x_1^n = y_1, \\ \quad\cdots\cdots\cdots\cdots \\ a_0 + a_1 x_n + a_2 x_n^2 + \cdots + a_n x_n^n = y_n, \end{cases} \tag{3.5}$$

的解是否存在且唯一的问题. 设上述线性方程组的系数矩阵为

$$\boldsymbol{A} = \begin{pmatrix} 1 & x_0 & x_0^2 & \cdots & x_0^n \\ 1 & x_1 & x_1^2 & \cdots & x_1^n \\ \vdots & \vdots & \vdots & & \vdots \\ 1 & x_n & x_n^2 & \cdots & x_n^n \end{pmatrix},$$

显然 $\det(\boldsymbol{A}^{\mathrm{T}})$ 是一个 $(n+1)$ 阶 Vandermonde 行列式, 从而

$$\det(\boldsymbol{A}) = \det(\boldsymbol{A}^{\mathrm{T}}) = \prod_{0 \leqslant i < j \leqslant n} (x_j - x_i). \tag{3.6}$$

由于当 $i \neq j$ 时, $x_i \neq x_j$, 所以 $\det(\boldsymbol{A}) \neq 0$, 从而方程组 (3.5) 的解存在且唯一, 结论得证. □

定理 3.1 的几何解释为: 有且仅有一条 n 次多项式曲线 $p_n(x)$, 通过平面上事先给定的 $(n+1)$ 个点 $(x_i, y_i), i = 0, 1, \cdots, n$, 其中 $x_i \neq x_j (i \neq j)$. 插值条件解的存在性与唯一性已经解决, 下一步需解决插值多项式的构造问题. 最直接的方法是: 求解方程组 (3.5), 得出其唯一解 $a_0, a_1, \cdots, a_n$, 代入 (3.4) 式中从而给出 $p_n(x)$. 利用此方法求解方程组 (3.5) 时, 虽然其系数矩阵非奇异, 但可能呈现病态, 求解可能产生数值不稳定现象. 而产生此现象的根本原因是在 (3.4) 式中我们采用幂函数基来表示插值多项式 $p_n(x)$.

设 n 次多项式空间 $\mathbb{P}_n = span\{\varphi_0(x), \varphi_1(x), \cdots, \varphi_n(x)\}$, 其中 $\varphi_0(x), \varphi_1(x), \cdots, \varphi_n(x)$ 是 $\mathbb{P}_n$ 的一组基, 那么多项式 $p_n(x) \in \mathbb{P}_n$ 可表示为

$$p_n(x) = a_0\varphi_0(x) + a_1\varphi_1(x) + \cdots + a_n\varphi_n(x),$$

将其代入插值条件 (3.3) 中, 得到关于 $a_0, a_1, \cdots, a_n$ 的线性方程组

$$\begin{cases} a_0\varphi_0(x_0) + a_1\varphi_1(x_0) + a_2\varphi_2(x_0) + \cdots + a_n\varphi_n(x_0) = y_0, \\ a_0\varphi_0(x_1) + a_1\varphi_1(x_1) + a_2\varphi_2(x_1) + \cdots + a_n\varphi_n(x_1) = y_1, \\ \qquad\qquad \cdots\cdots\cdots\cdots \\ a_0\varphi_0(x_n) + a_1\varphi_1(x_n) + a_2\varphi_2(x_n) + \cdots + a_n\varphi_n(x_n) = y_n, \end{cases} \tag{3.7}$$

此方程组的系数矩阵为

$$\boldsymbol{A} = \begin{pmatrix} \varphi_0(x_0) & \varphi_1(x_0) & \varphi_2(x_0) & \cdots & \varphi_n(x_0) \\ \varphi_0(x_1) & \varphi_1(x_1) & \varphi_2(x_1) & \cdots & \varphi_n(x_1) \\ \vdots & \vdots & \vdots & & \vdots \\ \varphi_0(x_n) & \varphi_1(x_n) & \varphi_2(x_n) & \cdots & \varphi_n(x_n) \end{pmatrix}. \tag{3.8}$$

由定理 3.1 可知, 矩阵 (3.8) 一定非奇异. 要降低方程组 (3.7) 的求解难度, 需要从 $\mathbb{P}_n$ 的基函数组 $\{\varphi_0(x), \varphi_1(x), \cdots, \varphi_n(x)\}$ 的选择着手, 使得矩阵 (3.8) 结构简单、便于求解. 很显然, 若矩阵 (3.8) 为对角矩阵, 则方程组 (3.7) 求解就非常容易了. 更进一步, 如果矩阵 (3.8) 为单位矩阵, 那么我们不用任何计算就可以得到 $a_i = y_i (i = 0, 1, \cdots, n)$, 从而插值多项式为

$$p_n(x) = y_0\varphi_0(x) + y_1\varphi_1(x) + \cdots + y_n\varphi_n(x). \tag{3.9}$$

那么现在的问题是: 如何构造 $\mathbb{P}_n$ 的基函数 $\varphi_0(x), \varphi_1(x), \cdots, \varphi_n(x)$ 使得矩阵 (3.8) 为单位矩阵?

对 $i, j \in \{0, 1, \cdots, n\}$, 设多项式 $l_i(x) \in \mathbb{P}_n$ 满足如下插值条件:

$$l_i(x_j) = \delta_{ij} = \begin{cases} 0, & j \neq i, \\ 1, & j = i, \end{cases} \tag{3.10}$$

利用定理 3.1, $l_i(x)$ 存在且唯一. 插值条件 (3.10) 说明, 除点 x_i 外, 插值节点 $x_0, x_1, \cdots, x_n$ 均为 $l_i(x)$ 的零点, 因此

$$l_i(x) = c(x - x_0) \cdots (x - x_{i-1})(x - x_{i+1}) \cdots (x - x_n),$$

其中 c 为常数. 插值条件 (3.10) 同样指出 $l_i(x_i) = 1$, 从而计算得到

$$c = \frac{1}{(x_i - x_0) \cdots (x_i - x_{i-1})(x_i - x_{i+1}) \cdots (x_i - x_n)}.$$

因此对 $i \in \{0, 1, \cdots, n\}$, 满足插值条件 (3.10) 的唯一的 n 次多项式为

$$l_i(x) = \frac{(x - x_0) \cdots (x - x_{i-1})(x - x_{i+1}) \cdots (x - x_n)}{(x_i - x_0) \cdots (x_i - x_{i-1})(x_i - x_{i+1}) \cdots (x_i - x_n)}. \tag{3.11}$$

记 $\omega_{n+1}(x) = (x - x_0)(x - x_1) \cdots (x - x_n)$, 则 $l_i(x)$ 又可表示为更简洁的形式:

$$l_i(x) = \frac{\omega_{n+1}(x)}{(x - x_i)\omega'_{n+1}(x_i)}. \tag{3.12}$$

可以证明多项式组 $\{l_0(x), l_1(x), \cdots, l_n(x)\}$ 是线性无关的, 因此构成 $\mathbb{P}_n$ 的一组基. 利用此组基函数表示插值多项式, 结合基函数 $l_i(x)$ 满足 (3.10) 式的性质, 可知矩阵 (3.8) 为单位矩阵, 从而多项式

$$L_n(x) = \sum_{i=0}^{n} y_i l_i(x) \tag{3.13}$$

满足插值条件 (3.3). 称 (3.13) 式为 Lagrange 插值公式, $L_n(x)$ 称为 n 次 Lagrange 插值多项式, $l_0(x), l_1(x), \cdots, l_n(x)$ 称为 n 次 Lagrange 插值基函数.

Lagrange 插值公式 (3.13) 具有结构清晰、紧凑的特点, 因而适于作理论分析和应用. 值得注意的是, 由定理 3.1 可知, Lagrange 插值多项式 $L_n(x)$ 也可视为是从如下行列式方程中解出的:

$$\begin{vmatrix} L_n(x) & 1 & x & x^2 & \cdots & x^n \\ y_0 & 1 & x_0 & x_0^2 & \cdots & x_0^n \\ y_1 & 1 & x_1 & x_1^2 & \cdots & x_1^n \\ \vdots & \vdots & \vdots & \vdots & & \vdots \\ y_n & 1 & x_n & x_n^2 & \cdots & x_n^n \end{vmatrix} = 0, \tag{3.14}$$

具体证明过程请读者自行考虑. 进一步, 由 (3.14) 式表示的插值公式可以推广到一般插值问题的求解, 由于篇幅所限, 此处不再赘述.

例 3.2 设插值节点为

$$x_0 = 1, \quad x_1 = 2, \quad x_2 = 3, \quad x_3 = 4,$$

函数 $y = f(x)$ 满足

$$y_0 = f(x_0) = 1, \quad y_1 = f(x_1) = 2, \quad y_2 = f(x_2) = 3, \quad y_3 = f(x_3) = -1.$$

求 $f(x)$ 的三次 Lagrange 插值多项式.

解 利用公式 (3.10), Lagrange 插值基函数为

$$l_0(x) = \frac{(x-x_1)(x-x_2)(x-x_3)}{(x_0-x_1)(x_0-x_2)(x_0-x_3)} = -\frac{1}{6}x^3 + \frac{3}{2}x^2 - \frac{13}{3}x + 4,$$

$$l_1(x) = \frac{(x-x_0)(x-x_2)(x-x_3)}{(x_1-x_0)(x_1-x_2)(x_1-x_3)} = \frac{1}{2}x^3 - 4x^2 + \frac{19}{2}x - 6,$$

$$l_2(x) = \frac{(x-x_0)(x-x_1)(x-x_3)}{(x_2-x_0)(x_2-x_1)(x_2-x_3)} = -\frac{1}{2}x^3 + \frac{7}{2}x^2 - 7x + 4,$$

$$l_3(x) = \frac{(x-x_0)(x-x_1)(x-x_2)}{(x_3-x_0)(x_3-x_1)(x_3-x_2)} = \frac{1}{6}x^3 - x^2 + \frac{11}{6}x - 1.$$

从而根据公式 (3.13), 满足插值条件的三次 Lagrange 插值多项式为

$$L_3(x) = l_0(x) + 2l_1(x) + 3l_2(x) - l_3(x) = -\frac{5}{6}x^3 + 5x^2 - \frac{49}{6}x + 5.$$

由 Maple 生成的 Lagrange 插值基函数 $l_i(x), i = 0, 1, 2, 3$ 如图 3.2 所示, Lagrange 插值多项式 $L_3(x)$ 如图 3.3 所示.

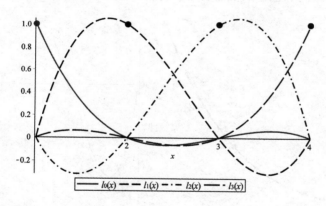

图 3.2 Lagrange 插值基函数

例 3.3 对例 3.2 中的插值节点, 设 $f(x) = \mathrm{e}^x$, 则函数值为 (保留小数点后五位有效数字)

$$y_0 = f(x_0) \approx 2.718\,28, \quad y_1 = f(x_1) \approx 7.389\,06,$$

$$y_2 = f(x_2) \approx 20.085\,54, \quad y_3 = f(x_3) \approx 54.598\,15.$$

根据 Lagrange 插值公式 (3.13), 可知

$$L_3(x) \approx 2.298\,405x^3 - 9.777\,58x^2 + 17.914\,685x - 7.717\,23.$$

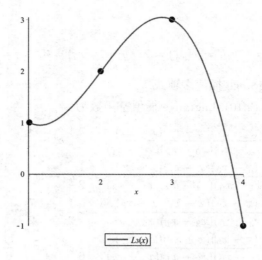

图 3.3 Lagrange 插值多项式 $L_3(x)$

由 Maple 生成的被插函数 $f(x) = e^x$ 与插值多项式 $L_3(x)$ 如图 3.4 所示, 通过图 3.4(b) 可以看出, 误差余项 (或误差函数) 的绝对值 $|f(x) - L_3(x)|$ 在插值区间 $[1,4]$ 上小于 0.7. 如何利用被插函数 $f(x)$ 的性质与插值节点的分布来估计误差余项 $f(x) - L_n(x)$ 的界也是插值需要解决的重要问题之一, 我们将在后面进行介绍.

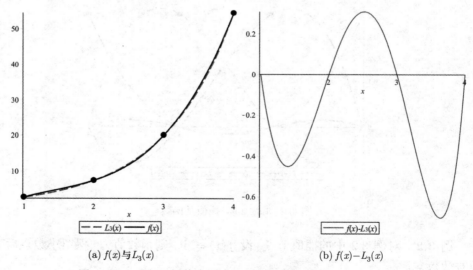

(a) $f(x)$ 与 $L_3(x)$　　　　　　　　　(b) $f(x) - L_3(x)$

图 3.4 Lagrange 插值多项式 $L_3(x)$ 与误差余项 $f(x) - L_3(x)$

3.3　Newton 插值

Lagrange 插值公式 (3.13) 具有结构简单、便于构造的优点, 但是它有一个比较明显的缺点. 为了提高精度或补充数据, 有时需要增加插值条件, 例如随着实验与观测的进行, 会获得新的数据, 这就需要在已有插值条件的基础上再增加新的插值条件. 原有的 Lagrange 插值基函数由于构造方式的原因都要随之发生变化, 从而都要重新计算, 这在计算中是不方便的. 我们希望能够引入一种多项式插值方法, 在克服上述缺点的基础上, 还保持插值公式容易构造的优点, 这就是本节要介绍的 Newton 插值法.

不难发现, Lagrange 插值公式的缺点是每个插值基函数 (3.11) 的构造中都包含了所有插值节点信息, 如果有新的插值节点加入, 必须要全部重新计算. 因此若要克服此缺点, 仍需要从插值基函数的构造上入手.

显然, 对给定的 $(n+1)$ 个插值节点 $a \leqslant x_0 < x_1 < \cdots < x_n \leqslant b$, 多项式组

$$1, \quad x - x_0, \quad (x - x_0)(x - x_1), \quad \cdots, \quad (x - x_0)(x - x_1) \cdots (x - x_{n-1})$$

同样构成 $\mathbb{P}_n$ 的一组基. 在此基表示下, 利用定理 3.1, 满足插值条件 (3.3) 的 n 次多项式可以唯一地表示为

$$N_n(x) = a_0 + a_1(x - x_0) + \cdots + a_n(x - x_0)(x - x_1) \cdots (x - x_{n-1}).$$

下面, 我们来确定上式中的系数 $a_0, a_1, \cdots, a_n$.

设 $L_{n-1}(x)$ 是满足前 n 个节点 $x_0, x_1, \cdots, x_{n-1}$ 上插值条件的 $(n-1)$ 次 Lagrange 插值多项式, 由于

$$N_n(x_i) = L_{n-1}(x_i) = y_i, \quad i = 0, 1, \cdots, n-1,$$

故

$$N_n(x) - L_{n-1}(x) = c(x - x_0)(x - x_1) \cdots (x - x_{n-1}),$$

其中 c 为常数. 由条件 $N_n(x_n) = y_n$ 可以定出

$$c = \frac{y_n - L_{n-1}(x_n)}{(x_n - x_0)(x_n - x_1) \cdots (x_n - x_{n-1})}.$$

又因

$$L_{n-1}(x_n) = \sum_{i=0}^{n-1} y_i l_i(x_n),$$

其中 $l_i(x)(i = 0, 1, \cdots, n-1)$ 为 $(n-1)$ 次 Lagrange 插值基函数, 故又有

$$c = \frac{y_n}{(x_n - x_0)(x_n - x_1)\cdots(x_n - x_{n-1})} +$$

$$\sum_{i=0}^{n-1} \frac{y_i}{(x_i - x_0)\cdots(x_i - x_{i-1})(x_i - x_{i+1})\cdots(x_i - x_n)}$$

$$= \sum_{i=0}^{n} \frac{y_i}{\prod\limits_{j=0,j\neq i}^{n}(x_i - x_j)}.$$

引进记号

$$f(x_0, x_1, \cdots, x_n) = \sum_{i=0}^{n} \frac{y_i}{\prod\limits_{j=0,j\neq i}^{n}(x_i - x_j)}, \tag{3.15}$$

得 $N_n(x)$ 与 $L_{n-1}(x)$ 之间的关系式:

$$N_n(x) = L_{n-1}(x) + f(x_0, x_1, \cdots, x_n)(x - x_0)(x - x_1)\cdots(x - x_{n-1}).$$

显然, 当 $n = 1$ 时,

$$N_1(x) = y_0 + f(x_0, x_1)(x - x_0).$$

若 $n \geqslant 2$, 同理可得,

$$N_{n-1}(x) = L_{n-2}(x) + f(x_0, x_1, \cdots, x_{n-1})(x - x_0)(x - x_1)\cdots(x - x_{n-2}).$$

继续下去, 再由插值多项式的唯一性知 $N_i(x) = L_i(x)(i = 0, 1, \cdots, n)$, 从而最终得到

$$N_n(x) = f(x_0) + f(x_0, x_1)(x - x_0) + \cdots +$$

$$f(x_0, x_1, \cdots, x_n)(x - x_0)(x - x_1)\cdots(x - x_{n-1}). \tag{3.16}$$

公式 (3.16) 称为 Newton 插值公式, $N_n(x)$ 称为 Newton 插值多项式, 其系数可由 (3.15) 式确定. 由于这些系数不便于记忆, 为此我们引进差商的概念来定义它们, 因此 Newton 插值公式也称为差商型插值公式.

> **定义 3.1**　设函数 $y = f(x)$ 在给定的互异节点 $x_0, x_1, \cdots, x_n$ 上的函数值为 $y_i = f(x_i)(i = 1, 2, \cdots, n)$, 称
>
> $$f(x_i, x_j) = \frac{f(x_j) - f(x_i)}{x_j - x_i}, \quad i \neq j$$
>
> 为 $f(x)$ 关于节点 x_i, x_j 的一阶差商 (或均差); 称一阶差商的一阶差商
>
> $$f(x_i, x_j, x_k) = \frac{f(x_j, x_k) - f(x_i, x_j)}{x_k - x_i}$$

为 $f(x)$ 关于节点 x_i, x_j, x_k 的二阶差商, 其中 i, j, k 互不相同. 一般说来, 我们称 $f(x)$ 的 $(n-1)$ 阶差商的一阶差商

$$f(x_0, x_1, \cdots, x_n) = \frac{f(x_1, x_2, \cdots, x_n) - f(x_0, x_1, \cdots, x_{n-1})}{x_n - x_0}$$

为 $f(x)$ 关于节点 $x_0, x_1, \cdots, x_n$ 的 n 阶差商. 函数值 $f(x_i)$ 也可以看做 $f(x)$ 在点 x_i 处的零阶差商.

差商是数值计算的基本工具之一, 具有如下基本性质 3.1. 需要指出的是, 虽然定义 3.1 中的形式与公式 (3.15) 不同, 但是性质 3.1 的第 (1) 条指出它们是等价的.

性质 3.1 (1) n 阶差商 $f(x_0, x_1, \cdots, x_n)$ 是函数值 $f(x_i)(i = 0, 1, \cdots, n)$ 的线性组合:

$$f(x_0, x_1, \cdots, x_n) = \sum_{i=0}^{n} \frac{f(x_i)}{\prod\limits_{j=0, j\neq i}^{n} (x_i - x_j)} = \sum_{i=0}^{n} \frac{f(x_i)}{\omega'_{n+1}(x_i)}, \tag{3.17}$$

其中 $\omega_{n+1}(x) = (x - x_0)(x - x_1) \cdots (x - x_n)$;

(2) 差商具有对称性: $f(x_0, x_1, \cdots, x_n)$ 是 $x_0, x_1, \cdots, x_n$ 的对称函数, 亦即当任意调换 $x_0, x_1, \cdots, x_n$ 的位置时, 差商的值不变, 例如,

$$f(x_0, x_1, \cdots, x_n) = f(x_n, x_{n-1}, \cdots, x_0) = f(x_n, x_0, \cdots, x_{n-1});$$

(3) 差商是线性泛函: 对函数 $f(x), g(x)$ 与任意实数 α, β, 设 $F(x) = \alpha f(x) + \beta g(x)$, 则

$$F(x_0, x_1, \cdots, x_n) = \alpha f(x_0, x_1, \cdots, x_n) + \beta g(x_0, x_1, \cdots, x_n);$$

(4) 多项式的差商: 若 $f(x) = x^m$, m 为自然数, 则

$$f(x_0, x_1, \cdots, x_n) = \begin{cases} 0, & n > m, \\ 1, & n = m, \\ \text{诸 } x_i \text{ 的 } (m-n) \text{ 次齐次函数}, & n < m; \end{cases}$$

(5) 差商可以表示成两个行列式的比值:

$$f(x_0, x_1, \cdots, x_n) = \begin{vmatrix} 1 & 1 & \cdots & 1 \\ x_0 & x_1 & \cdots & x_n \\ \vdots & \vdots & & \vdots \\ x_0^{n-1} & x_1^{n-1} & \cdots & x_n^{n-1} \\ f(x_0) & f(x_1) & \cdots & f(x_n) \end{vmatrix} : \begin{vmatrix} 1 & 1 & \cdots & 1 \\ x_0 & x_1 & \cdots & x_n \\ \vdots & \vdots & & \vdots \\ x_0^{n-1} & x_1^{n-1} & \cdots & x_n^{n-1} \\ x_0^n & x_1^n & \cdots & x_n^n \end{vmatrix}.$$

证明 我们仅给出每条性质证明的思路, 细节在此忽略, 读者可以将证明补全. 对性质 (1), 相继作出函数 $f(x)$ 的各阶差商之后, 不难发现它们是由形如

$$\frac{f(x_i)}{\prod\limits_{j=0,j\neq i}^{n}(x_i-x_j)}$$

的 $(n+1)$ 个项的和表示出来的. 由归纳法可以证明, $f(x_0,x_1,\cdots,x_n)$ 可由 (3.17) 式的右端表出. 性质 (2) 的证明可以由性质 (1) 的结论直接推出. 性质 (3) 的证明可以由差商的定义 3.1 直接得到. 对性质 (4), $f(x)=x^m$ 的一阶差商可由定义 3.1 算出

$$f(x_0,x_1)=\frac{x_1^m-x_0^m}{x_1-x_0}=x_1^{m-1}+x_1^{m-2}x_0+\cdots+x_0^{m-1},$$

显然它是 x_1,x_0 的 $(m-1)$ 次齐次函数. 相继作出各阶差商并依归纳法, 可证明下列公式 (细节在此省略):

$$f(x_0,x_1,\cdots,x_n)=\sum x_0^{r_0}x_1^{r_1}\cdots x_n^{r_n},$$

其中 $r_n+r_{n-1}+\cdots+r_0=m-n$, 即此处求和运算遍及所有形如 $x_n^{r_n}x_{n-1}^{r_{n-1}}\cdots x_0^{r_0}$ 的 $(m-n)$ 次齐次项, 这便证明了性质 (4). 性质 (5) 用归纳法同样可以证明. □

为了数值计算的方便, 常利用如下差商表来计算差商:

x_i	$f(x_i)$	一阶差商	二阶差商	三阶差商	四阶差商
x_0	$f(x_0)$	$f(x_0,x_1)$	$f(x_0,x_1,x_2)$	$f(x_0,x_1,x_2,x_3)$	$f(x_0,x_1,x_2,x_3,x_4)$
x_1	$f(x_1)$	$f(x_1,x_2)$	$f(x_1,x_2,x_3)$	$f(x_1,x_2,x_3,x_4)$	
x_2	$f(x_2)$	$f(x_2,x_3)$	$f(x_2,x_3,x_4)$		
x_3	$f(x_3)$	$f(x_3,x_4)$			
x_4	$f(x_4)$				

因此, 当已知 $y_i=f(x_i)(i=0,1,\cdots,n)$ 时, 利用差商表可以很容易地算出 $f(x)$ 的各阶差商的值, 由如上性质 3.1 中的第 (1) 条, 从而可以构造出 Newton 插值公式 (3.16) 中的各项系数 $f(x_0),f(x_0,x_1),\cdots,f(x_0,x_1,\cdots x_n)$.

由多项式插值的唯一性, 满足相同插值条件且次数相同的 Newton 插值多项式与 Lagrange 插值多项式是恒等的, 它们的差异仅是表现形式不同. 但是, 这种表现形式上的差异却克服了 Lagrange 插值的缺点, Newton 插值多项式能够方便地增加插值条件, 这为计算带来了很大的方便. 实际上, 对于 Newton 插值公式来说, 当需要增加一个插值节点 x_{n+1} 与函数值 $y_{n+1}=f(x_{n+1})$ 时, 只需在原插值多项式 (3.16) 的后面再增加一个新项

$$f(x_0,x_1,\cdots,x_n,x_{n+1})(x-x_0)(x-x_1)\cdots(x-x_{n-1})(x-x_n)$$

就可以了. 再由性质 3.1 中的第 (2) 条, 若新增节点 x_{n+1} 不满足 $x_n<x_{n+1}$, 结论同样成立.

例 3.4 已知列表函数:

i	0	1	2	3
x_i	1	3	4	6
$f(x_i)$	3	1	5	2

求满足插值条件的 Newton 插值多项式.

解 根据已知条件构造差商表:

x_i	$f(x_i)$	一阶差商	二阶差商	三阶差商
1	3	-1	$\dfrac{5}{3}$	$-\dfrac{7}{10}$
3	1	4	$-\dfrac{11}{6}$	
4	5	$-\dfrac{3}{2}$		
6	2			

然后从上表取得差商值 $f(x_0), f(x_0, x_1), f(x_0, x_1, x_2), f(x_0, x_1, x_2, x_3)$ 代入公式 (3.16), 便可得到满足插值条件的 Newton 插值多项式为

$$N_3(x) = 3 - (x-1) + \frac{5}{3}(x-1)(x-3) - \frac{7}{10}(x-1)(x-3)(x-4)$$

$$= \frac{87}{5} - \frac{629}{30}x + \frac{109}{15}x^2 - \frac{7}{10}x^3.$$

3.4 插 值 余 项

设 $p_n(x)$ 是在点 $x_0, x_1, \cdots, x_n$ 处关于 $f(x)$ 的 n 次插值多项式, 正如例 3.3 所展示的, 我们希望知道, 当 $x \neq x_k (k = 0, 1, \cdots, n)$ 时, 被插函数 $f(x)$ 与插值多项式 $p_n(x)$ 之间的偏差估计式. 此处所谓偏差, 指由插值方法所带来的误差, 而忽略在计算 $p_n(x)$ 或计算具体 $f(x_i)$ 时造成的舍入误差. 通常, 舍入误差与在逼近中的固有误差相比是小的. 对被插函数 $f(x)$ 与插值函数 $p_n(x)$, 称

$$R_n(f; x) = f(x) - p_n(x)$$

为插值余项 (或插值误差). 本节我们分别给出微分型、差商型与 Peano 型插值余项公式.

3.4.1 微分型与差商型插值余项

定理 3.2 设 $\{x_i\}_{i=0}^n$ 为区间 $[a, b]$ 上的插值节点组, $f(x) \in C^{n+1}[a, b]$ 且 $y_i = f(x_i)(i = 0, 1, \cdots, n)$. 若 $p_n(x)$ 为满足插值条件 (3.3) 的 n 次插值多项式, 则对

任意 $x \in [a,b]$, 存在与 x 有关的 $\xi \in (a,b)$, 使得插值余项满足

$$R_n(f;x) = f(x) - p_n(x) = \frac{f^{(n+1)}(\xi)}{(n+1)!}\omega_{n+1}(x), \tag{3.18}$$

其中 $\omega_{n+1}(x) = (x-x_0)(x-x_1)\cdots(x-x_n)$.

证明 设 $x \in [a,b]$, 显然当 x 为插值节点组 $\{x_i\}_{i=0}^n$ 中任意一点时, (3.18) 式是自然满足的, 以下设 x 不是插值节点组 $\{x_i\}_{i=0}^n$ 中的点. 作辅助函数

$$G(t) = f(t) - p_n(t) - \frac{\omega_{n+1}(t)}{\omega_{n+1}(x)}(f(x) - p_n(x)), \tag{3.19}$$

由已知, 显然 $G(t)$ 在 $[a,b]$ 上 $(n+1)$ 次可微. 由于

$$G(x) = 0, \quad G(x_j) = 0, \quad j = 0, 1, \cdots, n,$$

因此 $G(t)$ 在 $[a,b]$ 上至少有 $(n+2)$ 个不同的根, 由 Rolle 定理知 $G'(t)$ 在 (a,b) 内至少有 $(n+1)$ 个不同的根. 依此类推, 最后知 $G^{(n+1)}(t)$ 在 (a,b) 内至少有一个根 ξ. 再由 $p_n(x)$ 为 n 次多项式, 利用 (3.19) 式可得

$$G^{(n+1)}(\xi) = f^{(n+1)}(\xi) - \frac{(n+1)!}{\omega_{n+1}(x)}(f(x) - p_n(x)) = 0. \tag{3.20}$$

由此, 可以推出插值余项公式

$$R_n(f;x) = f(x) - p_n(x) = \frac{f^{(n+1)}(\xi)}{(n+1)!}\omega_{n+1}(x). \qquad \square$$

通过定理 3.2 的证明与 Rolle 定理, 若 x 落在区间 $[\min\{x_0, x_1, \cdots, x_n\}, \max\{x_0, x_1, \cdots, x_n\}]$ 上, 我们可以得出 (3.18) 式中 ξ 的更为精确的取值范围:

$$\min\{x_0, x_1, \cdots, x_n\} < \xi < \max\{x_0, x_1, \cdots, x_n\}.$$

所以, 一般来说选取插值区间端点 $a = \min\{x_0, x_1, \cdots, x_n\}, b = \max\{x_0, x_1, \cdots, x_n\}$.

虽然在一般情况下 (3.18) 式中的 ξ 并不确定 (一旦知道了 ξ, 就知道了精确的误差), 但是如果已知 $f^{(n+1)}(x)$ 在 $[a,b]$ 上有上界 M_{n+1}, 亦即

$$M_{n+1} = \|f^{(n+1)}\|_\infty = \max_{a \leqslant x \leqslant b} |f^{(n+1)}(x)|,$$

则由 (3.18) 式得到

$$\max_{a \leqslant x \leqslant b} |R_n(f;x)| \leqslant \frac{M_{n+1}}{(n+1)!} \max_{a \leqslant x \leqslant b} |\omega_{n+1}(x)|. \tag{3.21}$$

由于 $M_{n+1} = \|f^{(n+1)}\|_\infty$ 是由被插函数 $f(x)$ 的性质决定的, 降低误差只能考虑降低

$$\|\omega_{n+1}\|_\infty = \max_{a \leqslant x \leqslant b} |\omega_{n+1}(x)|,$$

从而与 1.3.2 小节中介绍的最小零偏差多项式建立联系. 由于 $\omega_{n+1}(x)$ 是首项系数为 1 的 $(n+1)$ 次多项式, 利用定理 1.10, 在 $[-1,1]$ 上所有首项系数为 1 的 $(n+1)$ 次多项式中, $\frac{1}{2^n}T_{n+1}(x)$ 对零的偏差最小. 由此结论, 对函数 $f(x) \in C^{n+1}[-1,1]$, 如果插值节点 $\{x_0, x_1, \cdots, x_n\} \subset [-1, 1]$ 取为 $T_{n+1}(x)$ 的零点集, 即

$$x_k = \cos\frac{2(n-k)+1}{2(n+1)}\pi, \quad k = 0, 1, \cdots, n,$$

也就是说, 此时

$$\omega_{n+1}(x) = \frac{1}{2^n}T_{n+1}(x) = (x - x_0)(x - x_1)\cdots(x - x_n).$$

可得

$$\max_{-1 \leqslant x \leqslant 1} |\omega_{n+1}(x)| = \max_{-1 \leqslant x \leqslant 1} \left|\frac{1}{2^n}T_{n+1}(x)\right| = \frac{1}{2^n},$$

由此可导出插值误差最小化的结论:

定理 3.3 设插值节点组 $\{x_i\}_{i=0}^n$ 取为 $(n+1)$ 次 Chebyshev 多项式 $T_{n+1}(x)$ 的零点, 被插函数 $f(x) \in C^{n+1}[-1, 1]$, $p_n(x)$ 为关于 $f(x)$ 的 n 次插值多项式, 则插值余项满足

$$\max_{-1 \leqslant x \leqslant 1} |f(x) - p_n(x)| \leqslant \frac{1}{2^n(n+1)!}\|f^{(n+1)}\|_\infty. \tag{3.22}$$

对于在一般区间 $[a, b]$ 上的插值问题, 只需利用变换

$$x = \frac{1}{2}[(b-a)t + a + b]$$

就可得到相应结果, 此时插值节点取为

$$x_k = \frac{b-a}{2}\cos\left(\frac{2(n-k)+1}{2(n+1)}\pi\right) + \frac{a+b}{2}, \quad k = 0, 1, \cdots, n. \tag{3.23}$$

例 3.5 设 $f(x) = \sin x$, 利用 10 次 Chebyshev 多项式 $T_{10}(x)$ 的零点对 $f(x)$ 进行 Lagrange 插值, 构造插值多项式 $L_9(x)$, 并估计插值误差 $\max\limits_{-1 \leqslant x \leqslant 1} |f(x) - L_9(x)|$.

解 $T_{10}(x)$ 的 10 个零点分别为

$$x_k = \cos\frac{2(9-k)+1}{20}\pi, \quad k = 0, 1, \cdots, 9,$$

保留小数点后 20 位有效数字后为

$$x_0 \approx -0.987\ 688\ 340\ 595\ 137\ 726\ 19, \quad x_1 \approx -0.891\ 006\ 524\ 188\ 367\ 862\ 35,$$
$$x_2 \approx -0.707\ 106\ 781\ 186\ 547\ 524\ 40, \quad x_3 \approx -0.453\ 990\ 499\ 739\ 546\ 791\ 53,$$
$$x_4 \approx -0.156\ 434\ 465\ 040\ 230\ 869\ 02, \quad x_5 \approx 0.156\ 434\ 465\ 040\ 230\ 869\ 02,$$
$$x_6 \approx 0.453\ 990\ 499\ 739\ 546\ 791\ 53, \quad x_7 \approx 0.707\ 106\ 781\ 186\ 547\ 524\ 40,$$
$$x_8 \approx 0.891\ 006\ 524\ 188\ 367\ 862\ 35, \quad x_9 \approx 0.987\ 688\ 340\ 595\ 137\ 726\ 19.$$

从而利用 Lagrange 插值公式, 构造出 $f(x)$ 的 9 次插值多项式 (系数仅保留部分有效数字):

$$L_9(x) \approx 0.000\ 151\ 527\ 478\ 8\ x^9 + 0.000\ 000\ 074\ 265\ 7\ x^8 -$$
$$0.004\ 673\ 834\ 386\ x^7 - 0.000\ 000\ 151\ 740\ x^6 +$$
$$0.079\ 689\ 704\ 89\ x^5 + 0.000\ 000\ 096\ 25\ x^4 -$$
$$0.645\ 963\ 709\ 1\ x^3 - 0.000\ 000\ 019\ 2\ x^2 +$$
$$1.570\ 796\ 318\ x + 0.000\ 000\ 000\ 2,$$

由 Maple 生成插值多项式的图形如图 3.5 所示. 再利用 (3.22) 式, 可得插值误差估计满足

$$\max_{-1 \leqslant x \leqslant 1} |f(x) - L_9(x)| \leqslant \frac{1}{2^9 10!} \max_{-1 \leqslant x \leqslant 1} |f^{(10)}(x)|$$
$$\leqslant \frac{1}{1\ 857\ 945\ 600} \leqslant 5.382\ 289 \times 10^{-10}.$$

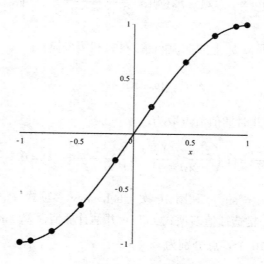

图 3.5 Lagrange 插值多项式 $L_9(x)$

例 3.6 回顾例 3.3 中的插值条件, 以及构造的关于 $f(x) = e^x$ 在 $[1,4]$ 上的三次 Lagrange 插值多项式 $L_3(x)$. 如果插值节点按照 (3.23) 式选取, 我们同样可以构造 $f(x) = e^x$ 在 $[1,4]$ 上的三次 Lagrange 插值多项式, 不妨设为 $C_3(x)$. 由 Maple 生成的图 3.6 给出了这两个三次插值多项式关于 $f(x)$ 的插值余项, 可以看出 $C_3(x)$ 的逼近效果要好于 $L_3(x)$.

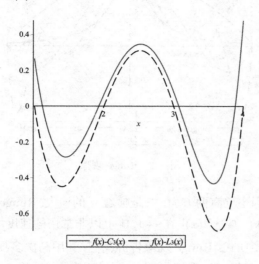

图 3.6 插值余项 $f(x) - C_3(x)$ 与 $f(x) - L_3(x)$

例 3.7 (Runge 现象) 考虑 Runge 函数

$$f(x) = \frac{1}{1 + 25x^2}, \quad x \in [-1, 1],$$

插值节点取为等距节点

$$x_i = -1 + \frac{2i}{n}, \quad i = 0, 1, \cdots, n.$$

利用 Lagrange 插值公式 (3.13), 可得 $f(x)$ 的 n 次 Lagrange 插值多项式

$$L_n(x) = \sum_{i=0}^{n} \frac{1}{1 + 25x_i^2} l_i(x).$$

当 $n = 2, 4, 6, 8, 10$ 时, 由 Maple 生成插值多项式对 Runge 函数的逼近如图 3.7 所示. 通过图形可以看出, 随着 n 的增大, 在区间两端插值多项式振荡较为剧烈, 使得 $L_n(x)$ 对 $f(x)$ 的逼近效果越来越差. 此现象是 Runge 在 20 世纪初研究多项式插值时所发现的, 称之为 Runge 现象. Runge 现象指出, 当 $n \to \infty$ 时 (即节点不断加密时), $L_n(x)$ 不一定总是越来越逼近 $f(x)$.

对如上插值, 进一步可以证明

$$\lim_{n \to \infty} \max_{-1 \leqslant x \leqslant 1} |f(x) - L_n(x)| = +\infty.$$

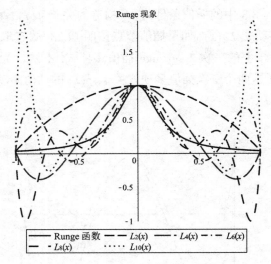

图 3.7 彩图

图 3.7 Runge 现象

而产生此现象的原因主要有两方面: 一是随着 n 的增大, Runge 函数的高阶导数绝对值的最大值 $\max\limits_{-1\leqslant x\leqslant 1}|f^{(n+1)}(x)|$ 在 $[-1,1]$ 上以非常快的速度增大, 二是使用等距插值节点构造插值多项式. Runge 现象告诉我们, 利用高次多项式的插值效果并不一定理想, 而解决此问题可以采用如下方法处理:

(1) 放弃插值要求, 利用 Bernstein 多项式序列来一致逼近原函数, 但是收敛速度较慢;

(2) 放弃插值要求, 利用最小二乘法, 采用合适的函数来拟合插值数据点;

(3) 保持插值要求, 改变插值节点, 利用 Chebyshev 零点作为节点进行插值;

(4) 保持插值要求和插值节点, 采用分段连续多项式 (即样条函数) 进行插值.
方法 (1) 和 (2) 需要放弃插值要求, 而在有些情况下满足插值条件仍是所希望的. 而插值条件可能来源于实际数据, 因此无法任意选取插值节点, 所以方法 (3) 虽然能有效解决 Runge 现象 (请读者自行验证插值方法的有效性, 留作习题, 在此不再介绍), 但对一般情况不一定总适用. 此外, 高次多项式还有不稳定现象. 因此, 一般来说, 多采用方法 (4) 来进行处理, 我们将在后面内容中对样条方法进行介绍.

利用 Newton 插值公式 (3.16) 的具体形式, 我们还可以给出多项式插值的另外一种差商型的余项公式.

> **定理 3.4** 设 $\{x_i\}_{i=0}^n$ 为区间 $[a,b]$ 上的插值节点组, $f(x)$ 为定义在 $[a,b]$ 上的函数且满足 $y_i = f(x_i)(i = 0, 1, \cdots, n)$. 若 $p_n(x)$ 为满足插值条件 (3.3) 的 n 次插值多项式, 则对任意 $x \in [a,b]$, 插值余项满足
>
> $$R_n(f;x) = f(x) - p_n(x) = f(x, x_0, x_1, \cdots, x_n)\omega_{n+1}(x), \tag{3.24}$$
>
> 其中 $\omega_{n+1}(x) = (x - x_0)(x - x_1)\cdots(x - x_n)$.

证明 若 x 为 $x_0, x_1, \cdots, x_n$ 中的任一节点, 显然 (3.24) 式成立. 设 $x \in [a, b]$ 且 $x \neq x_i (i = 0, 1, \cdots, n)$, 则差商

$$f(x, x_0, x_1, \cdots, x_k) = \frac{f(x_0, x_1, \cdots, x_k) - f(x, x_0, x_1, \cdots, x_{k-1})}{x_k - x},$$

经整理得到

$$f(x, x_0, x_1, \cdots, x_{k-1}) = f(x_0, x_1, \cdots, x_k) + f(x, x_0, x_1, \cdots, x_k)(x - x_k). \quad (3.25)$$

反复应用公式 (3.25), 可得

$$
\begin{aligned}
f(x) &= f(x_0) + f(x, x_0)(x - x_0) \\
&= f(x_0) + [f(x_0, x_1) + f(x, x_0, x_1)(x - x_1)](x - x_0) \\
&= f(x_0) + f(x_0, x_1)(x - x_0) + f(x, x_0, x_1)(x - x_0)(x - x_1) \\
&= \cdots \\
&= f(x_0) + \sum_{k=1}^{n} f(x_0, x_1, \cdots, x_k) \prod_{j=0}^{k-1}(x - x_j) + f(x, x_0, x_1, \cdots, x_n)\omega_{n+1}(x) \\
&= N_n(x) + f(x, x_0, x_1, \cdots, x_n)\omega_{n+1}(x),
\end{aligned}
$$

其中 $N_n(x)$ 为在插值节点 $x_0, x_1, \cdots, x_n$ 上关于 $f(x)$ 的 n 次 Newton 插值多项式, 按插值多项式的唯一性, 有 $N_n(x) = p_n(x)$. 因此插值余项为

$$R_n(f; x) = f(x) - p_n(x) = f(x, x_0, x_1, \cdots, x_n)\omega_{n+1}(x),$$

结论得证. □

由定理 3.2 与定理 3.4, 结合插值多项式的唯一性, 可知插值余项也具有唯一性, 进而得到如下推论:

推论 3.1 设 $\{x_i\}_{i=0}^{n}$ 为区间 $[a, b]$ 上的插值节点组, $f(x) \in C^{n+1}[a, b]$ 且满足 $y_i = f(x_i)(i = 0, 1, \cdots, n)$. 若 $p_n(x)$ 为满足插值条件 (3.3) 的 n 次插值多项式, 则插值余项公式 (3.18) 与 (3.24) 相同.

利用推论 3.1, 如果 $f(x)$ 满足一定的连续性条件, 可以得到差商与导数之间的关系, 这也是差商的基本性质之一.

推论 3.2 设 $x_0, x_1, \cdots, x_k$ 为互异点, 且 $a = \min\{x_0, x_1, \cdots, x_k\}, b = \max\{x_0, x_1, \cdots, x_k\}$. 若 $f(x) \in C^k[a, b]$, 则存在点 $\xi \in (a, b)$, 使得

$$f(x_0, x_1, \cdots, x_k) = \frac{f^{(k)}(\xi)}{k!}. \quad (3.26)$$

3.4.2 Peano 型插值余项

对整数 $k \geqslant 0$, 函数

$$x_+^k = \begin{cases} x^k, & x \geqslant 0, \\ 0, & x < 0 \end{cases} \tag{3.27}$$

称为截断幂函数 (或截断单项式). 截断幂函数可以进行扩展, 对整数 $k \geqslant 0$, 关于双变量 x 和 t 的截断函数 $(x-t)_+^k$ 定义如下:

$$(x-t)_+^k = \begin{cases} (x-t)^k, & x \geqslant t, \\ 0, & x < t. \end{cases} \tag{3.28}$$

若 t 为固定常数, 则 $(x-t)_+^k$ 就是关于 x 的截断多项式, 反之亦然. 对于 $k = 0, 1, 2$, 截断多项式 $(x-t)_+^k$ 的图形如图 3.8 所示 (图中假设 $t < 0$).

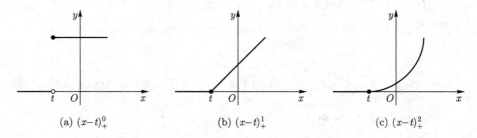

(a) $(x-t)_+^0$ (b) $(x-t)_+^1$ (c) $(x-t)_+^2$

图 3.8 截断多项式

对有限区间 $[a, b]$, 若 $f(x), f^{(1)}(x), \cdots, f^{(m-1)}(x)$ 都在 $[a, b]$ 上连续, 而 $f^{(m)}(x)$ 在 $[a, b]$ 上分段连续且 $|f^{(m)}(x)| \leqslant M_m$, 则称函数 $f(x)$ 属于函数类 $W^m(M_m; a, b)$, 其中 $m \geqslant 1$ 是正整数. 设 $[a, b]$ 为包含插值节点组 $\{x_i\}_{i=0}^n$ 的最小区间, 即满足 $a = \min\{x_0, x_1, \cdots, x_n\}, b = \max\{x_0, x_1, \cdots, x_n\}$. 以下给出 Peano 型插值余项, 它是意大利数学家 Peano 在 20 世纪初给出的.

定理 3.5 设 $\{x_i\}_{i=0}^n$ 为区间 $[a, b]$ 上的插值节点组, $f(x) \in W^m(M_m; a, b)$ 且满足 $y_i = f(x_i) (i = 0, 1, \cdots, n)$, 其中正整数 m 满足 $1 \leqslant m \leqslant n+1$. 若 $p_n(x)$ 为满足插值条件 (3.3) 的 n 次插值多项式, 则对任意的 $x \in [a, b]$, 存在一个仅依赖于 $m, x, x_0, x_1, \cdots, x_n$ 的函数

$$\begin{aligned} K_m(t; x) &= \frac{1}{(m-1)!} R_n((y-t)_+^{m-1}; x) \\ &= \frac{1}{(m-1)!} \left((x-t)_+^{m-1} - \sum_{k=0}^n l_k(x)(x_k - t)_+^{m-1} \right), \end{aligned} \tag{3.29}$$

使得插值余项满足

$$R_n(f; x) = f(x) - p_n(x) = \int_a^b K_m(t; x) f^{(m)}(t) \, \mathrm{d}t, \tag{3.30}$$

其中 $R_n((y-t)_+^{m-1}; x)$ 为在插值节点组 $\{x_i\}_{i=0}^n$ 上关于函数 $(y-t)_+^{m-1}$ 进行 n 次 Lagrange 插值的插值余项.

证明 依假设条件, 可以将函数 $f(y)$ 在点 x 处展成 Taylor 级数 (证明留作习题):

$$f(y) = P_{m-1}(y) + Q_m(y),$$

其中

$$P_{m-1}(y) = f(x) + f'(x)(y-x) + \cdots + f^{(m-1)}(x)\frac{(y-x)^{m-1}}{(m-1)!},$$

$$Q_m(y) = \frac{1}{(m-1)!}\int_a^b (y-t)_+^{m-1} f^{(m)}(t)\,\mathrm{d}t.$$

显然,

$$R_n(f;x) = R_n(P_{m-1} + Q_m; x) = R_n(P_{m-1}; x) + R_n(Q_m; x).$$

由于 $P_{m-1}(y)$ 是次数不超过 n 的多项式, 此时插值多项式是精确的, 所以 $R_n(P_{m-1}; x) = 0$, 因此

$$R_n(f;x) = R_n(Q_m; x). \tag{3.31}$$

由于

$$R_n(Q_m; x) = \frac{1}{(m-1)!}\int_a^b (x-t)_+^{m-1} f^{(m)}(t)\,\mathrm{d}t -$$
$$\frac{1}{(m-1)!}\sum_{k=0}^n l_k(x)\int_a^b (x_k-t)_+^{m-1} f^{(m)}(t)\,\mathrm{d}t,$$

因此把上式中的积分合并, 再结合 (3.29) 式和 (3.31) 式, 即得 (3.30) 式. □

定理 3.5 也称为关于插值余项公式的 Peano 核定理, 其中由 (3.29) 式定义的函数 $K_m(t;x)$ 称为 Peano 核. 显然, $K_m(t;x)$ 只依赖于 $m, x, x_0, x_1, \cdots, x_n$, 而不依赖于 $f(x)$. 利用 (3.30) 式可以得到插值余项的如下估计 (即最佳上界):

推论 3.3 设 $f(x) \in W^m(M_m; a, b)$, 其中正整数 m 满足 $1 \leqslant m \leqslant n+1$, 则插值余项满足

$$|R_n(f;x)| \leqslant e_m M_m, \tag{3.32}$$

其中

$$e_m = \int_a^b |K_m(t;x)|\,\mathrm{d}t, \tag{3.33}$$

核函数 $K_m(t;x)$ 由公式 (3.29) 定义.

证明　由于 $f(x) \in W^m(M_m; a, b)$, 所以由定理 3.5 可知

$$|R_n(f; x)| = \left| \int_a^b K_m(t; x) f^{(m)}(t) \, \mathrm{d}t \right| \leqslant \int_a^b |K_m(t; x)| |f^{(m)}(t)| \, \mathrm{d}t$$

$$\leqslant M_m \int_a^b |K_m(t; x)| \, \mathrm{d}t = e_m M_m. \qquad \square$$

如下结论指出, 对给定的插值节点组, 存在某些函数使得估计式 (3.32) 能达到误差余项上界.

定理 3.6　设 m 是正整数且满足 $1 \leqslant m \leqslant n+1$, e_m 由 (3.33) 式给出, 则存在函数 $\overline{f}(x) \in W^m(M_m; a, b)$, 使得

$$|R_n(\overline{f}; x)| = e_m M_m.$$

证明　令

$$\overline{f}^{(m)}(t) = \begin{cases} M_m, & K_m(t; x) \geqslant 0, \\ -M_m, & K_m(t; x) < 0, \end{cases} \tag{3.34}$$

依 (3.34) 式,

$$K_m(t; x) \overline{f}^{(m)}(t) = \left| K_m(t; x) \overline{f}^{(m)}(t) \right| = M_m |K_m(t; x)|,$$

从而

$$|R_n(\overline{f}; x)| = \left| \int_a^b K_m(t; x) \overline{f}^{(m)}(t) \, \mathrm{d}t \right|$$

$$= M_m \int_a^b |K_m(t; x)| \, \mathrm{d}t = e_m M_m.$$

对 $\overline{f}^{(m)}(x)$ 做 m 次不定积分运算, 即可求出 $\overline{f}(x)$ (它含有 m 个任意的积分常数).$\square$

定理 3.2 中要求 $f(x) \in C^{n+1}[a, b]$, 当此条件放宽为 $f(x)$ 直到 n 阶的导数在 $[a, b]$ 上连续而 $(n+1)$ 阶导数在 (a, b) 内存在时同样成立. 可以验证, $f(x) \in C^{n+1}[a, b]$ 同样使得 $f(x) \in W^m(M_m; a, b)$. 由多项式插值具有唯一性, 因此当 $m = n+1$ 时, 有如下结论成立:

定理 3.7　在相同的插值条件下, 由 (3.18) 式, (3.24) 式与 (3.30) 式给出的插值余项是恒等的.

利用定理 3.7, 可知由 (3.18) 式与 (3.30) 式给出的误差界是相同的, 从而得出核函数的如下性质 (推论 3.4), 此性质的具体证明较为繁琐, 在此省略, 感兴趣的读者可以参考文献 [11].

推论 3.4

$$\int_a^b |K_{n+1}(t; x)| \, \mathrm{d}t = \frac{1}{(n+1)!} |\omega_{n+1}(x)|. \tag{3.35}$$

3.5 差分与等距节点插值

前面我们介绍了两类多项式插值法: Lagrange 插值法与 Newton 插值法, 所给插值节点 $x_0, x_1, \cdots, x_n$ 只需满足两两不同即可. 当插值节点为等距节点时, 即相邻两个插值节点间的距离相同时, 通过引入差分符号, 利用差商与差分之间的关系, 可以将 Newton 插值公式简化, 进而给出针对不同差分的 Newton 插值公式.

3.5.1 差分

设 n 为正整数, $b > a$, 取实数轴上以 $h = \dfrac{b-a}{n}$ 为步长的等距节点与 $f(x)$ 在其上的函数值为

$$x_i = a + ih, \quad f_i = f(x_i), \quad i = 0, \pm 1, \cdots, \pm n, \cdots.$$

定义 3.2 对非负整数 k, 称

$$\Delta^k f_i = \begin{cases} f_i, & k = 0, \\ \Delta(\Delta^{k-1} f_i) = \Delta^{k-1} f_{i+1} - \Delta^{k-1} f_i, & k > 0 \end{cases} \tag{3.36}$$

为 $f(x)$ 在点 x_i 处的 k 阶向前差分.

由定义 3.2, 显然有

$$\Delta f_i = f_{i+1} - f_i$$

为 $f(x)$ 在点 x_i 处的一阶向前差分, 而

$$\Delta^2 f_i = \Delta f_{i+1} - \Delta f_i = f_{i+2} - 2f_{i+1} + f_i$$

为 $f(x)$ 在点 x_i 处的二阶向前差分. 在实际计算中, 常用如下表格 (向前差分表) 计算向前差分:

x_i	f_i	Δf_i	$\Delta^2 f_i$	$\Delta^3 f_i$	$\Delta^4 f_i$	$\cdots$
x_0	f_0	Δf_0	$\Delta^2 f_0$	$\Delta^3 f_0$	$\Delta^4 f_0$	
x_1	f_1	Δf_1	$\Delta^2 f_1$	$\Delta^3 f_1$		
x_2	f_2	Δf_2	$\Delta^2 f_2$			
x_3	f_3	Δf_3				
x_4	f_4					

差分理论是微分学的原始形式, 所以差分与微分有着极其相似的性质. 利用推论 3.2 与差商的定义, 我们可以直接得到如下结论, 其揭示了函数的差商、差分和导数之间的关系:

定理 3.8 设区间 $[a, b]$ 为包含节点 $x_i, x_{i+1}, \cdots, x_{i+k}$ 的最小区间, 即 $a = \min\{x_i, x_{i+1}, \cdots, x_{i+k}\}$, $b = \max\{x_i, x_{i+1}, \cdots, x_{i+k}\}$. 若函数 $f(x) \in C^k[a, b]$, 则存在 $\xi \in (a, b)$, 使得

$$f(x_i, x_{i+1}, \cdots, x_{i+k}) = \frac{\Delta^k f_i}{k! h^k}, \tag{3.37}$$

$$f(x_i, x_{i+1}, \cdots, x_{i+k}) = \frac{f^{(k)}(\xi)}{k!}, \tag{3.38}$$

$$\frac{\Delta^k f_i}{h^k} = f^{(k)}(\xi). \tag{3.39}$$

差分还可以看成一种算子. 设 $f(x)$ 在 $(-\infty, +\infty)$ 上充分光滑, h 为步长, $f(x)$ 的向前差分算子定义为

$$\Delta f(x) = f(x + h) - f(x), \tag{3.40}$$

其高阶算子 $\Delta^k f(x)$ 与向前差分定义 (3.36) 式形式相同.

性质 3.2 向前差分具有如下性质:

(1) 常数差分为零: 若 $f(x) \equiv c$, 则

$$\Delta^k f_i = 0, \quad k \geqslant 1;$$

(2) 满足指数律: 设 k, l 为非负整数, 则

$$\Delta^k \Delta^l f_i = \Delta^{k+l} f_i;$$

(3) 线性算子: 如果

$$f(x) = \sum_{j=1}^{l} c_j \varphi_j(x),$$

其中 c_j 是常数, 则

$$\Delta^k f_i = \sum_{j=1}^{l} c_j \Delta^k (\varphi_j)_i;$$

(4) 满足二项式公式: 若 $f(x) = \varphi(x)\psi(x)$, 则

$$\Delta^k f_i = \sum_{j=0}^{k} \binom{k}{j} \Delta^j \varphi_i \Delta^{k-j} \psi_{i+j};$$

(5) 设 $f(x)$ 为 n 次多项式, 其首项系数为 a_n, 则

$$\Delta^k f(x) = \begin{cases} (n-k) \text{ 次多项式}, & k < n, \\ a_n h^n n!, & k = n, \\ 0, & k > n; \end{cases}$$

(6) 函数值与向前差分可互相线性表示, 即

$$\Delta^k f_i = \sum_{j=0}^{k} (-1)^j \binom{k}{j} f_{i+k-j}, \quad f_{i+k} = \sum_{j=0}^{k} \binom{k}{j} \Delta^j f_i;$$

(7) 积分表示: 若 $f(x) \in C^k[x_i, x_{i+k}]$, 其中 $x_{i+k} = x_i + kh$, k 为正整数, 则

$$\Delta^k f_i = \int_{x_i}^{x_{i+k}} K_k(t) f^{(k)}(t) \mathrm{d}t,$$

其中 $K_k(t)$ 为 k 阶差分的 Peano 核函数

$$K_k(t) = \frac{1}{(k-1)!} \Delta^k (x_i - t)_+^{k-1},$$

这里差分对 x_i 作用.

鉴于实际计算的需要, 我们在此再介绍向后差分和中心差分的概念.

定义 3.3 对非负整数 k, 称

$$\nabla^k f_i = \begin{cases} f_i, & k = 0, \\ \nabla(\nabla^{k-1} f_i) = \nabla^{k-1} f_i - \nabla^{k-1} f_{i-1}, & k > 0 \end{cases} \tag{3.41}$$

为 $f(x)$ 在点 x_i 处的 k 阶向后差分, 称

$$\delta^k f_i = \begin{cases} f_i, & k = 0, \\ \delta(\delta^{k-1} f_i) = \delta^{k-1} f_{i+\frac{1}{2}} - \delta^{k-1} f_{i-\frac{1}{2}}, & k > 0 \end{cases} \tag{3.42}$$

为 $f(x)$ 在点 x_i 处的 k 阶中心差分, 其中 $f_{i+\frac{1}{2}} = f\left(x_i + \frac{h}{2}\right), f_{i-\frac{1}{2}} = f\left(x_i - \frac{h}{2}\right)$.

由定义 3.3, 显然有

$$\nabla f_i = f_i - f_{i-1}, \quad \delta f_i = f_{i+\frac{1}{2}} - f_{i-\frac{1}{2}}$$

分别为 $f(x)$ 在点 x_i 处的一阶向后差分与一阶中心差分, 而

$$\nabla^2 f_i = \nabla f_i - \nabla f_{i-1} = f_i - 2f_{i-1} + f_{i-2},$$
$$\delta^2 f_i = \delta f_{i+\frac{1}{2}} - \delta f_{i-\frac{1}{2}} = f_{i+1} - 2f_i + f_{i-1}$$

分别为 $f(x)$ 在点 x_i 处的二阶向后差分与二阶中心差分. 在实际计算时, 我们常采用如下向后差分表与中心差分表进行计算:

x_i	f_i	∇f_i	$\nabla^2 f_i$	$\nabla^3 f_i$	$\nabla^4 f_i$	$\cdots$
x_0	f_0	∇f_1	$\nabla^2 f_2$	$\nabla^3 f_3$	$\nabla^4 f_4$	
x_1	f_1	∇f_2	$\nabla^2 f_3$	$\nabla^3 f_4$		
x_2	f_2	∇f_3	$\nabla^2 f_4$			
x_3	f_3	∇f_4				
x_4	f_4					

x_i	f_i	δf_i	$\delta^2 f_i$	$\delta^3 f_i$	$\delta^4 f_i$	$\cdots$
x_{-2}	f_{-2}	$\delta f_{-3/2}$	$\delta^2 f_{-1}$	$\delta^3 f_{-1/2}$	$\delta^4 f_0$	
x_{-1}	f_{-1}	$\delta f_{-1/2}$	$\delta^2 f_0$	$\delta^3 f_{1/2}$		
x_0	f_0	$\delta f_{1/2}$	$\delta^2 f_1$			
x_1	f_1	$\delta f_{3/2}$				
x_2	f_2					

引理 3.9　向前差分、向后差分与中心差分具有如下关系:

(1) $\Delta^k f_i = \nabla^k f_{i+k}$;

(2) $\Delta^{2k} f_i = \delta^{2k} f_{i+k}$;

(3) $\Delta^{2k+1} f_i = \delta^{2k+1} f_{\frac{1}{2}+i+k}$.

利用引理 3.9 与性质 3.2, 同样可以推出向后差分与中心差分的性质, 在此不再赘述. 利用定理 3.8, 我们可以直接得到如下结论, 其揭示了函数的差商、差分和导数之间的关系:

推论 3.5

$$f(x_i, x_{i+1}, \cdots, x_{i+k}) = \frac{\Delta^k f_i}{k! h^k} = \frac{\nabla^k f_{i+k}}{k! h^k},$$

$$f(x_{i-k}, \cdots, x_i, \cdots, x_{i+k+1}) = \frac{\delta^{2k+1} f_{i+\frac{1}{2}}}{(2k+1)! h^{2k+1}},$$

$$f(x_{i-k-1}, \cdots, x_i, \cdots, x_{i+k}) = \frac{\delta^{2k+1} f_{i-\frac{1}{2}}}{(2k+1)! h^{2k+1}},$$

$$f(x_{i-k}, \cdots, x_i, \cdots, x_{i+k}) = \frac{\delta^{2k} f_i}{(2k)! h^{2k}} = \frac{\Delta^{2k} f_{i-k}}{(2k)! h^{2k}} = \frac{\nabla^{2k} f_{i+k}}{(2k)! h^{2k}}.$$

设 $f(x)$ 在 $(-\infty, +\infty)$ 上充分光滑, 仿照向前差分算子 $\Delta f(x)$ 的定义式 (3.40), 可定义步长为 h 的如下各类算子:

(1) 向后差分算子

$$\nabla f(x) = f(x) - f(x-h); \tag{3.43}$$

(2) 中心差分算子

$$\delta f(x) = f\left(x + \frac{h}{2}\right) - f\left(x - \frac{h}{2}\right); \tag{3.44}$$

(3) 移位算子

$$Ef(x) = f(x+h); \tag{3.45}$$

(4) 恒等算子

$$If(x) = f(x); \tag{3.46}$$

(5) 微分算子

$$Df(x) = f'(x); \tag{3.47}$$

(6) 积分算子

$$\int f = \int f(x)\mathrm{d}x. \tag{3.48}$$

显然 $I = \Delta^0, \nabla^0$ 和 δ^0, 而且这些算子都是线性算子, 除积分算子外两两可交换, 还满足如下关系式:

$$\begin{aligned}
\Delta &= E - I, \quad E = I + \Delta, \\
\nabla &= I - E^{-1}, \quad E = (I - \nabla)^{-1}, \\
\delta &= E^{1/2} - E^{-1/2}, \quad \delta = \Delta E^{-\frac{1}{2}}, \\
E &= \mathrm{e}^{hD}, \quad hD = \ln E = \ln(I + \Delta).
\end{aligned}$$

利用最后一个关系式, 由每个对 $\ln(I + \Delta)$ 的近似计算公式都可构造一个相应的数值微分公式, 这也指明了对数函数和指数函数的近似计算具有重要意义. 利用定理 3.8 与推论 3.5, 微分算子可以由差分算子进行近似计算, 积分算子可以由求和 "$\sum$" 近似计算, 而积分算子与微分算子又满足 $D \int = I$ 的关系.

3.5.2 等距节点上的插值公式

给定区间 $[a,b]$, 设 n 为正整数, 取步长为 $h = \dfrac{b-a}{n}$ 的等距节点

$$x_i = a + ih, \quad i = 0, 1, \cdots, n,$$

设定义在 $[a,b]$ 上的函数 $f(x)$ 满足 $f_i = f(x_i)(i = 0, 1, \cdots, n)$. 利用推论 3.5 中第一个公式, 结合 Newton 插值公式 (3.16), 可以给出等距节点下 Newton 插值多项式的差分形式:

$$\begin{aligned}
N_n(x) &= \sum_{k=0}^{n} f(x_0, x_1, \cdots, x_k)\omega_k(x) \\
&= \sum_{k=0}^{n} \frac{\Delta^k f_0}{k!h^k}\omega_k(x) \\
&= \sum_{k=0}^{n} \frac{\nabla^k f_k}{k!h^k}\omega_k(x),
\end{aligned} \tag{3.49}$$

其中

$$\omega_0(x) = 1, \quad \omega_k(x) = (x - x_0)(x - x_1) \cdots (x - x_{k-1}), \ k = 1, 2, \cdots, n.$$

此时插值公式 (3.49) 中只需计算差分, 不用计算差商, 降低了除法的运算量, 所以更为简单方便.

对任意的 $x \in [a, b]$, 利用 Newton 插值公式 (3.49) 近似计算 $f(x) \approx N_n(x)$ 时, 需要将所有插值条件都用到, 而且近似值计算公式完全相同, 没有体现出局部的特点. 此时我们可以灵活运用插值余项极小化原则, 根据近似值点 x 在插值节点中的位置, 来选择适宜的插值公式. 一般来说, 在左端节点附近进行插值, 宜用 Newton 向前插值公式; 而在右端节点附近插值, 更适合采用 Newton 向后插值公式; 如果在插值区间中间进行插值, 则采用中心差分所构造的插值公式.

给定 $f(x)$ 的函数值表 $f_i = f(x_i) = f(x_0 + ih)(i = 0, 1, \cdots, n)$, 其中 $h > 0$ 为步长. 若 $x_0 < x < x_1$, 则称 x 含于表初, 并记 $x = x_0 + th, t > 0$. 我们需要计算 $f(x)$ 的近似值, 按插值余项极小化原则, 插值节点应取 $x_0, x_1, \cdots, x_n$. 注意差商与差分的关系, 由 Newton 插值公式 (3.49) 得到的插值公式

$$N_n(x_0 + th) = f_0 + \sum_{k=1}^{n} \frac{\Delta^k f_0}{k!} \prod_{j=0}^{k-1} (t - j)$$

称为 Newton 向前插值公式 (或 Newton 表初公式), 其插值余项为

$$\begin{aligned}
R_n(f; x_0 + th) &= f(x_0 + th) - N_n(x_0 + th) \\
&= h^{n+1} \frac{f^{(n+1)}(\xi)}{(n+1)!} t(t-1) \cdots (t-n),
\end{aligned}$$

其中 $x_0 < \xi < x_n$.

给定 $f(x)$ 的函数值表 $f_i = f(x_i) = f(x_0 + ih)(i = -n, -n+1, \cdots, 0)$, 其中 $h > 0$ 为步长. 若 $x_{-1} < x < x_0$, 则称 x 含于表末, 并记 $x = x_0 - th, t > 0$. 我们需要估计 $f(x)$ 的近似值, 插值节点应取 $x_0, x_{-1}, \cdots, x_{-n}$. 利用

$$f(x_0, x_{-1}, \cdots, x_{-k}) = \frac{\Delta^k f_{-k}}{k!} = \frac{\nabla^k f_0}{k!},$$

由 Newton 插值公式 (3.49) 得到的插值公式

$$N_n(x_0 - th) = f_0 + \sum_{k=1}^{n} (-1)^k \frac{\nabla^k f_0}{k!} \prod_{j=0}^{k-1} (t - j)$$

称为 Newton 向后插值公式 (或 Newton 表末公式), 其插值余项为

$$\begin{aligned}
R_n(f; x_0 - th) &= f(x_0 - th) - N_n(x_0 - th) \\
&= (-1)^{n+1} h^{n+1} \frac{f^{(n+1)}(\xi)}{(n+1)!} t(t-1) \cdots (t-n),
\end{aligned}$$

其中 $x_{-n} < \xi < x_0$.

Newton 向前和向后插值公式分别适用于估计第一个和最后一个节点附近的函数值. 对不靠近第一个或最后一个节点函数值的估计, 可以适当删除一些节点, 使得剩余节点可以采用 Newton 向前或向后插值公式. 对于靠近中间节点的函数值估计问题, 我们引进带中心差分的插值公式.

给定 $f(x)$ 的函数值表 $f_i = f(x_i) = f(x_0 + ih)(i = 0, \pm 1, \cdots, \pm(n-1), n)$, 其中 $h > 0$ 为步长. 若 $x_0 < x < x_1$, 则称 x 含于表中, 并记 $x = x_0 + th, t > 0$. 若 x 更靠近 x_0, 即 $0 < t \leqslant \dfrac{1}{2}$, 则插值节点选择 $x_0, x_1, x_{-1}, \cdots, x_{n-1}, x_{-(n-1)}, x_n$, 构造 $(2n-1)$ 次的插值公式

$$N_{2n-1}(x_0 + th) = f_0 + \sum_{k=0}^{n-1} \frac{\Delta^{2k+1} f_{-k}}{(2k+1)!} \prod_{j=0}^{2k+1}(t+k-j) +$$

$$\sum_{k=1}^{n-1} \frac{\Delta^{2k} f_{-k}}{(2k)!} \prod_{j=0}^{2k}(t+k-1-j).$$

若 x 更靠近 x_1, 即 $\dfrac{1}{2} \leqslant t < 1$, 则插值节点选择 $x_1, x_0, x_2, x_{-1}, \cdots, x_{-(n-2)}, x_n,$ $x_{-(n-1)}$, 构造 $(2n-1)$ 次的插值公式

$$\overline{N}_{2n-1}(x_0 + th) = f_1 + \sum_{k=0}^{n-1} \frac{\Delta^{2k+1} f_{-k}}{(2k+1)!} \prod_{j=0}^{2k+1}(t+k-1-j) +$$

$$\sum_{k=1}^{n-1} \frac{\Delta^{2k} f_{-k+1}}{(2k)!} \prod_{j=0}^{2k}(t+k-1-j).$$

将这两个公式相加除以 2, 可以得到 Bessel 公式

$$B(x_0 + th) = \frac{N_{2n-1}(x_0 + th) + \overline{N}_{2n-1}(x_0 + th)}{2}$$

$$= \frac{f_0 + f_1}{2} + \sum_{k=0}^{n-1} \frac{\Delta^{2k+1} f_{-k}}{(2k+1)!} \left(t - \frac{1}{2}\right) \prod_{j=0}^{2k+1}(t+k-1-j) +$$

$$\sum_{k=1}^{n-1} \frac{\Delta^{2k} f_{-k} + \Delta^{2k} f_{-k+1}}{2(2k)!} \prod_{j=0}^{2k}(t+k-1-j),$$

其插值余项为

$$R_n(f; x_0 + th) = f(x_0 + th) - B(x_0 + th)$$

$$= h^{2n} \frac{f^{(2n)}(\xi)}{(2n)!} t(t^2 - 1) \cdots \left(t^2 - (n-1)^2\right)(t-n),$$

其中 $x_{-n-1} < \xi < x_n$.

3.6 Hermite 插值

前面介绍的插值条件要求插值多项式在插值节点上的值与给定的实数 (或函数值) 相等, 但在很多实际问题中, 插值条件还要求满足插值节点上给定的导数值条件. 本节介绍一种同时考虑插值函数值与导数值的多项式插值法, 即 Hermite 插值方法 (也被称为切触插值法).

设满足

$$a \leqslant x_1 < x_2 < \cdots < x_s \leqslant b \tag{3.50}$$

的 $x_i (i = 1, 2, \cdots, s)$ 为给定插值节点, 对节点 x_i, 给定 m_i 个实数

$$y_i^{(k)}, \quad k = 0, 1, \cdots, m_i - 1, \tag{3.51}$$

其中 m_i 为正整数, 且满足

$$m_1 + m_2 + \cdots + m_s = n + 1. \tag{3.52}$$

Hermite 插值问题是: 寻找一个 n 次多项式 $H_n(x) \in \mathbb{P}_n$, 满足插值条件

$$H_n^{(k)}(x_i) = y_i^{(k)}, \quad k = 0, 1, \cdots, m_i - 1, \ i = 1, 2, \cdots, s. \tag{3.53}$$

多项式 $H_n(x)$ 称为 n 次 Hermite 插值多项式, x_i 称为 m_i 重插值节点, $i = 1, 2, \cdots, s$. 如果 (3.51) 式中的实数来自于定义在 $[a, b]$ 上的一个已知光滑函数 $f(x)$, 即 $y_i^{(k)} = f^{(k)}(x_i)$, 则称 $H_n(x)$ 为函数 $f(x)$ 的 n 次 Hermite 插值多项式.

定理 3.10 满足插值条件 (3.53) 的 n 次 Hermite 插值多项式存在且唯一.

证明 证明本定理结论等价于证明对于齐次插值条件 (即所有 $y_i^{(k)} = 0$ 时), 插值问题 (3.53) 只有零解. 此时由于插值多项式 $H_n(x)$ 满足

$$H_n^{(k)}(x_i) = 0, \quad k = 0, 1, \cdots, m_i - 1, \ i = 1, 2, \cdots, s,$$

因此 x_i 为 $H_n(x)$ 的 m_i 重根, 即存在常数 c 使得

$$H_n(x) = c(x - x_1)^{m_1}(x - x_2)^{m_2} \cdots (x - x_s)^{m_s}.$$

由已知 $m_1 + m_2 + \cdots + m_s = n + 1$, 因此 $H_n(x) \in \mathbb{P}_{n+1}$, 再由 $H_n(x) \in \mathbb{P}_n$, 故 $c = 0$, 从而 $H_n(x) \equiv 0$. $\qquad \square$

定理 3.10 告诉我们插值问题 (3.53) 存在唯一解, 下面需要解决如何构造这个唯一解 (即插值多项式) 的问题. 解决这一问题最直接的方法是采用待定系数法, 求解由 (3.53) 式所确定的线性方程组. 但是当插值条件较多, 即 $n + 1$ 较大时, 采用

此方法求解较为困难. 下面我们介绍一种构造基本多项式的方法来解决此问题. 现构造 $(n+1)$ 个 n 次多项式

$$L_{ik}(x), \quad k = 0, 1, \cdots, m_i - 1, \quad i = 1, 2, \cdots, s,$$

使之满足

$$L_{ik}^{(q)}(x_p) = 0, \quad i \neq p, \quad q = 0, 1, \cdots, m_p - 1 \tag{3.54}$$

与

$$L_{ik}^{(q)}(x_i) = \begin{cases} 0, & q \neq k \\ 1, & q = k \end{cases}, \quad q = 0, 1, \cdots, m_i - 1. \tag{3.55}$$

利用定理 3.10, 满足插值条件 (3.54) 和 (3.55) 的解 $L_{ik}(x)$ 存在且唯一. 如果我们将这 $(n+1)$ 个 n 次多项式 $L_{ik}(x)$ 全部解出, 类似 Lagrange 插值公式的构造, 满足插值条件 (3.53) 的 Hermite 插值多项式 $H_n(x)$ 可表示为

$$H_n(x) = \sum_{i=1}^{s} \sum_{k=0}^{m_i-1} y_i^{(k)} L_{ik}(x). \tag{3.56}$$

以下来构造满足 (3.54) 式和 (3.55) 式的 $L_{ik}(x)$. 由 (3.54) 式和 (3.55) 式, 可知

$$L_{ik}(x) = p_{ik}(x)(x - x_1)^{m_1} \cdots (x - x_{i-1})^{m_{i-1}} \cdot$$
$$(x - x_i)^k (x - x_{i+1})^{m_{i+1}} \cdots (x - x_s)^{m_s},$$

其中 $p_{ik}(x) \in \mathbb{P}_{m_i-k-1}$ 为待定多项式. 若令

$$\omega_{n+1}(x) = (x - x_1)^{m_1} (x - x_2)^{m_2} \cdots (x - x_s)^{m_s},$$

则 $L_{ik}(x)$ 可表示为

$$L_{ik}(x) = p_{ik}(x) \frac{\omega_{n+1}(x)}{(x - x_i)^{m_i-k}}. \tag{3.57}$$

利用插值条件 (3.55), $L_{ik}(x)$ 在点 x_i 处的 Taylor 展开式为

$$L_{ik}(x) = \frac{(x - x_i)^k}{k!} (1 + \alpha(x - x_i)^{m_i-k} + \cdots), \tag{3.58}$$

其中 α 为确定的常数. 再比较 (3.57) 式与 (3.58) 式, 可知

$$\frac{1}{k!} \frac{(x - x_i)^{m_i}}{\omega_{n+1}(x)} = p_{ik}(x)(1 + \beta(x - x_i)^{m_i-k} + \cdots),$$

其中 β 为确定的常数. 由于 $p_{ik}(x) \in \mathbb{P}_{m_i-k-1}$, 因此它必是函数 $\dfrac{1}{k!} \dfrac{(x - x_i)^{m_i}}{\omega_{n+1}(x)}$ 在点 x_i 处 Taylor 展开式的前 $(m_i - k)$ 项和. 若把这 $(m_i - k)$ 项和记为

$$p_{ik}(x) = \frac{1}{k!} \left\{ \frac{(x - x_i)^{m_i}}{\omega_{n+1}(x)} \right\}_{(x_i)}^{(m_i-k-1)},$$

由 (3.57) 式, 应有

$$L_{ik}(x) = \frac{\omega_{n+1}(x)}{(x-x_i)^{m_i}} \frac{(x-x_i)^k}{k!} \left\{ \frac{(x-x_i)^{m_i}}{\omega_{n+1}(x)} \right\}_{(x_i)}^{(m_i-k-1)}.$$

从而利用 (3.56) 式, Hermite 插值多项式为

$$H_n(x) = \sum_{i=1}^{s} \left[\frac{\omega_{n+1}(x)}{(x-x_i)^{m_i}} \sum_{k=0}^{m_i-1} y_i^{(k)} \frac{(x-x_i)^k}{k!} \left\{ \frac{(x-x_i)^{m_i}}{\omega_{n+1}(x)} \right\}_{(x_i)}^{(m_i-k-1)} \right]. \tag{3.59}$$

例 3.8 (1) 若 $m_i = 1, i = 1, 2, \cdots, s$, 则每一个插值节点都是一重节点, 插值条件退化为一般的多项式插值. 此时 $s = n + 1$,

$$\omega_{n+1}(x) = \omega_s(x) = (x-x_1)(x-x_2)\cdots(x-x_s),$$

且

$$\left\{ \frac{(x-x_i)^{m_i}}{\omega_s(x)} \right\}_{(x_i)}^{(0)} = \frac{1}{\omega_s'(x_i)},$$

从而 Hermite 插值多项式退化为一般的 $(s-1)$ 次 Lagrange 插值多项式

$$H_{s-1}(x) = L_{s-1}(x) = \sum_{i=1}^{s} y_i \frac{\omega_s(x)}{(x-x_i)\omega_s'(x_i)}.$$

(2) 若 $s = 1$, 即单个节点 x_1 上的 m_1 重插值问题, 此时 $n + 1 = m_1$, 且

$$\omega_{n+1}(x) = \omega_{m_1}(x) = (x-x_1)^{m_1},$$

则

$$H_{m_1-1}(x) = \sum_{k=0}^{m_1-1} y^{(k)}(x_1) \frac{(x-x_1)^k}{k!}.$$

若 $f(x)$ 在点 x_1 处充分光滑且满足 $y_1^{(k)} = f^{(k)}(x_1), k = 0, 1, \cdots, m_1$, 则 Hermite 插值多项式退化为 $f(x)$ 在点 x_1 处 Taylor 展开式的前 m_1 项部分和.

例 3.9 (1) 若 $m_i = 2, i = 1, 2, \cdots, s$, 则每一个插值节点都是二重节点, 此时 $n + 1 = 2s$. 记 $\sigma_s(x) = (x-x_1)(x-x_2)\cdots(x-x_s)$, 则

$$\omega_{n+1}(x) = \omega_{2s}(x) = [\sigma_s(x)]^2.$$

对 $i = 1, 2, \cdots, s$, 有

$$\frac{(x-x_i)^2}{\omega_{2s}(x)} = \left[\frac{x-x_i}{\sigma_s(x)} \right]^2,$$

又因

$$\left[\frac{x-x_i}{\sigma_s(x)} \right]^2 = \frac{1}{[\sigma_s'(x_i)]^2} - \frac{\sigma_s''(x_i)}{[\sigma'(x_i)]^3}(x-x_i) + \cdots,$$

故由 (3.59) 式, 此时 Hermite 插值多项式为

$$H_{2s-1}(x) = \sum_{i=1}^{s} \left(\frac{\sigma_s(x)}{\sigma_s'(x_i)(x-x_i)} \right)^2 \left[y_i \left(1 - \frac{\sigma_s''(x_i)}{\sigma_s'(x_i)}(x-x_i) \right) + y_i'(x-x_i) \right]. \quad (3.60)$$

如果函数 $f(x)$ 满足 $y_i = f(x_i), y_i' = f'(x_i), i = 1, 2, \cdots, s$, 那么在几何图形上, 插值多项式曲线 $y = H_{2s-1}(x)$ 不仅通过曲线 $y = f(x)$ 上的点 $(x_i, f(x_i))$, 而且在点 x_i 处与 $y = f(x)$ 有相同的切线, 其中 $i = 1, 2, \cdots, s$.

　　(2) 对 (1) 中的问题, 当 $s = 2$ 且 $m_1 = m_2 = 2$ 时, 此时为对两个节点 x_1, x_2 进行三次 Hermite 插值, 公式 (3.60) 简化为

$$\begin{aligned} H_3(x) = {} & y_1 \left(1 - 2\frac{x-x_1}{x_1-x_2} \right) \left(\frac{x-x_2}{x_1-x_2} \right)^2 + y_1'(x-x_1) \left(\frac{x-x_2}{x_1-x_2} \right)^2 + \\ & y_2 \left(1 - 2\frac{x-x_2}{x_2-x_1} \right) \left(\frac{x-x_1}{x_2-x_1} \right)^2 + y_2'(x-x_2) \left(\frac{x-x_1}{x_2-x_1} \right)^2. \end{aligned} \quad (3.61)$$

公式 (3.61) 称为两点三次 Hermite 插值公式. 如果函数 $f(x)$ 满足 $y_i = f(x_i), y_i' = f'(x_i), i = 1, 2, \cdots, s$, 其中 $s \geqslant 2$, 那么可以对每一对相邻的节点 x_i, x_{i+1}, 利用 (3.61) 式构造一个三次插值多项式. 对 $i = 1, 2, \cdots, s-1$ 一直这么做下去, 最终可以构造一个分段三次插值多项式 $\overline{H}_3(x)$, 满足在每一个节点 x_i 上插值函数值 y_i 与一阶导数值 y_i' 的条件, 即满足分段三次且一阶导数连续 (此时即为样条函数). 在几何图形上, 分段三次插值多项式曲线 $y = \overline{H}_3(x)$ 不仅通过曲线 $y = f(x)$ 上的点 $(x_i, f(x_i))$, 而且在点 x_i 处与 $y = f(x)$ 有相同的切线, 其中 $i = 1, 2, \cdots, s$. 采用这种方法构造的分段三次多项式 $\overline{H}_3(x)$, 当 $s \geqslant 2$ 时, 其次数小于 (1) 中所构造的 $(2s-1)$ 次多项式 $H_{2s-1}(x)$, 从而降低了 Runge 现象产生的可能性.

　　在此我们不加证明地给出 Hermite 插值公式 (3.59) 的误差余项公式.

定理 3.11　设 $f(x) \in C^{n+1}[a, b]$, $H_n(x)$ 为函数 $f(x)$ 的 n 次 Hermite 插值多项式 (3.59), 则误差余项满足

$$f(x) - H_n(x) = \frac{f^{(n+1)}(\xi)}{(n+1)!} \omega_{n+1}(x), \quad (3.62)$$

其中 $a < \xi < b$, 且

$$\omega_{n+1}(x) = (x-x_1)^{m_1}(x-x_2)^{m_2} \cdots (x-x_s)^{m_s}.$$

对于两点三次 Hermite 插值, 我们可以给出更加精确的误差余项公式.

定理 3.12　设 $f(x) \in C^4[a, b]$, $H_3(x)$ 为函数 $f(x)$ 关于点 x_1, x_2 的两点三次 Hermite 插值多项式 (3.61), 则误差余项满足

$$\|f^{(k)} - H_3^{(k)}\|_\infty \leqslant c_k \|f^{(4)}\|_\infty h^{4-k}, \quad k = 0, 1, 2, 3, \quad (3.63)$$

其中 $h = x_2 - x_1$, 系数 c_k 分别为

$$c_0 = \frac{1}{384}, \quad c_1 = \frac{\sqrt{3}}{216}, \quad c_2 = \frac{1}{12}, \quad c_3 = \frac{1}{2},$$

并且上述 c_k 的估计是最佳的.

Hermite 插值法还可以利用重节点的差商来进行定义, 在此我们进行简单介绍. 设 $f(x) \in C^{n-1}[a, b]$, $x_1, x_2, \cdots, x_n$ 为 $[a, b]$ 上的相异点, 其中

$$a = \min\{x_1, x_2, \cdots, x_n\}, \quad b = \max\{x_1, x_2, \cdots, x_n\},$$

利用推论 3.2, 则有

$$f(x_1, x_2, \cdots, x_n) = \frac{f^{(n-1)}(\xi)}{(n-1)!},$$

其中 $a < \xi < b$, 由此可以推出如下结论:

定理 3.13 设 $f(x) \in C^{n-1}[a, b]$, $x_1, x_2, \cdots, x_n$ 为 $[a, b]$ 上的点, 则

$$\lim_{\substack{x_2 \to x_1 \\ \cdots \\ x_n \to x_1}} f(x_1, x_2, \cdots, x_n) = \frac{f^{(n-1)}(x_1)}{(n-1)!}.$$

由此结论, 可以定义重节点的差商, 从而对定义 3.1 进行扩展.

定义 3.4 设 $f(x)$ 在包含点 x_1 的邻域内 n 阶导数连续, 定义

$$f(\underbrace{x_1, x_1, \cdots, x_1}_{n \text{ 个}}) = \lim_{\substack{x_2 \to x_1 \\ \cdots \\ x_n \to x_1}} f(x_1, x_2, \cdots, x_n) = \frac{f^{(n-1)}(x_1)}{(n-1)!}. \tag{3.64}$$

由此定义, 差商 $f(x_1, x_2, \cdots, x_n)$ 可以看做关于 $x_1, x_2, \cdots, x_n$ 的多元连续函数. 如果节点中有重节点与单节点, 需结合定义 3.4 与定义 3.1 对差商进行定义. 例如节点为 x_1, x_1, x_2, 则

$$f(x_1, x_1, x_2) = \frac{f(x_1, x_2) - f(x_1, x_1)}{x_2 - x_1}. \tag{3.65}$$

对插值条件 (3.53), 将导数信息利用定义 3.4 转换为差商, 利用相应的重节点差商代替 Newton 插值公式 (3.16) 中的差商, 可以构造出 Hermite 插值多项式为

$$H_n(x) = y_1 + f(x_1, x_1)(x - x_1) + \cdots + f(\underbrace{x_1, x_1, \cdots, x_1}_{m_1 \text{ 个}})(x - x_1)^{m_1 - 1} +$$

$$f(\underbrace{x_1, x_1, \cdots, x_1}_{m_1 \text{ 个}}; x_2)(x - x_1)^{m_1} + \cdots +$$

$$f(\underbrace{x_1, x_1, \cdots, x_1}_{m_1 \text{ 个}}; \underbrace{x_2, x_2, \cdots, x_2}_{m_2 \text{个}})(x - x_1)^{m_1}(x - x_2)^{m_2 - 1} + \cdots +$$

$$f(\underbrace{x_1, x_1, \cdots, x_1}_{m_1 \text{ 个}}; \cdots; \underbrace{x_s, x_s, \cdots, x_s}_{m_s \text{个}})(x - x_1)^{m_1}(x - x_2)^{m_2} \cdots (x - x_s)^{m_s - 1}.$$

这就从另外一个角度可以给出与 (3.59) 式等价的 Hermite 插值公式, 相关定义与推导细节在此省略, 感兴趣的读者可以参考文献 [5, 6, 9].

3.7 多元多项式插值

3.7.1 多元多项式插值问题

前面五节较为详细地介绍了一元多项式插值法, 为了适应多元计算的实际需要, 很自然地需要考虑多元多项式插值问题. 对多元情形, 插值问题显然要比一元情形要复杂得多. 我们首先给出多元多项式空间的定义, 为了与一元情形有所区别, 我们用黑体表示多元变量与向量.

对正整数 d, 设分量都是非负整数的 d 元向量集合

$$\mathbb{Z}_+^d = \{\boldsymbol{\alpha} = (\alpha_1, \alpha_2, \cdots, \alpha_d)^{\mathrm{T}} \mid \alpha_i \in \mathbb{Z}, \alpha_i \geqslant 0, i = 1, 2, \cdots, d\},$$

$\boldsymbol{x} = (x_1, x_2, \cdots, x_d)$ 为 d 元变量, 对 $\boldsymbol{\alpha} = (\alpha_1, \alpha_2, \cdots, \alpha_d)^{\mathrm{T}} \in \mathbb{Z}_+^d$, d 元单项式 $\boldsymbol{x}^{\boldsymbol{\alpha}}$ 定义为

$$\boldsymbol{x}^{\boldsymbol{\alpha}} = x_1^{\alpha_1} x_2^{\alpha_2} \cdots x_d^{\alpha_d},$$

其中 $|\boldsymbol{\alpha}| = \alpha_1 + \alpha_2 + \cdots + \alpha_d$ 称为 $\boldsymbol{x}^{\boldsymbol{\alpha}}$ 的次数. d 元 k 次实多项式集合

$$\mathbb{P}_k^{(d)} = \left\{ \sum_{|\boldsymbol{\alpha}| \leqslant k} c_{\boldsymbol{\alpha}} \boldsymbol{x}^{\boldsymbol{\alpha}} \,\middle|\, \boldsymbol{\alpha} \in \mathbb{Z}_+^d, c_{\boldsymbol{\alpha}} \in \mathbb{R} \right\},$$

为线性空间, 称为 d 元 k 次多项式空间, 其维数

$$\dim\left(\mathbb{P}_k^{(d)}\right) = \binom{d+k}{d}.$$

下面我们将第 3.1 节所提出的插值问题具体化为多元多项式插值问题. 对正整数 d, 设

$$n = \dim\left(\mathbb{P}_k^{(d)}\right),$$

在给定的闭区域 $D \subset \mathbb{R}^d$ 中取 n 个互异点构成的点集 $\{\boldsymbol{x}_i\}_{i=1}^n$.

所谓的 d 元 k 次多项式插值问题为: 对实数集 $\{y_i\}_{i=1}^n$, 寻找 d 元 k 次多项式 $\varphi(\boldsymbol{x}) \in \mathbb{P}_k^{(d)}$, 使其满足插值条件

$$\varphi(\boldsymbol{x}_i) = y_i, \quad i = 1, 2, \cdots, n. \tag{3.66}$$

如果满足如上插值条件的 $\varphi(\boldsymbol{x})$ 存在, 则称其为插值多项式, 点集 $\{\boldsymbol{x}_i\}_{i=1}^n$ 称为插值节点组 (或插值结点组), D 称为插值区域. 如果存在 d 元实值函数 $y = f(\boldsymbol{x})$ 使得 $y_i = f(\boldsymbol{x}_i)(i = 1, 2, \cdots, n)$, 则 $f(\boldsymbol{x})$ 称为被插函数, $f(\boldsymbol{x}) - \varphi(\boldsymbol{x})$ 为误差余项或插值余项.

当 $d = 1$ 时, 此时 $\mathbb{P}_k^{(d)}$ 就是我们熟知的一元 k 次多项式空间 $\mathbb{P}_k$, 且 $n = k + 1$, 此时满足插值条件 (3.66) 的解总是唯一存在的, 并且此唯一解可以采用 Lagrange 型、Newton 型或其他形式的插值公式来构造.

当 $d > 1$ 时, 此时插值问题 (3.66) 不一定总是唯一可解的, 它的唯一可解性与插值节点集 $\{\boldsymbol{x}_i\}_{i=1}^n$ 和多项式空间 $\mathbb{P}_k^{(d)}$ 的选择都有关系.

关于多元多项式插值问题的研究一般从两个不同方向来考虑:

(1) 给定多项式空间, 在插值区域 D 上, 寻找使得插值问题 (3.66) 解总存在且唯一的插值节点组;

(2) 给定插值区域上的插值节点组, 寻找 (或构造) 合适的多项式空间, 使得插值问题 (3.66) 的解总存在且唯一.

显然如上两种方法的切入点是不同的, 本章将仅对第 (1) 类问题进行介绍.

> **定义 3.5**　若对任意给定的实数集 $\{y_i\}_{i=1}^n$, 插值问题 (3.66) 的解总存在且唯一, 则称该插值问题是适定的插值问题, 称插值节点组 $\{\boldsymbol{x}_i\}_{i=1}^n$ 为空间 $\mathbb{P}_k^{(d)}$ 的插值适定节点组.

显然当 $d = 1$ 时, n 个互异节点构成的插值节点组都是 $\mathbb{P}_{n-1}$ 的插值适定节点组. 但是当 $d > 1$ 时, 插值适定节点组的选择就变得复杂了. 下面我们考虑当 $d = k = 2$ 时相对简单的情况, 此时 $\dim\left(\mathbb{P}_2^{(2)}\right) = \binom{4}{2} = 6$, 如下结论给出了此时插值适定节点组满足的一般性条件.

> **定理 3.14**　当 $d = k = 2$ 时, 插值问题 (3.66) 的解存在且唯一, 当且仅当插值节点组 $\{\boldsymbol{x}_i\}_{i=1}^6$ 不落在同一条非零的二次曲线上, 即不存在非零多项式 $p(\boldsymbol{x}) \in \mathbb{P}_2^{(2)}$, 使得
> $$p(\boldsymbol{x}_i) = 0, \quad i = 1, 2, \cdots, 6.$$

证明　必要性是显然的. 由解的存在性与唯一性, 如果 $p(\boldsymbol{x}_i) = 0 (i = 1, 2, \cdots, 6)$ 成立, 则必有 $p(\boldsymbol{x}) \equiv 0$.

下面用反证法证明充分性. 若唯一性不成立, 即存在两个不同的多项式 $p_1(\boldsymbol{x})$, $p_2(\boldsymbol{x}) \in \mathbb{P}_2^{(2)}$ 都满足插值条件, 则

$$p_1(\boldsymbol{x}_i) - p_2(\boldsymbol{x}_i) = 0, \quad i = 1, 2, \cdots, 6,$$

但是 $p_1(\boldsymbol{x}) - p_2(\boldsymbol{x}) \neq 0$, 这表明 $\{\boldsymbol{x}_i\}_{i=1}^6$ 落在同一条非零的二次曲线 $p_1(\boldsymbol{x}) - p_2(\boldsymbol{x}) = 0$ 上, 与已知矛盾, 从而唯一性成立. □

需要注意的是, 如上证明中我们没有对存在性与唯一性分开进行讨论, 是因为对有限维多项式空间来说, 两者是一致的. 设 $\varphi_1(\boldsymbol{x}), \varphi_2(\boldsymbol{x}), \cdots, \varphi_n(\boldsymbol{x})$ 是 $\mathbb{P}_k^{(d)}$ 的一组基. 求解插值问题 (3.66) 等价于求解方程组

$$\varphi(\boldsymbol{x}_i) = \sum_{j=1}^n c_j \varphi_j(\boldsymbol{x}_i) = y_i, \quad i = 1, 2, \cdots, n. \tag{3.67}$$

(3.67) 式的矩阵形式为

$$\boldsymbol{A}\boldsymbol{c} = \boldsymbol{y},$$

其中

$$\boldsymbol{A} = \begin{pmatrix} \varphi_1(\boldsymbol{x}_1) & \varphi_2(\boldsymbol{x}_1) & \cdots & \varphi_n(\boldsymbol{x}_1) \\ \varphi_1(\boldsymbol{x}_2) & \varphi_2(\boldsymbol{x}_2) & \cdots & \varphi_n(\boldsymbol{x}_2) \\ \vdots & \vdots & & \vdots \\ \varphi_1(\boldsymbol{x}_n) & \varphi_2(\boldsymbol{x}_n) & \cdots & \varphi_n(\boldsymbol{x}_n) \end{pmatrix}, \tag{3.68}$$

$$\boldsymbol{c} = (c_1, c_2, \cdots, c_n)^{\mathrm{T}},$$

$$\boldsymbol{y} = (y_1, y_2, \cdots, y_n)^{\mathrm{T}}.$$

插值问题 (3.66) 的唯一性的含义是齐次条件对应的方程组 $\boldsymbol{A}\boldsymbol{c} = \boldsymbol{0}$ 只有零解, 这等价于 $\boldsymbol{A}$ 非奇异, 而这正是方程组 $\boldsymbol{A}\boldsymbol{c} = \boldsymbol{y}$ 对任意 $\boldsymbol{y} \in \mathbb{R}^n$ 都是解唯一的充要条件.

设 $n = \dim\left(\mathbb{P}_k^{(d)}\right)$, 对一般的 k 和 d, $\mathbb{P}_k^{(d)}$ 的插值适定节点组需满足如下一般性条件, 证明与定理 3.14 类似, 在此省略.

> **定理 3.15** 插值问题 (3.66) 的解存在且唯一, 当且仅当插值节点组 $\{\boldsymbol{x}_i\}_{i=1}^n$ 不落在同一条非零的 d 元 k 次代数曲线 (面) 上, 即不存在非零多项式 $p(\boldsymbol{x}) \in \mathbb{P}_k^{(d)}$, 使得
>
> $$p(\boldsymbol{x}_i) = 0, \quad i = 1, 2, \cdots, n.$$

此定理的另外一种表述是: 点组 $\{\boldsymbol{x}_i\}_{i=1}^n$ 构成 $\mathbb{P}_k^{(d)}$ 的插值适定节点组的充要条件是它们不落在同一条非零的 d 元 k 次代数曲线 (面) 上. 需要说明的是, 定理 3.15 给出的结论是理论结果, 结论与插值问题 (3.66) 解的存在性与唯一性等价, 同样也与公式 (3.68) 所定义的矩阵 $\boldsymbol{A}$ 非奇异等价. 由于求解线性方程组 $\boldsymbol{A}\boldsymbol{c} = \boldsymbol{y}$ 并

不容易, 因此定理 3.15 并未能真正解决插值适定节点组或插值多项式的构造问题. 例如对定理 3.14 所描述的 $d = k = 2$ 时相对简单的情况, 如何确定点组 $\{\boldsymbol{x}_i\}_{i=1}^6$ 不落在同一条非零二次曲线上也不是一个容易解决的问题. 在下面内容中, 我们将放弃必要性的要求, 从而给出一些构造插值适定节点组的实用方法.

3.7.2 GC 条件与多元 Lagrange 插值

在本小节中, 我们介绍一类点集成为插值适定节点组的充分条件, 这是一种几何方法. 首先我们给出点集满足 GC 条件 (即几何特征条件) 的定义.

> **定义 3.6** 设 $n = \dbinom{d+k}{d}$, 点集 $X = \{\boldsymbol{x}_i\}_{i=1}^n \subset \mathbb{R}^d$ 称为满足GC 条件, 如果对每个 $\boldsymbol{x}_i \in X$, 都可以找到 $\mathbb{R}^d$ 中 k 个互异的超平面 $P_{i1}, P_{i2}, \cdots, P_{ik}$, 使得
>
> $$\boldsymbol{x}_i \notin \bigcup_{j=1}^k P_{ij}, \tag{3.69}$$
>
> 且
>
> $$X \setminus \{\boldsymbol{x}_i\} \subseteq \bigcup_{j=1}^k P_{ij}. \tag{3.70}$$

> **定理 3.16** 设 $n = \dbinom{d+k}{d}$, 若点集 $X = \{\boldsymbol{x}_i\}_{i=1}^n \subset \mathbb{R}^d$ 满足 GC 条件, 则 $\mathbb{P}_k^{(d)}$ 中以 X 为插值节点组的插值问题 (3.66) 的解存在且唯一, 即 X 为 $\mathbb{P}_k^{(d)}$ 的插值适定节点组.

证明 由 GC 条件的定义 3.6, 对每个 $\boldsymbol{x}_i \in X$, 设满足条件 (3.69) 与 (3.70) 的超平面为 P_{ij}, 其方程为 $p_{ij}(\boldsymbol{x}) = 0$, 其中 $p_{ij}(\boldsymbol{x})$ 为 d 元一次多项式, $j = 1, 2, \cdots, k$. 令

$$l_i(\boldsymbol{x}) = \frac{p_{i1}(\boldsymbol{x}) p_{i2}(\boldsymbol{x}) \cdots p_{ik}(\boldsymbol{x})}{p_{i1}(\boldsymbol{x}_i) p_{i2}(\boldsymbol{x}_i) \cdots p_{ik}(\boldsymbol{x}_i)}, \tag{3.71}$$

显然 $l_i(\boldsymbol{x}) \in \mathbb{P}_k^{(d)}$, 再由 GC 条件可知

$$l_i(\boldsymbol{x}_j) = \delta_{ij}, \quad i, j = 1, 2, \cdots, n. \tag{3.72}$$

这说明以 $l_1(\boldsymbol{x}), l_2(\boldsymbol{x}), \cdots, l_n(\boldsymbol{x})$ 为 $\mathbb{P}_k^{(d)}$ 的插值基函数而构造的线性方阵组系数矩阵 (3.68) 为单位矩阵, 从而插值问题 (3.66) 的解存在且唯一. 显然此时插值问题 (3.66) 的解为

$$L(\boldsymbol{x}) = \sum_{i=1}^n y_i l_i(\boldsymbol{x}), \tag{3.73}$$

称其为满足插值条件 (3.66) 的 Lagrange 型插值多项式. □

定理 3.17 设 $n = \binom{d+k}{d}$, 已知 $l_i(\boldsymbol{x}) \in \mathbb{P}_k^{(d)}$, 点集 $X = \{\boldsymbol{x}_i\}_{i=1}^n \subset \mathbb{R}^d$ 满足 (3.72) 式, 且 $l_i(\boldsymbol{x})$ 为一次因子的乘积, 其中 $i = 1, 2, \cdots, n$. 若点集 X 是 $\mathbb{P}_k^{(d)}$ 的插值适定节点组, 则 X 必满足 GC 条件.

证明 X 是 $\mathbb{P}_k^{(d)}$ 的插值适定节点组, 即插值问题 (3.66) 的解存在且唯一, 则 $l_i(\boldsymbol{x}) \in \mathbb{P}_k^{(d)}$ 是满足 (3.72) 式的唯一解. 对任意的 $i \in \{1, 2, \cdots, n\}$, 由于 $l_i(\boldsymbol{x})$ 是一次多项式的乘积, 不妨设

$$l_i(\boldsymbol{x}) = \prod_{j=1}^k p_{ij}(\boldsymbol{x}), \tag{3.74}$$

其中 $p_{ij}(\boldsymbol{x})$ 是 d 元一次多项式, 且设 P_{ij} 表示由 $p_{ij}(\boldsymbol{x}) = 0$ 定义的超平面. 由 (3.72) 式可知

$$\boldsymbol{x}_i \notin \bigcup_{j=1}^k P_{ij}, \quad \boldsymbol{x}_m \in \bigcup_{j=1}^k P_{ij}$$

对任意 $m \neq i$ 都成立, 即

$$X \setminus \{\boldsymbol{x}_i\} \subseteq \bigcup_{j=1}^k P_{ij}.$$

下面证明超平面 $P_{i1}, P_{i2}, \cdots, P_{ik}$ 是两两不同的. 若不然, $l_i(\boldsymbol{x})$ 必有至少一个一次项的平方因式, 即

$$l_i(\boldsymbol{x}) = p_i^2(\boldsymbol{x}) s_i(\boldsymbol{x}),$$

其中 $p_i(\boldsymbol{x})$ 为一次多项式, $s_i(\boldsymbol{x})$ 为 $(k-2)$ 次多项式. 令多项式

$$\bar{l}_i(\boldsymbol{x}) = p_i(\boldsymbol{x}_i) p_i(\boldsymbol{x}) s_i(\boldsymbol{x}),$$

显然

$$\bar{l}_i(\boldsymbol{x}_j) = \delta_{ij}, \quad j = 1, 2, \cdots, n,$$

即 $\bar{l}_i(\boldsymbol{x})$ 也满足 (3.72) 式, 这与 $l_i(\boldsymbol{x})$ 的唯一性矛盾, 从而超平面 $P_{i1}, P_{i2}, \cdots, P_{ik}$ 是互异的. 综上得到 X 满足 GC 条件. $\qquad\square$

定理 3.16 给出了判定点集为插值适定节点组的方法, 但对任意给定的点集 $X = \{\boldsymbol{x}_i\}_{i=1}^n \subset \mathbb{R}^d$, 判断 X 是否满足 GC 条件是一个很困难的问题. 不过, 我们仍可以利用定理 3.16, 在几何上给出插值适定节点组的构造方法.

定义 3.7 设 $H_1, H_2, \cdots, H_{d+k}$ 是 $\mathbb{R}^d$ 中 $(d+k)$ 个不同的超平面, 其中任意 d 个超平面交于一点, 且这些交点两两不同, 由此产生的 $n = \binom{d+k}{d}$ 个点称为自然格点, 这些点构成的集合称为自然格点集.

定理 3.18 自然格点集满足 GC 条件.

证明 设 $X = \{\boldsymbol{x}_i\}_{i=1}^n \subset \mathbb{R}^d$ 为自然格点集, 对任意 $\boldsymbol{x}_i \in X$, 其为 $H_1, H_2, \cdots,$ H_{d+k} 中 d 个不同的超平面的交点, 去掉这 d 个超平面后, 剩下的 k 个超平面设为 $P_{i1}, P_{i2}, \cdots, P_{ik}$. 显然有

$$\boldsymbol{x}_i \notin \bigcup_{j=1}^k P_{ij}.$$

对任意 $m \neq i$, 按自然格点集的定义, $\boldsymbol{x}_i, \boldsymbol{x}_m$ 分别是不全相同的 d 个超平面的交, 而定义 $\boldsymbol{x}_i$ 的这 d 个超平面已经从 $H_1, H_2, \cdots, H_{d+k}$ 去掉, 因此交于点 $\boldsymbol{x}_m$ 的 d 个超平面中至少有一个在剩下的这 k 个超平面 $P_{i1}, P_{i2}, \cdots, P_{ik}$ 中, 从而

$$\boldsymbol{x}_m \in \bigcup_{j=1}^k P_{ij},$$

说明

$$X \setminus \{\boldsymbol{x}_i\} \subseteq \bigcup_{j=1}^k P_{ij}, \tag{3.75}$$

这就证明了 X 满足 GC 条件. $\qquad\square$

例 3.10 设 $d = 2, k = 3$, 此时 $n = \binom{2+3}{2} = 10$. 图 3.9 中给出了 $d+k = 5$ 条直线, 它们满足两两交于一点, 且这些交点互异, 因此这 10 个点构成了一组自然格点. 利用定理 3.18 与定理 3.16, 这组自然格点满足 GC 条件, 因此构成 $\mathbb{P}_3^{(2)}$ 的一组插值适定节点组.

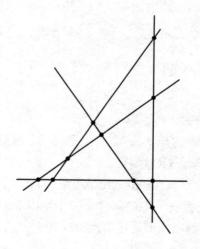

图 3.9　自然格点

如上实例给出了一种构造自然格点集的方法, 有了自然格点集之后, 很自然地可以利用 (3.71) 式与 (3.73) 式构造 Lagrange 插值基函数与插值多项式. 但是, 对一般情况, 利用定义 3.7 来寻找超平面 $H_1, H_2, \cdots, H_{d+k}$ 及其定义的自然格点 X 并不是那么容易的.

点集 $Y \subset \mathbb{R}^d$ 称为处于一般位置, 如果 Y 中的任意 $(d+1)$ 个点都形成一个 d 维单纯形. 下面从 $\mathbb{R}^d$ 中一个处于一般位置的点集出发, 给出一种构造自然格点集的方法.

设给定点集 $\{x_i\}_{i=1}^{d+k} \subseteq \mathbb{R}^d$ 使得 $Y = \{\mathbf{0}\} \bigcup \{x_i\}_{i=1}^{d+k}$ 处于一般位置, 显然此时 $\{x_i\}_{i=1}^{d+k}$ 也处于一般位置. 对每一个 x_i, 定义一个 d 维超平面 H_i, 其方程为

$$1 + (x_i, x) = 0,$$

其中 $(\cdot, \cdot)$ 表示 Euclid 内积. 集合 $\{1, 2, \cdots, d+k\}$ 中任意 d 个不同元素的子集共有 $n = \binom{d+k}{d}$ 个, 设为 $I_1, I_2, \cdots, I_n$. 对每一个 I_j, 方程组

$$1 + (x_i, x) = 0, \quad i \in I_j \tag{3.76}$$

一定有唯一解, 因为 $\{x_i\}_{i=1}^{d+k}$ 处于一般位置决定了上述方程组系数矩阵的行向量组线性无关, 设解为 $x_{I_j} \in \mathbb{R}^d$, 即点 x_{I_j} 为超平面 $H_i (i \in I_j)$ 的唯一交点, 从而得到点集

$$X = \{x_{I_j}\}_{j=1}^n. \tag{3.77}$$

下证 X 中的点两两不同. 假设存在 $j \in \{1, 2, \cdots, n\}$, 使得点 x_{I_j} 为两个不同指标集 I_j, I_l 所定义超平面的交点, 即 x_{I_j} 至少是 $(d+1)$ 个超平面的交点. 不妨设 x_{I_j} 是 $H_1, H_2, \cdots, H_{d+1}$ 的交点, 即

$$1 + (x_i, x_{I_j}) = 0, \quad i = 1, 2, \cdots, d, \tag{3.78}$$

且

$$1 + (x_{d+1}, x_{I_j}) = 0. \tag{3.79}$$

对 $i = 1, 2, \cdots, d+1$, 令 v_i 表示起点为原点、终点为 x_i 的向量. 由于 Y 处于一般位置, 所以 $span\{v_i, i = 1, 2, \cdots, d\} = \mathbb{R}^d$, 从而 $x_{d+1} \in \mathbb{R}^d$ 可表示为

$$x_{d+1} = \sum_{i=1}^d c_i x_i. \tag{3.80}$$

将 (3.80) 式代入 (3.79) 式得到

$$1 + \sum_{i=1}^d c_i (x_i, x_{I_j}) = 0, \tag{3.81}$$

再由 (3.78) 式可知

$$\sum_{i=1}^d c_i = 1,$$

从而 (3.80) 式等价于

$$\boldsymbol{x}_{d+1} - \sum_{i=1}^{d} c_i \boldsymbol{x}_i = \sum_{i=1}^{d} c_i(\boldsymbol{x}_{d+1} - \boldsymbol{x}_i) = \boldsymbol{0}.$$

由于 $\{\boldsymbol{x}_i\}_{i=1}^{d+k}$ 处于一般位置, 因此上式中 $c_i = 0(i = 1, 2, \cdots, d)$, 这与 $\sum_{i=1}^{d} c_i = 1$ 相矛盾. 从而点集 X 中的点互异, 为自然格点集, 构成 $\mathbb{P}_k^{(d)}$ 的插值适定节点组. 下面仿照 (3.71) 式与 (3.73) 式的方法, 构造相应的 Lagrange 插值基函数与插值多项式.

对每一个 $\boldsymbol{x}_{I_i} \in X$, 构造 Lagrange 插值基函数

$$l_{I_i}(\boldsymbol{x}) = \prod_{j \notin I_i} \frac{1 + (\boldsymbol{x}_j, \boldsymbol{x})}{1 + (\boldsymbol{x}_j, \boldsymbol{x}_{I_i})}, \tag{3.82}$$

显然 $l_{I_i}(\boldsymbol{x}) \in \mathbb{P}_k^{(d)}$, 且

$$l_{I_i}(\boldsymbol{x}_{I_j}) = \delta_{I_i I_j}, \quad i, j = 1, 2, \cdots, n. \tag{3.83}$$

从而对任意给定的实数 $\{y_i\}_{i=1}^n$, 我们可以构造满足插值问题 (3.66) 的唯一解

$$L(\boldsymbol{x}) = \sum_{i=1}^{n} y_i l_{I_i}(\boldsymbol{x}). \tag{3.84}$$

例 3.11 设 $d = k = 2$ 时, 此时 $n = \binom{2+2}{2} = 6$. 如图 3.10 所示, 给定处于一般位置 (连同零点) 的四个点

$$\boldsymbol{x}_1 = (1, 0), \boldsymbol{x}_2 = (0, 1), \boldsymbol{x}_3 = (2, 1), \boldsymbol{x}_4 = (1, 2),$$

设 $\boldsymbol{x} = (x, y)$, 则它们分别构造的直线 (即 $\mathbb{R}^2$ 中的超平面) 为

$$H_1: \quad 1 + x = 0, \quad H_2: \quad 1 + y = 0,$$
$$H_3: \quad 1 + 2x + y = 0, \quad H_4: \quad 1 + x + 2y = 0.$$

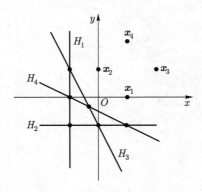

图 3.10 自然格点集的构造

对 $\{1,2,3,4\}$ 任意取两点, 取法一共有 6 种, 分别为

$$I_1 = \{1,2\}, \quad I_2 = \{1,3\}, \quad I_3 = \{1,4\}, \quad I_4 = \{2,3\}, \quad I_5 = \{2,4\}, \quad I_6 = \{3,4\}.$$

对每一个 I_j, 其内两个元素对应的直线交点分别为 (如图 3.10)

$$\boldsymbol{x}_{I_1} = (-1,-1), \quad \boldsymbol{x}_{I_2} = (-1,1), \quad \boldsymbol{x}_{I_3} = (-1,0),$$
$$\boldsymbol{x}_{I_4} = (0,-1), \quad \boldsymbol{x}_{I_5} = (1,-1), \quad \boldsymbol{x}_{I_6} = \left(-\frac{1}{3}, -\frac{1}{3}\right),$$

则点集

$$X = \{\boldsymbol{x}_{I_1}, \boldsymbol{x}_{I_2}, \boldsymbol{x}_{I_3}, \boldsymbol{x}_{I_4}, \boldsymbol{x}_{I_5}, \boldsymbol{x}_{I_6}\}$$

构成了 $\mathbb{P}_2^{(2)}$ 的一组插值适定节点组.

前面我们介绍了自然格点集的一种构造方法, 下面我们再介绍另外一类更为简单的点组——基本格点集的构造方法, 它也满足 GC 条件, 从而也构成多元多项式空间的插值适定节点组.

设 $\{\boldsymbol{v}_0, \boldsymbol{v}_1, \cdots, \boldsymbol{v}_d\} \subset \mathbb{R}^d$ 处于一般位置, 因此它们构成一个 d 维单纯形, 设为 T. 那么任意 $\boldsymbol{x} \in \mathbb{R}^d$ 可以被唯一地表示为

$$\boldsymbol{x} = \sum_{i=0}^d \lambda_i \boldsymbol{v}_i, \tag{3.85}$$

其中 $\sum_{i=0}^d \lambda_i = 1$. 设

$$\boldsymbol{\lambda}(\boldsymbol{x}) = (\lambda_0, \lambda_1, \cdots, \lambda_d)$$

表示点 $\boldsymbol{x}$ 相对于单纯形 T 的重心坐标, 且设 $\lambda_i(\boldsymbol{x}) = \lambda_i (i=0,1,\cdots,d)$. 显然, 对任意的 $i=0,1,\cdots,d$, 当 $\lambda_i \geqslant 0$ 时, 点 $\boldsymbol{x}$ 落在 T 上, 当 $\lambda_i > 0$ 时, 点 $\boldsymbol{x}$ 落在 T 内.

定义 3.8 设 $\{\boldsymbol{v}_0, \boldsymbol{v}_1, \cdots, \boldsymbol{v}_d\} \subset \mathbb{R}^d$ 处于一般位置, k 为正整数, 则点集

$$X = \left\{\boldsymbol{x} \in \mathbb{R}^d \,\middle|\, \lambda_i(\boldsymbol{x}) = \frac{c_i}{k}, 0 \leqslant c_i \leqslant k, c_i \in \mathbb{Z}_+, i=0,1,\cdots,d, \sum_{i=0}^d c_i = k\right\} \tag{3.86}$$

称为基本格点集, 其中的点称为基本格点.

容易计算, 基本格点集 X 中点的个数为 $\binom{d+k}{d}$.

定理 3.19 基本格点集 X 满足 GC 条件.

证明 对次数 k 用归纳法. 当 $k=1$ 时, 基本格点 X 即为单纯形 T 的 $(d+1)$ 个顶点 $v_i, i=0,1,\cdots,d$. 利用单纯形的性质, 对每一个 v_i 而言, T 上不过点 v_i 而过其他所有顶点的超平面只有一个, 设为 P_i, 即

$$v_i \notin P_i, \quad X \setminus \{v_i\} \subset P_i,$$

因此 $k=1$ 时, X 满足 GC 条件.

设 k 时定理成立. 在 $k+1$ 时, 从 X 中去掉超平面 $\lambda_0(x)=0$ 上的格点, 即去掉重心坐标满足

$$\sum_{i=1}^{d} \lambda_i(x) = 1$$

的格点, 这就得到低一次, 即 k 次对应的格点, 此时还有 $\binom{d+k}{d}$ 个格点, 设为 X'. 由归纳假设知, 它们满足 GC 条件, 即对每一个 $x_i \in X'$ (此时 $\lambda_0(x_i) \neq 0$), 存在 k 个不同的超平面 P_{ij}, 使得

$$x_i \notin \bigcup_{j=1}^{k} P_{ij}, \quad X' \setminus \{x_i\} \subset \bigcup_{j=1}^{k} P_{ij}.$$

设超平面 $\lambda_0(x)=0$ 为 $P_{i,k+1}$. 显然有

$$x_i \notin \bigcup_{j=1}^{k+1} P_{ij}, \quad X \setminus \{x_i\} \subset \bigcup_{j=1}^{k+1} P_{ij},$$

即对 X' 中的每一个点 (即 X 中不落在超平面 $\lambda_0(x)=0$ 上的点) 都满足如上性质. 对 X 中落在超平面 $\lambda_0(x)=0$ 上的格点, 可以利用对称性证明. □

例 3.12 设 $d=2, k=3$ 时, 此时 $n=\binom{2+3}{2}=10$. 图 3.11 中给出了三点 v_0, v_1, v_2 构成的三角形 T, 按定义 3.8, 给出 10 个基本格点. 再利用定理 3.19 与定理 3.16, 这组基本格点满足 GC 条件, 因此构成 $\mathbb{P}_3^{(2)}$ 的一组插值适定节点组.

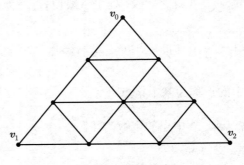

图 3.11 基本格点

插值节点组满足 GC 条件仅是保证其为插值适定节点组 (即插值存在且唯一) 的充分条件. 事实上, 如果对 GC 条件进行适定放宽, 也有可能保证插值的存在性与唯一性. 在此我们不加证明地给出如下结论, 详细结论可以参考文献 [12]:

> **定理 3.20** 设 $\left\{u_j^{(i)}\right\}_{j=0}^{k}, i = 1, 2, \cdots, d$ 是给定的 d 个关于 j 单调递增的实数序列, 则点集
>
> $$X = \left\{ \left(u_{\alpha_1}^{(1)}, u_{\alpha_2}^{(2)}, \cdots, u_{\alpha_d}^{(d)}\right) \in \mathbb{R}^d \,\middle|\, \boldsymbol{\alpha} \in \mathbb{Z}_+^d, |\boldsymbol{\alpha}| = \sum_{i=1}^{d} \alpha_i \leqslant k \right\} \tag{3.87}$$
>
> 是多项式空间 $\mathbb{P}_k^{(d)}$ 的插值适定节点组.

例 3.13 设 $d = 2, k = 3$ 时, 此时 $n = \dbinom{2+3}{2} = 10$. 设

$$u_0^{(1)} = 0, \quad u_1^{(1)} = 2, \quad u_2^{(1)} = 3, \quad u_3^{(1)} = 4,$$
$$u_0^{(2)} = 0, \quad u_1^{(2)} = 1, \quad u_2^{(2)} = 2, \quad u_3^{(2)} = 3,$$

从而

$$X = \left\{ \left(u_{\alpha_1}^{(1)}, u_{\alpha_2}^{(2)}\right) \,\middle|\, \alpha_1 + \alpha_2 \leqslant 3, \alpha_i \in \mathbb{Z}_+, i = 1, 2 \right\}$$
$$= \{(0,0), (0,1), (0,2), (0,3), (2,0), (2,1), (2,2), (3,0), (3,1), (4,0)\}.$$

如图 3.12 所示, 这 10 个点显然不满足 GC 条件, 例如对点 $\left(u_0^{(1)}, u_1^{(2)}\right) = (0,1)$, 找不到三条直线不包含它而包含所有其他的点, 但 X 仍然构成 $\mathbb{P}_3^{(2)}$ 的一组插值适定节点组.

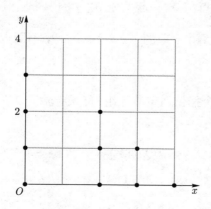

图 3.12 不满足 GC 条件的插值适定节点组

3.7.3 二元多项式的插值适定节点组构造

第 3.7.1 小节与第 3.7.2 小节给出了 d 维多项式空间插值问题的一般性结论以及几类相对简单的插值节点组构造方法, 本小节介绍 $d = 2$ 时的二元多项式插值问题的相关结论与插值适定节点组构造.

设 $p(x, y) \in \mathbb{P}_k^{(2)}$, 满足 $p(x, y) = 0$ 的所有点的集合称为一条 k 次代数曲线, 简称为 k 次代数曲线 $p(x, y)$. 如下定理是代数几何中关于两条代数曲线交点个数的经典结论, 证明和相关理论可以参见代数几何书籍, 在此不再介绍.

> **定理 3.21 (Bézout 定理)** 设 $f(x, y)$ 和 $g(x, y)$ 分别为 m 次和 n 次代数曲线, 若它们交点的个数大于 mn, 则一定存在次数不超过 $\min(m, n)$ 的非零多项式 $d(x, y)$, 使得
>
> $$f(x, y) = d(x, y) r_1(x, y), \quad g(x, y) = d(x, y) r_2(x, y). \tag{3.88}$$

Bézout 定理的另外两种表述形式是: (1) 若两条代数曲线的交点个数超过它们次数的乘积, 则它们一定有公共分支; (2) 没有公共分支的两条代数曲线 (或没有公共因子的两个多项式决定的代数曲线) 的实交点个数不超过它们次数的乘积. 利用这一经典理论, 我们引出二元多项式插值适定节点组的一类构造方法, 称之为添加代数曲线法.

二元多项式称为是不可约的, 如果 (在复域中) 除常数和该多项式本身外, 没有其他多项式可整除它. 代数曲线称为是不可约代数曲线, 如果定义它的二元多项式是不可约多项式.

> **定理 3.22** 设 $n = \binom{k+2}{k}$, 已知 $X = \{\boldsymbol{x}_i\}_{i=1}^n$ 是 $\mathbb{P}_k^{(2)}$ 的插值适定节点组, 且它们都不落在某条 $l(l = 1$ 或 $2)$ 次不可约代数曲线 $p(x, y)$ 上, 则在该曲线上任取 $((k+3)l - 1)$ 个不同的点与 X 一起构成 $\mathbb{P}_{k+l}^{(2)}$ 的一个插值适定节点组.

证明 设在 $p(x, y) = 0$ 上取的 $((k+3)l - 1)$ 个不同点的集合为 Y, 设点集

$$\overline{X} = X \cup Y.$$

要证明 $\overline{X}$ 为 $\mathbb{P}_{k+l}^{(2)}$ 的一个插值适定节点组, 首先应验证 $\overline{X}$ 中点的个数等于 $\mathbb{P}_{k+l}^{(2)}$ 的维数. 当 $l = 1$ 或 2 时,

$$
\begin{aligned}
\#(\overline{X}) &= \#(X \cup Y) = \#(X) + \#(Y) \\
&= \frac{1}{2}(k+1)(k+2) + (k+3)l - 1 \\
&= \frac{1}{2}(k+3)(k+2l) \\
&= \dim\left(\mathbb{P}_{k+l}^{(2)}\right),
\end{aligned}
$$

其中 $\#(A)$ 表示集合 A 中元素的个数. 如下用反证法来证明. 假设 $\overline{X}$ 不是 $\mathbb{P}_{k+l}^{(2)}$ 的一个插值适定节点组, 则由定理 3.15 知, $\overline{X}$ 一定落在一条非零的 $(k+l)$ 次代数曲线上, 即存在非零多项式 $q(x,y) \in \mathbb{P}_{k+l}^{(2)}$, 使得 $\overline{X}$ 中的所有点都落在 $q(x,y) = 0$ 上. 因此点集 Y 是 l 次代数曲线 $p(x,y) = 0$ 与 $(k+l)$ 次代数曲线 $q(x,y) = 0$ 的交点, 其点数 $(k+3)l - 1 > (k+l)l$, 其中 $l = 1$ 或 2. 由 $p(x,y) = 0$ 为不可约代数曲线, 利用 Bézout 定理, 必有 k 次多项式 $d(x,y)$ 使得

$$q(x,y) = p(x,y) \cdot d(x,y).$$

由于 X 中的点都不落在 $p(x,y) = 0$ 上, 因此

$$d(\boldsymbol{x}_i) = \frac{q(\boldsymbol{x}_i)}{p(\boldsymbol{x}_i)} = 0, \quad \boldsymbol{x}_i \in X, i = 1, 2, \cdots, n.$$

但 X 是 $\mathbb{P}_k^{(2)}$ 的适定节点组, 由上式可知 $d(x,y) \equiv 0$, 因此 $q(x,y) \equiv 0$, 这与 $q(x,y)$ 非零相矛盾, 从而假设不成立. 因此得出 $\overline{X}$ 必为 $\mathbb{P}_{k+l}^{(2)}$ 的一个插值适定节点组. $\quad\square$

根据定理 3.22, 我们可以给出三类构造插值适定节点组的迭代方法.

(1) **添加直线法**. 即当 $l = 1$ 时, 构造 $\mathbb{P}_k^{(2)}$ 的适定节点组 X, $k = 0, 1, 2, \cdots$, 具体步骤如下:

第 0 步, 任意取 $\boldsymbol{x}_1 \in \mathbb{R}^2$, 则 $X_0 = \{\boldsymbol{x}_1\}$ 为 $\mathbb{P}_0^{(2)}$ 的插值适定节点组;

第 1 步, 任作直线 $p_1(x,y) = 0$ 不过 $\boldsymbol{x}_1$, 在此直线上任取两个不同的点构成点集 Y_1, 则 $X_1 = X_0 \cup Y_1$ 为 $\mathbb{P}_1^{(2)}$ 的插值适定节点组;

$\cdots\cdots\cdots\cdots$

第 k 步, 作不过 X_{k-1} 中任何点的直线 $p_k(x,y) = 0$, 在此直线上任取 $(k+1)$ 个互不相同的点构成点集 Y_k, 则 $X_k = X_{k-1} \cup Y_k$ 为 $\mathbb{P}_k^{(2)}$ 的插值适定节点组.

(2) **添加二次曲线法**. 即当 $l = 2$ 时, 构造 $\mathbb{P}_{2k}^{(2)}$ 的适定节点组 X, $k = 0, 1, 2, \cdots$, 具体步骤如下:

第 0 步, 任取 $\boldsymbol{x}_1 \in \mathbb{R}^2$, 则 $X_0 = \{\boldsymbol{x}_1\}$ 为 $\mathbb{P}_0^{(2)}$ 的插值适定节点组;

第 1 步, 任作一条不经过 $\boldsymbol{x}_1$ 的二次不可约代数曲线 $p_1(x,y) = 0$(可以取椭圆、双曲线、抛物线等), 在此曲线上任取 5 个不同的点构成点集 Y_1, 则 $X_1 = X_0 \cup Y_1$ 为 $\mathbb{P}_2^{(2)}$ 的插值适定节点组;

$\cdots\cdots\cdots\cdots$

第 k 步, 任作一条不经过 X_{k-1} 中任何点的二次不可约代数曲线 $p_k(x,y) = 0$, 在此曲线上任取 $(4k+1)$ 个不同的点构成点集 Y_k, 则 $X_k = X_{k-1} \cup Y_k$ 为 $\mathbb{P}_{2k}^{(2)}$ 的插值适定节点组.

(3) **混合方法**. 可以根据所给条件和具体情况在构造中混合采用如上方法 (1) 与方法 (2), 最终构造出相应多项式空间的插值适定节点组, 具体过程在此省略.

值得注意的是, 对方法 (2), 如果在第 0 步给出的是 $\mathbb{P}_1^{(2)}$ 的插值适定节点组, 即不共线的 3 个点, 从而可以迭代构造 $\mathbb{P}_{2k+1}^{(2)}$ 的插值适定节点组. 当 $d = 2$ 时, 定义 3.8 所给出基本格点集可以看做是由添加直线法构造而成的.

例 3.14 图 3.13 分别给出利用添加直线法、添加二次曲线法构造 $\mathbb{P}_2^{(2)}$ 的插值适定节点组和利用混合方法构造 $\mathbb{P}_3^{(2)}$ 的插值适定节点组.

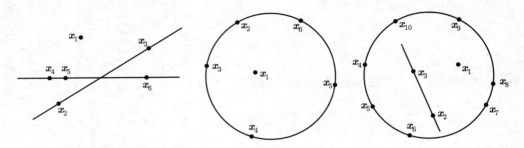

图 3.13 添加代数曲线法构造插值适定节点组

前面我们介绍的插值适定节点组所面向的多项式空间 $\mathbb{P}_k^{(d)}$ 是总次数不超过 k 的 d 元多项式集合, 在实际计算中, 张量积 (也称为分次数) 多项式同样非常重要, 在此我们仅对二元张量积多项式空间的插值适定节点组进行讨论.

给定非负整数 m, n, 定义

$$\mathbb{P}_{m,n}^{(2)} = \mathbb{P}_m \otimes \mathbb{P}_n = span\{x^i y^j, i = 0, 1, \cdots, m; j = 0, 1, \cdots, n\}$$

为二元 (m, n) 次多项式空间, 其维数为 $(m+1)(n+1)$. 对 $\mathbb{P}_{m,n}^{(2)}$ 上的插值适定节点组, 我们有如下结论:

> **定理 3.23** 设 $X = \{\boldsymbol{x}_i\}_{i=1}^{(m+1)(n+1)} \subseteq \mathbb{R}^2$ 是 $\mathbb{P}_{m,n}^{(2)}$ 的插值适定节点组. 若 X 中的点都不落在某条直线 $x = a$ 上, 则在该直线上任取 $(n+1)$ 个不同的点与 X 一起构成 $\mathbb{P}_{m+1,n}^{(2)}$ 的一个插值适定节点组. 同样地, 若 X 中的点都不落在某条直线 $y = b$ 上, 则在该直线上任取 $(m+1)$ 个不同的点与 X 一起构成 $\mathbb{P}_{m,n+1}^{(2)}$ 的一个插值适定节点组.

证明 若 X 中的点都不落在直线 $x = a$ 上, 则设在该直线上任取 $(n+1)$ 个不同的点组成的点集为 Y, 且设 $\overline{X} = X \cup Y$. 显然 $\overline{X}$ 中点的个数与 $\mathbb{P}_{m+1,n}^{(2)}$ 的维数 $(m+2)(n+1)$ 相同. 采用反证法证明. 假设 $\overline{X}$ 不是 $\mathbb{P}_{m+1,n}^{(2)}$ 的插值适定节点组, 那么由定理 3.15, 它们一定落在某条非零 $(m+1, n)$ 次代数曲线上, 即存在非零多项式 $q(x, y) \in \mathbb{P}_{m+1,n}^{(2)}$, 使得 $\overline{X}$ 中的点都落在 $q(x, y) = 0$ 上. 由于 Y 是由直线 $x = a$ 上的 $(n+1)$ 个不同点组成的, 且也都落在 $q(x, y) = 0$ 上, 因此 n 次多项式

$$q(a, y) = 0$$

至少有 $(n+1)$ 个不同的根, 从而 $q(a, y) \equiv 0$. 这意味着直线 $x = a$ 与代数曲线 $q(x, y) = 0$ 有无限多个交点, 利用 Bézout 定理, 可知

$$q(x, y) = (x - a)d(x, y),$$

其中 $d(x, y) \in \mathbb{P}_{m,n}^{(2)}$. 又由 X 中的点都不落在直线 $x = a$ 上, 所以

$$d(\boldsymbol{x}_i) = 0, \quad \boldsymbol{x}_i \in X.$$

再由 X 是 $\mathbb{P}_{m,n}^{(2)}$ 的插值适定节点组, 从而 $d(x, y) \equiv 0$, 导致 $q(x, y) \equiv 0$, 这与 $q(x, y)$ 非零相矛盾. 因此假设不成立, 这意味着 $\overline{X}$ 必为 $\mathbb{P}_{m+1,n}^{(2)}$ 的插值适定节点组. 对定理的后半部证明类似, 在此省略. □

需要注意的是, 多项式空间 $\mathbb{P}_{m,0}^{(2)}$ 和 $\mathbb{P}_{0,n}^{(2)}$ 本质上分别就是一元 m 次与 n 次多项式空间, 因此可以得知, 对任意的竖直直线 $x = a$, 在上面任取 $(n+1)$ 个不同的点构成 $\mathbb{P}_{0,n}^{(2)}$ 的插值适定节点组, 对任意的水平直线 $y = b$, 在上面任取 $(m+1)$ 个不同的点而构成 $\mathbb{P}_{m,0}^{(2)}$ 的插值适定节点组. 由此结论, 再结合定理 3.23, 可以得出如下构造 $\mathbb{P}_{m,n}^{(2)}$ 插值适定节点组的方法:

(1) **添加竖直直线法**.

第 0 步, 任取一条竖直直线 $x = a_1$, 在此直线上任取 $(n+1)$ 个不同的点构成点集 X_0, 则 X_0 为 $\mathbb{P}_{0,n}^{(2)}$ 的插值适定节点组;

第 1 步, 任取一条竖直直线 $x = a_2$ 满足 $a_2 \neq a_1$, 在此直线上任取 $(n+1)$ 个不同的点构成点集 Y_1, 令 $X_1 = X_0 \cup Y_1$, 则 X_1 为 $\mathbb{P}_{1,n}^{(2)}$ 的插值适定节点组;

......

第 m 步, 任取一条竖直直线 $x = a_{m+1}$ 满足 $a_{m+1} \neq a_i (i = 1, 2, \cdots, m)$, 在此直线上任取 $(n+1)$ 个不同的点构成点集 Y_n, 令 $X_n = X_{n-1} \cup Y_n$, 则 X_n 为 $\mathbb{P}_{m,n}^{(2)}$ 的插值适定节点组.

(2) **添加水平直线法**.

第 0 步, 任取一条水平直线 $y = b_1$, 在此直线上任取 $(m+1)$ 个不同的点构成点集 X_0, 则 X_0 为 $\mathbb{P}_{m,0}^{(2)}$ 的插值适定节点组;

第 1 步, 任取一条水平直线 $y = b_2$ 满足 $b_2 \neq b_1$, 在此直线上任取 $(m+1)$ 个不同的点构成点集 Y_1, 令 $X_1 = X_0 \cup Y_1$, 则 X_1 为 $\mathbb{P}_{m,1}^{(2)}$ 的插值适定节点组;

......

第 n 步, 任取一条水平直线 $y = b_{n+1}$ 满足 $b_{n+1} \neq b_i (i = 1, 2, \cdots, n)$, 在此直线上任取 $(m+1)$ 个不同的点构成点集 Y_n, 令 $X_n = X_{n-1} \cup Y_n$, 则 X_n 为 $\mathbb{P}_{m,n}^{(2)}$ 的插值适定节点组.

(3) **添加十字形直线法**.

第 0 步, 任取一点 $\boldsymbol{x}_1$, 令 $X_0 = \{\boldsymbol{x}_1\}$, 则 X_0 为 $\mathbb{P}_{0,0}^{(2)}$ 的插值适定节点组;

第 1 步, 作一个十字形且不过 x_1 的两条直线, 然后在一个方向上任取两个不同的点, 在另一个方向上再任取一点, 这 3 个不同的点构成点集 Y_1, 则 $X_1 = X_0 \cup Y_1$ 为 $\mathbb{P}_{1,1}^{(2)}$ 的插值适定节点组;

......

第 n 步, 作一个十字形且不过 X 中所有点的两条直线, 然后在一个方向上任取 $(n+1)$ 个不同的点, 在另一个方向上再任取 n 个不同的点, 这 $(2n+1)$ 个不同的点构成点集 Y_n, 则 $X_n = X_{n-1} \cup Y_n$ 为 $\mathbb{P}_{n,n}^{(2)}$ 的插值适定节点组.

(4) **混合方法**. 可以根据所给条件和具体情况在构造中混合采用如上方法 (1)—(3), 最终构造出相应多项式空间的插值适定节点组, 具体过程在此省略.

例 3.15 图 3.14 分别给出利用添加竖直直线法构造 $\mathbb{P}_{3,2}^{(2)}$ 的插值适定节点组和利用添加十字形直线法构造 $\mathbb{P}_{2,2}^{(2)}$ 的插值适定节点组.

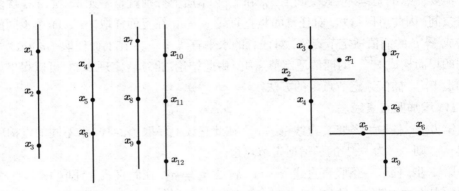

图 3.14 添加竖直直线法与十字形直线法构造插值适定节点组

对于 $\mathbb{P}_{m,n}^{(2)}$, 可以采用如上方法构造它的插值适定节点组, 然后采用一元多项式插值的思路, 通过张量的方法, 分别给出它们的 Lagrange 型和 Newton 型插值公式, 具体细节在此不做进一步介绍, 感兴趣的读者可以参考文献 [2, 10–12].

■ 习题 3

1. 给定两两不同的点构成的插值节点组 $\{x_i\}_{i=0}^n$, 证明: Lagrange 插值基函数 $\{l_i(x)\}_{i=0}^n$ 是线性无关的, 其中

$$l_i(x) = \frac{(x - x_0) \cdots (x - x_{i-1})(x - x_{i+1}) \cdots (x - x_n)}{(x_i - x_0) \cdots (x_i - x_{i-1})(x_i - x_{i+1}) \cdots (x_i - x_n)}, \quad i = 0, 1, \cdots, n.$$

2. 设插值节点为 $x_0 = 100, x_1 = 121, x_2 = 144$, 函数 $f(x)$ 在插值节点上的函数值分别为 $f(x_0) = 10, f(x_1) = 11, f(x_2) = 12$, 分别写出利用幂函数基方法 (即求解方程组 (3.5))、Lagrange 插值法与 Newton 插值法所构造的 $f(x)$ 的二次插值

多项式, 验证它们是相同的. 利用插值多项式估计 $f(115)$ 的值, 与 $f(x) = \sqrt{x}$ 在点 $x = 115$ 处的函数值进行比较.

3. 设 $f(x) = e^x$, 当插值节点为 $-1, 0, 1$ 时, 分别写出 $f(x)$ 的二次 Lagrange 插值多项式和 Newton 插值多项式, 并利用插值多项式估计 $f(0.5)$ 的值.

4. 给定两两不同的点构成的插值节点组 $\{x_i\}_{i=0}^n$, 设 $\{l_i(x)\}_{i=0}^n$ 为由其构造的 Lagrange 插值基函数. 证明:

(1) $\displaystyle\sum_{i=0}^{n} x_i^m l_i(x) \equiv x^m, \quad m = 0, 1, \cdots, n;$

(2) $\displaystyle\sum_{i=0}^{n} (x_i - x)^m l_i(x) \equiv 0, \quad m = 0, 1, \cdots, n.$

5. 设 $f(x) = e^x$, 插值区间 $[-1, 1]$, 当插值节点为 $(n+1)$ 次 Chebyshev 多项式 $T_{n+1}(x)$ 的零点时, 已知 $f(x)$ 的 n 次插值多项式为 $p_n(x)$. 确定 n 的取值范围, 使得

$$\max_{x \in [-1,1]} |f(x) - p_n(x)| < 10^{-6}.$$

6. 对正整数 n, 若 $0 \leqslant i \leqslant n$, 证明:

(1) $0 \leqslant \dfrac{i}{n} \cdot \dfrac{n-i}{n} \leqslant \dfrac{1}{4};$

(2) $\displaystyle\max_{x \in [0,1]} \left| \left(x - \frac{i}{n}\right) \left(x - \frac{n-i}{n}\right) \right| \leqslant \frac{1}{4};$

(3) $\displaystyle\max_{x \in [0,1]} \left| x \left(x - \frac{1}{n}\right) \cdots \left(x - \frac{n-1}{n}\right) (x-1) \right| \leqslant \frac{1}{2^{n+1}}.$

7. 设 $f(x) = e^x$, 当插值节点取为 $[0, 1]$ 上的等距节点 $x_i = \dfrac{i}{n} (i = 0, 1, \cdots, n)$ 时, 已知 $f(x)$ 的 n 次插值多项式为 $p_n(x)$. 利用第 6 题的结论, 证明:

$$\max_{x \in [0,1]} |f(x) - p_n(x)| \leqslant \frac{e}{(n+1)! 2^{n+1}}.$$

确定 n 的取值范围, 使得

$$\max_{x \in [0,1]} |f(x) - p_n(x)| < 10^{-6}.$$

8. 设 $f(x) \in C^2[a, b]$. 若 $p_1(x)$ 为满足插值条件

$$p_1(a) = f(a), \quad p_1(b) = f(b)$$

的一次插值多项式, 证明:

(1) 插值余项满足

$$\|f - p_1\|_\infty \leqslant \frac{(b-a)^2}{8} \|f''\|_\infty.$$

(2) 若 $f(a) = f(b) = 0$, 则

$$\|f\|_\infty \leqslant \frac{(b-a)^2}{8}\|f''\|_\infty.$$

9. 证明:

$$|\omega_{n+1}(x)| = |(x-x_0)(x-x_1)\cdots(x-x_n)| \leqslant h^{n+1}\frac{n!}{4},$$

其中 $h = \max\limits_{0\leqslant i\leqslant n-1}(x_{i+1} - x_i)$, 并将此结论应用于插值余项估计中.

10. 当 x 固定时, 绘制截断多项式 $(x-t)_+^k$ 当 $k = 0,1,2$ 时的图形.

11. 证明: 对任意的非负整数 k, 都有

$$x_+^k + (-1)^k(-x)_+^k = x^k.$$

12. 设 $f(x) \in W^m(M_m; a, b)$, 其中 $m \geqslant 1$. 则函数 $f(x)$ 在点 $x_0 \in [a, b]$ 处的 Taylor 展开式为

$$f(x) = f(x_0) + f'(x_0)(x - x_0) + \cdots + f^{(m-1)}(x_0)\frac{(x-x_0)^{m-1}}{(m-1)!} + Q_m(x),$$

其中 $Q_m(x)$ 为展开式余项. 证明:

$$Q_m(x) = \frac{1}{(m-1)!}\int_a^b (x-t)_+^{m-1}f^{(m)}(t)\,\mathrm{d}t.$$

13. 设 $f(x) = x^3 + 4x + 2$, 计算差商: $f(0,1)$, $f(0,1,2)$, $f(0,0)$, $f(0,0,1)$, $f(0,1,1)$, $f(0,1,2,3)$.

14. 设 $f(x) = (x-x_0)(x-x_1)\cdots(x-x_n)$, 证明:

$$f(x_0, x_1, \cdots, x_p) = 0, \quad p < n.$$

15. 证明:

(1) $\Delta(f_i g_i) = f_i \Delta g_i + g_{i+1}\Delta f_i$;

(2) $\sum\limits_{i=0}^{n-1}\Delta^2 f_i = \Delta f_n - \Delta f_0$.

16. 对 Runge 函数

$$f(x) = \frac{1}{1+25x^2}, \quad x \in [-1, 1],$$

利用 $(n+1)$ 次 Chebyshev 多项式的零点作为插值节点, 计算其 n 次 Lagrange 插值多项式 $L_n(x)$, 其中 $n = 2,4,6,8,10$, 并与例 3.7 中给出的 Runge 现象进行对比分析.

17. 设插值节点为 $x_1, x_2, \cdots, x_s$, 节点重数为 $m_i = 2, i = 1, 2, \cdots, s$. 设 $f(x) \in C^{2s}[a, b]$, $H_{2s-1}(x)$ 为函数 $f(x)$ 的 $(2s-1)$ 次 Hermite 插值多项式, 证明: 误差余项为

$$f(x) - H_n(x) = \frac{f^{(2s)}(\xi)}{(2s)!}\omega_{2s}(x), \tag{3.89}$$

其中 $x_1 < \xi < x_s$, $\omega_{2s}(x) = (x-x_1)^2(x-x_2)^2 \cdots (x-x_s)^2$.

18. 试用两点三次 Hermite 插值公式构造一条 $n(n=2,4,6,8,10)$ 段三次多项式插值 Runge 函数, 并与例 3.7 中给出的 Runge 现象进行对比分析.

19. 构造满足插值条件

$$p(0) = f(0), \quad p(1) = f(1), \quad p'(1) = f'(1), \quad p(2) = f(2)$$

的三次多项式 $p(x)$. 若 $f(x) \in C^4[0,2]$, 给出插值余项 $R_3(f; x) = f(x) - p(x)$.

20. 构造满足插值条件

$$p(a) = f(a), \quad p'(a) = f'(a),$$
$$p\left(\frac{a+b}{2}\right) = f\left(\frac{a+b}{2}\right), \quad p'\left(\frac{a+b}{2}\right) = f'\left(\frac{a+b}{2}\right),$$
$$p(b) = f(b)$$

的四次多项式 $p(x)$. 若 $f(x) \in C^5[a,b]$, 给出插值余项 $R_4(f; x) = f(x) - p(x)$.

21. 证明: 多项式空间 $\mathbb{P}_k^{(d)}$ 的维数为 $\binom{k+d}{d}$, 并给出 $\mathbb{P}_k^{(d)}$ 的一组基函数.

22. 当 $d=2$ 时, 给出基本格点所对应的二元 k 次 Lagrange 插值公式.

23. 设 k 为正整数, $(k+1)$ 条直线

$$a_i(x,y) = 0, \quad i = 0, 1, \cdots, k$$

满足两两相交于一点, 但任意三条均不交于一点, 这些交点集合称为直线的简单相交网点集.

(1) 证明: 直线的简单相交网点集构成 $\mathbb{P}_{k-1}^{(2)}$ 的插值适定节点组;

(2) 构造在此插值适定节点组上关于函数 $f(x,y)$ 的二元 $(k-1)$ 次 Lagrange 插值多项式.

24. 设平面上三角形 T 的三个顶点为 $\boldsymbol{v}_0 = (0,0), \boldsymbol{v}_1 = (3,0), \boldsymbol{v}_2 = (0,3)$. 利用三角形 T 构造当 $k=3$ 时的基本格点, 并构造此基本格点集对应的 Lagrange 插值基函数. 若 $f(x,y) = ye^x + x^2y$, 以这组基本格点为插值节点组, 构造 $f(x,y)$ 的二元三次插值多项式.

习题 3 典型习题
解答或提示

上机实验
练习 3 与答案

上机实验练习 3
程序代码

多项式函数形式简单且便于计算, 因此在很多情况下我们都借助多项式来做逼近. 在前面的内容中, 我们已经介绍了多项式的最佳一致逼近、最小二乘法、最佳平方逼近和插值法. 但是 Runge 现象告诉我们, 高次多项式的逼近效果并不一定理想, 因此我们必须寻找一种新的逼近方法, 希望它既能保持多项式形式简单、易于计算的优点, 又能回避高次多项式逼近不稳定的缺点, 样条函数 (即分段或分片连续多项式) 恰好能满足这样的要求.

样条的英语单词 "spline" 来源于可变形的样条工具, 那是一种在造船和工程制图时用来画出光滑形状的工具. 在我国, 样条函数早期曾经被称做 "齿函数", 后来因为工程学术语中 "放样" 一词而得名. 样条函数理论是 1946 年由 Schoenberg 系统引入并逐渐发展起来的. 最初样条函数是作为统计数据处理的工具被使用的, 继而发现, 它也是表示汽车、飞机、船舶等外形的一种很有效的工具, 从而样条函数引起了众多工程与研究人员的浓厚兴趣, 并经历了一段活跃的发展时期, 目前已经广泛应用于科学与工程的各个领域. 多年的发展表明, 样条函数是一种有效的逼近工具, 不仅被公认为是函数 (或曲线、曲面) 插值与逼近的一种基本方法, 而且广泛应用于与之相关的计算几何、数值微分与数值积分、微分与积分方程数值解、统计、计算机图形图像、最优控制等各个方面. 样条函数既保持了多项式的简单性和逼近的可行性, 在各段或各片间具有一定连续性的同时又保持了相对独立的局部性质. 样条函数还具有力学意义、概率统计意义和最佳控制意义等内在性质. 这些都为样条函数方法的广泛应用奠定了坚实的理论基础.

本章将对一元样条函数的基本理论、经典的三次样条插值、一元 B 样条函数以及多元样条函数进行介绍.

4.1   一元样条函数

若一组实数 $x_1, x_2, \cdots, x_N$ 将区间 $[a, b]$ 划分成如下形式:

$$-\infty \leqslant a = x_0 < x_1 < \cdots < x_N < x_{N+1} = b \leqslant +\infty, \tag{4.1}$$

称 (4.1) 式为区间 $[a,b]$ 的一个剖分, 记为 Δ, 点 $x_1, x_2, \cdots, x_N$ 称为剖分 Δ 的内部节点, x_0 与 x_{N+1} 称为边界节点. 这里 $-\infty \leqslant a$ 与 $b \leqslant +\infty$ 表示 a, b 可以为有限实数, 也可以为 $-\infty$ 或 $+\infty$.

> **定义 4.1** 给定区间 $[a,b]$, 其剖分 Δ 由 (4.1) 式定义. 若定义在 Δ 上的分段多项式函数 $S(x)$ 满足:
>
> (1) 在 Δ 的每个区间 $[x_i, x_{i+1}]$ 上, $S(x)$ 都是 n 次实系数代数多项式, 即 $S(x)|_{[x_i, x_{i+1}]} \in \mathbb{P}_n$, 其中 $i = 0, 1, \cdots, N$;
>
> (2) $S(x) \in C^{n-1}[a,b]$,
>
> 则称 $y = S(x)$ 为一元 n 次 ($(n-1)$ 阶连续) 样条函数. 将所有建立在 Δ 上的一元 n 次样条函数的集合设为 $\mathbb{S}_n(\Delta)$, 此时 $x_0, x_1, \cdots, x_N, x_{N+1}$ 称为样条节点 (或样条结点).

下面来分析函数类 $\mathbb{S}_n(\Delta)$ 中样条函数的一般结构特征. 设 $S(x) \in \mathbb{S}_n(\Delta)$, 由定义 4.1 的第 (1) 条, 对 $i = 0, 1, \cdots, N$, $S(x)$ 在 Δ 的每个区间 $[x_i, x_{i+1}]$ 上是一个 n 次多项式, 不妨设该多项式为 $p_i(x) \in \mathbb{P}_n$.

下面我们首先来讨论在第一个区间 $[x_0, x_1]$ 上定义的多项式 $p_0(x)$ 与在相邻的第二个区间 $[x_1, x_2]$ 上定义的多项式 $p_1(x)$ 之间的关系. 令

$$\eta_{01}(x) = p_1(x) - p_0(x),$$

显然 $\eta_{01}(x) \in \mathbb{P}_n$. 按定义 4.1 的第 (2) 条, $p_0(x)$ 与 $p_1(x)$ 在点 $x = x_1$ 处的函数值以及直到 $(n-1)$ 阶导数值皆相等, 即

$$p_0^{(j)}(x_1) = p_1^{(j)}(x_1), \quad j = 0, 1, \cdots, n-1,$$

亦即

$$\eta_{01}^{(j)}(x_1) = 0, \quad j = 0, 1, \cdots, n-1.$$

从而可知 $x = x_1$ 是 $\eta_{01}(x)$ 的 n 重根, 即 $\eta_{01}(x)$ 一定有因子 $(x - x_1)^n$. 因此, 存在常数 $c_1 \in \mathbb{R}$, 使得

$$\eta_{01}(x) = c_1(x - x_1)^n, \tag{4.2}$$

亦即

$$p_1(x) = p_0(x) + c_1(x - x_1)^n, \tag{4.3}$$

其中常数 c_1 称为在样条节点 x_1 处的光滑余因子, $c_1(x - x_1)^n$ 称为在样条节点 x_1 处的跳跃量. 如果光滑余因子 $c_1 \neq 0$, 那么 $p_1(x) \neq p_0(x)$. 回顾一下截断幂函数

$$x_+^m = \begin{cases} x^m, & x \geqslant 0, \\ 0, & x < 0, \end{cases} \tag{4.4}$$

从而 $S(x)$ 在 $[x_0, x_2]$ 上可以利用截断多项式紧凑地表示为

$$S(x) = p_0(x) + c_1(x - x_1)_+^n, \quad x \in [x_0, x_2].$$

继续采用这种分析方法, 对 $i = 2, 3, \cdots, N$, 在区间 $[x_i, x_{i+1}]$ 上定义的多项式 $p_i(x)$ 有如下关系式:

$$p_2(x) = p_1(x) + c_2(x - x_2)^n,$$
$$\cdots\cdots\cdots\cdots$$
$$p_N(x) = p_{N-1}(x) + c_N(x - x_N)^n.$$

将其结合, 从而可得

$$S(x) = p_0(x) + \sum_{i=1}^N c_i(x - x_i)_+^n, \quad x \in [a, b], \tag{4.5}$$

其中 $c_i \in \mathbb{R}$ 称为在样条节点 x_i 处的光滑余因子, $c_i(x - x_i)^n$ 称为在样条节点 x_i 处的跳跃量, $i = 1, 2, \cdots, N$. 显然, 只有在内部样条节点处才有光滑余因子与跳跃量存在.

反过来, 若分段多项式 $S(x)$ 在剖分 Δ 上满足 (4.5) 式, 则按定义 4.1, 必有 $S(x) \in \mathbb{S}_n(\Delta)$. 鉴于以上分析, 下述定理给出了 $\mathbb{S}_n(\Delta)$ 中一元样条函数的基本结构特征:

定理 4.1　给定区间 $[a, b]$, 其剖分 Δ 由 (4.1) 式定义, 则函数 $S(x) \in \mathbb{S}_n(\Delta)$ 的充要条件是, 存在一个 n 次多项式 $p_0(x) \in \mathbb{P}_n$, 且在每一个内部样条节点 x_i 处存在一个光滑余因子 $c_i \in \mathbb{R}$, 其中 $i = 1, 2, \cdots, N$, 使得

$$S(x) = p_0(x) + \sum_{i=1}^N c_i(x - x_i)_+^n, \quad x \in [a, b]. \tag{4.6}$$

容易验证函数系 $\mathbb{S}_n(\Delta)$ 构成一个线性空间, 由 (4.5) 式可知函数空间 $\mathbb{S}_n(\Delta)$ 的维数由两个因素决定: $p_0(x)$ 的自由度与所有光滑余因子 c_i 的自由度. 简单计算可知 $\mathbb{S}_n(\Delta)$ 的维数为 $N + n + 1$. 定理 4.1 又说明 $\mathbb{S}_n(\Delta)$ 中任何一个样条函数都可以由函数组

$$1, x, x^2, \cdots, x^n, (x - x_1)_+^n, (x - x_2)_+^n, \cdots, (x - x_N)_+^n \tag{4.7}$$

线性表示, 不难验证这组函数恰好有 $(N + n + 1)$ 个且它们是线性无关的 (留作习题), 因此可以得到如下推论:

推论 4.1　给定区间 $[a, b]$, 其剖分 Δ 由 (4.1) 式定义, 则样条函数空间 $\mathbb{S}_n(\Delta)$ 的维数

$$\dim(\mathbb{S}_n(\Delta)) = N + n + 1,$$

且 (4.7) 式为其一组基函数.

一个 $(2n-1)$ 次样条函数 $N(x)$, 如果其在剖分 Δ 对应的第一个区间 $[x_0, x_1]$ 和最后一个区间 $[x_N, x_{N+1}]$ 上的表达式都是 $(n-1)$ 次多项式 (并不要求这两个 $(n-1)$ 次多项式相同), 则称 $N(x)$ 为 $(2n-1)$ 次自然样条函数. 给定区间 $[a, b]$, 其剖分 Δ 由 (4.1) 式定义, 在 Δ 上的所有 $(2n-1)$ 次自然样条函数集合记为 $\mathbb{N}_{2n-1}(\Delta)$, 显然

$$\mathbb{N}_{2n-1}(\Delta) \subset \mathbb{S}_{2n-1}(\Delta). \tag{4.8}$$

由 (4.8) 式和定理 4.1 可知, 任意的 $N(x) \in \mathbb{N}_{2n-1}(\Delta)$ 一定满足 $(2n-1)$ 次样条函数的结构特征, 因此均可表为

$$N(x) = p_0(x) + \sum_{i=1}^{N} c_i (x - x_i)_+^{2n-1}, \quad x \in [a, b], \tag{4.9}$$

其中 $p_0(x) \in \mathbb{P}_{n-1}$, 常数 $c_i \in \mathbb{R}, i = 1, 2, \cdots, N$.

当然, (4.9) 式只能保证 $N(x)$ 在第一个区间 $[x_0, x_1]$ 上是 $(n-1)$ 次多项式. 为保证 $N(x)$ 是 $(2n-1)$ 次自然样条函数, 还需保证它在最后一个区间上仍为一个 $(n-1)$ 次多项式, 即要求 $S(x)$ 在 $[x_N, x_{N+1}]$ 上的表达式

$$p_N(x) = p_0(x) + \sum_{i=1}^{N} c_i (x - x_i)^{2n-1}$$

也是一个 $(n-1)$ 次多项式. 这等价于要求上式第二项求和号中 n 次及以上单项式系数为 0, 即

$$
\begin{aligned}
\sum_{i=1}^{N} c_i (x - x_i)^{2n-1} &= \sum_{i=1}^{N} c_i \sum_{j=0}^{2n-1} \binom{2n-1}{j} x^j (-x_i)^{2n-1-j} \\
&= \sum_{j=0}^{2n-1} \binom{2n-1}{j} x^j \sum_{i=1}^{N} c_i (-x_i)^{2n-1-j} \\
&= \sum_{j=0}^{2n-1} (-1)^{j-1} \binom{2n-1}{j} x^j \sum_{i=1}^{N} c_i x_i^{2n-1-j}
\end{aligned}
$$

中 $x^n, x^{n+1}, \cdots, x^{2n-1}$ 的系数均为 0, 从而可得如下定理:

定理 4.2 给定区间 $[a, b]$, 其剖分 Δ 由 (4.1) 式定义, 则 $N(x) \in \mathbb{N}_{2n-1}(\Delta)$ 的充要条件是, 存在 $p_0(x) \in \mathbb{P}_{n-1}$ 和满足线性约束

$$\sum_{i=1}^{N} c_i x_i^k = 0, \quad k = 0, 1, \cdots, n-1 \tag{4.10}$$

的常数 $c_i \in \mathbb{R}(i = 1, 2, \cdots, N)$, 使得

$$N(x) = p_0(x) + \sum_{i=1}^{N} c_i (x - x_i)_+^{2n-1}, \quad x \in [a, b]. \tag{4.11}$$

不难验证, $\mathbb{N}_{2n-1}(\Delta)$ 也构成一个线性空间. 虽然定理 4.2 也给出了 $\mathbb{N}_{2n-1}(\Delta)$ 的结构特征, 但是不能像定理 4.1 一样容易推出其维数与一组基函数. 通过定理 4.2 可知, 函数空间 $\mathbb{N}_{2n-1}(\Delta)$ 的维数由两个因素决定: $p_0(x)$ 的自由度与线性方程组 (4.10) 解空间的维数. 容易看出线性方程组 (4.10) 的系数矩阵为 $n \times N$ 阶, 当 $1 \leqslant n \leqslant N$ 时, 由于样条节点两两不同, 矩阵行满秩, 即矩阵的秩为 n, 从而线性方程组 (4.10) 解空间的维数为 $N - n$. 由此得出

$$\dim\left(\mathbb{N}_{2n-1}(\Delta)\right) = n + (N - n) = N,$$

那么我们可知 $\mathbb{N}_{2n-1}(\Delta)$ 的维数恰好等于剖分 Δ 内部节点的个数. 如果将这些内部节点作为插值节点, 可以引出自然样条函数插值问题.

定理 4.3 给定区间 $[a, b]$, 其剖分 Δ 由 (4.1) 式定义, 且设 $1 \leqslant n \leqslant N$, 则对任意给定的实数 $y_1, y_2, \cdots, y_N$, 存在唯一的 $(2n - 1)$ 次自然样条函数 $N(x) \in \mathbb{N}_{2n-1}(\Delta)$, 使得

$$N(x_j) = y_j, \quad j = 1, 2, \cdots, N. \tag{4.12}$$

证明 由定理 4.2, 为证本定理, 只需证明线性方程组

$$\begin{cases} p_0(x_j) + \sum_{i=1}^{N} c_i (x_j - x_i)_+^{2n-1} = y_j, \quad j = 1, 2, \cdots, N, \\ \sum_{i=1}^{N} c_i x_i^k = 0, \quad k = 0, 1, \cdots, n-1 \end{cases}$$

对任意给定的 $y_1, y_2, \cdots, y_N$ 皆有唯一解. 由线性代数理论, 只需证明与其相应的齐次线性方程只有零解. 设 $\overline{N}(x) \in \mathbb{N}_{2n-1}(\Delta)$ 且满足齐次插值条件

$$\overline{N}(x_j) = 0, \quad j = 1, 2, \cdots, N, \tag{4.13}$$

因此只需证明 $\overline{N}(x) \equiv 0$. 考虑

$$\sigma(\overline{N}) = \int_a^b \left(\overline{N}^{(n)}(x)\right)^2 \mathrm{d}x,$$

利用 $\overline{N}^{(n)}(a) = \overline{N}^{(n)}(b) = 0$, $\overline{N}(x_i) = 0 (i = 1, 2, \cdots, N)$, 且 $\overline{N}(x) \in \mathbb{N}_{2n-1}(\Delta)$ (若 a 或 b 为无穷, 取其所在小区间内部一个有限实数代替 a 或 b 即可), 利用分部积分法可知,

$$\begin{aligned} \sigma(\overline{N}) &= \int_a^b \left(\overline{N}^{(n)}(x)\right)^2 \mathrm{d}x, \\ &= \sum_{r=0}^{n-1} (-1)^r \left(\overline{N}^{(n-r-1)}(b)\overline{N}^{(n+r)}(b) - \overline{N}^{(n-r-1)}(a)\overline{N}^{(n+r)}(a)\right) + \\ &\quad (-1)^n \int_a^b \overline{N}(x)\overline{N}^{(2n)}(x)\,\mathrm{d}x \\ &= 0. \end{aligned}$$

于是

$$\overline{N}^{(n)}(x) \equiv 0, \quad x \in [a, b],$$

由此可知 $\overline{N}(x)$ 是一个次数不超过 $n-1$ 的多项式. 又由 (4.13) 式, $\overline{N}(x)$ 在 $N(\geqslant n)$ 个互异点处为 0, 因此

$$\overline{N}(x) \equiv 0,$$

定理结论成立. □

定理 4.3 从理论上指明, 当 $N \geqslant n$ 时, 我们使用 $(2n-1)$ 次自然样条函数插值具有存在性与唯一性, 而且分段多项式的次数与 N 无关, 从而可以避免使用高次多项式 (此时需要一个 $(N-1)$ 次多项式才能满足插值条件) 插值时可能出现的 Runge 现象. 在实际计算中之所以采用自然样条函数插值, 还有一个重要原因是其具有如下定理中的所谓最光滑性质, 该性质是由 Holladay 于 1957 年首先给出的.

定理 4.4 给定区间 $[a, b]$, 其剖分 Δ 由 (4.1) 式定义, 且设 $1 \leqslant n \leqslant N$. 如果 $N(x) \in \mathbb{N}_{2n-1}(\Delta)$ 是满足插值条件

$$N(x_j) = y_j, \quad j = 1, 2, \cdots, N \tag{4.14}$$

的自然样条函数, 那么对任何满足插值条件

$$f(x_j) = y_j, \quad j = 1, 2, \cdots, N$$

的函数 $f(x) \in C^n[a, b]$, 必有

$$\int_a^b \left[N^{(n)}(x) \right]^2 \mathrm{d}x \leqslant \int_a^b \left[f^{(n)}(x) \right]^2 \mathrm{d}x, \tag{4.15}$$

且等号当且仅当 $f(x) \equiv N(x)$ 时才成立.

证明 根据自然样条函数的定义,

$$N^{(n)}(x) = 0, \quad x \in [x_0, x_1] \cup [x_N, x_{N+1}],$$

为证 (4.15) 式, 只需证明

$$\int_{x_1}^{x_N} \left[N^{(n)}(x) \right]^2 \mathrm{d}x \leqslant \int_{x_1}^{x_N} \left[f^{(n)}(x) \right]^2 \mathrm{d}x.$$

显然

$$\int_{x_1}^{x_N} \left[f^{(n)}(x) \right]^2 \mathrm{d}x = \int_{x_1}^{x_N} \left[N^{(n)}(x) \right]^2 \mathrm{d}x + \int_{x_1}^{x_N} \left[f^{(n)}(x) - N^{(n)}(x) \right]^2 \mathrm{d}x +$$
$$2 \int_{x_1}^{x_N} N^{(n)}(x) \left[f^{(n)}(x) - N^{(n)}(x) \right] \mathrm{d}x,$$

对等号右端第三项作 $(n-1)$ 次分部积分, 得到

$$2 \int_{x_1}^{x_N} N^{(n)}(x) \left[f^{(n)}(x) - N^{(n)}(x) \right] \mathrm{d}x$$

$$= 2(-1)^{n-1} \sum_{j=1}^{N-1} \int_{x_j}^{x_{j+1}} N^{(2n-1)}(x) \left[f'(x) - N'(x) \right] \mathrm{d}x.$$

按自然样条函数的定义, $N^{(2n-1)}(x)$ 在每个子区间 (x_j, x_{j+1}) 内为常数, 而按插值条件, $f(x) - N(x)$ 又在该区间的两端 x_j 与 x_{j+1} 处为 0, 那么显然上述积分为 0, 即

$$\int_{x_1}^{x_N} \left[f^{(n)}(x) \right]^2 \mathrm{d}x = \int_{x_1}^{x_N} \left[N^{(n)}(x) \right]^2 \mathrm{d}x + \int_{x_1}^{x_N} \left[f^{(n)}(x) - N^{(n)}(x) \right]^2 \mathrm{d}x. \quad (4.16)$$

从而不等式 (4.15) 成立.

最后, 若设 (4.15) 式中的等号成立, 则由 (4.16) 式可知

$$f^{(n)}(x) - N^{(n)}(x) \equiv 0, \quad x \in [x_1, x_N],$$

从而 $f(x) - N(x) \in \mathbb{P}_{n-1}$. 又由 $f(x)$ 及 $N(x)$ 所满足的插值条件, 这个 $(n-1)$ 次多项式在 $N(\geqslant n)$ 个互异点处为 0, 于是其必恒为 0. $\qquad \square$

函数 $y(x)$ 的曲率公式为

$$\kappa = \frac{y''}{(1 + y'^2)^{\frac{3}{2}}}.$$

当 y' 较小时, $y(x)$ 的二阶导数与其曲率值是很接近的, 可以认为 $y'' \approx \kappa$. 曲线在某点处曲率小, 其几何解释是曲线在该点处较为 "平滑". 自然样条函数具有 (4.15) 式的性质, 当 $n = 2$ 时, 三次自然样条函数 $N(x)$ 满足

$$\int_a^b \left[N''(x) \right]^2 \mathrm{d}x \leqslant \int_a^b \left[f''(x) \right]^2 \mathrm{d}x, \quad (4.17)$$

因此三次自然样条函数插值通常被称为最光滑曲线插值.

相对于自然样条函数插值问题而言, 一般样条函数插值问题更加复杂. 自然样条函数空间 $\mathbb{N}_{2n-1}(\Delta)$ 的维数恰好等于其内部样条节点的个数, 因此这些节点就可以取为插值节点. 而由推论 4.1, 样条函数空间 $\mathbb{S}_n(\Delta)$ 的维数为 $N + n + 1$, 这明显大于其内部节点个数, 而边界节点为无穷时还不能选为插值节点, 因此插值节点直接取为样条节点是不够的. 而插值节点的选取将影响插值问题是否有解, 下面我们介绍一般样条函数插值问题.

给定区间 $[a, b]$, 其剖分 Δ 由 (4.1) 式定义, 其上定义的 n 次样条函数空间为 $\mathbb{S}_n(\Delta)$, 给定点列 $\{\xi_i\}_{i=1}^{N+n+1}$ 满足

$$a \leqslant \xi_1 < \xi_2 < \cdots < \xi_{N+n+1} \leqslant b. \quad (4.18)$$

样条函数的插值问题为: 对任意给定的一组实数 $y_1, y_2, \cdots, y_{N+n+1}$, 寻找 n 次样条函数 $S(x) \in \mathbb{S}_n(\Delta)$, 使得

$$S(\xi_j) = y_j, \quad j = 1, 2, \cdots, N+n+1. \tag{4.19}$$

与一般函数插值问题相同, 如上样条函数插值问题也需要解决其存在性、唯一性与如何构造插值函数等问题. 在此我们不加证明地给出如下结论, 感兴趣的读者可以参考文献 [5, 11].

定理 4.5 设剖分 Δ 与样条节点由 (4.1) 式定义, 对任意给定的 $y_1, y_2, \cdots, y_{N+n+1}$, 插值问题 (4.19) 有唯一解, 必须且只需由 (4.18) 式定义的插值节点满足

$$\xi_i < x_i < \xi_{i+n+1}, \quad i = 1, 2, \cdots, N. \tag{4.20}$$

定理 4.5 告诉我们, 选取的插值节点不能在剖分 Δ 上局部太 "稠密", 要相对 "稀疏", 才能使得插值问题 (4.19) 有唯一解. 一个更为实用的问题是: 先给定插值节点, 如何寻找样条节点与剖分, 使得我们构造的样条空间对插值问题 (4.19) 有唯一解? 如下推论给出此问题的一种解决办法:

推论 4.2 给定 $[a, b]$ 上 m 个插值节点 $\xi_i (i = 1, 2, \cdots, m)$ 满足

$$a \leqslant \xi_1 < \xi_2 < \cdots < \xi_m \leqslant b,$$

利用 N 个内部样条节点 $x_1, x_2, \cdots, x_N$ 得到 $[a, b]$ 的剖分 Δ, 在此剖分上建立 n 次样条函数空间 $\mathbb{S}_n(\Delta)$, 其中 $n = m - N - 1$. 如果这 N 个内部样条节点满足

$$\xi_i < x_i < \xi_{i+m-N}, \quad i = 1, 2, \cdots, N,$$

则对任何一组实数 $y_1, y_2, \cdots, y_m$, 存在唯一的样条函数 $S(x) \in \mathbb{S}_n(\Delta)$, 使得

$$S(\xi_j) = y_j, \quad j = 1, 2, \cdots, m.$$

事实上, 在上述推论的前提假设下, 条件 (4.20) 是自然满足的. 定理 4.5 给出了插值问题 (4.19) 解的存在性与唯一性, 但是对插值函数的构造问题, 利用 (4.7) 式给出的多项式幂基与截断多项式基来求解方程组 (4.19) 显然不是一个好的方法. 从而还需要寻求其他有助于构造插值样条函数的基函数, 而具有局部支集性质的 B 样条函数恰好能满足这样的需求, 我们将在后面内容中对 B 样条函数的构造与性质进行介绍.

定义 4.1 的第 (2) 条限定了 n 次样条函数要在区间 $[a, b]$ 上具有 $(n-1)$ 阶导数连续性. 下面我们将此条件放松, 从而可以给出更为一般的一元样条函数定义.

定义 4.2 给定区间 $[a, b]$, 其剖分 Δ 由 (4.1) 式定义. 若定义在 Δ 上的分段多项式函数 $S(x)$ 满足:

(1) 在 Δ 的每个区间 $[x_i, x_{i+1}]$ 上, $S(x)$ 都是 n 次实系数代数多项式, 即 $S(x)|_{[x_i,x_{i+1}]} \in \mathbb{P}_n$, 其中 $i = 0, 1, \cdots, N$;

(2) 在每一个内部样条节点 $x_i(i = 1, 2, \cdots, N)$ 处, $S^{(j)}(x_i-) = S^{(j)}(x_i+)$, 其中 $j = 0, 1, \cdots, \mu_i$, 整数 μ_i 满足 $0 \leqslant \mu_i \leqslant n-1$,

则称 $S(x)$ 为一元 n 次 $\boldsymbol{\mu}$ 阶连续样条函数, 其中 $\boldsymbol{\mu} = (\mu_1, \mu_2, \cdots, \mu_N)$. 将所有建立在 Δ 上的一元 n 次 $\boldsymbol{\mu}$ 阶连续样条函数的集合设为 $\mathbb{S}_n^{\boldsymbol{\mu}}(\Delta)$.

显然, 定义 4.1 给出的一元 n 次样条空间 $\mathbb{S}_n(\Delta)$ 为在定义 4.2 中取 $\mu_i = n - 1(i = 1, 2, \cdots, N)$ 时 $\mathbb{S}_n^{\boldsymbol{\mu}}(\Delta)$ 的特殊形式. 下面我们介绍 $\mathbb{S}_n^{\boldsymbol{\mu}}(\Delta)$ 的一般结构特征. 对 $i = 0, 1, \cdots, N$, 设 $S(x)$ 在区间 $[x_i, x_{i+1}]$ 上为 n 次多项式 $p_i(x) \in \mathbb{P}_n$, 采用与前面类似的分析, 可知

$$p_1(x) = p_0(x) + c_1(x)(x - x_1)^{\mu_1+1},$$
$$p_2(x) = p_1(x) + c_2(x)(x - x_2)^{\mu_2+1},$$
$$\cdots\cdots\cdots\cdots$$
$$p_N(x) = p_{N-1}(x) + c_N(x)(x - x_N)^{\mu_N+1},$$

其中 $c_i(x) \in \mathbb{P}_{n-\mu_i-1}, i = 1, 2, \cdots, N$. 将其结合, 从而可得

$$S(x) = p_0(x) + \sum_{i=1}^{N} c_i(x)(x - x_i)_+^{\mu_i+1}, \quad x \in [a, b], \tag{4.21}$$

其中 $c_i(x)$ 称为在样条节点 x_i 处的光滑余因子, $c_i(x)(x - x_i)^{\mu_i+1}$ 称为在样条节点 x_i 处的跳跃量, 其中 $i = 1, 2, \cdots, N$. 显然, 只有在内部样条节点处才有光滑余因子和跳跃量存在.

反过来, 若分段多项式 $S(x)$ 在剖分 Δ 上满足 (4.21) 式, 按定义 4.2, 则必有 $S(x) \in \mathbb{S}_n^{\boldsymbol{\mu}}(\Delta)$. 鉴于以上分析, 下述定理给出 $\mathbb{S}_n^{\boldsymbol{\mu}}(\Delta)$ 的基本结构特征:

定理 4.6 给定区间 $[a, b]$, 其剖分 Δ 由 (4.1) 式定义, 则函数 $S(x) \in \mathbb{S}_n^{\boldsymbol{\mu}}(\Delta)$ 的充要条件是, 存在一个 n 次多项式 $p_0(x) \in \mathbb{P}_n$, 且在每一个内部样条节点 x_i 处存在一个光滑余因子 $c_i(x) \in \mathbb{P}_{n-\mu_i-1}, i = 1, 2, \cdots, N$, 使得

$$S(x) = p_0(x) + \sum_{i=1}^{N} c_i(x)(x - x_i)_+^{\mu_i+1}, \quad x \in [a, b]. \tag{4.22}$$

容易验证函数系 $\mathbb{S}_n^{\boldsymbol{\mu}}(\Delta)$ 构成一个线性空间, 再由 (4.22) 式, 函数空间 $\mathbb{S}_n^{\boldsymbol{\mu}}(\Delta)$ 的维数由两个因素决定: $p_0(x)$ 的自由度与构成每一个 $c_i(x)$ 的自由度. 经简单计算可知 $\mathbb{S}_n^{\boldsymbol{\mu}}(\Delta)$ 维数为 $\sum_{i=1}^{N}(n - \mu_i) + n + 1$. 定理 4.6 又说明 $\mathbb{S}_n^{\boldsymbol{\mu}}(\Delta)$ 中任何一个函数都可

以由函数组

$$\begin{cases} 1, x, x^2, \cdots, x^n, \\ (x-x_1)_+^{\mu_1+1}, (x-x_1)_+^{\mu_1+2}, \cdots, (x-x_1)_+^n, \\ \qquad \cdots \cdots \cdots \cdots \\ (x-x_N)_+^{\mu_N+1}, (x-x_N)_+^{\mu_N+2}, \cdots, (x-x_N)_+^n \end{cases} \qquad (4.23)$$

线性表示, 不难验证这组函数恰好有 $\left(\sum_{i=1}^{N}(n-\mu_i)+n+1\right)$ 个, 且它们是线性无关的, 因此可以得到如下推论:

推论 4.3 给定区间 $[a,b]$, 其剖分 Δ 由 (4.1) 式定义, 则样条函数空间 $\mathbb{S}_n^\mu(\Delta)$ 的维数

$$\dim\left(\mathbb{S}_n^\mu(\Delta)\right) = \sum_{i=1}^{N}(n-\mu_i)+n+1,$$

且 (4.23) 式为其一组基函数.

从定理 4.6 出发, 不难验证, 如下 $\left(\sum_{i=1}^{N}(n-\mu_i)+n+1\right)$ 个函数同样是样条函数空间 $\mathbb{S}_n^\mu(\Delta)$ 的一组基,

$$\begin{cases} 1, x, x^2, \cdots, x^n, \\ (x-x_1)_+^{\mu_1+1}, x(x-x_1)_+^{\mu_1+1}, \cdots, x^{n-\mu_1-1}(x-x_1)_+^{\mu_1+1}, \\ \qquad \cdots \cdots \cdots \cdots \\ (x-x_N)_+^{\mu_N+1}, x(x-x_N)_+^{\mu_N+1}, \cdots, x^{n-\mu_N-1}(x-x_N)_+^{\mu_N+1}, \end{cases} \qquad (4.24)$$

它们与基函数 (4.23) 是等价的.

4.2 三次样条插值

Runge 现象告诉我们, 为了避免出现不稳定现象, 一般不采用高次多项式插值. 虽然采用分段折线函数 (即一次样条函数) 插值也具有一致收敛性, 但光滑性较差, 像飞机的机翼翼型线、汽车的外形曲线以及船体放样等型值线往往要求有二阶光滑度 (即要求二阶连续导数). 早期工程师在制图时, 把富有弹性的细长木条 (这就是样条名称的来源) 在节点上用压铁固定, 在其他地方让木条自由弯曲, 然后沿木条画下曲线, 这就是所谓的样条曲线. 在小挠度 (即一阶导数很小) 的情况下, 这样的样条曲线实际上是由分段三次曲线拼接而成的, 在连接点处二阶导数连续, 即为满足插值条件的三次样条函数. 三次样条函数次数不高且连续阶能满足一般要求, 因此它是目前应用最为广泛的样条函数.

只要插值节点与样条节点满足 (4.20) 式, 定理 4.5 就保证了这类插值问题具有唯一解, 但这些插值节点与样条节点的关系要求使得问题求解复杂化. 本节中, 我们仍设插值节点就是样条节点, 缺少的插值条件由额外的边界条件来补充, 从而使得三次样条插值问题具有唯一解. 此外, 我们从另外的角度出发构造线性方程组, 使得方程组具有特殊性, 更加便于数值求解.

给定区间 $[a,b]$ 的剖分 Δ:

$$a = x_0 < x_1 < \cdots < x_N < x_{N+1} = b, \tag{4.25}$$

其中常数 $a,b \in \mathbb{R}$. 对给定的实数 $y_j = f(x_j)(j = 0,1,\cdots,N+1)$, 若函数 $S(x) \in \mathbb{S}_3(\Delta)$ 满足

$$S(x_j) = y_j, \quad j = 0,1,\cdots,N+1, \tag{4.26}$$

则称 $S(x)$ 为三次样条插值函数, $f(x)$ 为被插函数.

很显然, 由推论 4.1 可知, $\dim(\mathbb{S}_3(\Delta)) = N + 4$, 而 (4.26) 式中只有 $(N+2)$ 个插值条件, 因此还需增加两个插值条件才使得解可能唯一. 通常可在区间 $[a,b]$ 的端点 $x_0 = a, x_{N+1} = b$ 上各加一个条件 (称为边界条件), 具体增加的条件可根据实际问题的要求确定. 一般来说, 有如下三种方式对插值条件 (4.26) 进行扩充:

(1) 第一型样条插值问题: 寻找 $S(x) \in \mathbb{S}_3(\Delta)$, 满足

$$\begin{cases} S(x_i) = y_i, \quad i = 0,1,\cdots,N+1, \\ S'(a) = y_0', S'(b) = y_{N+1}'; \end{cases} \tag{4.27}$$

(2) 第二型样条插值问题: 寻找 $S(x) \in \mathbb{S}_3(\Delta)$, 满足

$$\begin{cases} S(x_i) = y_i, \quad i = 0,1,\cdots,N+1, \\ S''(a) = y_0'', S''(b) = y_{N+1}'', \end{cases} \tag{4.28}$$

其特殊情况为

$$S''(a) = S''(b) = 0, \tag{4.29}$$

此时 (4.29) 式也称为自然边界条件;

(3) 第三型 (周期型) 样条插值问题: 当被插函数 $f(x)$ 是以 $b-a$ 为周期的周期函数时, 则要求 $S(x)$ 也是周期函数, 此时寻找 $S(x) \in \mathbb{S}_3(\Delta)$, 满足

$$\begin{cases} S(x_i) = y_i, \quad i = 0,1,\cdots,N, \\ S^{(j)}(a) = S^{(j)}(b), \quad j = 0,1,2, \end{cases} \tag{4.30}$$

并称其为周期样条函数.

如上三个插值问题的解都是具有存在性与唯一性的, 在此我们先不做说明. 而实际构造如上三次样条插值函数时, 如果利用 (4.7) 式给出基函数的线性组合代入上述各个插值条件, 会导致方程组的系数矩阵稀疏性差且可能呈现病态 (即条件数

大). 这里要介绍的三弯矩插值法, 由于其系数矩阵呈三对角带状且严格对角元占优, 因此使得方程组的解唯一并有稳定的求解方法.

设 $S(x) \in \mathbb{S}_3(\Delta)$, 令

$$S''(x_i) = M_i, \quad i = 0, 1, \cdots, N+1.$$

注意到 $S(x) \in \mathbb{S}_3(\Delta)$, 因此 $S''(x) \in \mathbb{S}_1(\Delta)$ 为分段线性函数 (一次样条函数). 对 $j = 1, 2, \cdots, N+1$, 在区间 $[x_{j-1}, x_j]$ 上, 显然有

$$S''(x) = M_{j-1}\frac{x_j - x}{h_{j-1}} + M_j\frac{x - x_{j-1}}{h_{j-1}}, \tag{4.31}$$

其中 $h_{j-1} = x_j - x_{j-1}$. 将 (4.31) 式积分两次, 并使其满足插值条件

$$S(x_{j-1}) = y_{j-1}, \quad S(x_j) = y_j,$$

确定积分常数后, 得到

$$\begin{aligned} S(x) &= M_{j-1}\frac{(x_j - x)^3}{6h_{j-1}} + M_j\frac{(x - x_{j-1})^3}{6h_{j-1}} + \\ &\quad \left(y_{j-1} - \frac{M_{j-1}h_{j-1}^2}{6}\right)\frac{x_j - x}{h_{j-1}} + \\ &\quad \left(y_j - \frac{M_j h_{j-1}^2}{6}\right)\frac{x - x_{j-1}}{h_{j-1}}. \end{aligned} \tag{4.32}$$

因此, 如果我们求出 M_i 的值并代入 (4.32) 式, 那么就构造出样条函数 $S(x)$ 在每一个区间上的表达式, 从而得到满足插值条件的 $S(x)$. 下面我们将 $M_i(i = 0, 1, \cdots, N+1)$ 作为未知量, 来导出它们应满足的方程组.

将 (4.32) 式两端求一次导数, 得到

$$\begin{aligned} S'(x) &= -M_{j-1}\frac{(x_j - x)^2}{2h_{j-1}} + M_j\frac{(x - x_{j-1})^2}{2h_{j-1}} + \\ &\quad \frac{y_j - y_{j-1}}{h_{j-1}} - \frac{M_j - M_{j-1}}{6}h_{j-1}. \end{aligned} \tag{4.33}$$

由于 $S(x) \in \mathbb{S}_3(\Delta)$, 则 $S(x)$ 应满足

$$S'(x_j-) = S'(x_j+), \quad j = 1, 2, \cdots, N.$$

将 (4.33) 式代入上式, 经整理得方程组

$$\mu_j M_{j-1} + 2M_j + \lambda_j M_{j+1} = d_j, \quad j = 1, 2, \cdots, N, \tag{4.34}$$

其中

$$\mu_j = \frac{h_{j-1}}{h_{j-1} + h_j}, \quad \lambda_j = 1 - \mu_j,$$

$$d_j = \frac{6}{h_{j-1} + h_j}\left(\frac{y_{j+1} - y_j}{h_j} - \frac{y_j - y_{j-1}}{h_{j-1}}\right), \quad j = 1, 2, \cdots, N.$$

方程组 (4.34) 给出关于 $(N+2)$ 个未知数 M_i 的 N 个方程. 为了唯一确定这些未知数 M_i, 我们需要结合具体的边界条件来进行讨论.

对第一型样条插值问题 (4.27), 利用边界条件

$$S'(x_0) = y_0', \quad S'(x_{N+1}) = y_{N+1}'$$

与 (4.33) 式, 又可得出方程组

$$\begin{cases} 2M_0 + M_1 = \dfrac{6}{h_0} \left(\dfrac{y_1 - y_0}{h_0} - y_0' \right), \\ M_N + 2M_{N+1} = \dfrac{6}{h_N} \left(y_{N+1}' - \dfrac{y_{N+1} - y_N}{h_N} \right). \end{cases} \tag{4.35}$$

如果令

$$\lambda_0 = 1, \quad d_0 = \frac{6}{h_0} \left(\frac{y_1 - y_0}{h_0} - y_0' \right),$$

$$\mu_{N+1} = 1, \quad d_{N+1} = \frac{6}{h_N} \left(y_{N+1}' - \frac{y_{N+1} - y_N}{h_N} \right),$$

将 (4.34) 式和 (4.35) 式相结合, 得到方程组

$$\begin{pmatrix} 2 & \lambda_0 & & & \\ \mu_1 & 2 & \lambda_1 & & \\ & \ddots & \ddots & \ddots & \\ & & \mu_N & 2 & \lambda_N \\ & & & \mu_{N+1} & 2 \end{pmatrix} \begin{pmatrix} M_0 \\ M_1 \\ \vdots \\ M_N \\ M_{N+1} \end{pmatrix} = \begin{pmatrix} d_0 \\ d_1 \\ \vdots \\ d_N \\ d_{N+1} \end{pmatrix}. \tag{4.36}$$

对第二型样条插值问题 (4.28), 利用边界条件直接得到

$$M_0 = y_0'', \quad M_{N+1} = y_{N+1}''. \tag{4.37}$$

若令

$$\lambda_0 = \mu_{N+1} = 0, \quad d_0 = 2y_0'', \quad d_{N+1} = 2y_{N+1}'',$$

将 (4.34) 式和 (4.37) 式相结合也可以写成 (4.36) 式的形式.

对第三型样条插值问题 (4.30), 利用周期性条件

$$S^{(j)}(x_{N+1}) = S^{(j)}(x_0), \quad j = 1, 2,$$

从而

$$\begin{cases} M_{N+1} = M_0, \\ \lambda_{N+1} M_1 + \mu_{N+1} M_N + 2M_{N+1} = d_{N+1}, \end{cases} \tag{4.38}$$

其中

$$\lambda_{N+1} = \frac{h_0}{h_0 + h_N}, \quad \mu_{N+1} = 1 - \lambda_{N+1},$$

$$d_{N+1} = \frac{6}{h_0 + h_N} \left(\frac{y_1 - y_0}{h_0} - \frac{y_{N+1} - y_N}{h_N} \right).$$

将 (4.34) 式和 (4.38) 式相结合, 得到方程组

$$\begin{pmatrix} 2 & \lambda_1 & & & \mu_1 \\ \mu_2 & 2 & \lambda_2 & & \\ & \ddots & \ddots & \ddots & \\ & & \mu_N & 2 & \lambda_N \\ \lambda_{N+1} & & & \mu_{N+1} & 2 \end{pmatrix} \begin{pmatrix} M_1 \\ M_2 \\ \vdots \\ M_N \\ M_{N+1} \end{pmatrix} = \begin{pmatrix} d_1 \\ d_2 \\ \vdots \\ d_N \\ d_{N+1} \end{pmatrix}. \tag{4.39}$$

线性方程组 (4.36) 和 (4.39) 是关于 $M_j (j = 0, 1, \cdots, N + 1)$ 的三对角线性方程组, 而 M_j 在力学上解释为弹性细梁在点 x_j 处的弯矩, 称为 $S(x)$ 的矩, 因此线性方程组 (4.36) 和 (4.39) 也称为三弯矩方程. 由于矩阵中元素 λ_j, μ_j 满足 $\lambda_j \geqslant 0, \mu_j \geqslant 0, \lambda_j + \mu_j = 1$, 因此这两个矩阵均为严格对角占优阵, 从而方程组都有唯一解, 这也说明了三类边界条件对应的三次样条插值问题都有唯一解. 求解具有此类系数矩阵的方程组通常采用追赶法, 具体解法请参考数值代数或数值分析书籍 (如 [9]). 将求得的 $M_j (j = 0, 1, \cdots, N + 1)$ 代入 (4.32) 式, 从而求出满足插值条件 (4.26) 的三次样条函数 $S(x) \in \mathbb{S}_3(\Delta)$ 的分段表达式.

如下结论给出三次样条函数插值的 Peano 型插值余项 (证明可参考定理 3.5):

定理 4.7 设被插函数 $f(x) \in C^4[a, b]$, 若 $S(x) \in \mathbb{S}_3(\Delta)$ 为其相应的第一型或第二型三次样条插值函数, 则

$$R_3(f; x) = f(x) - S(x) = \int_a^b K_4(t; x) f^{(4)}(t) \, dt, \tag{4.40}$$

其中 Peano 核

$$K_4(t; x) = \frac{1}{3!} R_3((y - t)_+^3; x), \tag{4.41}$$

这里记号 $R_3((y - t)_+^3; x)$ 表示 $(y - t)_+^3$ 作为关于 y 的被插函数时其相应三次样条插值余项.

如下定理给出了三次样条插值函数及其导数逼近被插函数及其导数的误差界, 此定理证明较为繁琐, 在此省略, 感兴趣的读者可以参考文献 [6].

定理 4.8 设被插函数 $f(x) \in C^4[a, b]$, 若 $S(x) \in \mathbb{S}_3(\Delta)$ 为其相应的第一型或第二型三次样条插值函数, 则误差余项 $R_3(f; x) = f(x) - S(x)$ 在插值区间 $[a, b]$ 上成立估计式

$$\|R_3^{(j)}\|_\infty \leqslant c_j h^{4-j} \|f^{(4)}\|_\infty, \quad j = 0, 1, 2, \tag{4.42}$$

其中 $c_0 = \dfrac{1}{16}, c_1 = c_2 = \dfrac{1}{2}, h = \max\limits_{0 \leqslant i \leqslant N} h_i, h_i = x_{i+1} - x_i, i = 0, 1, \cdots, N.$

由于 (4.41) 式中核函数 $K_4(t;x)$ 本质上是关于 x, t 的函数, 记 $\dfrac{\partial^{N+l}}{\partial^N x \partial^l t} K_4(t;x)$ 为 $K_4^{(N,l)}(t;x)$. 从定理 4.7 出发, 可得

$$R_3^{(j)}(f;x) = \int_a^b K_4^{(j,0)}(t;x) f^{(4)}(t)\, \mathrm{d}t. \tag{4.43}$$

Hall 利用核函数 $K_4(t;x)$ 的性质, 结合 (4.43) 式, 从而推出

定理 4.9 设被插函数 $f(x) \in C^4[a,b]$, 若 $S(x) \in \mathbb{S}_3(\varDelta)$ 为其相应的第一型或第二型三次样条插值函数, 则误差余项 $R_3(f;x) = f(x) - S(x)$ 在插值区间 $[a,b]$ 上成立估计式

$$\begin{aligned} \|R_3^{(j)}\|_\infty &\leqslant \left(\max_{a \leqslant x \leqslant b} \int_a^b |K_4^{(j,0)}(t;x)|\, \mathrm{d}t \right) \|f^{(4)}\|_\infty \\ &\leqslant c_j h^{4-j} \|f^{(4)}\|_\infty, \quad j = 0,1,2,3, \end{aligned} \tag{4.44}$$

其中

$$\begin{aligned} c_0 &= \frac{5}{384}, \quad c_1 = \frac{1}{24}, \quad c_2 = \frac{3}{8}, \quad c_3 = \frac{\beta + \beta^{-1}}{2}, \\ h &= \max_{0 \leqslant i \leqslant N} h_i, \quad \beta = h \left(\min_{0 \leqslant i \leqslant N} h_i \right)^{-1}, \end{aligned} \tag{4.45}$$

且 c_0, c_1 是最佳的.

值得注意的是, 如上三个插值误差余项公式均反映出, 对不超过三次的多项式而言, 三次样条插值能够精确再生此多项式. 而不论是定理 4.8 还是定理 4.9, c_0, c_1, c_2 都与剖分 $\varDelta$ 的分划比 β 无关, 从而只要 $h \to 0$, 三次样条插值函数及其一、二阶导数, 均一致收敛到相应被插函数及其一、二阶导数. 但 c_3 和 β 有关, 由 (4.45) 式, 只要 β 一致有界, 三次样条插值函数的三阶导数也一致收敛到被插函数的三阶导数.

下面我们介绍三次样条插值的力学背景. 设泛函

$$J(f) = \int_a^b (f''(x))^2 \mathrm{d}x,$$

则泛函极小问题为: 求函数 $S(x) \in \varPhi_{\boldsymbol{y}}$, 满足

$$J(S) = \min_{f \in \varPhi_{\boldsymbol{y}}} J(f), \tag{4.46}$$

其中

$$\Phi_{\boldsymbol{y}} = \{f(x)\big| f(x) \in C^2[a,b], f'(a) = y_0', f'(b) = y_{N+1}',$$

$$f(x_i) = y_i, i = 0, 1, \cdots, N+1\},$$

点集 $\{x_i\}_{i=0}^{N+1}$ 来自由 (4.25) 式所定义的剖分 Δ, 向量 $\boldsymbol{y} = (y_0, y_1, \cdots, y_{N+1})^{\mathrm{T}}$.

约束函数范围 $\Phi_{\boldsymbol{y}}$ 是要求函数 $S(x)$ 必须通过一组指定点集 $\{(x_i, y_i)\}_{i=0}^{N+1}$, 且在两个端点 a 与 b 处具有指定的斜率. 显然, 仅满足这些插值条件的函数在 $C^2[a,b]$ 中是无穷多的, 因此我们再加上泛函极小条件 (4.46), 从而从 $\Phi_{\boldsymbol{y}}$ 中挑选出我们所希望的最优解.

我们知道, 在一阶导数很小的情况下, 一个函数的二阶导数可以近似看做它的曲率, 因此二阶导数平方的积分是反映函数光滑性质或振荡程度的一个尺度. 这里采用的泛函极小条件 (4.46), 恰好能够挑选出更为光滑、更小振荡的函数, 从而削弱高次多项式插值的 Runge 现象. 因此, 从数据或函数逼近的观点来看, 泛函极小模型 (4.46) 是很有意义的.

早期工程师制图时, 把富有弹性的细长木条用压铁固定在样点上, 在其他地方让它自由弯曲, 然后沿木条画下曲线, 成为样条曲线. 如果把细木条看做弹性细梁, 那么压铁可以看做作用在细梁上的集中载荷. 在细梁弯曲程度不大, 即一阶导数很小、通常称为 "小挠度" 的情况下, 其数学模型就是 (4.46) 式所提出的泛函极小问题. $\Phi_{\boldsymbol{y}}$ 反映的是小挠度梁通过一组指定点并具有指定端点斜率的函数集, 由 (4.46) 式选出的细梁变形曲线在所有满足条件的曲线中具有最小应变能. 这时求解出的变形曲线为分段三次多项式, 其在压铁处的函数值 (位移)、一阶导数 (转角) 和二阶导数 (弯矩) 都是连续的, 而且三阶导数 (剪力) 有间断, 这就是三次样条函数.

定理 4.10 泛函极小问题 (4.46) 的解存在且唯一, 它是第一型样条插值问题 (4.27) 的解.

证明 设 $S(x) \in \mathbb{S}_3(\Delta)$ 为第一型样条插值问题 (4.27) 的解, 且设 $f(x) \in \Phi_{\boldsymbol{y}}$. 令 $f(x) - S(x) = \eta(x)$, 则 $\eta(x) \in \Phi_0$ (即满足齐次插值条件). 由于

$$J(f) = J(S) + J(\eta) + 2\int_a^b S''(x)\eta''(x)\,\mathrm{d}x, \tag{4.47}$$

由分部积分法并注意到 $S(x) \in \mathbb{S}_3(\Delta), \eta(x) \in \Phi_0$, 有

$$\int_a^b S''(x)\eta''(x)\,\mathrm{d}x = \sum_{i=0}^{N}\int_{x_i}^{x_{i+1}} S''(x)\eta''(x)\,\mathrm{d}x$$

$$= \sum_{i=0}^{N} S''(x)\eta'(x)\big|_{x_i}^{x_{i+1}} - \sum_{i=0}^{N}\int_{x_i}^{x_{i+1}} S^{(3)}(x)\eta'(x)\,\mathrm{d}x$$

$$= S''(b)\eta'(b) - S''(a)\eta'(a) - \sum_{i=0}^{N}\int_{x_i}^{x_{i+1}} S^{(3)}(x)\eta'(x)\,\mathrm{d}x$$

$$= -\sum_{i=0}^{N} S^{(3)}(x)\eta(x)\,\big|_{x_i}^{x_{i+1}} + \sum_{i=0}^{N} \int_{x_i}^{x_{i+1}} S^{(4)}(x)\eta(x)\,\mathrm{d}x$$
$$= 0. \tag{4.48}$$

从而 (4.47) 式变成

$$J(f) = J(S) + J(\eta) \geqslant J(S), \tag{4.49}$$

由此推知, $S(x)$ 是泛函极小问题 (4.46) 的解.

如果 $f(x) \in \varPhi_y$ 也是泛函极小问题 (4.46) 的解, 即有 $J(f) = J(S)$. 由 (4.49) 式知 $J(\eta) = 0$, 所以在 $[a, b]$ 上 $\eta''(x) = 0$, 故 $\eta(x)$ 为线性多项式. 再由 $\eta(a) = \eta(b) = 0$, 从而 $\eta(x) \equiv 0$, 即 $f(x) = S(x)$. □

第一型样条插值问题 (4.27) 所给边界条件为一阶导数条件, 因此在定理 4.10 证明中, 齐次边界条件相应为 $\eta'(a) = \eta'(b) = 0$, 这也使得 (4.48) 式中 $S''(b)\eta'(b) - S''(a)\eta'(a) = 0$, 进而得出定理结论. 如果要求 $S''(a) = S''(b) = 0$, 同样也可得到相同结论, 而此时所给条件等价于第二型样条插值问题的自然边界 (4.29), 从而得到三次自然样条函数, 如上定理等价于三次自然样条函数插值的最光滑性质 (4.17).

定理 4.10 给出了三次样条插值与力学问题之间的关系, 称之为插值样条函数的极小模性质, 下述结论给出了所谓三次样条插值的最佳逼近性.

定理 4.11 设 $f(x) \in \varPhi_y$, 若 $S(x) \in \mathbb{S}_3(\varDelta)$ 为第一型样条插值问题 (4.27) 的解, $g(x) \in \mathbb{S}_3(\varDelta)$ 为任一样条函数, 则

$$J(f - S) \leqslant J(f - g), \tag{4.50}$$

即

$$\int_a^b \left(f''(x) - S''(x)\right)^2 \mathrm{d}x = \min_{g(x) \in \mathbb{S}_3(\varDelta)} \int_a^b \left(f''(x) - g''(x)\right)^2 \mathrm{d}x, \tag{4.51}$$

等式成立当且仅当 $g(x) = S(x)$.

证明 由于 $f(x) - g(x) = f(x) - S(x) + S(x) - g(x)$, 从而

$$J(f - g) = J(f - S) + J(S - g) + 2\int_a^b \left(f(x) - S(x)\right)''\left(S(x) - g(x)\right)'' \mathrm{d}x. \tag{4.52}$$

由于 $f(x) - S(x) \in \varPhi_0, S(x) - g(x) \in \mathbb{S}_3(\varDelta)$, 由分部积分法易得

$$\int_a^b \left(f(x) - S(x)\right)''\left(S(x) - g(x)\right)'' \mathrm{d}x = 0,$$

从而 (4.52) 式变成

$$J(f - g) = J(f - S) + J(S - g). \tag{4.53}$$

由 (4.53) 式即得 (4.50) 式, 定理得证. □

4.3 一元 B 样条函数

首先回顾一下由 (3.27) 式所给出的截断幂函数

$$x_+^n = \begin{cases} x^n, & x \geqslant 0, \\ 0, & x < 0. \end{cases}$$

虽然 x_+^n 在原点 $x = 0$ 处 n 阶导数间断, 但其仍然具有直至 $(n-1)$ 阶导数连续的性质, 从而使得 x_+^n 成为非平凡的 n 次样条函数, 对其进行平移就可以构成更多的 n 次样条函数. 在第 4.1 节中, 对一元 n 次样条函数空间 $\mathbb{S}_n(\Delta)$ 或者更为一般的 $\mathbb{S}_n^\mu(\Delta)$, 它们的基函数 (4.7) (4.23) 或 (4.24), 都是采用 x_+^n 所诱导的截断多项式 $(x - x_i)_+^n$ 连同多项式幂基所构成的.

当 Δ 为 $(-\infty, +\infty)$ 上的剖分时, 虽然截断幂函数 x_+^n 与其诱导的截断多项式 $(x - x_i)_+^n$ 都是在 Δ 上定义的非平凡 n 次样条函数, 但是它的非零区间仍为半无限区间, 这对插值或其他数值计算都是不方便的. 我们希望构造一类具有真正的 "局部支集"(也称为紧支撑或紧支集) 的样条函数, 而 B 样条函数恰好能满足这样的需求. 本节我们将介绍等距节点上 B 样条函数的差分型定义、非均匀节点上 B 样条函数的差商型定义以及标准 B 样条基函数与其递推公式等内容.

4.3.1 B 样条函数的差分型定义

回顾中心差分算子 δ 的定义 (3.44), 对非负整数 k 与步长 $h = 1$, 函数 $f(x)$ 的 k 阶中心差分定义为

$$\delta^k f(x) = \begin{cases} f(x), & k = 0, \\ \delta(\delta^{k-1} f(x)) = \delta^{k-1} f\left(x + \dfrac{1}{2}\right) - \delta^{k-1} f\left(x - \dfrac{1}{2}\right), & k > 0. \end{cases} \tag{4.54}$$

显然, $f(x)$ 的 1 阶中心差分为

$$\delta f(x) = f\left(x + \frac{1}{2}\right) - f\left(x - \frac{1}{2}\right).$$

利用中心差分, Schoenberg 在 1946 年给出了等距节点情况下 B 样条函数的差分型表达式.

定义 4.3 称

$$M_n(x) = \frac{1}{(n-1)!} \delta^n x_+^{n-1}, \tag{4.55}$$

为 n 阶 (或 $(n-1)$ 次) B 样条函数, 其中 δ^n 表示 n 阶中心差分.

例 4.1 下面给出四个常用的低次 B 样条函数 $M_n(x)(n = 1, 2, 3, 4)$ 的表达式和图形.

$$M_1(x) = \delta x_+^0 = \left(x + \frac{1}{2}\right)_+^0 - \left(x - \frac{1}{2}\right)_+^0 = \begin{cases} 0, & x < -\frac{1}{2}, \\ 1, & -\frac{1}{2} \leqslant x < \frac{1}{2}, \\ 0, & \frac{1}{2} \leqslant x. \end{cases} \tag{4.56}$$

需要说明的是, $M_1(x)$ 是按照截断幂函数的定义以及定义 4.3 所给出的, 而有的教材为了保持 $M_1(x)$ 的对称性, 规定 $M_1\left(-\frac{1}{2}\right) = M_1\left(\frac{1}{2}\right) = \frac{1}{2}$. 由于当 $n > 1$ 时, $M_n(x)$ 都是连续函数, 所以不论采用哪种定义方式, 对本教材后面的结论与大部分数值计算都没有影响.

$$M_2(x) = \delta^2 x_+^1 = \begin{cases} 0, & x < -1, \\ x + 1, & -1 \leqslant x < 0, \\ -x + 1, & 0 \leqslant x < 1, \\ 0, & 1 \leqslant x, \end{cases} \tag{4.57}$$

易知, $M_2(0) = 1$.

$$M_3(x) = \frac{1}{2}\delta^3 x_+^2 = \begin{cases} 0, & x < -\frac{3}{2}, \\ \frac{1}{2}\left(x + \frac{3}{2}\right)^2, & -\frac{3}{2} \leqslant x < -\frac{1}{2}, \\ \frac{1}{2}\left(x + \frac{3}{2}\right)^2 - \frac{3}{2}\left(x + \frac{1}{2}\right)^2, & -\frac{1}{2} \leqslant x < \frac{1}{2}, \\ \frac{1}{2}\left(-x + \frac{3}{2}\right)^2, & \frac{1}{2} \leqslant x < \frac{3}{2}, \\ 0, & \frac{3}{2} \leqslant x, \end{cases} \tag{4.58}$$

易知, $M_3(0) = \frac{3}{4}$, $M_2\left(\frac{1}{2}\right) = \frac{1}{2}$, $M_3(1) = \frac{1}{8}$.

$$M_4(x) = \frac{1}{6}\delta^4 x_+^3 = \begin{cases} 0, & x < -2, \\ \frac{1}{6}(x + 2)^3, & -2 \leqslant x < -1, \\ \frac{1}{6}(x + 2)^3 - \frac{4}{6}(x + 1)^3, & -1 \leqslant x < 0, \\ \frac{1}{6}(-x + 2)^3 - \frac{4}{6}(-x + 1)^3, & 0 \leqslant x < 1, \\ \frac{1}{6}(-x + 2)^3, & 1 \leqslant x < 2, \\ 0, & 2 \leqslant x. \end{cases} \tag{4.59}$$

易知, $M_4(0) = \dfrac{2}{3}$, $M_4(1) = \dfrac{1}{6}$. 它们的图形如图 4.1 所示.

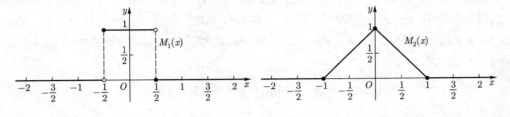

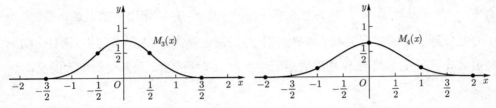

图 4.1 $M_1(x), M_2(x), M_3(x), M_4(x)$ 的图形

利用差分算子 δ 与移位算子 E 的关系, 可得

$$\delta^n = \left(E^{\frac{1}{2}} - E^{-\frac{1}{2}} \right)^n = (I - E^{-1})^n E^{\frac{n}{2}} = \sum_{j=0}^{n} (-1)^j \binom{n}{j} E^{-j+\frac{n}{2}}.$$

将其代入 (4.55) 式中, 可以给出 $M_n(x)$ 的显式表达式:

$$M_n(x) = \frac{1}{(n-1)!} \sum_{j=0}^{n} (-1)^j \binom{n}{j} \left(x + \frac{n}{2} - j \right)_+^{n-1}. \tag{4.60}$$

下面我们不加证明地给出 B 样条函数 $M_n(x)$ 的基本性质.

> **性质 4.1** n 阶 $((n-1)$ 次)B 样条函数 $M_n(x)$ 满足如下性质:
>
> (1) $M_n(x)$ 是 $(-\infty, +\infty)$ 上的 $(n-1)$ 次分段多项式, 其 $(n+1)$ 个节点为 $-\dfrac{n}{2} + j, j = 0, 1, \cdots, n$;
>
> (2) $M_n(x) \in C^{n-2}(-\infty, +\infty)$;
>
> (3) 当 $|x| > \dfrac{1}{2}$ 时, $M_1(x) = 0$; 当 $|x| \geqslant \dfrac{n}{2}$ 且 $n > 1$ 时, $M_n(x) = 0$;
>
> (4) 当 $|x| < \dfrac{n}{2}$ 时, $M_n(x) > 0$;
>
> (5) $M_n(x) = M_n(-x)$;
>
> (6) $\displaystyle\int_{-\infty}^{+\infty} M_n(x)\mathrm{d}x = \int_{-\frac{n}{2}}^{\frac{n}{2}} M_n(x)\mathrm{d}x = 1$.

性质 4.1 中的第 (1) 条和第 (2) 条说明 $M_n(x)$ 是以 $-\dfrac{n}{2} + j(j = 0, 1, \cdots, n)$ 为样条节点的 $(n-1)$ 次样条函数. 第 (3) 条和第 (4) 条又说明函数 $M_n(x)$ 具有局部

支集 $\left[-\dfrac{n}{2}, \dfrac{n}{2}\right]$ (或为 $\left(-\dfrac{n}{2}, \dfrac{n}{2}\right)$), 这对数值计算是非常重要的. 除了 $n = 1$ 外, B 样条函数 $M_n(x)$ 都是在 $(-\infty, +\infty)$ 上连续的. 将 $M_n(x)$ 进行相应的平移就可以得到以整数点 $0, \pm 1, \pm 2, \cdots$ 为中心的均匀 B 样条函数.

实际上, n 阶 B 样条函数 $M_n(x)$ 还可以看成是一阶 B 样条函数 $M_1(x)$ 的 $(n-1)$ 次磨光函数, 即

$$M_n(x) = \left(\delta \int\right)^{n-1} M_1(x),$$

其中 $\int$ 为积分算子, $\delta \int$ 称为磨光算子. 积分算子 $\int$ 的作用是把函数光滑化, 而中心差分算子 δ 的作用类似于求导, 即积分的逆运算. 把两者结合起来, 函数 $M_1(x)$ 经过磨光算子 $\delta \int$ 不断作用以后, 得到比 $M_1(x)$ 更光滑、局部支集更大的高次样条函数.

4.3.2 B 样条函数的差商型定义

等距节点上 B 样条函数的差分型定义已在上小节进行介绍, 而非均匀节点上定义的样条函数在实际应用中同样具有重要的作用, 本小节将对非均匀节点上定义的 B 样条函数及其基本性质进行介绍.

设在 $(-\infty, +\infty)$ 上的剖分为

$$\cdots < x_{-2} < x_{-1} < x_0 < x_1 < \cdots < x_i < \cdots, \tag{4.61}$$

其中 $x_i \to \pm\infty \ (i \to \pm\infty)$.

对正整数 n, 定义 $(n-1)$ 次截断多项式

$$M_n(x; y) = (y - x)_+^{n-1}. \tag{4.62}$$

令

$$M_n(x; x_i, x_{i+1}, \cdots, x_{i+n})$$

表示 $M_n(x; y)$ 作为 y 的函数, 关于节点 $y = x_i, x_{i+1}, \cdots, x_{i+n}$ 的 n 阶差商.

> **定义 4.4** 设 $\{x_i\}_{i=-\infty}^{+\infty}$ 是如 (4.61) 式所定义的实数序列, 对任意整数 i 和正整数 n, 称
>
> $$M_i^n(x) = M_n(x; x_i, x_{i+1}, \cdots, x_{i+n}) = \sum_{j=i}^{i+n} \frac{(x_j - x)_+^{n-1}}{\omega_i'(x_j)} \tag{4.63}$$
>
> 为以 $x_i, x_{i+1}, \cdots, x_{i+n}$ 为节点的 n 阶 $((n-1)$ 次) B 样条函数, 其中 $\omega_i(x) = (x - x_i)(x - x_{i+1}) \cdots (x - x_{i+n})$.

　　容易验证, $M_i^n(x)$ 满足定义 4.1, 是一个以 $x_i, x_{i+1}, \cdots, x_{i+n}$ 为样条节点的 $(n-1)$ 次样条函数. 按截断多项式的定义, 当 $x > x_{i+n}$ 时, $(x_j - x)_+^{n-1} = 0$ $(j = i, i+1, \cdots, i+n)$, 则 $M_i^n(x) \equiv 0$; 又当 $x < x_i$ 时, (4.63) 式右端中的所有截断号 "+" 都可以去掉, 使得 $M_i^n(x)$ 是一个 $(n-1)$ 次多项式的 n 阶差商, 由差商的性质也有 $M_i^n(x) \equiv 0$, 从而可以得到 B 样条的局部支集性.

性质 4.2

$$M_i^n(x) \equiv 0, \quad x \notin [x_i, x_{i+n}]. \tag{4.64}$$

由 Peano 定理, 若 $f(x) \in C^n[x_i, x_{i+n}]$, 则

$$f(x_i, x_{i+1}, \cdots, x_{i+n}) = \frac{1}{(n-1)!} \int_{x_i}^{x_{i+n}} M_i^n(x) f^{(n)}(x) \mathrm{d}x.$$

特别地, 取 $f(x) = x^n$, 则可由上式推知 B 样条函数的积分等值性质:

性质 4.3

$$\int_{-\infty}^{+\infty} M_i^n(x)\mathrm{d}x = \int_{x_i}^{x_{i+n}} M_i^n(x)\mathrm{d}x = \frac{1}{n}.$$

　　定理 4.12 当 $n \geqslant 2$ 时, $(M_i^n)^{(r)}(x)$ 在 (x_i, x_{i+n}) 内恰有 r 个不同的实零点, 其中 $r = 0, 1, \cdots, n-2$.

　　证明 当 $n \geqslant 2$ 时, 显然有 $M_i^n(x_i) = M_i^n(x_{i+n}) = 0$. 再由 (4.63) 式, 当 $x_{i+n-1} < x < x_{i+n}$ 时,

$$M_i^n(x) = \frac{(x_{i+n} - x)^{n-1}}{\omega_i'(x_{i+n})},$$

因而在区间 (x_{i+n-1}, x_{i+n}) 内 $M_i^n(x) > 0$. 因此存在点 x^*, 使得 $M_i^n(x)$ 在 3 个不同点 $x_i < x^* < x_{i+n}$(此时不妨设 x^* 取在区间 (x_{i+n-1}, x_{i+n}) 内) 处的符号依次为 $0, +, 0$, 即不变号. 由微分中值定理, 存在两个点 x_1^*, x_2^*, 使得 $(M_i^n)'(x)$ 在 4 个不同点 $x_i < x_1^* < x_2^* < x_{i+n}$ 处的符号依次为 $0, +, -, 0$, 即变号 1 次. 如此一直进行下去, 可知存在 $(n-1)$ 个点 $x_1^*, x_2^*, \cdots, x_{n-1}^*$, 使得 $(M_i^n)^{(n-2)}(x)$ 在 $(n+1)$ 个不同点 $x_i < x_1^* < x_2^* < \cdots < x_{n-1}^* < x_{i+n}$ 处的符号依次为 $0, +, -, +, -, \cdots, 0$, 即变号 $(n-2)$ 次.

　　另一方面, 由 (4.63) 式,

$$(M_i^n)^{(n-2)}(x) = (-1)^{(n-2)}(n-1)! \sum_{j=i}^{i+n} \frac{(x_j - x)_+}{\omega_i'(x_j)}$$

是以 $x_i, x_{i+1}, \cdots, x_{i+n}$ 为样条节点的一次样条函数, 其图形是以 $x = x_i, x_{i+1}, \cdots,$ x_{i+n} 为顶点横坐标的折线. 按如上分析, 该折线在两端点处为零, $(M_i^n)^{(n-2)}(x_j^*)$

$(j = 1, 2, \cdots, n-1)$ 不等于 0 且交错变号, 从而 $(M_i^n)^{(n-2)}(x)$ 恰好在 (x_i, x_{i+n}) 内有 $(n-2)$ 个实单根.

由以上分析, 对 $r = 0, 1, \cdots, n-3$, 函数 $(M_i^n)^{(r)}(x)$ 在 (x_i, x_{i+n}) 内至少有 r 个互异的实根. 假如它的根多于 r 个 (含重数), 则按 Rolle 定理可知 $(M_i^n)^{(n-2)}(x)$ 的实根多于 $(n-2)$ 个 (包括重数), 与我们所得结论矛盾. 从而对 $r = 0, 1, \cdots, n-2$, $M_n^{(r)}(x)$ 在 (x_i, x_{i+n}) 内恰有 r 个互异的实根. □

性质 4.2 指出 B 样条函数 $M_i^n(x)$ 具有局部支集 $[x_i, x_{n+i}]$, 如下性质告诉我们, 在其局部支集内部, $M_i^n(x)$ 还是恒正的.

性质 4.4

$$M_i^n(x) > 0, \quad x \in (x_i, x_{i+n}).$$

证明 利用定理 4.12, 当 $r = 0$ 且 $n \geqslant 2$ 时, 由于在区间 (x_{i+n-1}, x_{i+n}) 内 $M_i^n(x) > 0$ 且 $M_n(x)$ 在 (x_i, x_{i+n}) 内恰有 0 个互异的实根, 因此在 (x_i, x_{i+n}) 内 $M_i^n(x) > 0$. 当 $n = 1$ 时, 利用 (4.63) 式, 显然在 (x_i, x_{i+1}) 内 $M_i^1(x)$ 为一个正的常数. 从而得到, 对任意正整数 n, 在 (x_i, x_{i+n}) 内 $M_i^n(x) > 0$. □

性质 4.5 对剖分 (4.61) 而言, 在任意给定的区间 $[x_j, x_{j+1}]$ 上, 有 n 个 n 阶 B 样条函数是非零的. 换句话说, 以同一区间 $[x_j, x_{j+1}]$ 为公共局部支集的 n 阶 B 样条函数有 n 个, 它们分别是 $M_{j-n+1}^n(x), M_{j-n+2}^n(x), \cdots, M_j^n(x)$.

证明 结合性质 4.2 与性质 4.4 可直接得出此性质. □

性质 4.6 当 $n \geqslant 2$ 时, B 样条函数有凸组合公式

$$M_i^n(x) = \frac{x - x_i}{x_{i+n} - x_i} M_i^{n-1}(x) + \frac{x_{i+n} - x}{x_{i+n} - x_i} M_{i+1}^{n-1}(x). \tag{4.65}$$

证明 当 $n \geqslant 2$ 时,

$$M_n(x; y) = (y-x)_+^{n-1} = (y-x)(y-x)_+^{n-2},$$

对其两端在节点 $x_i, x_{i+1}, \cdots, x_{i+n}$ 处关于 y 做 n 阶差商, 经计算可得

$$\begin{aligned} M_n(x; x_i, x_{i+1}, \cdots, x_{i+n}) = {} & (x_i - x) M_{n-1}(x; x_i, x_{i+1}, \cdots, x_{i+n}) + \\ & M_{n-1}(x; x_{i+1}, x_{i+2}, \cdots, x_{i+n}). \end{aligned} \tag{4.66}$$

由差商定义,

$$f(x_i, x_{i+1}, \cdots, x_{i+n}) = \frac{f(x_{i+1}, x_{i+2}, \cdots, x_{i+n}) - f(x_i, x_{i+1}, \cdots, x_{i+n-1})}{x_{i+n} - x_i}.$$

将此代入 (4.66) 式右侧第一项并进行整理得到

$$M_n(x; x_i, x_{i+1}, \cdots, x_{i+n}) = \frac{x - x_i}{x_{i+n} - x_i} M_{n-1}(x; x_i, x_{i+1}, \cdots, x_{i+n-1}) +$$
$$\frac{x_{i+n} - x}{x_{i+n} - x_i} M_{n-1}(x; x_{i+1}, x_{i+2}, \cdots, x_{i+n}),$$

即 (4.65) 式成立. □

(4.65) 式给出 B 样条函数的递推公式, 可以根据 $M_i^1(x)$ 逐步把其他 B 样条函数都计算出来. 由于 (4.65) 式右侧系数满足

$$\frac{x - x_i}{x_{i+n} - x_i} + \frac{x_{i+n} - x}{x_{i+n} - x_i} = 1$$

且当 $x_i < x < x_{i+n}$ 时, 两个系数都是正的, 因此 (4.65) 式也称为凸组合公式. 如下性质指出由 (4.63) 式所定义的 B 样条函数具有局部支集最小性质:

> **性质 4.7** $M_i^n(x)$ 是一组非平凡的具有最小支集的 n 阶 $((n-1)$ 次)B 样条函数. 换句话说, 如果定义在剖分 (4.61) 上的 $(n-1)$ 次样条函数 $S(x)$ 具有局部支集 $[x_i, x_{i+k}]$, 即满足
>
> $$S(x) \equiv 0, \quad x \notin [x_i, x_{i+k}],$$
>
> 则除 $S(x) \equiv 0 \ (-\infty < x < +\infty)$ 之外, 必有 $k \geqslant n$.

证明 设剖分 (4.61) 为 Δ, $(n-1)$ 次样条函数 $S(x) \in \mathbb{S}_{n-1}(\Delta)$ 且 $S(x)$ 具有局部支集 $[x_i, x_{i+k}]$, 那么当 $x < x_i$ 时, 显然有 $S(x) = 0$. 按定理 4.1,

$$S(x) = \sum_{j=i}^{i+k-1} c_j (x - x_j)_+^{n-1}, \quad x \in [x_i, x_{i+k}],$$

其中 $c_i, c_{i+1}, \cdots, c_{i+k-1}$ 是 $S(x)$ 在样条节点 $x_i, x_{i+1}, \cdots, x_{i+k-1}$ 处的光滑余因子. 再由当 $x > x_{i+k}$ 时, 同样满足 $S(x) = 0$, 因此在节点 x_{i+k} 处也存在光滑余因子 c_{i+k}, 使得

$$S(x) = \sum_{j=i}^{i+k} c_j (x - x_j)^{n-1} \equiv 0, \quad x > x_{i+k}.$$

上式左端为一个 $(n-1)$ 次多项式, 它恒为零的充要条件是其展开式中 n 个系数全为零, 即

$$\begin{pmatrix} 1 & 1 & \cdots & 1 \\ \binom{n-1}{1}x_i & \binom{n-1}{1}x_{i+1} & \cdots & \binom{n-1}{1}x_{i+k} \\ \vdots & \vdots & & \vdots \\ \binom{n-1}{n-1}x_i^{n-1} & \binom{n-1}{n-1}x_{i+1}^{n-1} & \cdots & \binom{n-1}{n-1}x_{i+k}^{n-1} \end{pmatrix} \begin{pmatrix} c_i \\ c_{i+1} \\ \vdots \\ c_{i+k} \end{pmatrix} = \begin{pmatrix} 0 \\ 0 \\ \vdots \\ 0 \end{pmatrix},$$

而此关于光滑余因子的齐次线性方程组是否有非零解又与方程组

$$
\begin{pmatrix}
1 & 1 & \cdots & 1 \\
x_i & x_{i+1} & \cdots & x_{i+k} \\
\vdots & \vdots & & \vdots \\
x_i^{n-1} & x_{i+1}^{n-1} & \cdots & x_{i+k}^{n-1}
\end{pmatrix}
\begin{pmatrix}
c_i \\
c_{i+1} \\
\vdots \\
c_{i+k}
\end{pmatrix}
=
\begin{pmatrix}
0 \\
0 \\
\vdots \\
0
\end{pmatrix}
\tag{4.67}
$$

是否有非零解等价. 显然, 当节点 $x_i, x_{i+1}, \cdots, x_{i+k}$ 互不相等时, 方程组 (4.67) 系数矩阵 $\boldsymbol{A}$ 的每一个子矩阵都是 Vandermonde 矩阵, 因此为可逆矩阵. 从而

$$
rank(\boldsymbol{A}) = \min\{n, k+1\}.
$$

如果方程组 (4.67) 只有零解, 则 $S(x) \equiv 0 \ (-\infty < x < +\infty)$. 因此 $S(x)$ 非平凡的充要条件即为线性方程组 (4.67) 存在非零解, 从而需要满足 $k + 1 > rank(\boldsymbol{A})$, 即 $k \geqslant n$, 结论得证. □

值得注意的是, 对 $k = n$, 线性方程组 (4.67) 系数矩阵 $\boldsymbol{A}$ 的秩为 n, 因此其解空间的维数为

$$
n + 1 - rank(\boldsymbol{A}) = 1.
$$

从而都以 (x_i, x_{i+n}) 为局部支集的两个 $(n-1)$ 次样条函数 $S(x)$ 和 $\widetilde{S}(x)$ 在节点 $x_i, x_{i+1}, \cdots, x_{i+k}$ 处的光滑余因子组成的向量都是线性方程组 (4.67) 的解向量, 因此它们线性相关, 这就导出了 $S(x)$ 和 $\widetilde{S}(x)$ 线性相关, 即如下推论所述:

> **推论 4.4** 如果定义在剖分 (4.61) 上的 $(n-1)$ 次样条函数 $S(x)$ 具有局部支集 $[x_i, x_{i+n}]$, 则存在常数 c, 使得
>
> $$
> S(x) = cM_i^n(x).
> $$

> **性质 4.8** n 阶 $((n-1)$ 次)B 样条函数系 $\{M_i^n(x)\}_{i=-\infty}^{+\infty}$ 线性无关.

证明 假设

$$
B(x) = \sum_{i=-\infty}^{+\infty} c_i M_i^n(x) = 0, \quad x \in (-\infty, +\infty).
$$

利用性质 4.5, 以区间 $[x_j, x_{j+1}]$ 为其局部支集一部分的 n 阶 B 样条函数一共有 n 个, 它们是 $M_{j-n+1}^n(x), M_{j-n+2}^n, \cdots, M_j^n(x)$, 则在区间 $[x_j, x_{j+1}]$ 上, 如上公式等价于

$$
B(x) = \sum_{i=j-n+1}^{j} c_i M_i^n(x) = 0, \tag{4.68}
$$

而 $B(x)$ 的支集为 $[x_{j-n+1}, x_{j+1}]$. 当 $x_{j+n-1} < x < x_{j+n}$ 时, 再次利用 B 样条函数的局部支集性, 可得

$$
B(x) = c_j M_j^n(x) = 0.
$$

而此时可以验证 $M_j^n(x) \neq 0$, 因此 $c_j = 0$, 从而 (4.68) 式变为

$$B(x) = \sum_{i=j-n+1}^{j-1} c_i M_i^n(x) = 0.$$

同样地, 当 $x_{j+n-2} < x < x_{j+n-1}$ 时, 由 $B(x) = 0$ 可以推出 $c_{j-1} = 0$. 以此类推, 可以得到

$$c_{j-n+1} = c_{j-n+2} = \cdots = c_j = 0,$$

从而 $M_{j-n+1}^n(x), M_{j-n+2}^n(x), \cdots, M_j^n(x)$ 线性无关. 推广到其他所有区间, 可以得到函数系 $\{M_i^n(x)\}_{i=-\infty}^{+\infty}$ 线性无关. □

设 $[x_0, x_{N+1}]$ 上的剖分 Δ 为

$$x_0 < x_1 < x_2 < \cdots < x_N < x_{N+1}, \qquad (4.69)$$

其所有节点 x_i 均与剖分 (4.61) 中的相同, 即 Δ 是 (4.61) 式的一个子剖分. 由推论 4.1 与 (4.7) 式, $(n-1)$ 次样条函数空间 $\mathbb{S}_{n-1}(\Delta)$ 的维数为 $N+n$, 其一组基函数 (也称为截断幂基函数) 为

$$1, x, x^2, \cdots, x^{n-1}, (x-x_1)_+^{n-1}, (x-x_2)_+^{n-1}, \cdots, (x-x_N)_+^{n-1}. \qquad (4.70)$$

利用性质 4.8, 如下结论给出 $\mathbb{S}_{n-1}(\Delta)$ 的另外一组具有局部支集的 B 样条基函数:

> **定理 4.13** 设 $n \leqslant N$, 区间 $[x_0, x_{N+1}]$ 上的剖分 Δ 如 (4.69) 式所定义, 则定义在剖分 (4.61) 上的 $(N+n)$ 个 B 样条函数 $\{M_i^n(x)\}_{i=-n+1}^N$ 构成 $\mathbb{S}_{n-1}(\Delta)$ 的一组基.

证明 由性质 4.8, $\{M_i^n(x)\}_{i=-n+1}^N$ 线性无关, 它们张成了一个 $(N+n)$ 维线性空间. 另一方面, 这 $(N+n)$ 个 B 样条函数中每一个的局部支集与区间 $[x_0, x_{N+1}]$ 的交集都非空, 因此由 B 样条函数的定义 4.4, $\{M_i^n(x)\}_{i=-n+1}^N \subset \mathbb{S}_{n-1}(\Delta)$. 再由 $\mathbb{S}_{n-1}(\Delta)$ 的维数为 $N+n$, 这就说明 $\{M_i^n(x)\}_{i=-n+1}^N$ 构成 $\mathbb{S}_{n-1}(\Delta)$ 的一组基. □

定理 4.13 说明, B 样条函数系 $\{M_i^n(x)\}_{i=-\infty}^{+\infty}$ 线性无关, 其子集可以作为某些子剖分上样条函数空间的基, 所以一般我们也把 B 样条函数 $M_i^n(x)$ 称为 B 样条基函数. 如果我们采用 $\mathbb{S}_{n-1}(\Delta)$ 的 B 样条基函数进行插值, 插值条件决定的线性方程组的系数矩阵具有一定稀疏性, 从而简化求解. 需要说明的是, 如上 B 样条基函数 $\{M_i^n(x)\}_{j=-n+1}^N$ 本质上是对由 (4.69) 式所定义的剖分 Δ 进行扩充得到的. 如果不希望对 Δ 进行扩充, 那么可以采用定理 4.14 给出 $\mathbb{S}_{n-1}(\Delta)$ 的一组基函数, 在此省略证明, 感兴趣的读者可以参考文献 [7, 11]. 此外, 我们可以将剖分 Δ 中的两端节点 x_0, x_{N+1} 都设为 n 重节点, 即设

$$x_{-n+1} = x_{-n+2} = \cdots = x_0, \quad x_{N+1} = x_{N+2} = \cdots = x_{N+n},$$

从而采用定义 4.5 的方式计算 B 样条函数系 $\{M_i^n(x)\}_{j=-n+1}^N$ (也可参见例 4.3). 这 $(n+N)$ 个函数也为 $\mathbb{S}_{n-1}(\Delta)$ 的一组基函数, 且此时每一个基函数的局部支集全都在 $[x_0, x_{N+1}]$ 上.

定理 4.14 设 $n \leqslant N$, 区间 $[x_0, x_{N+1}]$ 上的剖分 Δ 如 (4.69) 式所定义. 下述 $(n+N)$ 个样条函数构成 $\mathbb{S}_{n-1}(\Delta)$ 的一组基函数:

$$B_i(x) = M_n(x; x_1, x_2, \cdots, x_i), \quad i = 1, 2, \cdots, n,$$
$$B_{n+i}(x) = M_i^n(x) = M_n(x; x_i, x_{i+1}, \cdots, x_{i+n}), \quad i = 1, 2, \cdots, N-n, \qquad (4.71)$$
$$B_{N+i}(x) = (-1)^{n-i} M_n(x_{N-n+i}, x_{N-n+i+1}, \cdots, x_N; x), \quad i = 1, 2, \cdots, n,$$

其中 $M_n(x_{N-n+i}, x_{N-n+i+1}, \cdots, x_N; x)$ 表示 (4.62) 式中 $M_n(x; y)$ 作为 x 的函数, 在节点 $x = x_i, x_{i+1}, \cdots, x_{i+n}$ 处的 n 阶差商, 然后再令参数 $y = x$.

4.3.3 标准 B 样条基函数与递推公式

在前一小节中, 我们构造的 B 样条函数系 $\{M_i^n(x)\}$ 是建立在由 (4.61) 式给出递增节点序列 $\{x_i\}_{i=-\infty}^{+\infty}$ 上的. 如果将节点序列递增的要求放宽, 变为不减的节点序列, 仍可以采用类似的方法构造 B 样条函数. 由于此时节点序列中可能会存在 2 重以上的节点, 因此按照一般差商定义不能满足要求, 此时可以采用重节点的差商来进行定义.

设 $(-\infty, +\infty)$ 上的剖分为

$$\cdots \leqslant x_{-2} \leqslant x_{-1} \leqslant x_0 \leqslant x_1 \leqslant \cdots \leqslant x_i \leqslant \cdots, \qquad (4.72)$$

其中节点 $x_i \to \pm\infty$ $(i \to \pm\infty)$, 且若 $x_i = x_{i+1} = \cdots = x_{i+p}$, 则称 x_i 为 $(p+1)$ 重节点.

定义 4.5 设 $\{x_i\}_{i=-\infty}^{+\infty}$ 是如 (4.72) 式所定义的不减实数序列. 若正整数 n 对任意给定的整数 i 满足 $x_i < x_{i+n}$, 则称

$$M_i^n(x) = M_n(x; x_i, x_{i+1}, \cdots, x_{i+n}) \qquad (4.73)$$

为以 $x_i, x_{i+1}, \cdots, x_{i+n}$ 为节点的 n 阶 $((n-1)$ 次) B 样条基函数.

需要说明的是, 采用定义 4.5 计算 B 样条基函数时, 若有重节点则采用定义 3.1 与定义 3.4 相结合的方式计算差商. 在下面内容中, 我们采用的 B 样条基函数 $M_i^n(x)$ 都是采用定义 4.5 的方式定义的, 其性质与上一小节中定义 4.4 所定义的 B 样条基函数性质基本相同, 在此不再赘述.

性质 4.9 设 $x_j \in [x_i, x_{i+n}]$ 为 p_j 重节点, 其中 $1 \leqslant p_j \leqslant n$, 则 $M_i^n(x)$ 在节点 x_j 处的连续阶为 $n - p_j - 1$.

性质 4.9 的证明主要借助重节点差商的定义, 并结合 $M_n(x,y) = (y-x)_+^{n-1}$, 具体证明细节请读者自己思考. 此性质告诉我们, 为了保证所构造 B 样条基函数的连续性, 剖分内部的样条节点的重数一般最多取为 B 样条基函数的次数. 对于剖分边界节点, 其重数最多取为 B 样条基函数的次数加 1.

定义 4.6 称

$$N_{i,n-1}(x) = (x_{i+n} - x_i)M_i^n(x) \tag{4.74}$$

为标准 (规范) 的 n 阶 $((n-1)$ 次)B 样条基函数.

例 4.2 以样条节点

$$x_0 = x_1 = x_2 = 1, \quad x_3 = 2, \quad x_4 = 3, \quad x_5 = x_6 = 4, \quad x_7 = x_8 = 5$$

构造的标准的二次 B 样条基函数, 其由 Maple 生成的图形如图 4.2 所示. 每个 B 样条基函数在相应节点处的连续阶可以利用性质 4.9 给出, 例如 $N_{0,2}(x)$ 在节点 1 处不连续, $N_{1,2}(x)$ 在节点 1 处 C^0 连续, $N_{3,2}(x)$ 与 $N_{4,2}(x)$ 在节点 4 处 C^0 连续, $N_{5,2}(x)$ 在节点 4 和 5 处 C^0 连续, 而 $N_{2,2}(x)$ 在每一节点处至少 C^1 连续.

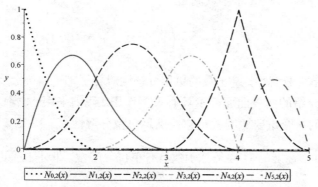

图 4.2 彩图

图 4.2　二次 B 样条基函数

由于定义 4.5 计算 B 样条基函数的方法主要是基于差商的计算, 在数值上并不稳定, 因此一定程度上限制了其应用. 如下公式 (4.75) 也称为 de Boor-Cox 公式, 是计算标准 B 样条基函数的著名算法, 可以根据 $N_{i,0}(x)$ 把其他高次 B 样条基函数通过递推方式计算出来. de Boor-Cox 公式不仅在数值计算上保持稳定, 而且还可以从中推导出 B 样条基函数的若干性质, 从而对 B 样条基函数的应用起到了重要推动作用. 在很多教材中, 直接采用 de Boor-Cox 公式来定义 B 样条基函数而省略了前面有关 B 样条基函数的其他理论内容.

性质 4.10 (de Boor-Cox 公式)

$$\begin{cases} N_{i,0}(x) = \begin{cases} 1, & x \in [x_i, x_{i+1}), \\ 0, & \text{其他}, \end{cases} \\ N_{i,n}(x) = \dfrac{x - x_i}{x_{i+n} - x_i} N_{i,n-1}(x) + \dfrac{x_{i+n+1} - x}{x_{i+n+1} - x_{i+1}} N_{i+1,n-1}(u), \quad n \geqslant 1, \\ \text{规定 } \dfrac{0}{0} = 0. \end{cases} \tag{4.75}$$

证明 利用性质 4.6 与 (4.74) 式经简单计算就可证明公式成立. □

值得注意的是, 由于如上 de Boor-Cox 公式中 $N_{i,0}(x)$ 的局部支集定义为左闭右开区间 $[x_i, x_{i+1})$, 从而很多利用此公式来定义 B 样条基函数的教材中将 $N_{i,n}(x)$ 的局部支集也定义为左闭右开区间 $[x_i, x_{i+n+1})$. 对于 $n > 1$, $(n+1)$ 阶 (即 n 次)B 样条基函数 $N_{i,n}(x)$ 在整个定义域上是连续的 (要求内部节点重数小于等于 n), 且它们都在局部支集内部 (x_i, x_{i+n+1}) 大于零, 在两端 x_i, x_{i+n+1} 上都等于零, 因此局部支集表示为 $[x_i, x_{i+n+1}]$, $[x_i, x_{i+n+1})$ 或 (x_i, x_{i+n+1}) 在绝大多数的数值计算中都是一样的.

由 (1.8) 式, Bernstein 基函数满足

$$\sum_{k=0}^{n} B_k^n(x) = \sum_{k=0}^{n} \binom{n}{k} x^k (1-x)^{n-k} \equiv 1,$$

此性质也称为单位分解性. 基函数的单位分解性对算子理论研究、拟合函数构造以及我们后面将介绍的曲线曲面表示具有重要作用. 我们采用 (4.74) 式来定义标准 B 样条基函数的一个重要原因就是它们满足单位分解性.

性质 4.11 标准的 B 样条基函数具有单位分解性, 即对任意的 $x \in [x_i, x_{i+1})$, 有

$$\sum_{i=-\infty}^{+\infty} N_{i,n-1}(x) = \sum_{j=i+1-n}^{i} N_{j,n-1}(x) \equiv 1. \tag{4.76}$$

证明 利用数学归纳法证明. 当 $n = 1$ 时, 结论显然成立. 假设当阶数为 $n-1$ 时 (4.76) 式成立. 由 B 样条基函数的局部支集性质, 以 $[x_i, x_{i+1})$ 为局部支集的 n 阶 B 样条基函数一共有 n 个, 它们是 $N_{j,n-1}(x), j = i+1-n, i+2-n, \cdots, i$, 因此

$$\sum_{i=-\infty}^{+\infty} N_{i,n-1}(x) = \sum_{j=i+1-n}^{i} N_{j,n-1}(x)$$

成立. 由性质 4.6 与 (4.74) 式, 可知

$$N_{j,n-1}(x) = (x - x_j) M_j^{n-1}(x) + (x_{j+n} - x) M_{j+1}^{n-1}(x).$$

从而

$$\sum_{j=i+1-n}^{i} N_{j,n-1}(x) = \sum_{j=i+1-n}^{i} \left[(x-x_j)M_j^{n-1}(x) + (x_{j+n}-x)M_{j+1}^{n-1}(x) \right]$$

$$= \sum_{j=i+1-n}^{i} (x - x_j + x_{j+n-1} - x)M_j^{n-1}(x)$$

$$= \sum_{j=i+2-n}^{i} N_{j,n-2}(x)$$

$$= 1,$$

即当阶数为 n 时 (4.76) 式也成立, 从而性质得证. □

利用积分性质 4.3, 可得

性质 4.12

$$\int_{-\infty}^{+\infty} N_{i,n-1}(x)\mathrm{d}x = \int_{x_i}^{x_{i+n}} N_{i,n-1}(x)\mathrm{d}x = \frac{x_{n+i} - x_i}{n}.$$

如下 Schoenberg-Whitney 定理给出了如何选择插值节点, 才使得以 B 样条基函数构造的样条插值函数具有存在唯一性.

定理 4.15 (Schoenberg-Whitney 定理) 设样条节点 $x_1 \leqslant x_2 \leqslant \cdots \leqslant x_{n+m+1}$ 所定义的 n 次 B 样条基函数为 $\{N_{i,n}(x)\}_{i=1}^{m}$, 其中 $x_i < x_{i+n+1}(i = 1, 2, \cdots, m)$, 则对单调上升序列 $\{\xi_i\}_{i=1}^{m}$, 矩阵

$$(N_{i,n}(\xi_j))_{i,j=1}^{m}$$

非奇异, 即对任意的实数列 $\{y_i\}_{i=1}^{m}$, 满足插值条件

$$S(\xi_j) = y_j, \quad j = 1, 2, \cdots, m$$

的样条函数 $S(x) \in span\{N_{i,n}(x)\}_{i=1}^{m}$ 存在并唯一的充要条件是, 插值节点 ξ_i 落在 B 样条基函数 $N_{i,n}(x)$ 的局部支集内, 即 $\xi_i \in (x_i, x_{i+n+1})$, 其中 $i = 1, 2, \cdots, m$.

对样条节点进行适当转换, 结合定理 4.13, 可以得出 Schoenberg-Whitney 定理与定理 4.5 是等价的, 具体细节请读者自己考虑.

如果样条节点并不是如 (4.72) 式所给出的无限多个, 而只是有限多个. 那么由性质 4.5, 这样剖分上的每一个区间上不为零的 n 次标准 B 样条基函数最多有 $(n+1)$ 个, 因此可能不具有如性质 4.11 所述的单位分解性. 若希望所构造的 B 样条基函数在给定的有限个节点构造的区间上都具有单位分解性, 可以采用节点扩展的方法.

例 4.3 给定样条节点集

$$\{1,2,3,4,5,6\},$$

可以构造三个标准的二次 B 样条基函数, 由 Maple 生成的图形如图 4.3 所示. 这些 B 样条基函数只有在节点区间 $[3,4]$ 上时, 它们才同时满足非零, 即同时以其为局部支集, 因此满足单位分解性. 而在 $[1,3],[4,6]$ 上不具有单位分解性. 若将节点集扩展为

$$\{-1,0,1,2,3,4,5,6,7,8\},$$

以此构造的二次 B 样条基函数共有 7 个, 由 Maple 生成的图形如图 4.4 所示. 它们在 $[1,6]$ 中的每一个节点区间上都有三个二次 B 样条基函数非零, 因此在整个 $[1,6]$ 上都满足单位分解性.

图 4.3 彩图

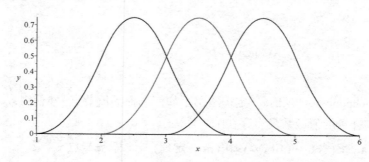

图 4.3 二次 B 样条基函数

图 4.4 彩图

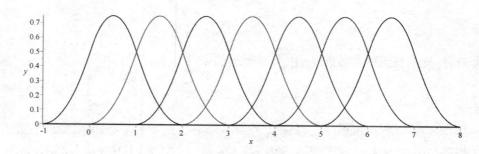

图 4.4 扩展节点构造的二次 B 样条基函数

此外, 我们还可以采用边界重节点方式扩展节点, 使得 B 样条基函数具有单位分解性. 将原节点集扩展为

$$\{1,1,1,2,3,4,5,6,6,6\},$$

以此构造的二次 B 样条基函数同样有 7 个, 由 Maple 生成的图形见图 4.5. 它们在 $[1,6]$ 中的每一个节点区间上都有三个二次 B 样条基函数非零, 因此在整个 $[1,6]$ 上

都满足单位分解性. 虽然个别 B 样条基函数在边界节点 1,6 处光滑性降低, 但是我们仅使用其在区间 $[1,6]$ 上的性质, 因此并不影响其应用. 由于在后续即将介绍的 B 样条曲线曲面表示上具有端点与角点插值性, 因此采用这种扩展节点方式得到的 B 样条基函数在应用上更受欢迎.

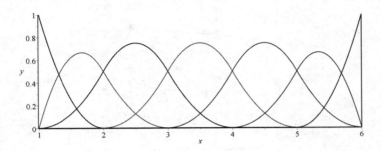

图 4.5 彩图

图 4.5 扩展边界重节点构造的二次 B 样条基函数

B 样条基函数还有许多良好的性质, 在此不再一一列出. 由于 B 样条基函数是 B 样条曲线曲面表示的核心部分, 我们会在后面内容中对 B 样条基函数的其他性质进行详细介绍.

4.4 二元样条函数

前面我们介绍了一元样条函数的基本知识, 在本节中, 我们将简单介绍研究二元样条函数的光滑余因子方法以及两类特殊三角剖分上的 B 样条函数构造. 对更高维的样条函数理论、研究样条函数的 B 网方法与 Box 样条函数等, 请参考文献 [4, 12].

4.4.1 二元样条函数的基本理论

给定二维的单连通区域 $D \subseteq \mathbb{R}^2$, 使用有限条不可约代数曲线对区域 D 进行剖分, 剖分记为 Δ (图 4.6). 区域 D 被剖分为有限个子区域, 称为剖分 Δ 的胞腔, 不妨设胞腔为 $D_1, D_2, \cdots, D_N$, 其中 N 为正整数. 围成胞腔的线段称为网线, 网线的交点称为网点或顶点. 位于 D 边界上的网线和网点称为边界网线和边界网点, 位于 D 内部的网线和网点称为内网线和内网点. 在 Δ 的每一个胞腔上都是二元 k 次多项式的分片多项式的集合记为

$$\mathbb{P}_k^{(2)}(\Delta) = \left\{ p(x,y) \, \middle| \, p(x,y)|_{D_i} \in \mathbb{P}_k^{(2)}, i = 1, 2, \cdots, N \right\}.$$

定义 4.7　给定区域 D 的剖分 Δ, 设非负整数 μ 满足 $0 \leqslant \mu \leqslant k-1$, 则

$$\mathbb{S}_k^\mu(\Delta) = C^\mu(D) \cap \mathbb{P}_k^{(2)}(\Delta)$$

称为剖分 Δ 上的二元 k 次 μ 阶连续样条函数空间, 简称为二元样条函数空间.

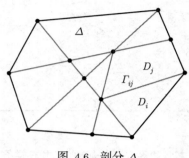

图 4.6　剖分 Δ

与一元情况类似, 二元样条函数空间的研究主要包括维数估计、结构特征、B 样条函数构造以及数值计算应用等内容, 但其与一元样条函数的研究相比又有本质上的困难. 为了给出 $\mathbb{S}_k^\mu(\Delta)$ 的维数与结构特征, 我们首先介绍如下关于二元多项式的一个引理, 进而给出在只有两个相邻胞腔所组成剖分上的二元样条函数应满足的条件.

引理 4.16　二元不可约多项式 $f(x,y)$ 与其一阶偏导数 $\dfrac{\partial f(x,y)}{\partial x}$ (或 $\dfrac{\partial f(x,y)}{\partial y}$) 没有非常数公因子. 换句话说, 不可约代数曲线 $f(x,y)$ 与代数曲线 $\dfrac{\partial f(x,y)}{\partial x}$ (或 $\dfrac{\partial f(x,y)}{\partial y}$) 只有有限个交点.

证明　用反证法. 假设代数曲线 $f(x,y)$ 与 $\dfrac{\partial f(x,y)}{\partial x}$ 有无穷多交点, 则按 Bézout 定理 (定理 3.21), $\dfrac{\partial f(x,y)}{\partial x}$ 与 $f(x,y)$ 必有非常数公因子存在, 这与 $f(x,y)$ 是不可约的相矛盾.　□

定理 4.17　设分片多项式 $S(x,y) \in \mathbb{P}_k^{(2)}(\overline{D_i \cup D_j})$, 它在两相邻胞腔 D_i 和 D_j 上的表达式分别为 $S_i(x,y)$ 和 $S_j(x,y)$, 则

$$S(x,y) \in C^\mu(\overline{D_i \cup D_j}) \quad 即 \quad S(x,y) \in \mathbb{S}_k^\mu(\overline{D_i \cup D_j})$$

的充要条件是, 存在多项式 $q_{ij}(x,y) \in \mathbb{P}_{k-(\mu+1)d}^{(2)}$, 使得

$$S_j(x,y) - S_i(x,y) = q_{ij}(x,y)l_{ij}^{\mu+1}(x,y), \tag{4.77}$$

其中

$$\Gamma_{ij} : l_{ij}(x, y) = 0$$

为 $\overline{D_i}$ 与 $\overline{D_j}$ 的公共网线方程, 且 $l_{ij}(x, y)$ 为 d 次不可约多项式.

证明 先证必要性. 参见图 4.6, 设已知 $S(x, y) \in C^\mu(\overline{D_i \cup D_j})$. 若 $\mu = 0$, 因此 $S(x, y)$ 在网线 Γ_{ij} 上处处连续, 即

$$\eta(x, y) = S_j(x, y) - S_i(x, y)$$

在 Γ_{ij} 上处处为零. 从而可知代数曲线 $l_{ij}(x, y)$ 与 $\eta(x, y)$ 有无穷多个零点 (Γ_{ij} 上的所有点), 由 Bézout 定理 (定理 3.21), $l_{ij}(x, y)$ 与 $\eta(x, y)$ 必有公因子. 但是 $l_{ij}(x, y)$ 为不可约多项式, 所以存在多项式 $q_1(x, y) \in \mathbb{P}_{k-d}^{(2)}$, 使得

$$\eta(x, y) = S_j(x, y) - S_i(x, y) = q_1(x, y) l_{ij}(x, y).$$

若 $\mu = 1$, 此时相当于 $\eta(x, y)$ 在 Γ_{ij} 上一阶偏导数处处为零. 对上式两端分别关于 x, y 求一阶偏导数, 并把网线 Γ_{ij} 上点的坐标代入, 可知

$$\left(\frac{\partial q_1(x, y)}{\partial x} l_{ij}(x, y) + q_1(x, y) \frac{\partial l_{ij}(x, y)}{\partial x} \right) \Big|_{\Gamma_{ij}} = \left(q_1(x, y) \frac{\partial l_{ij}(x, y)}{\partial x} \right) \Big|_{\Gamma_{ij}} = 0,$$

$$\left(\frac{\partial q_1(x, y)}{\partial y} l_{ij}(x, y) + q_1(x, y) \frac{\partial l_{ij}(x, y)}{\partial y} \right) \Big|_{\Gamma_{ij}} = \left(q_1(x, y) \frac{\partial l_{ij}(x, y)}{\partial y} \right) \Big|_{\Gamma_{ij}} = 0.$$

注意到 $l_{ij}(x, y)$ 为 d 次不可约多项式, 由引理 4.16, $\dfrac{\partial l_{ij}(x, y)}{\partial x}$ 与 $\dfrac{\partial l_{ij}(x, y)}{\partial y}$ 在 Γ_{ij} 上不能处处为零, 从而推出 $q_1(x, y)$ 在 Γ_{ij} 上处处为 0. 再一次运用 Bézout 定理, 可知存在 $q_2(x, y) \in \mathbb{P}_{k-2d}$, 使得

$$q_1(x, y) = l_{ij}(x, y) q_2(x, y),$$

因此

$$\eta(x, y) = S_j(x, y) - S_i(x, y) = q_2(x, y) l_{ij}^2(x, y).$$

若 $\mu = 2, 3, \cdots$, 按照如上方式一直做下去, 可推出 (4.77) 式成立.

充分性是简单的. 如果 (4.77) 式成立, 则显然 $S(x, y) \in C^\mu(\overline{D_i \cup D_j})$, 即 $S(x, y) \in \mathbb{S}_k^\mu(\overline{D_i \cup D_j})$. $\qquad \square$

按 (4.77) 式所确定的多项式 $q_{ij}(x, y)$ 称为在内网线 Γ_{ij} 上从 D_i 到 D_j 的光滑余因子. 显然, 在内网线 Γ_{ij} 上从 D_j 到 D_i 的光滑余因子为 $q_{ji}(x, y) = -q_{ij}(x, y)$. 称在内网线 Γ_{ij} 上的光滑余因子存在, 即指形如 (4.77) 式的等式成立.

Δ 中以内网点 V 为顶点的所有胞腔之并称为 V 的星形域, 记为 $St(V)$. 如图 4.7 所示, 对星形域 $St(V)$ 中的内网线集 $\{\Gamma_{ij}\}$ 中的指标 i, j 作如下设定: 当一动点绕点 V 逆时针方向越过 Γ_{ij} 时, 恰好从 D_i 跨入 D_j.

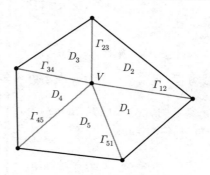

图 4.7 星形域 $St(V)$

若 $S(x,y) \in \mathbb{S}_k^\mu(St(V))$,则按照定理 4.17 的结论,$S(x,y)$ 在 $St(V)$ 中每两个相邻胞腔上满足形如 (4.77) 式的等式. 那么,从某一个胞腔出发,按照逆时针方向两两胞腔采用此方式,转一圈回到原胞腔时,$S(x,y)$ 应等于其在此胞腔上的原多项式,从而可以得到二元样条函数在一点处的协调条件:

> **推论 4.5** 函数 $S(x,y) \in \mathbb{S}_k^\mu(St(V))$ 的充要条件是,$S(x,y)$ 在 $St(V)$ 中每条内网线上都有光滑余因子存在,并且这些按照围绕网点 V 逆时针方式定义的光滑余因子满足协调条件
>
> $$\sum_V l_{ij}^{\mu+1}(x,y) \cdot q_{ij}(x,y) \equiv 0, \tag{4.78}$$
>
> 其中 $\sum_V$ 表示对星形域 $St(V)$ 中所有内网线所求的和,而 $q_{ij}(x,y)$ 为在内网线 Γ_{ij} 上从 D_i 到 D_j 的光滑余因子.

(4.78) 式成立则称光滑余因子在内网点 V 处满足协调条件. 如果在剖分 Δ 的每一个内网点处,光滑余因子都满足协调条件,则称其满足整体协调条件. 从而如下定理成立,它是二元样条函数的基本定理,指出了二元样条函数的本质特征.

> **定理 4.18** 给定区域 D 的剖分 Δ,函数 $S(x,y) \in \mathbb{S}_k^\mu(\Delta)$ 的充要条件是,$S(x,y)$ 在 Δ 的每一条内网线上都有光滑余因子存在,且满足整体协调条件.

以上定理表明,二元样条函数的研究在一定意义上等价于整体协调条件所确定的代数问题研究,这是因为整体协调条件本质上是一个求解诸光滑余因子各个待定系数的齐次线性代数方程组. 如果能从方程组中确定解空间的维数,那么我们就找到了样条函数空间 $\mathbb{S}_k^\mu(\Delta)$ 的维数. 维数确定之后,我们需要去构造或寻找 $\dim(\mathbb{S}_k^\mu(\Delta))$ 个线性无关且属于 $\mathbb{S}_k^\mu(\Delta)$ 的样条函数,从而构造出其一组基函数. 遗憾的是,由于整体协调条件有时异常复杂,其确定的方程组求解非常困难. 有时方程组的解空间维数 (或系数矩阵的秩) 会有不稳定现象,它不仅会随着剖分的拓扑结构改变而改变,有时候也会随着剖分几何性质的变化而变化. 这就说明二元样条

函数空间 $\mathbb{S}_k^\mu(\Delta)$ 的维数 (特别是当 μ 和 k 接近时) 会有不稳定现象, 有时会严重依赖于剖分的几何性质.

例 4.4 图 4.8 给出的是著名的 Morgan-Scott 三角剖分 Δ_{MS}, 在其上建立样条函数空间 $\mathbb{S}_2^1(\Delta_{MS})$. 经计算, 其维数依赖剖分的几何性质, 满足

$$\dim(\mathbb{S}_2^1(\Delta_{MS})) = \begin{cases} 7, & AA', BB', CC' \text{ 三条直线共点}, \\ 6, & \text{其他}. \end{cases}$$

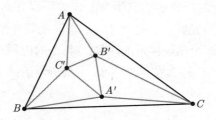

图 4.8 Morgan-Scott 剖分

若样条函数 $S(x,y) \in \mathbb{S}_k^\mu(\Delta)$ 在某个内网点 V 的星形域 $St(V)$ 上是同一个多项式, 则称 $S(x,y)$ 在 $St(V)$ 上是退化的. 若 $S(x,y)$ 在 Δ 的每一个内网点的星形域上都是退化的, 则称样条函数 $S(x,y)$ 是 (整体) 退化的. 显然, $S(x,y)$ 在 $St(V)$ 上非退化的充要条件是在一点处的协调条件 (4.78) 有非零解, 而 $S(x,y)$ 非退化的充要条件是整体协调条件有非零解. 如果样条函数空间 $\mathbb{S}_k^\mu(\Delta)$ 中有非退化的样条函数, 则称 $\mathbb{S}_k^\mu(\Delta)$ 是非退化的. 和一元样条函数不同的是, 对给定的 k 和 μ, 在剖分 Δ 上定义的非退化二元样条函数空间 $\mathbb{S}_k^\mu(\Delta)$ 并不一定总是存在的.

例 4.5 对三角形 ABC 做如图 4.9 所示的三角剖分 Δ, 其内网点 V 上的三条网线方程分别为

$$\Gamma_{12}: x - 1 = 0, \quad \Gamma_{23}: y - x = 0, \quad \Gamma_{31}: y - 1 = 0.$$

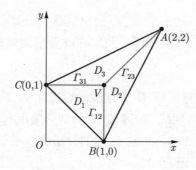

图 4.9 剖分 Δ

若 $S(x,y) \in \mathbb{S}_2^1(\Delta)$, 设其在这三条内网线上的光滑余因子分别为 c_{12}, c_{23}, c_{31},

那么它们要在 Δ 上满足的整体协调条件 (即在内网点 V 处的一点协调条件) 为

$$c_{12}(x-1)^2 + c_{23}(y-x)^2 + c_{31}(y-1)^2 = 0.$$

将左侧二元二次多项式展开后合并同类项, 其各项系数都应为零. 经简单计算, 可以得到

$$c_{12} = c_{23} = c_{31} = 0,$$

因此, 在此剖分上非退化的样条函数空间 $\mathbb{S}_2^1(\Delta)$ 并不存在.

例 4.5 表明, 对给定的剖分 Δ 与 k 和 μ, 非退化的样条函数空间 $\mathbb{S}_k^\mu(\Delta)$ 并不一定存在, 尤其是在 k 和 μ 比较接近的时候. 对 Δ 的内网点 V 而言, 若过其内网点有 $M(M \geqslant 2)$ 条内网线, 那么在点 V 处的一点协调条件 (4.78) 对应线性方程组的未知数个数为

$$C = \frac{1}{2} \sum_{i=1}^{M} [k - (\mu+1)d_i + 1] \cdot [k - (\mu+1)d_i + 2],$$

其中 d_i 为第 i 条内网线方程的次数. 当 $d_i = 1(i = 1, 2, \cdots, M)$, 即内网线全部为直线时,

$$C = \frac{1}{2} M(k-\mu)(k-\mu+1),$$

而方程个数为

$$C' = \frac{1}{2}(k+1)(k+2).$$

因此, 只要 k 取得足够大使得 $C > C'$, (4.78) 式就有非零解. 由于整体协调条件是由在每一个内网点处的一点协调条件所组成, 从而可以得到如下结论:

> **定理 4.19** 对任意的非负整数 μ, 无论对区域 D 如何进行剖分, 都可以找到适当的 k, 使得非退化的样条函数空间 $\mathbb{S}_k^\mu(\Delta)$ 存在.

综合上面的分析, 对一般剖分而言, 给出其维数公式是异常困难的, 其上定义的非退化样条函数空间也不一定存在. 我们在此介绍两类相对简单的剖分, 进而给出其维数的具体公式.

> **定义 4.8** 剖分中贯穿区域 D 的直线称为贯穿线, 从某个内网点出发终止于区域 D 边界的直线段称为射线. 若区域 D 的剖分是由有限条贯穿线切割而成的, 则称其为贯穿剖分, 记为 Δ_c. 若区域 D 的剖分是由有限条贯穿线与射线切割而成的, 则称其为拟贯穿剖分, 记为 Δ_{qc}.

图 4.10(a) 给出了一个贯穿剖分, (b) 给出了一个拟贯穿剖分. 定义在贯穿剖分和拟贯穿剖分上的二元样条函数空间有如下维数公式:

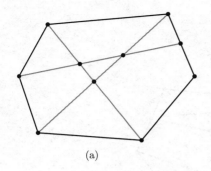
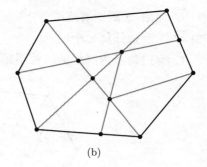

(a)   (b)

图 4.10 贯穿剖分和拟贯穿剖分

定理 4.20 设 Δ_c 为区域 D 的贯穿剖分, 则

$$\dim\left(\mathbb{S}_k^\mu(\Delta_c)\right) = \binom{k+2}{2} + \binom{k-\mu+1}{2}L + \sum_{i=1}^N d_k^\mu(n_i), \tag{4.79}$$

其中 L, N 分别为 Δ_c 的贯穿线数和内网点数, n_i 是经过第 i 个内网点的贯穿线数, 而

$$d_k^\mu(n_i) = \frac{1}{2}\left(k - \mu - \left[\frac{\mu+1}{n_i-1}\right]\right)_+ \cdot \left((n_i-1)k - (n_i+1)\mu + \right.$$
$$\left. (n_i-3) + (n_i-1)\left[\frac{\mu+1}{n_i-1}\right]\right), \tag{4.80}$$

其中 $[x]$ 表示不超过 x 的最大整数.

定理 4.21 设 Δ_{qc} 为区域 D 的拟贯穿剖分, 则

$$\dim\left(\mathbb{S}_k^\mu(\Delta_{qc})\right) = \binom{k+2}{2} + \binom{k-\mu+1}{2}L + \sum_{i=1}^N d_k^\mu(n_i), \tag{4.81}$$

其中 L, N 分别为 Δ_{qc} 的贯穿线数和内网点数, n_i 是经过第 i 个内网点的贯穿线和射线数之和, 而 $d_k^\mu(n_i)$ 由 (4.80) 式定义.

需要指出的是, $d_k^\mu(n_i)$ 本质上就是在第 i 个内网点处一点协调条件所对应的线性方程组解空间的维数. 鉴于篇幅, 此处不给出这两个结论的证明, 请读者自行补证或参考文献 [2, 4]. 由维数公式 (4.79) 和 (4.81) 看出, 只要贯穿线数 $L \geqslant 1$, 贯穿剖分和拟贯穿剖分上满足 $\mu \leqslant k-1$ 的任意二元样条函数空间都是非退化的.

对一元样条函数, 我们从第一个 (最左侧) 剖分区间出发, 以截断多项式形式给出了其一般结构特征 (定理 4.1). 对二元样条函数, 也可以得到类似的结论, 但是二维区域剖分比区间剖分要复杂得多, 从而其分析也更为复杂.

对区域 D 的剖分 Δ, 选定其一个胞腔作为源胞腔. 从源胞腔出发, 作一个流向图, 如图 4.11 所示, 使流线 $\overrightarrow{C}$ 满足如下条件:

(1) $\vec{C}$ 流遍 Δ 的所有胞腔;

(2) $\vec{C}$ 不能过任何一个网点;

(3) $\vec{C}$ 穿过每条内网线的次数不超过 1.

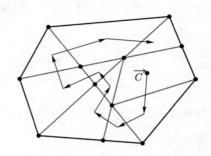

图 4.11　流向图

需要指明的是, 流线 $\vec{C}$ 可以不是 "一笔画", 允许出现分支, 而且同一剖分可能有多个不同的流向图. 我们称流线 $\vec{C}$ 所经过的内网线为本性内网线, 不经过的内网线为可去内网线. 显然, 不同流向图所对应的本性内网线与可去内网线是不一定相同的. 设 $\Gamma_{ij}: l_{ij}(x,y) = 0$ 为流向 $\vec{C}$ 上的一条本性内网线. 我们称沿流向 $\vec{C}$ 前进、只有越过 Γ_{ij} 后流向 $\vec{C}$ 才能到达的所有封闭胞腔之并为 Γ_{ij} 的前方, 记为 $f_r(\Gamma_{ij})$. 从而可以引申出二元 (非张量积型) 截断多项式

$$[l_{ij}(x,y)]_+^m = \begin{cases} [l_{ij}(x,y)]^m, & (x,y) \in f_r(\Gamma_{ij}), \\ 0, & (x,y) \in D \backslash f_r(\Gamma_{ij}). \end{cases} \tag{4.82}$$

若 $\Gamma_{ij}: l_{ij}(x,y) = 0$ 是流向 $\vec{C}$ 上的可去内网线, 我们不妨定义

$$[l_{ij}(x,y)]_+^m = 0, \quad (x,y) \in D.$$

根据流向图与二元截断多项式, 我们可以得到二元样条函数的结构特征:

定理 4.22 对区域 D 的剖分 Δ 及其上确定的流线 $\vec{C}$, $S(x,y) \in \mathbb{S}_k^\mu(\Delta)$ 的充要条件是

$$\begin{cases} S(x,y) = p_0(x,y) + \sum_{\vec{C}} q_{ij}(x,y)[l_{ij}(x,y)]_+^{\mu+1}, & (x,y) \in D, \\ \sum_{V_i} q_{ij}(x,y)[l_{ij}(x,y)]^{\mu+1} \equiv 0, \end{cases} \tag{4.83}$$

其中 $\sum\limits_{\vec{C}}$ 表示对 Δ 的所有内网线求和, $q_{ij}(x,y)$ 是在网线 Γ_{ij} (即 $l_{ij}(x,y) = 0$) 上的光滑余因子, $\sum\limits_{V_i}$ 表示对 Δ 的所有内网点求和 (即整体协调条件).

定理 4.22 的证明在此省略, 可参考文献 [2, 4]. 虽然如上定理指出了二元样条函数空间的本质结构特征, 但从此定理出发, 很难像定理 4.1 一样给出二元样条函数空间的维数与基函数, 这也是由样条函数空间对剖分的严重依赖所决定的. 可以根据实际情况, 对特殊的剖分进行研究, 从而给出便于应用的相应结论.

4.4.2 I 型三角剖分和 II 型三角剖分

设 m, n 为正整数, 对矩形区域 $D = [0,1] \times [0,1]$, 分别采用如下两种贯穿线进行剖分:

(1) 第 I 种:

$$mx - i = 0, \quad i = 0, 1, \cdots, m,$$
$$ny - j = 0, \quad j = 0, 1, \cdots, n,$$
$$mx - ny - k = 0, \quad k = 0, 1, \cdots, n-1,$$
$$mx - ny + l = 0, \quad l = 1, 2, \cdots, m-1;$$

(2) 第 II 种:

$$mx - i = 0, \quad i = 0, 1, \cdots, m,$$
$$ny - j = 0, \quad j = 0, 1, \cdots, n,$$
$$mx - ny - k = 0, \quad k = 0, 1, \cdots, n-1,$$
$$mx - ny + l = 0, \quad l = 1, 2, \cdots, m-1,$$
$$mx + ny - r = 0, \quad r = 1, 2, \cdots, m+n-1,$$

得到的 D 的剖分分别称为 I 型三角剖分 $\triangle_{mn}^{(1)}$ 和 II 型三角剖分 $\triangle_{mn}^{(2)}$, 如图 4.12 所示. 这两类剖分可以很容易地扩展到任意矩形区域, 只需沿两个方向都做等距贯穿线剖分即可, 而且后续结论也可以平行推出.

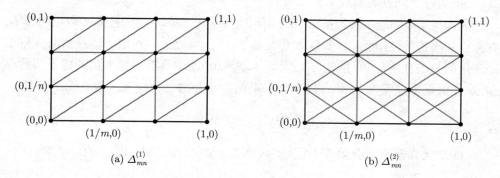

(a) $\triangle_{mn}^{(1)}$ (b) $\triangle_{mn}^{(2)}$

图 4.12 I 型三角剖分和 II 型三角剖分

$\triangle_{mn}^{(1)}$ 和 $\triangle_{mn}^{(2)}$ 是很重要的两类三角剖分, 其上建立的某些二元样条函数空间含具有局部支集的 B 样条基函数, 从而可以构造一系列的拟插值算子并在数值计算中有重要应用. 显然, 这两个三角剖分也是贯穿剖分, 作为定理 4.20 的推论, 可以得到 I 型三角剖分和 II 型三角剖分上二元样条函数空间的维数公式:

定理 4.23

$$
\dim\left(\mathbb{S}_k^\mu(\Delta_{mn}^{(1)})\right) = \binom{k+2}{2} + (2m+2n-3)\binom{k-\mu+1}{2}_+
$$

$$
+ (m-1)(n-1)\left(k-\mu-\left[\frac{\mu+1}{2}\right]\right)_+ \cdot \tag{4.84}
$$

$$
\left(k-2\mu+\left[\frac{\mu+1}{2}\right]\right),
$$

$$
\dim\left(\mathbb{S}_k^\mu(\Delta_{mn}^{(2)})\right) = \binom{k+2}{2} + (3m+3n-4)\binom{k-\mu+1}{2} + mn\binom{k-2\mu}{2}_+
$$

$$
+ \frac{1}{2}(m-1)(n-1)\left(k-\mu-\left[\frac{\mu+1}{3}\right]\right)_+ \cdot \tag{4.85}
$$

$$
\left(3k-5\mu+3\left[\frac{\mu+1}{3}\right]+1\right).
$$

我们称 $S(x,y) \in \mathbb{S}_k^\mu(\Delta)$ 是一个具有局部支集的样条函数, 如果存在一个以 Δ 的网线围成的多边形, 使得 $S(x,y)$ 在此多边形的边界和外部处处为零且内部不为零, 称此多边形为样条函数 $S(x,y)$ 的支集. 类似于一元 B 样条函数, 具有局部支集的二元样条函数对数值计算是非常重要的, 因此我们研究二元样条函数最重要的问题之一, 就是寻找 $\mathbb{S}_k^\mu(\Delta)$ 中由具有局部支集的样条函数所构成的基函数.

由定理 4.20, 要使 $\mathbb{S}_k^\mu(\Delta)$ 中具有局部支集的样条函数存在, 则需要在其支集多边形每个内网点处协调条件所对应方程组的解空间的维数 $d_k^\mu(n_i)$ 大于零, 即

$$
n_i > \frac{k+1}{k-\mu}, \tag{4.86}
$$

其中 n_i 为过此网点的网线数.

因为在实际问题中较为重要, 我们希望构造具有局部支集的样条函数空间 $\mathbb{S}_k^\mu(\Delta)$ 有至少一阶连续性, 即 $\mu \geqslant 1$ 且 k 尽可能小. 当 $\mu = 1$ 时, 利用 I 型三角剖分与 II 型三角剖分的性质可知, 欲使 $\mathbb{S}_k^1(\Delta_{mn}^{(1)})$ 和 $\mathbb{S}_k^1(\Delta_{mn}^{(2)})$ 中具有局部支集的样条函数存在, k 分别至少应取为 3 和 2, 即考虑如下两类重要的二元样条函数空间:

$$
\mathbb{S}_3^1(\Delta_{mn}^{(1)}), \quad \mathbb{S}_2^1(\Delta_{mn}^{(2)}).
$$

(1) 二元样条函数空间 $\mathbb{S}_3^1(\Delta_{mn}^{(1)})$. 按维数公式 (4.84), $\mathbb{S}_3^1(\Delta_{mn}^{(1)})$ 的维数为

$$
\dim\left(\mathbb{S}_3^1(\Delta_{mn}^{(1)})\right) = 2(m+2)(n+2) - 5. \tag{4.87}
$$

$\mathbb{S}_3^1(\Delta_{mn}^{(1)})$ 中有两个具有六边形 A_1 和 A_2 (图 4.13) 局部支集的样条函数 $B^1(x,y)$ 和 $B^2(x,y)$. 从图形上看, 这两个支集具有一定的对称性, 而相应的样条函数 $B^1(x,y)$ 与 $B^2(x,y)$ 也具有一定的对称性:

$$
B^2(x,y) = B^1(-x,-y), \tag{4.88}
$$

从而我们只要知道了 $B^1(x,y)$ 与 $B^2(x,y)$ 其中一个表达式, 也就知道了另外一个表达式.

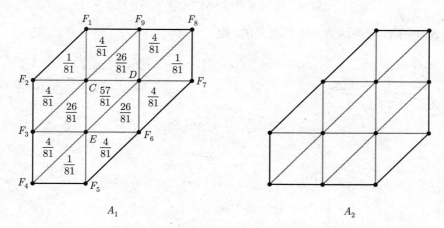

图 4.13 $\mathbb{S}_3^1(\Delta_{mn}^{(1)})$ 的两个六边形局部支集

下面我们给出 $B^1(x,y)$ 在支集 A_1 上的分片表达式. 显然, 在三角形上定义的二元三次多项式可由它在三个顶点处的函数值与关于 x,y 的两个一阶偏导数值, 以及它在三角形重心上的函数值, 这 10 个条件所唯一确定. 我们以三维向量表示函数 $B^1(x,y)$ 在网点 X 处的这三个值: $X\left(B^1,\dfrac{\partial B^1}{\partial x},\dfrac{\partial B^1}{\partial y}\right)$, 那么如图 4.13 所示, 我们设 $B^1(x,y)$ 在 A_1 上所有网点处的值分别为

$$C\left(\frac{1}{3},1,-1\right),\quad D\left(\frac{1}{3},-1,0\right),\quad E\left(\frac{1}{3},0,1\right),\quad F_i(0,0,0),\quad i=1,2,\cdots,9,$$

而 $B^1(x,y)$ 在每一个三角形重心处的函数值标记在图 4.13 所示的三角形中. 经计算, 可以得到 $B^1(x,y)$ 在 A_1 每一个三角形上的表达式, 而 $B^2(x,y)$ 的表达式可以由 (4.88) 式所确定.

可以验证 $B^1(x,y)$ 和 $B^2(x,y)$ 是 $\mathbb{S}_3^1(\Delta_{mn}^{(1)})$ 中具有最小局部支集的样条函数, 也称之为 B 样条函数. 计算出一组 $B^1(x,y)$ 和 $B^2(x,y)$ 后, 将其平移, 并定义

$$B_{ij}^r(x,y)=B^r\left(x-\frac{i}{m},y-\frac{j}{n}\right),\quad r=1,2$$

和指标集合

$$\alpha_r=\left\{(i,j)\,\middle|\,B_{ij}^r(x,y) \text{ 在区域 } D \text{ 上不恒为零}\right\},\quad r=1,2.$$

经计算, 可得

$$\#(\alpha_1\cup\alpha_2)=2(m+2)(n+2)-2,$$

它比 $S_3^1(\Delta_{mn}^{(1)})$ 的维数还要大 3. 设

$$\mathcal{S} = \left\{ B_{ij}^1(x,y) \big| (i,j) \in \alpha_1 \right\} \cup \left\{ B_{ij}^2(x,y) \big| (i,j) \in \alpha_2 \right\},$$

显然 $\mathcal{S}$ 中的 B 样条函数是线性相关的. 设

$$\beta_r(i_1,j_1;i_2,j_2;\cdots;i_q,j_q) = \alpha_r \setminus \{(i_1,j_1),(i_2,j_2),\cdots,(i_q,j_q)\}, \quad r=1,2.$$

定理 4.24

$$\mathbb{S}_3^1(\Delta_{mn}^{(1)}) = span\{\mathcal{S}\}, \tag{4.89}$$

并且

$$\mathcal{S}_1 = \big\{ B_{ij}^1(x,y), B_{st}^2(x,y) \,\big|\, (i,j) \in \beta_1(m,n+1),$$
$$(s,t) \in \beta_2(m+1,n;m+1,n-1) \big\}$$

线性无关, 构成 $\mathbb{S}_3^1(\Delta_{mn}^{(1)})$ 的一组 B 样条基函数.

定理 4.24 指出这两类 B 样条函数可以生成整个空间 $\mathbb{S}_3^1(\Delta_{mn}^{(1)})$, 且从中按规律挑出三个后, 生成一组 B 样条基函数, 具体证明参考文献 [4].

从其构造可以看出, 这两类 B 样条函数在其局部支集内部都大于零, 且都具有单位分解性:

$$\sum_{(i,j)\in\alpha_r} B_{ij}^r(x,y) \equiv 1, \quad \forall(x,y) \in D, \tag{4.90}$$

其中 $r=1,2$.

定义下列拟插值算子 (也称为变差缩减算子)

$$(\mathcal{V}^r f)(x,y) = \sum_{(i,j)\in\alpha_r} f\left(\frac{i}{m},\frac{j}{n}\right) B_{ij}^r(x,y), \quad r=1,2. \tag{4.91}$$

可以验证, 它们都是线性正算子. 记剖分 $\Delta_{mn}^{(1)}$ 的直径

$$\eta_{mn} = \sqrt{\frac{1}{m^2}+\frac{1}{n^2}},$$

可以得到拟插值算子的线性再生性与一致逼近性质, 证明同样参考文献 [4].

定理 4.25 由 (4.91) 式定义的拟插值算子 $\mathcal{V}^r$ 具有线性再生性, 即对一切多项式 $p(x,y) \in \mathbb{P}_1^{(2)}$, 均有

$$(\mathcal{V}^r p)(x,y) \equiv p(x,y). \tag{4.92}$$

对任意给定的 $f(x,y) \in C(D)$, 均有

$$\lim_{\eta_{mn}\to 0}(\mathcal{V}^r f)(x,y) = f(x,y), \quad (x,y) \in D, r=1,2, \tag{4.93}$$

并且上述极限关系式在 D 上一致成立.

(2) **二元样条函数空间** $\mathbb{S}_2^1(\Delta_{mn}^{(2)})$. 按维数公式 (4.85), $\mathbb{S}_2^1(\Delta_{mn}^{(2)})$ 的维数为

$$\dim\left(\mathbb{S}_2^1(\Delta_{mn}^{(2)})\right) = (m+2)(n+2) - 1.$$

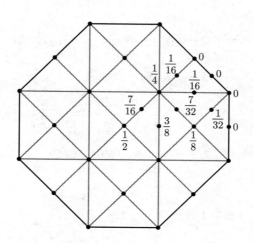

图 4.14　$\mathbb{S}_2^1(\Delta_{mn}^{(2)})$ 的八边形局部支集

$\mathbb{S}_2^1(\Delta_{mn}^{(2)})$ 中有一个具有八边形局部支集的样条函数 $B(x,y)$ (见图 4.14). 下面我们给出 $B(x,y)$ 在支集 A 上的分片表达式. 显然, 在三角形上定义的二元二次多项式可由它在三个顶点以及三边中点上的函数值, 这 6 个条件所唯一确定. 我们在图 4.14 中给出中心在原点的一个支集, 并标出了 $B(x,y)$ 在一部分区域上各点处相应的函数值. 再利用样条函数 $B(x,y)$ 关于 x 轴, y 轴以及原点 O 的对称性, 在支集其他各点处的函数值便可完全确定. 经计算, 可以得到 $B(x,y)$ 在支集 A 中每一个三角形上的表达式.

可以验证 $B(x,y)$ 是 $\mathbb{S}_2^1(\Delta_{mn}^{(2)})$ 中具有最小局部支集的样条函数, 因此也称之为 B 样条函数. 对计算出支集中心在原点 $(0,0)$ 的 B 样条函数 $B(x,y)$ 进行平移, 并定义

$$B_{ij}(x,y) = B\left(mx - i + \frac{1}{2}, ny - j + \frac{1}{2}\right)$$

和 B 样条函数集合

$$\mathcal{Q} = \{B_{ij}(x,y) \mid i = 0, 1, \cdots, m+1; j = 0, 1, \cdots, n+1\}.$$

经简单计算, $\mathcal{Q}$ 中包含 $(m+2)(n+2)$ 个函数, 它比 $\dim(\mathbb{S}_2^1(\Delta_{mn}^{(2)}))$ 大 1, 从而 $\mathcal{Q}$ 中的函数线性相关.

定理 4.26　任取 $i \in \{0, 1, \cdots, m+1\}, j \in \{0, 1, \cdots, n+1\}$, 有

$$\mathbb{S}_2^1(\Delta_{mn}^{(2)}) = span\left\{\mathcal{Q} \setminus B_{i,j}(x,y)\right\}, \tag{4.94}$$

即 $\mathcal{Q} \setminus B_{i,j}(x,y)$ 为 $\mathbb{S}_2^1(\Delta_{mn}^{(2)})$ 的一组 B 样条基函数.

从其构造可以看出, 这类 B 样条函数在其局部支集内部都大于零, 且容易证明如下性质:

$$\sum_{i,j} B_{ij}(x,y) \equiv 1, \quad \forall(x,y) \in D,$$

$$\sum_{i,j} (-1)^{i+j} B_{ij}(x,y) \equiv 0, \quad \forall(x,y) \in D.$$

定义如下拟插值算子 (变差缩减算子)

$$(\mathcal{V}_{mn}f)(x,y) = \sum_{i,j} f\left(\frac{2i-1}{2m}, \frac{2j-1}{2n}\right) B_{ij}(x,y), \tag{4.95}$$

$$(\mathcal{W}_{mn}f)(x,y) = \sum_{i,j} \varphi_{ij}(f) B_{ij}(x,y), \tag{4.96}$$

其中

$$\varphi_{ij}(f) = 2f\left(\frac{2i-1}{2m}, \frac{2j-1}{2n}\right) - \frac{1}{4}\left(f\left(\frac{i}{m}, \frac{j}{n}\right) + f\left(\frac{i-1}{m}, \frac{j}{n}\right) + f\left(\frac{i-1}{m}, \frac{j-1}{n}\right) + f\left(\frac{i}{m}, \frac{j-1}{n}\right)\right).$$

可以验证 $\mathcal{V}_{mn}$ 是线性正算子, $\mathcal{W}_{mn}$ 不是线性正算子.

定理 4.27 拟插值算子 (4.95) 和 (4.96) 满足如下多项式再生性:

$$(\mathcal{V}_{mn}p)(x,y) \equiv p(x,y), \quad \forall p(x,y) \in span\{1, x, y, xy\},$$

$$(\mathcal{W}_{mn}p)(x,y) \equiv p(x,y), \quad \forall p(x,y) \in \mathbb{P}_2^{(2)}.$$

设紧集 K 为包含区域 D 的开集的闭包. 为了符号上的区别, 我们设 $\|f\|_D$ 表示区域 D 上 $f(x,y)$ 的无穷范数 $\|f\|_\infty$, 设 $\omega_K(f;\delta)$ 表示在区域 K 上 $f(x,y)$ 关于 δ 的连续模, 即

$$\omega_K(f;\delta) = \sup_{\|(x_1,y_1)-(x_2,y_2)\|_2 < \delta} \{|f(x_1,y_1) - f(x_2,y_2)| \,|\, (x_1,y_1), (x_2,y_2) \in K\},$$

则拟插值算子 (4.95) 和 (4.96) 满足下述误差估计, 具体证明参见文献 [4].

定理 4.28 设紧集 K 为包含区域 D 的开集的闭包, 当 m,n 充分大时, 可得

(1) 若 $f \in C(K)$, 则

$$\|f - \mathcal{V}_{mn}f\|_D \leqslant \omega_K(f; \delta'_{mn});$$

(2) 若 $f \in C^1(D)$, 则

$$\|f - \mathcal{V}_{mn}f\|_D \leqslant \delta_{mn} \max\left\{\omega_D\left(f_1; \frac{\delta_{mn}}{2}\right), \omega_D\left(f_2; \frac{\delta_{mn}}{2}\right)\right\};$$

(3) 若 $f \in C^2(D)$, 则

$$\|f - \mathcal{V}_{mn}f\|_D \leqslant \frac{1}{4}\delta_{mn}^2\|\mathcal{D}^2 f\|,$$

其中

$$\delta_{mn} = \max\left\{\frac{1}{m}, \frac{1}{n}\right\}, \quad \delta_{mn}' = \frac{1}{2mn}\max\left\{\sqrt{9m^2 + n^2}, \sqrt{m^2 + 9n^2}\right\},$$

$$f_1 = \frac{\partial f}{\partial x}, \quad f_2 = \frac{\partial f}{\partial y}, \quad f_{11} = \frac{\partial^2 f}{\partial x^2}, \quad f_{12} = f_{21} = \frac{\partial^2 f}{\partial x \partial y}, \quad f_{22} = \frac{\partial^2 f}{\partial y^2},$$

且线性变换 $\mathcal{D}^2 \colon \mathbb{R}^2 \times \mathbb{R}^2 \to \mathbb{R}$ 定义为

$$\mathcal{D}^2 f(x,y)\left((u_1, u_2), (v_1, v_2)\right) = \sum_{i,j=1}^{2} f_{ij}(x,y)u_i v_j,$$

而 $\|\mathcal{D}^2 f\|$ 表示线性变换 $\mathcal{D}^2$ 的范数在 D 上的最大值.

定理 4.29 设 $f \in C(K)$, 紧集 K 为包含区域 D 的开集的闭包, 当 m, n 充分大时, 可得

(1) 若 $f \in C^2(D)$, 则

$$\begin{aligned}
\|f - \mathcal{W}_{mn}f\|_D \leqslant \frac{1}{2}\delta_{mn}^2 \max\Big\{ &\omega_D\left(f_{11}; \frac{\delta_{mn}}{2}\right), \\
&2\omega_D\left(f_{12}; \frac{\delta_{mn}}{2}\right), \omega_D\left(f_{22}; \frac{\delta_{mn}}{2}\right)\Big\};
\end{aligned}$$

(2) 若 $f \in C^3(D)$, 则

$$\|f - \mathcal{W}_{mn}f\|_D \leqslant \frac{1}{12}\delta_{mn}^3\|\mathcal{D}^3 f\|,$$

其中线性变换 $\mathcal{D}^3 \colon \mathbb{R}^2 \times \mathbb{R}^2 \times \mathbb{R}^2 \to \mathbb{R}$ 定义为

$$\mathcal{D}^3 f(x,y)((u_1, u_2), (v_1, v_2), (w_1, w_2)) = \sum_{i,j,k=1}^{2} f_{ijk}(x,y)u_i v_j w_k,$$

f_{ijk} 表示 $f(x,y)$ 的三阶偏导数, 当下标 i, j, k 中任何一个等于 1 时表示关于 x 求偏导, 等于 2 时表示关于 y 求偏导, 而 $\|\mathcal{D}^3 f\|$ 表示线性变换 $\mathcal{D}^3$ 的范数在 D 上的最大值.

■ 习题 4

1. 证明: 函数组

$$1, x, x^2, \cdots, x^n, (x-x_1)_+^n, \cdots, (x-x_N)_+^n$$

在实轴上是线性无关的, 其中样条节点 $x_i(i = 1, 2, \cdots, N)$ 两两不同.

2. 定义在实数轴上的分段二次多项式

$$S(x) = \begin{cases} x^2 + 2, & x \in (-\infty, 1], \\ 2x^2 - 2x + 3, & x \in (1, 2], \\ x^2 + 2x - 1, & x \in (2, 3], \\ -x^2 + 14x - 19, & x \in (3, +\infty), \end{cases}$$

证明: $S(x)$ 是以 $1, 2, 3$ 为节点的二次样条函数, 给出其在这些样条节点处的光滑余因子, 并将其表示为 (4.22) 式的形式.

3. 证明定理 4.8.

4. 设函数 $f(x) = 2x^4$, 区间 $[0, 3]$ 的剖分 Δ 为等距剖分

$$x_0 = 0, \quad x_1 = 1, \quad x_2 = 2, \quad x_3 = 3.$$

求剖分 Δ 上关于 $f(x)$ 的第一型三次样条插值函数 $S(x)$. 绘制 $f(x), S(x)$ 的图形, 并验证误差是否符合定理 4.8 的结论.

5. 对 Runge 函数

$$f(x) = \frac{1}{1 + 25x^2}, \quad x \in [-1, 1],$$

插值节点取为等距节点

$$x_i = -1 + \frac{2i}{n}, \quad i = 0, 1, \cdots, n.$$

当 $n = 2, 4, 6, 8, 10$ 时, 分别求关于 $f(x)$ 的第一型与第二型三次样条插值函数 $S(x)$. 绘制 $f(x), S(x)$ 的图形, 并将所得结果与例 3.7 中的多项式插值结果进行对比分析.

6. 对函数 $f(x) = |x|, x \in [-1, 1]$, 插值节点取为等距节点

$$x_i = -1 + \frac{2i}{5}, \quad i = 0, 1, \cdots, 5,$$

求关于 $f(x)$ 的第三型 (周期型) 三次样条插值函数 $S(x)$, 并绘制 $f(x), S(x)$ 的图形.

7. 对差分型定义的 B 样条函数 $M_n(x)$(见定义 4.3), 证明如下结论:

(1) $M'_{n+1}(x) = M_n\left(x + \dfrac{1}{2}\right) - M_n\left(x - \dfrac{1}{2}\right)$, 其中 $n = 1, 2, \cdots$;

(2) $M_{n+1}(x) = \dfrac{1}{n}\left[\left(\dfrac{n+1}{2} + x\right)M_n\left(x + \dfrac{1}{2}\right) + \left(\dfrac{n+1}{2} - x\right)M_n\left(x - \dfrac{1}{2}\right)\right]$, 其中 $n = 1, 2, \cdots$;

(3) $\displaystyle\sum_{m=-\infty}^{+\infty} M_n(m - x) = 1$, 其中 $n \geqslant 1$;

(4) $\displaystyle\sum_{m=-\infty}^{+\infty} m M_n(m - x) = x$, 其中 $n \geqslant 2$;

(5) 对所有 $1 \leqslant i \leqslant n - 1$, 证明 B 样条函数的卷积公式

$$M_n(x) = M_i * M_{n-i}(x) = \int_{-\infty}^{+\infty} M_i(x - y) M_{n-i}(y)\mathrm{d}y.$$

8. 对等距节点, 画出 1 阶至 4 阶差商型 B 样条函数 (见定义 4.4) 的图形.

9. 利用 de Boor-Cox 公式, 计算由节点向量

$$\boldsymbol{U} = \{0, 1, 2, 3, 3, 4, 4, 5, 6, 6, 6\}$$

所定义的所有二次 B 样条函数, 并绘制它们的图形.

10. 对正整数 n, 取区间 $[a, b]$ 的 n 等分节点为 $x_i = a + ih(i = 0, 1, \cdots, n)$, 其中步长 $h = \dfrac{b-a}{n}$. 设 $x_{-3} = x_{-2} = x_{-1} = a, x_{n+1} = x_{n+2} = x_{n+3} = b$, 在节点向量 (称为准均匀节点向量)

$$\boldsymbol{U} = \{x_{-3}, x_{-2}, x_{-1}, x_0, x_1, \cdots, x_n, x_{n+1}, x_{n+2}, x_{n+3}\}$$

上构造的三次标准 B 样条函数为 $N_{i,3}(x)(i = -3, -2, \cdots, n-1)$, 共 $(n+3)$ 个. 设函数 $f(x) \in C^4[a, b]$, 满足 $y_i = f(x_i)(i = 0, 1, \cdots, n)$. 构造三次样条拟插值算子

$$\mathcal{Q}_3 f(x) = \sum_{i=-3}^{n-1} \mu_i(f) N_{i,3}(x),$$

其中

$$\begin{aligned}
\mu_{-3}(f) &= y_0, \\
\mu_{-2}(f) &= \frac{1}{18}(7y_0 + 18y_1 - 9y_2 + 2y_3), \\
\mu_i(f) &= \frac{1}{6}(-y_{i+1} + 8y_{i+2} - y_{i+3}), \quad i = -1, 0, \cdots, n-3, \\
\mu_{n-2}(f) &= \frac{1}{18}(2y_{n-3} - 9y_{n-2} + 18y_{n-1} + 7y_n), \\
\mu_{n-1}(f) &= y_n,
\end{aligned}$$

证明误差满足:

$$\|f - \mathcal{Q}_3 f\|_\infty = O(h^4).$$

11. 利用定理 4.23, 分别给出 $\dim\left(\mathbb{S}_4^2(\Delta_{mn}^{(1)})\right), \dim\left(\mathbb{S}_4^2(\Delta_{mn}^{(2)})\right)$.

12. 设二维区域 D 的剖分 Δ 的内网线分别为 $\Gamma_i(i = 1, 2, \cdots, M)$. 如果二元分片 k 次多项式 $S(x, y)$ 在内网线 Γ_i 上具有直到 μ_i 阶的连续偏导数, 其中 $0 \leqslant \mu_i \leqslant k - 1$, $i = 1, 2, \cdots, M$, 则称 $S(x, y)$ 为定义在剖分 Δ 上的二元 k 次 $\boldsymbol{\mu}$ 阶连续的异度样条函数, 其中 $\boldsymbol{\mu} = (\mu_1, \mu_2, \cdots, \mu_M)$. 仿照二元样条函数的基本理论, 尝试给出二元异度样条函数应满足的一点处协调条件和整体协调条件.

13. 如果二维区域 D 的剖分 Δ 中每一个胞腔都是三角形, 则剖分称为三角剖分. 对任意的三角剖分 Δ, 给出 $\dim\left(\mathbb{S}_1^0(\Delta)\right)$, 并尝试构造具有局部支集的 B 样条函数.

习题 4 典型习题
解答或提示

上机实验
练习 4 与答案

上机实验练习 4
程序代码

我们知道, 如果函数 $f(x)$ 在区间 $[a,b]$ 上连续, 且原函数为 $F(x)$, 则可用 Newton-Leibniz 公式

$$I(f) = \int_a^b f(x)\mathrm{d}x = F(b) - F(a)$$

来求得定积分, 其中 $I(f)$ 表示 $f(x)$ 在 $[a,b]$ 上的精确积分. 然而, 对有些函数来说, 找到原函数往往很困难, 例如计算定积分

$$\int_0^a \mathrm{e}^{x^2}\mathrm{d}x \quad (a \text{ 为有限数})$$

时, 被积函数 $f(x) = \mathrm{e}^{x^2}$ 的原函数不能用初等函数表示出来. 还有些被积函数的原函数尽管能用初等函数的有限形式表示出来, 但表达式过于复杂, 也不便使用.

在很多实际问题中, 人们获得了大量测量或实验数据, 希望从这些数据出发来构造潜在的被积函数的积分值, 但这些潜在的被积函数本身是我们所不知道的, 我们更无法用 Newton-Leibniz 公式来求积分. 基于以上原因, 对给定的离散数据, 有必要研究用数值方法来计算近似定积分值的问题, 这就是数值积分. 构造的近似积分计算公式称为数值求积公式 (或数值积分公式). 数值积分也是微分方程、积分方程数值解法的基础.

当函数十分复杂且求导之后会变得更加复杂. 或者函数只能用列表形式给出函数值时, 我们就只能采用数值办法来近似地求其导数值. 利用函数值的线性组合近似表示函数在某点处的导数值, 这种方法称为数值微分, 在一维时也称为数值求导.

本章首先介绍数值积分的基本概念, 随后介绍 Newton-Cotes 求积公式、复化求积公式与 Romberg 算法、Gauss 型求积公式以及多重积分的基本理论, 最后对一些数值微分公式进行介绍.

5.1　数值积分的基本概念

研究数值积分 (或构造求积公式) 的基本思想主要有两种: 一、利用所给条件, 构造一个简单函数 (例如多项式)$P(x)$ 来近似代替被积函数 $f(x)$, 然后利用容易

计算的积分值 $\int_a^b P(x)\mathrm{d}x$ 作为积分 $I(f)$ 的近似值, 从而构造求积公式. 这种思想的关键是构造 $f(x)$ 的逼近函数 $P(x)$. 二、将所给的离散数据值加权求和, 作为积分 $I(f)$ 的近似值, 从而构造求积公式. 这种思想的关键是选取加权求和的系数. 这两种思想是不矛盾的, 所构造的求积公式在最终形式上往往是相同的.

由积分中值定理可知,

$$I(f) = \int_a^b f(x)\mathrm{d}x = (b-a)f(\xi), \quad \xi \in [a,b],$$

也就是说, 曲边梯形的面积等于以 $b-a$ 为底, 以 $f(\xi)$ 为高的矩形面积. 但是一般情况下 ξ 的具体位置是不知道的, 所以很难计算 $f(\xi)$ 的精确值. 我们将 $f(\xi)$ 称为 $f(x)$ 在区间 $[a,b]$ 上的平均高度, 只要对平均高度 $f(\xi)$ 提供一种算法, 就会得到一种数值求积公式.

我们取 $f(a), f(b)$ 的算术平均作为平均高度 $f(\xi)$ 的近似值, 可以得到求积公式

$$I(f) = \int_a^b f(x)\mathrm{d}x \approx (b-a)\frac{f(a)+f(b)}{2},$$

这就是我们所熟悉的梯形公式. 如果我们用 $f(x)$ 在区间 $[a,b]$ 中点 $c = \dfrac{a+b}{2}$ 处的高度来近似平均高度 $f(\xi)$, 则可得求积公式

$$I(f) = \int_a^b f(x)\mathrm{d}x \approx (b-a)f\left(\frac{a+b}{2}\right),$$

这就是所谓的矩形公式.

利用如上思想, 下面我们给出数值求积公式的一般定义:

定义 5.1 在区间 $[a,b]$ 上适当选取 $(n+1)$ 个节点 $x_k(k = 0, 1, \cdots, n)$, 将 $f(x)$ 在这些节点处函数值的加权平均作为平均高度 $f(\xi)$ 的近似值, 即

$$f(\xi) \approx \sum_{k=0}^n C_k^{(n)} f(x_k),$$

其中加权平均系数 $C_k^{(n)}$ 满足 $\sum_{k=0}^n C_k^{(n)} = 1$. 从而构造出 $f(x)$ 在 $[a,b]$ 上的数值求积公式

$$I(f) = \int_a^b f(x)\mathrm{d}x \approx (b-a)\sum_{k=0}^n C_k^{(n)} f(x_k) = \sum_{k=0}^n C_k f(x_k), \tag{5.1}$$

其中 x_k 称为求积节点, $C_k = (b-a)C_k^{(n)}$ 称为求积系数, C_k 仅仅与节点 x_k 的选取有关, 而不依赖于被积函数 $f(x)$ 的具体形式.

数值求积公式的研究主要包含四个方面的问题: 一是求积公式的构造; 二是求积公式精确程度的度量; 三是误差余项的估计; 四是求积公式的稳定性与收敛性.

定义 5.2 设给定一组节点 $\{x_i\}_{i=0}^n$ 满足

$$a \leqslant x_0 < x_1 < x_2 < \cdots < x_n \leqslant b,$$

以及函数 $f(x)$ 在这些节点处的函数值, 作 $f(x)$ 的 n 次 Lagrange 插值多项式

$$L_n(x) = \sum_{k=0}^n l_k(x)f(x_k).$$

多项式 $L_n(x)$ 的原函数很容易求出, 令

$$I_n(f) = \int_a^b L_n(x)\mathrm{d}x = \sum_{k=0}^n \int_a^b l_k(x)\mathrm{d}x f(x_k) = \sum_{k=0}^n C_k f(x_k)$$

作为积分 $I(f)$ 的近似值, 构造的求积公式

$$I_n = \sum_{k=0}^n C_k f(x_k) \tag{5.2}$$

称为插值型求积公式, 求积系数为

$$C_k = \int_a^b l_k(x)\mathrm{d}x, \quad k = 0, 1, \cdots, n, \tag{5.3}$$

其中 $l_k(x)(k = 0, 1, \cdots, n)$ 为 Lagrange 插值基函数.

利用多项式插值的余项公式, 插值型求积公式的余项为

$$\begin{aligned}
R_n[f] &= I(f) - I_n(f) = \int_a^b [f(x) - L_n(x)]\mathrm{d}x \\
&= \int_a^b R_n(f; x)\mathrm{d}x = \int_a^b \frac{f^{(n+1)}(\xi)}{(n+1)!}\omega_{n+1}(x)\mathrm{d}x,
\end{aligned} \tag{5.4}$$

其中 ξ 与 x 有关, 且

$$\omega_{n+1}(x) = (x - x_0)(x - x_1) \cdots (x - x_n).$$

数值求积方法是一种近似方法, 为了保证精度, 我们自然希望求积公式能对尽可能多的函数精确地成立, 这就提出了所谓的代数精度的概念.

定义 5.3 如果某个求积公式对次数不超过 m 的多项式均能够精确地成立, 但对于 $(m+1)$ 次多项式不能精确地成立, 则称该求积公式具有 m 次代数精度.

如果求积公式 (5.2) 是插值型的, 则对次数不超过 n 的多项式 $f(x)$, 其余项 $R_n[f]$ 为零, 因而这种情况下求积公式至少具有 n 次代数精度. 反之, 如果求积公式 (5.2) 至少具有 n 次代数精度, 则它必定是插值型的. 详细理论可以参考文献 [9].

定理 5.1　由 (5.1) 式定义的求积公式至少有 n 次代数精度的充要条件为该求积公式是插值型的.

一般情况下, 如果我们想使求积公式 (5.1) 具有 m 次代数精度, 只需让它对 $f(x) = 1, x, \cdots, x^m$ 能精确成立即可, 即要求

$$\begin{cases} \sum_{k=0}^{n} C_k = b - a, \\ \sum_{k=0}^{n} C_k x_k = \dfrac{1}{2}(b^2 - a^2), \\ \qquad \cdots\cdots\cdots\cdots \\ \sum_{k=0}^{n} C_k x_k^m = \dfrac{1}{m+1}(b^{m+1} - a^{m+1}). \end{cases} \tag{5.5}$$

构造 (5.1) 式的求积公式, 实际上相当于求解关于 x_k 和 C_k 的代数方程组 (5.5). 例如 $n = 1$ 时, 取 $x_0 = a, x_1 = b$, 求积公式为

$$I(f) = \int_a^b f(x)\mathrm{d}x \approx C_0 f(a) + C_1 f(b).$$

在方程组 (5.5) 中令 $m = 1$, 则得

$$\begin{cases} C_0 + C_1 = b - a, \\ C_0 a + C_1 b = \dfrac{1}{2}(b^2 - a^2), \end{cases}$$

求解可得 $C_0 = C_1 = \dfrac{1}{2}(b - a)$, 所以求积公式为

$$I(f) = \int_a^b f(x)\mathrm{d}x \approx \frac{b-a}{2}[f(a) + f(b)],$$

这就是梯形公式. 当 $f(x) = x^2$ 时, 因为

$$\frac{b-a}{2}(a^2 + b^2) \neq \int_a^b x^2 \mathrm{d}x = \frac{1}{3}(b^3 - a^3),$$

所以梯形公式具有 1 次代数精度.

定义 5.4　在求积公式 (5.1) 中, 如果

$$\lim_{\substack{n\to\infty \\ h\to 0}} \sum_{k=0}^{n} C_k f(x_k) = \int_a^b f(x)\mathrm{d}x,$$

其中 $h = \max\limits_{1 \leqslant i \leqslant n} \{x_i - x_{i-1}\}$, 则称求积公式 (5.1) 是收敛的.

在求积公式 (5.1) 中, 因为计算 $f(x_k)$ 时可能产生误差 ε_k, 而实际上得到的是 $\overline{f}_k$, 也就是 $f(x_k) = \overline{f}_k + \varepsilon_k$, 记

$$I_n(f) = \sum_{k=0}^{n} C_k f(x_k), \quad I_n(\overline{f}) = \sum_{k=0}^{n} C_k \overline{f}_k.$$

对任给的很小的正数 $\varepsilon > 0$, 希望误差 $|\varepsilon_k|$ 充分小, 就有

$$|I_n(f) - I_n(\overline{f})| = \left| \sum_{k=0}^{n} C_k [f(x_k) - \overline{f}_k] \right| \leqslant \varepsilon. \tag{5.6}$$

定义 5.5 对任意给定的 $\varepsilon > 0$, 如果存在 $\eta > 0$, 只要

$$|f(x_k) - \overline{f}_k| \leqslant \eta \quad (k = 0, 1, 2, \cdots, n),$$

就有 (5.6) 式成立, 则称求积公式 (5.1) 是稳定的.

定理 5.2 如果求积公式 (5.1) 中系数 $C_k > 0 (k = 0, 1, 2, \cdots, n)$, 则此求积公式是稳定的.

证明 对任意给定的 $\varepsilon > 0$, 取 $\eta = \dfrac{\varepsilon}{b-a}$, 当 $k = 0, 1, \cdots, n$ 时都要求 $|f(x_k) - \overline{f}_k| \leqslant \eta$, 则有

$$\begin{aligned}
|I_n(f) - I_n(\overline{f})| &= \left| \sum_{k=0}^{n} C_k [f(x_k) - \overline{f}_k] \right| \\
&\leqslant \sum_{k=0}^{n} |C_k| \cdot |f(x_k) - \overline{f}_k| \leqslant \eta \sum_{k=0}^{n} C_k \\
&= \eta(b-a) \sum_{k=0}^{n} C_k^{(n)} = \eta(b-a) \\
&= \varepsilon.
\end{aligned}$$

根据定义 5.5 可知求积公式 (5.1) 是稳定的. □

5.2 Newton-Cotes 求积公式

设积分区间为 $[a,b]$, 将其划分为 n 等份, 则步长为 $h = \dfrac{b-a}{n}$, 选取节点为等距节点 $x_k = a + kh, k = 0, 1, \cdots, n$. 构造 $f(x)$ 在 $[a,b]$ 上的插值型求积公式

$$I_n(f) = (b-a) \sum_{k=0}^{n} C_k^{(n)} f(x_k), \tag{5.7}$$

称为 n 阶 Newton-Cotes 求积公式, 简称 Newton-Cotes 公式, $C_k^{(n)}$ 称为 Cotes 系数.

按照 (5.3) 式, 引入变换 $x = a + th$, 则有

$$C_k^{(n)} = \frac{h}{b-a} \int_0^n \prod_{\substack{j=0 \\ j \neq k}}^n \frac{t-j}{k-j} \mathrm{d}t = \frac{(-1)^{n-k}}{nk!(n-k)!} \int_0^n \prod_{\substack{j=0 \\ j \neq k}} (t-j) \mathrm{d}t,$$

从而 Cotes 系数具有对称性, 即 $C_k^{(n)} = C_{n-k}^{(n)}$.

由于 Runge 现象, 高次多项式插值具有不稳定性, 因此 Newton-Cotes 公式一般不采用高次插值多项式来构造, 最为常用的 Newton-Cotes 公式是当 $n = 1, 2, 4$ 时所给出的.

(1) 当 $n = 1$ 时, $C_0^{(1)} = C_1^{(1)} = \frac{1}{2}$, 代入公式 (5.7) 可得

$$T = I_1(f) = \frac{b-a}{2} [f(a) + f(b)], \tag{5.8}$$

此时的求积公式恰为梯形公式.

(2) 当 $n = 2$ 时, Cotes 系数为

$$C_0^{(2)} = \frac{1}{4} \int_0^2 (t-1)(t-2) \mathrm{d}t = \frac{1}{6},$$

$$C_1^{(2)} = -\frac{1}{2} \int_0^2 t(t-2) \mathrm{d}t = \frac{4}{6},$$

$$C_2^{(2)} = \frac{1}{4} \int_0^2 t(t-1) \mathrm{d}t = \frac{1}{6},$$

相应的求积公式

$$S = I_2(f) = \frac{b-a}{6} \left[f(a) + 4f\left(\frac{a+b}{2}\right) + f(b) \right] \tag{5.9}$$

称为 Simpson 公式.

(3) 当 $n = 4$ 时, Cotes 系数为

$$C_0^{(4)} = \frac{1}{4 \cdot 4!} \int_0^4 (t-1)(t-2)(t-3)(t-4) \mathrm{d}t = \frac{7}{90},$$

$$C_1^{(4)} = -\frac{1}{4 \cdot 3!} \int_0^4 t(t-2)(t-3)(t-4) \mathrm{d}t = \frac{16}{45},$$

$$C_2^{(4)} = \frac{1}{4 \cdot 4} \int_0^4 t(t-1)(t-3)(t-4) \mathrm{d}t = \frac{2}{15},$$

$$C_3^{(4)} = -\frac{1}{4 \cdot 3!} \int_0^4 t(t-1)(t-2)(t-4) \mathrm{d}t = \frac{16}{45},$$

$$C_4^{(4)} = \frac{1}{4 \cdot 4!} \int_0^4 t(t-1)(t-2)(t-3) \mathrm{d}t = \frac{7}{90},$$

此时的积分公式

$$C = I_4(f) = \frac{b-a}{90}[7f(x_0) + 32f(x_1) + 12f(x_2) + 32f(x_3) + 7f(x_4)] \quad (5.10)$$

称为 Cotes 公式.

下表给出当 $n \leqslant 8$ 时的 Cotes 系数:

表 5.1   Cotes 系数

n	$C_k^{(n)}, k = 0, 1, \cdots, n$
1	$\dfrac{1}{2}, \dfrac{1}{2}$
2	$\dfrac{1}{6}, \dfrac{2}{3}, \dfrac{1}{6}$
3	$\dfrac{1}{8}, \dfrac{3}{8}, \dfrac{3}{8}, \dfrac{1}{8}$
4	$\dfrac{7}{90}, \dfrac{16}{45}, \dfrac{2}{15}, \dfrac{16}{45}, \dfrac{7}{90}$
5	$\dfrac{19}{288}, \dfrac{25}{96}, \dfrac{25}{144}, \dfrac{25}{144}, \dfrac{25}{96}, \dfrac{19}{288}$
6	$\dfrac{41}{840}, \dfrac{9}{35}, \dfrac{9}{280}, \dfrac{34}{105}, \dfrac{9}{280}, \dfrac{9}{35}, \dfrac{41}{840}$
7	$\dfrac{751}{17\,280}, \dfrac{3\,577}{17\,280}, \dfrac{1\,323}{17\,280}, \dfrac{2\,989}{17\,280}, \dfrac{2\,989}{17\,280}, \dfrac{1\,323}{17\,280}, \dfrac{3\,577}{17\,280}, \dfrac{751}{17\,280}$
8	$\dfrac{989}{28\,350}, \dfrac{588}{28\,350}, \dfrac{-928}{28\,350}, \dfrac{10\,496}{28\,350}, \dfrac{-4\,540}{28\,350}, \dfrac{10\,496}{28\,350}, \dfrac{-928}{28\,350}, \dfrac{5\,888}{28\,350}, \dfrac{989}{28\,350}$

从表 5.1 可以看出当 $n = 8$ 时, 系数 $C_k^{(n)}$ 出现了负值, 于是可得

$$\sum_{k=0}^{n} |C_k^{(n)}| > \sum_{k=0}^{n} C_k^{(n)} = 1.$$

如果 $C_k^{(n)}[f(x_k) - \overline{f}_k] > 0$, 并且 $|f(x_k) - \overline{f}_k| = \eta$, 则

$$\begin{aligned}
|I_n(f) - I_n(\overline{f})| &= \left| \sum_{k=0}^{n} C_k^{(n)}[f(x_k) - \overline{f}_k] \right| = \sum_{k=0}^{n} C_k^{(n)}[f(x_k) - \overline{f}_k] \\
&= \sum_{k=0}^{n} |C_k^{(n)}| \cdot |f(x_k) - \overline{f}_k| = \eta \sum_{k=0}^{n} |C_k^{(n)}| \\
&> \eta.
\end{aligned}$$

这说明初始数据误差将会导致计算结果误差增大, 从而使得求积公式不稳定. 通过计算可知, 当 $n \geqslant 8$ 时, Cotes 系数均出现负值, Cotes 系数绝对值之和随着 n 的增长趋于无穷, 所以 $n \geqslant 8$ 的 Newton-Cotes 公式一般是不用的.

例 5.1   分别用梯形公式, Simpson 公式以及 Cotes 公式计算定积分

$$\int_0^1 e^x dx.$$

解 分别利用公式 (5.8)—(5.10), 可以求得近似积分值分别为

$$T = I_1(\mathrm{e}^x) = \frac{1}{2}(\mathrm{e}^0 + \mathrm{e}^1) \approx 1.859\ 140\ 91,$$

$$S = I_2(\mathrm{e}^x) = \frac{1}{6}(\mathrm{e}^0 + 4\mathrm{e}^{\frac{1}{2}} + \mathrm{e}^1) \approx 1.718\ 861\ 15,$$

$$C = I_4(\mathrm{e}^x) = \frac{1}{90}(7\mathrm{e}^0 + 32\mathrm{e}^{0.25} + 12\mathrm{e}^{0.5} + 32\mathrm{e}^{0.75} + 7\mathrm{e}^1) \approx 1.718\ 282\ 69.$$

误差见下表:

求积公式	梯形公式	Simpson 公式	Cotes 公式
误差	0.140 859 086	0.000 579 323	8.59×10^{-7}
精确值	\multicolumn{3}{c} e − 1 = 1.718 281 828 · · ·

由定理 5.1 可知, n 阶 Newton-Cotes 公式至少具有 n 次代数精度, 但实际上的代数精度能否超过 n 次呢?

先来看 Simpson 公式 (5.9), 它是二阶的 Newton-Cotes 公式, 所以它至少有二次代数精度. 当 $f(x) = x^3$ 时, 按照 Simpson 公式计算可得

$$S = \frac{b-a}{6}\left[a^3 + 4\left(\frac{a+b}{2}\right)^3 + b^3\right] = \frac{b^4 - a^4}{4},$$

直接求积可得

$$I = \int_a^b x^3 \mathrm{d}x = \frac{b^4 - a^4}{4}.$$

显然 $S = I$, 即 Simpson 公式对次数不超过三次的多项式均能精确成立. 容易验证当 $f(x) = x^4$ 时, $S \neq I$, 所以实际上 Simpson 公式具有三次代数精度. 对偶数阶的 Newton-Cotes 公式, 其代数精度具有如下结论:

> **定理 5.3** 当 n 为偶数时, n 阶 Newton-Cotes 公式 (5.7) 至少有 $(n+1)$ 次代数精度.

证明 只需验证当 n 为偶数时, Newton-Cotes 公式对 $f(x) = x^{n+1}$ 的余项为零即可. 根据余项公式 (5.4) 且 $f^{(n+1)}(x) = (n+1)!$, 可得

$$R_n[f] = \int_a^b \prod_{i=0}^{n}(x - x_i)\mathrm{d}x.$$

令变换 $x = a + yh$, 且 $x_i = a + ih$, 则

$$R_n[f] = h^{n+2}\int_0^n \prod_{i=0}^{n}(y - i)\mathrm{d}y.$$

由 n 为偶数知 $\frac{n}{2}$ 为整数, 令 $y = z + \frac{n}{2}$, 则

$$R_n[f] = h^{n+2} \int_{-\frac{n}{2}}^{\frac{n}{2}} \prod_{i=0}^{n} \left(z + \frac{n}{2} - i \right) \mathrm{d}z.$$

因为被积函数 $\prod_{i=0}^{n} \left(z + \frac{n}{2} - i \right) = \prod_{j=-\frac{n}{2}}^{\frac{n}{2}} (z - j)$ 为奇函数, 所以 $R_n[f] = 0$. □

因为 $L_n(x)$ 是 $f(x)$ 的 n 次插值多项式, 所以当 $f(x)$ 本身就是次数不超过 n 的多项式时, $f(x) \equiv L_n(x)$, 在不考虑舍入误差的情况下, 求积公式是精确成立的.

由于 $n < 8$ 时, Newton-Cotes 公式是稳定的, 舍入误差对数值积分的影响不大. 因此, 在讨论求积公式的误差时, 主要考虑截断误差. 公式 (5.4) 给出了 Newton-Cotes 公式的余项公式, 对梯形公式, Simpson 公式和 Cotes 公式这三类重要公式, 我们将进行进一步的介绍.

(1) **梯形公式的误差余项**. 设 $f(x) \in C^2[a,b]$ 且 $\|f''\|_\infty \leqslant M_2$, 其中 $M_2 > 0$ 为常数. 利用多项式插值的差商型余项公式, 梯形公式的余项为

$$I(f) - T = \int_a^b f(a,b,x)(x-a)(x-b)\mathrm{d}x.$$

由于当 $x \in [a,b]$ 时, $(x-a)(x-b) \leqslant 0$, 利用积分中值定理, 结合差商与导数的关系, 可知梯形公式的余项为

$$\begin{aligned}
I(f) - T &= f(a,b,\eta) \int_a^b (x-a)(x-b)\mathrm{d}x \\
&= -\frac{1}{12} f''(\xi)(b-a)^3,
\end{aligned} \tag{5.11}$$

其中 $\xi \in [a,b], \eta \in [a,b]$. 进一步, 梯形公式的余项满足

$$|I(f) - T| \leqslant \frac{M_2}{12}(b-a)^3.$$

(2) **Simpson 公式的误差余项**. 设 $f(x) \in C^4[a,b]$ 且 $\|f^{(4)}\|_\infty \leqslant M_4$, 其中 $M_4 > 0$ 为常数. 设 $c = \frac{a+b}{2}$, 利用多项式插值的差商型余项公式, Simpson 公式的余项为

$$I(f) - S = \int_a^b f(a,b,c,x)(x-a)(x-b)(x-c)\mathrm{d}x.$$

由

$$(x-c)\mathrm{d}x = \frac{1}{2}\mathrm{d}\left((x-a)(x-b)\right),$$

结合分部积分公式、积分中值定理和差商与导数的关系, 可知 Simpson 公式的余项

为

$$I(f) - S = \int_a^b f(a,b,c,x)(x-a)(x-b)(x-c)\mathrm{d}x$$

$$= \frac{1}{4}\int_a^b f(a,b,c,x)\mathrm{d}\left((x-a)(x-b)\right)^2$$

$$= \frac{1}{4}\int_a^b f(a,b,c,x,x)\left((x-a)(x-b)\right)^2\mathrm{d}x$$

$$= \frac{1}{4}f(a,b,c,\eta,\eta)\int_a^b\left((x-a)(x-b)\right)^2\mathrm{d}x$$

$$= -\frac{1}{2880}f^{(4)}(\xi)(b-a)^5$$

$$= -\frac{b-a}{180}f^{(4)}(\xi)\left(\frac{b-a}{2}\right)^4, \tag{5.12}$$

其中 $\xi \in [a,b], \eta \in [a,b]$. 进一步, Simpson 公式的余项满足

$$|I(f) - S| \leqslant \frac{M_4}{2880}(b-a)^5.$$

(3) **Cotes 公式的误差余项**. 设 $f(x) \in C^6[a,b]$ 且 $\|f^{(6)}\|_\infty \leqslant M_6$, 其中 $M_6 > 0$ 为常数. 采用与研究梯形公式和 Simpson 公式的余项类似的方法可以证明, Cotes 公式的余项满足

$$I(f) - C = -\frac{2(b-a)}{945}f^{(6)}(\xi)\left(\frac{b-a}{4}\right)^6, \tag{5.13}$$

其中 $\xi \in [a,b]$, 且

$$|I(f) - C| \leqslant \frac{M_6}{1890 \times 4^5}(b-a)^7. \tag{5.14}$$

5.3 复化求积公式与 Romberg 算法

如上节所述, 高阶的 Newton-Cotes 公式在理论上具有比较高的代数精度, 但对传播误差的控制较差, 具有不稳定性, 而且高阶多项式插值本身具有不稳定现象. 如果求积区间长度 $b-a$ 较大, 虽然低阶的 Newton-Cotes 公式具有稳定性, 但是此时计算误差则相对较大, 达不到所需的精度要求. 那么该如何构造具有低阶稳定、简单易行、较高精度的求积公式呢? 最简单的方法是将求积区间 $[a,b]$ 加细, 在小求积区间上利用低阶的 Newton-Cotes 公式, 并将这些积分值相加来近似原积分 $I(f)$, 这就是本小节要介绍的复化求积公式. 在此基础上, 我们还将介绍对复化求积公式加速的 Romberg 算法.

5.3.1 复化求积公式

影响求积公式精度的除了阶数之外, 还有积分区间长度. 如果积分区间比较大, 直接使用上述 Newton-Cotes 公式, 精度难以保证. 在数学分析或高等数学的学习中, 曾经介绍过分段梯形法求积公式, 它的几何意义是将积分区间 $[a, b]$ 分成 n 个小区间, 对 $f(x)$ 用分段线性插值, 然后积分. 类似地, 也可以对 $f(x)$ 用其他分段插值进行积分计算. 此类思想通常采取的办法是:

(a) 等分求积区间 $[a, b]$ 为 n 等份, 步长 $h = \dfrac{b-a}{n}$, 分点为 $x_k = x_0 + kh, k = 0, 1, 2, \cdots, n$;

(b) 在区间 $[x_k, x_{k+1}]$ 上使用 l 阶 Newton-Cotes 求积公式, 求得 $I_l^{(k)}(f), k = 0, 1, \cdots, n-1$;

(c) 求和式 $I_n(f) = \displaystyle\sum_{k=0}^{n-1} I_l^{(k)}(f)$, 作为 $I(f)$ 的积分近似值.

这种求积方法称为复化求积方法 (也称复合求积方法), 它是使求积公式保持稳定、提高精度的重要手段之一. 基于常用的低阶 Newton-Cotes 公式, 下面介绍几种常用的复化求积公式.

(1) **复化梯形公式**. 由公式 (5.8) 可知

$$I_1^{(k)}(f) = \frac{h}{2}[f(x_k) + f(x_{k+1})], \quad k = 0, 1, \cdots, n-1,$$

所以复化梯形公式为

$$
\begin{aligned}
T_n &= \sum_{k=0}^{n-1} I_1^{(k)}(f) = \sum_{k=0}^{n-1} \frac{h}{2}[f(x_k) + f(x_{k+1})] \\
&= \frac{h}{2}\left[f(a) + 2\sum_{k=1}^{n-1} f(x_k) + f(b) \right].
\end{aligned}
\tag{5.15}
$$

(2) **复化 Simpson 公式**. 取 $[x_k, x_{k+1}]$ 的中点, 记为 $x_{k+\frac{1}{2}} = \dfrac{x_k + x_{k+1}}{2}$, 由公式 (5.9) 可知

$$I_2^{(k)}(f) = \frac{h}{6}[f(x_k) + 4f(x_{k+\frac{1}{2}}) + f(x_{k+1})], \quad k = 0, 1, \cdots, n-1,$$

从而可得复化 Simpson 公式为

$$
\begin{aligned}
S_n &= \sum_{k=0}^{n-1} I_2^{(k)}(f) = \sum_{k=0}^{n-1} \frac{h}{6}\left[f(x_k) + 4f(x_{k+\frac{1}{2}}) + f(x_{k+1}) \right] \\
&= \frac{h}{6}\left[f(a) + 4\sum_{k=0}^{n-1} f(x_{k+\frac{1}{2}}) + 2\sum_{k=1}^{n-1} f(x_k) + f(b) \right].
\end{aligned}
$$

(3) **复化 Cotes 公式**. 将 $[x_k, x_{k+1}]$ 四等分, 中间三个等分点记为

$$x_{k+\frac{1}{4}} = \frac{3x_k + x_{k+1}}{4}, \quad x_{k+\frac{1}{2}} = \frac{x_k + x_{k+1}}{2}, \quad x_{k+\frac{3}{4}} = \frac{x_k + 3x_{k+1}}{4},$$

由公式 (5.10) 可知,

$$I_4^{(k)}(f) = \frac{h}{90} \left[7f(x_k) + 32f(x_{k+\frac{1}{4}}) + 12f(x_{k+\frac{1}{2}}) + 32f(x_{k+\frac{3}{4}}) + 7f(x_{k+1}) \right],$$

从而可得复化 Cotes 公式为

$$
\begin{aligned}
C_n &= \sum_{k=0}^{n-1} I_4^{(k)}(f) \\
&= \sum_{k=0}^{n-1} \frac{h}{90} \left[7f(x_k) + 32f(x_{k+\frac{1}{4}}) + 12f(x_{k+\frac{1}{2}}) + 32f(x_{k+\frac{3}{4}}) + 7f(x_{k+1}) \right] \\
&= \frac{h}{90} \left[7f(a) + \sum_{k=0}^{n-1} \left[32f(x_{k+\frac{1}{4}}) + 12f(x_{k+\frac{1}{2}}) + 32f(x_{k+\frac{3}{4}}) \right] + \right. \\
&\qquad \left. 14 \sum_{k=1}^{n-1} f(x_k) + 7f(b) \right].
\end{aligned}
$$

容易验证, 复化公式具有良好的递推关系, 它具有结构紧凑和便于在计算机上实现的特点. 下面我们寻求 T_n 与 T_{2n} 之间的关系, 事实上

$$
\begin{aligned}
T_{2n} &= \frac{h}{4} \sum_{i=0}^{n-1} \left[f(x_i) + 2f(x_{i+\frac{1}{2}}) + f(x_{i+1}) \right] \\
&= \frac{1}{2} T_n + \frac{h}{2} \sum_{i=0}^{n-1} f(x_{i+\frac{1}{2}}) \\
&= \frac{1}{2} (T_n + H_n),
\end{aligned}
\tag{5.16}
$$

其中

$$H_n = h \sum_{i=0}^{n-1} f(x_{i+\frac{1}{2}}) = h \sum_{i=1}^{n} f\left(a + (2i-1)\frac{b-a}{2n} \right). \tag{5.17}$$

由于 $f(x_{i+\frac{1}{2}})$ 表示 $f(x)$ 在区间 $[x_i, x_{i+1}]$ 中点处的函数值, 从而 $hf(x_{i+\frac{1}{2}})$ 表示长为 h, 高为 $f(x_{i+\frac{1}{2}})$ 的矩形面积, 可以近似 $f(x)$ 在区间 $[x_i, x_{i+1}]$ 上的积分值, 称为中矩形公式, H_n 称为复化中矩形公式. 应用公式 (5.15) 和 (5.17) 计算 (5.16) 时, 只需要多计算被积函数在 n 个点处的函数值就可以了, 从而递推算法减少了计算量.

类似地, 我们可以得到

$$S_n = \frac{1}{3} T_n + \frac{2}{3} H_n,$$

结合 T_n 与 T_{2n} 的关系, 可得

$$S_n = \frac{4T_{2n} - T_n}{3}. \tag{5.18}$$

下面我们考察复化求积公式的误差. 设步长 $h = \dfrac{b-a}{n}$, 对 $k = 0, 1, \cdots, n-1$, 设 $I^{(k)}(f) = \displaystyle\int_{x_k}^{x_{k+1}} f(x)\mathrm{d}x$. 首先看复化梯形公式, 假设 $f(x)$ 在 $[a,b]$ 上具有二阶连

续导数, 结合 (5.15) 式, 可知复化梯形公式的余项为

$$I(f) - T_n = \sum_{k=0}^{n-1} \left(I^{(k)}(f) - I_1^{(k)}(f) \right) = \sum_{k=0}^{n-1} -\frac{f''(\xi_k)}{12} \cdot h^3$$

$$= \sum_{k=0}^{n-1} -\frac{1}{12} f''(\xi_k) \frac{b-a}{n} \cdot h^2 = -\frac{b-a}{12} h^2 \sum_{k=0}^{n-1} \frac{f''(\xi_k)}{n}$$

$$= -\frac{b-a}{12} f''(\xi) h^2,$$

其中 $\xi \in [a, b]$. 因为 $f(x)$ 在 $[a, b]$ 上具有二阶连续导数, 所以存在 $M_2 > 0$, 使得 $|f''(\xi)| \leqslant M_2$. 从而复化梯形公式的误差满足

$$|I(f) - T_n| \leqslant \frac{b-a}{12} M_2 h^2.$$

接下来我们再来看复化 Simpson 公式的误差, 假设 $f(x)$ 在 $[a, b]$ 上具有四阶连续导数, 对任意的 $x \in [a, b]$, 存在 $M_4 > 0$ 使得 $|f^{(4)}(x)| \leqslant M_4$. 由 (5.12) 式, 复化 Simpson 公式的余项为

$$I(f) - S_n = \sum_{k=0}^{n-1} \left(I^{(k)}(f) - I_2^{(k)}(f) \right) = \sum_{k=0}^{n-1} -\frac{h}{180} f^{(4)}(\xi_k) \left(\frac{h}{2} \right)^4$$

$$= -\frac{b-a}{180} \left(\frac{h}{2} \right)^4 \sum_{k=0}^{n-1} \frac{f^{(4)}(\xi_k)}{n} = -\frac{b-a}{180} f^{(4)}(\xi) \left(\frac{h}{2} \right)^4, \tag{5.19}$$

其中 $\xi \in [a, b]$, 且满足

$$|I(f) - S_n| \leqslant \frac{b-a}{180} M_4 \left(\frac{h}{2} \right)^4.$$

同理, 若 $f(x)$ 在 $[a, b]$ 上具有六阶连续导数, 且对任意的 $x \in [a, b]$, 存在 $M_6 > 0$ 使得 $|f^{(6)}(x)| \leqslant M_6$, 那么由 (5.13) 式, 复化 Cotes 公式的余项为

$$I(f) - C_n = -\frac{2(b-a)}{945} f^{(6)}(\xi) \left(\frac{h}{4} \right)^6, \tag{5.20}$$

其中 $\xi \in [a, b]$, 且满足

$$|I(f) - C_n| \leqslant \frac{2(b-a)}{945} M_6 \left(\frac{h}{4} \right)^6.$$

对复化求积公式 $I_n(f)$, 如果存在常数 $p > 0$ 及 $c \neq 0$, 使得余项满足

$$\lim_{h \to 0} \frac{I(f) - I_n(f)}{h^p} = c,$$

则称复化求积公式 $I_n(f)$ 是 p 阶收敛的.

由如上余项公式, 我们很容易验证, 当 $f(x)$ 在积分区间 $[a, b]$ 上满足二阶、四阶、六阶导数连续时, 复化梯形公式、复化 Simpson 公式、复化 Cotes 公式都是收敛的, 且分别具有二阶、四阶、六阶的收敛阶.

例 5.2 用复化求积公式计算积分

$$\int_0^1 e^x dx.$$

解 分别用如上三种复化求积公式来计算, 当 n 取不同值时的结果见下表:

n	复化梯形公式	复化 Simpson 公式	复化 Cotes 公式
2	1.753 931 092 464 825	1.718 318 841 921 747	1.718 281 842 218 440
4	1.727 221 904 557 517	1.718 284 154 699 896	1.718 281 828 675 357
8	1.720 518 592 164 301	1.718 281 974 051 892	1.718 281 828 462 430
16	1.718 841 128 579 995	1.718 281 837 561 772	1.718 281 828 459 099
32	1.718 421 660 316 327	1.718 281 829 028 016	1.718 281 828 459 048
64	1.718 316 786 850 092	1.718 281 828 494 609	1.718 281 828 459 038
128	1.718 290 568 083 476	1.718 281 828 461 267	1.718 281 828 459 046
精确值	$e - 1 = 1.718\ 281\ 828\ 459\ 045 \cdots$		

5.3.2 Romberg 算法

上节介绍的复化求积公式可以有效提高求积公式的精度. 在实际计算中, 如果精度不够, 可采用将步长分半的方法逐步计算, 直到精度达到要求为止. 假设将区间 $[a, b]$ 分成 n 等份, 共有 $(n + 1)$ 个分点, 如果继续将每个积分区间再二等分, 则分点为 $(2n + 1)$ 个. 由此可采用逐次分半算法计算了 $T_1, T_2, T_4, T_8, \cdots$. 根据 (5.18) 式可以算出复化 Simpson 公式的值 $S_1, S_2, S_4, \cdots$. 同样, 用 S_n 和 S_{2n} 作适当的线性组合可以得到更高精度的复化求积公式. 这种用两个相邻的近似公式经过适当的线性组合得到更好的求积公式的方法称做 Romberg 方法, 也叫逐次分半加速法.

从求积公式余项的角度引出加速公式的一般形式. 令 $I = \int_a^b f(x) dx$, 复化梯形公式的余项为

$$R_n^T[f] = I(f) - T_n = -\frac{(b-a)^3}{12n^2} f''(\xi),$$

$$R_{2n}^T[f] = I(f) - T_{2n} = -\frac{(b-a)^3}{12(2n)^2} f''(\eta).$$

可以看出, $4R_{2n}^T[f] - R_n^T[f] \approx 0$, 且对所有一次多项式精确成立. 因此

$$4\left(I(f) - T_{2n}\right) - \left(I(f) - T_n\right) \approx 0,$$

即

$$I(f) \approx \frac{4}{4-1} T_{2n} - \frac{1}{4-1} T_n$$

对所有一次多项式精确成立. 由 (5.18) 式, 这就是复化 Simpson 公式

$$S_n = \frac{4}{4-1}T_{2n} - \frac{1}{4-1}T_n.$$

再由余项公式 (5.19), 上式对所有的三次多项式也是精确成立的.

同样由复化 Simpson 求积公式的余项可得

$$R_n^S[f] = I(f) - S_n = -\frac{(b-a)^5}{2\,880n^4}f^{(4)}(\xi),$$

$$R_{2n}^S[f] = I(f) - S_{2n} = -\frac{(b-a)^5}{2\,880(2n)^4}f^{(4)}(\eta).$$

可以看出, $4^2 R_{2n}^S[f] - R_n^S[f] \approx 0$, 且对所有三次多项式精确成立. 从而

$$I(f) \approx \frac{4^2}{4^2-1}S_{2n} - \frac{1}{4^2-1}S_n$$

对所有三次多项式精确成立. 可以验证, 这就是复化 Cotes 公式, 即

$$C_n = \frac{4^2}{4^2-1}S_{2n} - \frac{1}{4^2-1}S_n.$$

再由余项公式 (5.20), 上式对五次多项式也是精确成立的.

采用相同的方法, 我们可以将复化 Cotes 公式继续加速,

$$I(f) \approx \frac{4^3}{4^3-1}C_{2n} - \frac{1}{4^3-1}C_n,$$

得到精度更好的复化 Romberg 求积公式

$$R_n = \frac{4^3}{4^3-1}C_{2n} - \frac{1}{4^3-1}C_n.$$

小结如下:

区间等分数	逐次分半加速公式	代数精度
n	梯形公式: T_n	1 次
$2n$	Simpson 公式: $S_n = \dfrac{4}{4-1}T_{2n} - \dfrac{1}{4-1}T_n$	3 次
$4n$	Cotes 公式: $C_n = \dfrac{4^2}{4^2-1}S_{2n} - \dfrac{1}{4^2-1}S_n$	5 次
$8n$	Romberg 公式: $R_n = \dfrac{4^3}{4^3-1}C_{2n} - \dfrac{1}{4^3-1}C_n$	7 次

从而积分值可以按照表 5.2 所示的逐次分半加速法 (1) 进行近似计算:

表 5.2　逐次分半加速法 (1)

分半次数	区间等分数	T 公式	S 公式	C 公式	R 公式
0	$2^0 = 1$	T_1			
1	$2^1 = 2$	T_2	S_1		
2	$2^2 = 4$	T_4	S_2	C_1	
3	$2^3 = 8$	T_8	S_4	C_2	R_1
$\vdots$	$\vdots$	$\vdots$	$\vdots$	$\vdots$	$\vdots$

此方法可以推广, 具体步骤参考文献 [9, 11]. 设以 $T_0^{(k)}$ 表示二分 k 次后的复化梯形公式, 且以 $T_m^{(k)}$ 表示序列 $\{T_0^{(k)}\}$ 的 m 次加速值, 将如上三个公式推广得到复化积分公式的逐次分半加速公式

$$T_m^{(k)} = \frac{4^m}{4^m - 1} T_{m-1}^{(k+1)} - \frac{1}{4^m - 1} T_{m-1}^{(k)}, \quad k = 1, 2, \cdots. \tag{5.21}$$

这也称为 Romberg 算法.

在实际应用中, Romberg 算法可以按照表 5.3 进行计算 (当 $m = 0, 1, 2, 3$ 时, 就是表 5.2). 当表中对角线上两个顺序接连的数之差 $\left| T_m^{(0)} - T_{m-1}^{(0)} \right|$ 满足预先给定的允许误差时, 即可停止运算, 并选取 $I(f) \approx T_m^{(0)}$. 具体算法请读者自己思考, 也可参考文献 [9].

表 5.3　逐次分半加速法 (2)

分半次数	区间等分数	$m = 0$	$m = 1$	$m = 2$	$m = 3$
0	$2^0 = 1$	$T_0^{(0)}$			
1	$2^1 = 2$	$T_0^{(1)}$	$T_1^{(0)}$		
2	$2^2 = 4$	$T_0^{(2)}$	$T_1^{(1)}$	$T_2^{(0)}$	
3	$2^3 = 8$	$T_0^{(3)}$	$T_1^{(2)}$	$T_2^{(1)}$	$T_3^{(0)}$
$\vdots$	$\vdots$	$\vdots$	$\vdots$	$\vdots$	$\vdots$

可以验证, 如果函数 $f(x)$ 在积分区间 $[a, b]$ 上充分光滑, 那么 Romberg 算法按照逐次分半加速表 (表 5.3) 的每一列与对角线方向都是收敛的, 即

$$\lim_{k \to \infty} T_m^{(k)} = I(f), \quad \lim_{m \to \infty} T_m^{(0)} = I(f).$$

此外, m 次加速后, Romberg 算法按加速表的对角线方向进行计算时, 具有 $(2m+1)$ 次代数精度与 $2(m + 1)$ 阶的收敛阶.

例 5.3　计算定积分

$$I(f) = \int_0^1 x^{\frac{3}{2}} \mathrm{d}x,$$

并使误差不超过 0.001.

解 (1) 在区间 $[0,1]$ 上用梯形公式, 可得

$$T_1 = \frac{1}{2}\left[f(0) + f(1)\right] = 0.500\,000.$$

(2) 将 $[0,1]$ 二等分, 可得

$$H_1 = f\left(\frac{1}{2}\right) \approx 0.353\,553,$$

$$T_2 = \frac{1}{2}(T_1 + H_1) \approx 0.426\,777,$$

$$S_1 = \frac{4T_2 - T_1}{4 - 1} \approx 0.402\,369.$$

(3) 将 $[0,1]$ 四等分, 可得

$$H_2 = \frac{1}{2}\left[f\left(\frac{1}{4}\right) + f\left(\frac{3}{4}\right)\right] \approx 0.387\,260,$$

$$T_4 = \frac{1}{2}(T_2 + H_2) \approx 0.407\,018,$$

$$S_2 = \frac{4T_4 - T_2}{4 - 1} \approx 0.400\,432,$$

$$C_1 = \frac{4^2 S_2 - S_1}{4^2 - 1} \approx 0.400\,302.$$

(4) 将 $[0,1]$ 八等分, 可得

$$H_4 = \frac{1}{2}\left[f\left(\frac{1}{8}\right) + f\left(\frac{3}{8}\right) + f\left(\frac{5}{8}\right) + f\left(\frac{7}{8}\right)\right] \approx 0.396\,607,$$

$$T_8 = \frac{1}{2}(T_4 + H_4) \approx 0.401\,812,$$

$$S_4 = \frac{4T_8 - T_4}{4 - 1} \approx 0.400\,077,$$

$$C_2 = \frac{4^2 S_4 - S_2}{4^2 - 1} \approx 0.400\,054,$$

$$R_1 = \frac{4^3 C_2 - C_1}{4^3 - 1} \approx 0.400\,050.$$

由于 $|C_1 - R_1| \approx 0.000\,252 < 0.001$, 所以计算可以停止, 最后所得近似积分值为 $0.400\,050$, 这里 $I(f)$ 的精确值为 0.4.

设 $I(f) \approx T_m^{(k)}$, 由公式 (5.21) 可以推出, 对给定的正整数 m,

$$I(f) - T_{m-1}^{(k+1)} \approx \frac{1}{4^m - 1}\left(T_{m-1}^{(k+1)} - T_{m-1}^{(k)}\right). \tag{5.22}$$

对给定的误差控制精度 $\varepsilon > 0$, 如果

$$\left|T_{m-1}^{(k+1)} - T_{m-1}^{(k)}\right| < (4^m - 1)\,\varepsilon,$$

则可期望达到

$$\left|I(f) - T_{m-1}^{(k+1)}\right| < \varepsilon,$$

从而可以采用公式 (5.21) 自适应计算满足精度要求的数值积分值, 具体算法细节请读者自己考虑, 在此不做介绍.

5.4 Gauss 型求积公式

在插值型求积公式中, 插值节点是事先固定的, 有时为了计算上的方便还进一步限定是等距的. 现在考虑, 在节点个数一定的情况下, 是否可以在 $[a,b]$ 上自由选择节点的位置, 使求积公式的精度更高. 这一问题的回答是肯定的, 本节就是要讨论这种具有最高次代数精度的求积公式, 它们也叫做 Gauss 型求积公式.

5.4.1 Gauss 型求积公式的构造

Gauss 型求积公式的构造是很困难的, 下面我们用待定系数法, 并通过求解非线性方程组确定 Gauss 型求积公式的节点和求积系数.

对积分 $I(f) = \int_a^b f(x)\mathrm{d}x$, 形如

$$I(f) \approx \sum_{k=0}^n C_k f(x_k) \tag{5.23}$$

的求积公式, 含有 $(2n + 2)$ 个待定参数 $x_k, C_k(k = 0, 1, \cdots, n)$. 当 x_k 为等距节点时得到的插值求积公式的代数精度至少为 n 次, 如果适当选取 x_k 与 $C_k(k = 0, 1, \cdots, n)$, 有可能使求积公式具有 $(2n + 1)$ 次代数精度.

例 5.4 求如下两点求积公式

$$\int_{-1}^1 f(x)\mathrm{d}x \approx C_0 f(x_0) + C_1 f(x_1). \tag{5.24}$$

解 本题的解法很多, 结果也不一定相同, 下面介绍两种解法.

(1) 用梯形公式, 即以 $x_0 = -1, x_1 = 1$ 为节点的插值型求积公式

$$\int_{-1}^1 f(x)\mathrm{d}x \approx f(-1) + f(1),$$

显然, 该求积公式只具有一次代数精确度.

(2) 若求积公式中的节点与求积系数 x_0, x_1, C_0, C_1 全部设为待定参数, 使求积公式对 $f(x) = 1, x, x^2, x^3$ 都准确成立, 即满足方程组

$$\begin{cases} C_0 + C_1 = 2, \\ C_0 x_0 + C_1 x_1 = 0, \\ C_0 x_0^2 + C_1 x_1^2 = \dfrac{2}{3}, \\ C_0 x_0^3 + C_1 x_1^3 = 0. \end{cases}$$

求解得

$$C_0 = C_1 = 1, \quad x_0 = -\frac{\sqrt{3}}{3}, \quad x_1 = \frac{\sqrt{3}}{3},$$

故得求积公式

$$I_1(f) = f\left(-\frac{\sqrt{3}}{3}\right) + f\left(\frac{\sqrt{3}}{3}\right)$$

具有三次代数精度.

实际上, 对形如 (5.24) 式的求积公式, 其代数精度不可能超过 3 次: 当 $x_0, x_1 \in [-1, 1]$ 时, 设 $f(x) = (x - x_0)^2(x - x_1)^2$, 这是四次多项式, 因为 $\int_{-1}^{1} f(x) \mathrm{d}x > 0$, 而 $f(x_0) = f(x_1) = 0$, 故右端为 0, 表明两个节点的求积公式的代数精度最高为 3 次. 而一般 $(n+1)$ 个节点的求积公式的代数精度最高为 $(2n+1)$ 次. 由此可见, 求积公式的代数精度不仅与积分节点的个数有关, 而且与这些点的所在位置有关. 适当调整这些点的分布和求积系数, 能使求积公式达到最高的代数精度.

引入权函数 $\rho(x)$, 可以考虑积分

$$I(f) = \int_a^b \rho(x) f(x) \mathrm{d}x. \tag{5.25}$$

对于积分 (5.25), 假定我们采取 $(n+1)$ 个节点的插值型求积公式

$$I_n(f) = \sum_{i=0}^{n} C_i f(x_i), \tag{5.26}$$

目的是适当地选取 $(n+1)$ 个节点 x_i 和相应的 $(n+1)$ 个求积系数 C_i, 其中 $i = 0, 1, \cdots, n$, 使得求积公式 (5.26) 具有最高的代数精度. 求积系数的选择不依赖于函数 $f(x)$, 但与权函数 $\rho(x)$ 有关.

首先考虑对于固定的 n, 求积公式 (5.26) 可能达到的最高代数精度. 假定公式 (5.26) 对所有的 m 次多项式 (m 待定)

$$P_m(x) = a_m x^m + a_{m-1} x^{m-1} + \cdots + a_1 x + a_0$$

是精确的, 于是有

$$a_m \int_a^b \rho(x) x^m \mathrm{d}x + a_{m-1} \int_a^b \rho(x) x^{m-1} \mathrm{d}x + \cdots +$$
$$a_1 \int_a^b \rho(x) x \mathrm{d}x + a_0 \int_a^b \rho(x) \mathrm{d}x \tag{5.27}$$
$$= \sum_{i=0}^{n} C_i (a_m x_i^m + a_{m-1} x_i^{m-1} + \cdots + a_1 x_i + a_0).$$

令

$$\mu_k = \int_a^b \rho(x)x^k \mathrm{d}x, \quad k = 0, 1, \cdots, m,$$

并重新组合 (5.27) 式右端各项, 得

$$a_m\mu_m + a_{m-1}\mu_{m-1} + \cdots + a_1\mu_1 + a_0\mu_0 \tag{5.28}$$

$$= a_m \sum_{i=0}^n C_i x_i^m + a_{m-1} \sum_{i=0}^n C_i x_i^{m-1} + \cdots + a_1 \sum_{i=0}^n C_i x_i + a_0 \sum_{i=0}^n C_i.$$

由于系数 $a_m, a_{m-1}, \cdots, a_0$ 的任意性, (5.28) 式成立的充要条件是

$$\begin{cases} C_0 + C_1 + C_2 + \cdots + C_n = \mu_0, \\ C_0x_0 + C_1x_1 + C_2x_2 + \cdots + C_nx_n = \mu_1, \\ C_0x_0^2 + C_1x_1^2 + C_2x_2^2 + \cdots + C_nx_n^2 = \mu_2, \\ \qquad \cdots\cdots\cdots\cdots \\ C_0x_0^m + C_1x_1^m + C_2x_2^m + \cdots + C_nx_n^m = \mu_m. \end{cases}$$

以上方程组中有 $C_i, x_i(i = 0, 1, \cdots, n)$ 共 $(2n + 2)$ 个待定系数, 而 $(2n + 2)$ 个待定系数最多只能给 $(2n + 2)$ 个独立的条件, 因此可知 m 最大为 $2n + 1$. 由此得出, 对 $(n + 1)$ 个节点的求积公式, 其可能的最高代数精度是 $(2n + 1)$ 次, 并且可以证明当 $m = 2n + 1$ 时, (5.28) 式是可解的.

定义 5.6 如果插值型求积公式

$$I_n(f) = \sum_{i=0}^n C_i f(x_i) \tag{5.29}$$

对积分

$$I(f) = \int_a^b \rho(x)f(x)\mathrm{d}x$$

具有 $(2n + 1)$ 次代数精度, 则此求积公式称为 Gauss 型求积公式, 此时节点称为 Gauss 点, 求积系数称为 Gauss 系数.

Gauss 点与 Gauss 系数可以由 (5.28) 式解得, 但一般是利用正交多项式组来确定它们.

定理 5.4 插值型求积公式 (5.29) 中, 节点 $x_i(i = 0, 1, \cdots, n)$ 为 Gauss 点的充要条件是在区间 $[a, b]$ 上, 以这些点为零点的 $(n + 1)$ 次多项式

$$\omega_{n+1}(x) = (x - x_0)(x - x_1)\cdots(x - x_n)$$

与所有次数不超过 n 的多项式都正交, 即

$$\int_a^b \rho(x)\omega_{n+1}(x)p(x)\mathrm{d}x = 0, \quad \forall p(x) \in \mathbb{P}_n.$$

证明 先证必要性. 任取多项式 $p(x) \in \mathbb{P}_n$, 则 $\omega_{n+1}(x)p(x)$ 的次数小于等于 $2n+1$. 由于节点 $x_i(i = 0, 1, \cdots, n)$ 是 Gauss 点, 即求积公式具有 $(2n+1)$ 次代数精度. 从而

$$\int_a^b \rho(x)\omega_{n+1}(x)p(x)\mathrm{d}x = \sum_{i=0}^n C_i\omega_{n+1}(x_i)p(x_i) = 0,$$

必要性得证.

再证充分性. 此时已知 $\omega_{n+1}(x)$ 与所有次数不超过 n 的多项式都正交. 任取 $f(x) \in \mathbb{P}_{2n+1}$, 用 $\omega_{n+1}(x)$ 去除 $f(x)$, 则有

$$f(x) = \omega_{n+1}(x)p(x) + r(x),$$

其中余式 $r(x)$ 和商 $p(x)$ 为次数都不超过 n 的多项式. 由于求积公式 (5.29) 是插值型的, 至少具有 n 次代数精度, 因此

$$\int_a^b \rho(x)f(x)\mathrm{d}x = \int_a^b \rho(x)\omega_{n+1}(x)p(x)\mathrm{d}x + \int_a^b \rho(x)r(x)\mathrm{d}x$$

$$= \sum_{i=0}^n C_i r(x_i) = \sum_{i=0}^n C_i f(x_i).$$

故求积公式至少具有 $(2n+1)$ 次代数精度, 节点 $x_i(i = 0, 1, \cdots, n)$ 是 Gauss 点. □

对 $(2n+2)$ 次多项式 $\omega_{n+1}^2(x)$, 有 $\int_a^b \rho(x)\omega_{n+1}^2(x)\mathrm{d}x > 0$, 而 $\sum_{i=0}^n C_i\omega_{n+1}^2(x_i) = 0$, 这说明 Gauss 型求积公式 (5.29) 的代数精度为 $(2n+1)$ 次. 如下结论还说明 Gauss 型求积公式是稳定的:

> **定理 5.5** Gauss 系数满足 $C_i > 0(i = 0, 1, \cdots, n)$, 从而求积公式 (5.29) 是稳定的.

证明 对 $k = 0, 1, \cdots, n$, 设

$$l_k(x) = \frac{\omega_{n+1}(x)}{(x - x_k)\omega_{n+1}'(x_k)},$$

由 (3.12) 式, $l_k(x)$ 为 n 次 Lagrange 插值基函数, 满足 $l_k(x_i) = \delta_{ki}$. 对 $2n$ 次多项式 $l_k^2(x) = \left[\dfrac{\omega_{n+1}(x)}{(x - x_k)\omega_{n+1}'(x_k)}\right]^2$, Gauss 型求积公式 (5.29) 是精确成立的, 即

$$\sum_{i=0}^n C_i l_k^2(x_i) = \int_a^b \rho(x)l_k^2(x)\mathrm{d}x > 0.$$

从而可求得

$$C_k = \int_a^b \rho(x)l_k^2(x)\mathrm{d}x = \int_a^b \rho(x)\left[\frac{\omega_{n+1}(x)}{(x - x_k)\omega_{n+1}'(x_k)}\right]^2 \mathrm{d}x > 0,$$

这也说明 Gauss 型求积公式 (5.29) 是稳定的.

□

按定理 5.5 的证明过程可以给出 Gauss 系数的一种求法. 我们也可以利用 Gauss 型求积公式的特点, 给出另外一类更为简单的求积系数计算方法.

已知 Gauss 点 $x_i(i = 0, 1, \cdots, n)$ 以及其上的函数值 $f(x_i)(i = 0, 1, \cdots, n)$, 构造 $f(x)$ 的 n 次 Lagrange 插值多项式

$$L_n(x) = \sum_{i=0}^{n} f(x_i)l_i(x),$$

其中

$$l_i(x) = \frac{\omega_{n+1}(x)}{(x - x_i)\omega'_{n+1}(x_i)}, \quad i = 0, 1, \cdots, n$$

为 Lagrange 插值基函数. 由于 Gauss 型求积公式 (5.29) 是插值型求积公式, 且有 $(2n + 1)$ 次代数精度, 因此

$$
\begin{aligned}
\int_a^b \rho(x)f(x)\mathrm{d}x &\approx \int_a^b \rho(x)\left[\sum_{i=0}^{n} f(x_i)l_i(x)\right]\mathrm{d}x \\
&= \sum_{i=0}^{n}\left[\int_a^b \rho(x)l_i(x)\mathrm{d}x\right]f(x_i) \\
&= \sum_{i=0}^{n} C_i f(x_i),
\end{aligned}
$$

因此 Gauss 系数为

$$C_i = \int_a^b \rho(x)l_i(x)\mathrm{d}x = \int_a^b \rho(x)\frac{\omega_{n+1}(x)}{(x - x_i)\omega'_{n+1}(x_i)}\mathrm{d}x, \quad i = 0, 1, \cdots, n. \tag{5.30}$$

由定理 2.11, 对给定的权函数 $\rho(x)$, 区间 $[a, b]$ 上的 n 次正交多项式的根全部都是实单根, 且都落在 (a, b) 内. 结合定理 5.4 与定理 5.5, 可以给出构造 Gauss 型求积公式 (5.29) 的步骤:

(1) 对积分 $I(f) = \int_a^b \rho(x)f(x)\mathrm{d}x$, 构造区间 $[a, b]$ 上关于权函数 $\rho(x)$ 的 $(n+1)$ 次正交多项式, 求其 $(n + 1)$ 个根, 并设为 Gauss 点 $x_i(i = 0, 1, \cdots, n)$;

(2) 利用公式 (5.30) 确定 Gauss 系数 $C_i(i = 0, 1, \cdots, n)$.

如下结论说明, 若被积函数是连续的, 则 Gauss 型求积公式是收敛的, 证明省略, 感兴趣的读者可以参考相关文献.

> **定理 5.6** 设 $f(x) \in C[a, b]$, 则 Gauss 型求积公式 (5.29) 是收敛的.

实际上, 要构造一个具体的 Gauss 型求积公式, 可以通过正交化公式 (定理 2.13) 得到, 正交多项式的根就是 Gauss 点. 一般来说, 求正交多项式的根需要解非线性方程, 是一件相当困难且繁琐的事情. 幸运的是, 对一些特定的积分区间和权函数, 我们可以直接利用一些常用的正交多项式给出相应的 Gauss 点, 而无需求解方程, 从而构造出 Gauss 型求积公式.

5.4.2 常用的 Gauss 型求积公式

对第 2.3.2 小节给出的 4 类常用的正交多项式, 我们介绍由它们构造的 Gauss 型求积公式. 除了 Chebyshev 多项式的根有显式表达式外, Legendre 多项式, Laguerre 多项式和 Hermite 多项式没有求根公式, 因此很多参考资料都以表格形式给出了它们所诱导的 Gauss 型求积公式在低阶时的 Gauss 点与 Gauss 系数, 在此不再列出, 读者可以参考文献 [6, 9]. 这 4 类求积公式基本覆盖了常用的求积区间, 对于一般的求积区间可以采用参数变换方式转化处理.

(1) **Gauss-Legendre 求积公式**. 取权函数 $\rho(x) = 1$, 求积区间为 $[-1, 1]$, 则 Gauss 型求积公式 (5.29) 为

$$\int_{-1}^{1} f(x)\mathrm{d}x \approx \sum_{i=0}^{n} C_i f(x_i). \tag{5.31}$$

由于 Legendre 多项式系

$$P_0(x) = 1, \quad P_n(x) = \frac{1}{2^n n!} \frac{\mathrm{d}^n}{\mathrm{d}x^n}(x^2 - 1)^n, \quad n = 1, 2, \cdots$$

是区间 $[-1, 1]$ 上以 $\rho(x) = 1$ 为权函数的正交多项式系 (见第 2.3.2 小节), 其具体形式也可以采用 (2.38) 式给出的三项递推公式求得. 形如 (5.31) 式的 Gauss 型求积公式称为 Gauss-Legendre 求积公式, 其 Gauss 点为 $(n+1)$ 次 Legendre 多项式 $P_{n+1}(x)$ 的零点, 求积系数为 (请读者自己思考)

$$C_i = \frac{2}{(1 - x_i^2)[P'_{n+1}(x_i)]^2}, \quad i = 0, 1, \cdots, n.$$

当 $n = 0$ 时, 取 $P_1(x) = x$ 的零点 $x_0 = 0$ 做节点构造求积公式

$$\int_{-1}^{1} f(x)\mathrm{d}x \approx C_0 f(0),$$

令它对 $f(x) = 1$ 精确成立, 即可定出 $C_0 = 2$. 这样构造出的一点 Gauss-Legendre 求积公式就是中矩形公式.

当 $n = 1$ 时, 取 $P_2(x) = \frac{1}{2}(3x^2 - 1)$ 的两个零点 $\pm\frac{1}{\sqrt{3}}$ 构造求积公式

$$\int_{-1}^{1} f(x)\mathrm{d}x \approx C_0 f\left(-\frac{1}{\sqrt{3}}\right) + C_1 f\left(\frac{1}{\sqrt{3}}\right),$$

例 5.4 已经计算出 $C_0 = C_1 = 1$, 因此两点 Gauss-Legendre 求积公式为

$$\int_{-1}^{1} f(x)\mathrm{d}x \approx f\left(-\frac{1}{\sqrt{3}}\right) + f\left(\frac{1}{\sqrt{3}}\right).$$

当 $n = 2$ 时, 用同样方法构造的三点 Gauss-Legendre 求积公式为

$$\int_{-1}^{1} f(x)\mathrm{d}x \approx \frac{5}{9}f\left(-\frac{\sqrt{15}}{5}\right) + \frac{8}{9}f(0) + \frac{5}{9}f\left(\frac{\sqrt{15}}{5}\right).$$

当积分区间不是 $[-1, 1]$, 而是一般的区间 $[a, b]$ 时, 只要作变换

$$x = \frac{b-a}{2}t + \frac{a+b}{2},$$

可将 $[a, b]$ 化为 $[-1, 1]$. 这时

$$\int_a^b f(x)\mathrm{d}x = \frac{b-a}{2}\int_{-1}^1 f\left(\frac{b-a}{2}t + \frac{a+b}{2}\right)\mathrm{d}t,$$

对等式右端的积分即可使用 Gauss-Legendre 求积公式进行计算.

例 5.5　运用 Gauss-Legendre 求积公式计算积分

$$I(f) = \int_{-1}^1 \sin(x+1.5)\mathrm{d}x,$$

并与精确值 $I(f) = \cos 0.5 - \cos 2.5 = 1.678\,726\cdots$ 进行对比.

解　(a) 如果采用梯形公式, 计算结果为

$$\int_{-1}^1 \sin(x+1.5)\mathrm{d}x \approx 2\cdot\frac{1}{2}\left[\sin(1+1.5)+\sin(-1+1.5)\right] \approx 1.077\,898.$$

(b) 如果采用两点 Gauss-Legendre 求积公式, 计算结果为

$$\int_{-1}^1 \sin(x+1.5)\mathrm{d}x \approx \sin(1.5-0.577\,350)+\sin(1.5+0.577\,350) \approx 1.671\,626.$$

(c) 如果采用 Simpson 求积公式, 计算结果为

$$\int_{-1}^1 \sin(x+1.5)\mathrm{d}x \approx \frac{1}{3}\left(\sin 0.5 + 4\sin 1.5 + \sin 2.5\right) \approx 1.689\,293.$$

(d) 如果采用三点 Gauss-Legendre 求积公式, 计算结果为

$$\int_{-1}^1 \sin(x+1.5)\mathrm{d}x \approx \frac{5}{9}f\left(-\frac{\sqrt{15}}{5}\right) + \frac{8}{9}f(0) + \frac{5}{9}f\left(\frac{\sqrt{15}}{5}\right) \approx 1.678\,787.$$

(2) **Gauss-Chebyshev 求积公式**. 对求积区间 $[-1, 1]$, 取权函数

$$\rho(x) = \frac{1}{\sqrt{1-x^2}},$$

则所建立的 Gauss 公式

$$\int_{-1}^1 \frac{f(x)}{\sqrt{1-x^2}}\mathrm{d}x \approx \sum_{i=0}^n C_i f(x_i) \tag{5.32}$$

称为 Gauss-Chebyshev 求积公式. Chebyshev 多项式系

$$T_n(x) = \cos(n\arccos x), \quad n = 0, 1, \cdots$$

是区间 $[-1, 1]$ 上关于权函数 $\dfrac{1}{\sqrt{1-x^2}}$ 的正交多项式系, 其具体形式也可以采用公式 (1.33) 给出的三项递推公式求得. 因此求积公式 (5.32) 的 Gauss 点就是 $(n+1)$ 次 Chebyshev 多项式 $T_{n+1}(x)$ 的零点, 即为

$$x_i = \cos \frac{2i+1}{2n+2}\pi, \quad i = 0, 1, \cdots, n. \tag{5.33}$$

经计算, 求积系数为

$$C_i = \frac{\pi}{n+1}, \quad i = 0, 1, \cdots, n,$$

于是 Gauss-Chebyshev 求积公式为

$$\int_{-1}^{1} \frac{f(x)}{\sqrt{1-x^2}}\mathrm{d}x \approx \frac{\pi}{n+1} \sum_{i=0}^{n} f(x_i). \tag{5.34}$$

(3) **Gauss-Laguerre 求积公式**. Laguerre 多项式系

$$L_n(x) = \mathrm{e}^x \frac{\mathrm{d}^n}{\mathrm{d}x^n}(x^n \mathrm{e}^{-x}), \quad n = 0, 1, \cdots$$

是定义在 $[0, +\infty)$ 上、以 $\rho(x) = \mathrm{e}^{-x}$ 为权函数的正交多项式系, 具体形式可由三项递推公式 (2.40) 构造. Laguerre 多项式所诱导的 Gauss 型求积公式

$$\int_{0}^{+\infty} \mathrm{e}^{-x} f(x)\mathrm{d}x \approx \sum_{i=0}^{n} C_i f(x_i) \tag{5.35}$$

称为 Gauss-Laguerre 求积公式, 其 Gauss 点为 $(n+1)$ 次 Laguerre 多项式 $L_{n+1}(x)$ 的零点, 求积系数为

$$C_i = \frac{[(n+1)!]^2}{x_i[L'_{n+1}(x_i)]^2}, \quad i = 0, 1, \cdots, n. \tag{5.36}$$

例 5.6 用 Gauss-Laguerre 求积公式计算

$$I(f) = \int_{0}^{+\infty} \mathrm{e}^{-x} \cos x\mathrm{d}x$$

的近似值.

解 取 $n = 1$, 二次 Laguerre 多项式 $L_2(x)$ 的零点为 $x_0 \approx 0.585\,786\,44, x_1 \approx 3.414\,213\,56$, 由公式 (5.36), 求积系数为 $C_0 \approx 0.853\,553\,39, C_1 \approx 0.146\,446\,61$. 从而由 Gauss-Laguerre 求积公式 (5.35) 可得

$$\int_{0}^{+\infty} \mathrm{e}^{-x} \cos x\mathrm{d}x \approx C_0 \cos x_0 + C_1 \cos x_1 \approx 0.570\,208\,767\,7.$$

当 $n = 2$ 时, 求得对应的 Gauss 点和 Gauss 系数为

$$x_0 \approx 0.415\,774\,557, \quad x_1 \approx 2.294\,280\,360, \quad x_2 \approx 6.289\,945\,083,$$

$$C_0 \approx 0.711\,193\,010, \quad C_1 \approx 0.278\,517\,734, \quad C_2 \approx 0.010\,389\,257.$$

由 Gauss-Laguerre 求积公式, 计算可得

$$\int_0^{+\infty} e^{-x} \cos x dx \approx C_0 \cos x_0 + C_1 \cos x_1 + C_2 \cos x_2 \approx 0.476\ 520\ 838\ 6.$$

当 $n = 6$ 时, 由 Gauss-Laguerre 求积公式, 计算可得

$$\int_0^{+\infty} e^{-x} \cos x dx \approx 0.500\ 042\ 502\ 2.$$

积分的精确值为 $I(f) = 0.5$. 可以看出, 随着 n 的增大, 误差越来越小.

(4) **Gauss-Hermite 求积公式**. 对区间 $(-\infty, +\infty)$, Hermite 多项式系

$$H_n(x) = (-1)^n e^{x^2} \frac{d^n}{dx^n} e^{-x^2}, \quad n = 0, 1, \cdots$$

是以 $\rho(x) = e^{-x^2}$ 为权函数的正交多项式系, 具体形式可由三项递推公式 (2.41) 构造. Hermite 多项式诱导的 Gauss 型求积公式

$$\int_{-\infty}^{+\infty} e^{-x^2} f(x) dx \approx \sum_{i=0}^{n} C_i f(x_i) \tag{5.37}$$

称为 Gauss-Hermite 求积公式, 其 Gauss 点为 $(n+1)$ 次 Hermite 多项式 $H_{n+1}(x)$ 的零点, 求积系数为

$$C_i = 2^{n+2} \frac{(n+1)!\sqrt{\pi}}{[H'_{n+1}(x_i)]^2}, \quad i = 0, 1, \cdots, n. \tag{5.38}$$

例 5.7 用 Gauss-Hermite 公式计算积分 (保留小数点后 10 位)

$$I(f) = \int_{-\infty}^{+\infty} e^{-x^2} x^4 dx.$$

解 当 $n = 1$ 时, 二次 Hermite 多项式 $H_2(x)$ 的零点为 $x_0 = -\frac{\sqrt{2}}{2}, x_1 = \frac{\sqrt{2}}{2}$. 由公式 (5.38) 计算求积系数为 $C_0 = C_1 = \frac{\sqrt{\pi}}{2}$, 从而近似积分值为

$$\int_{-\infty}^{+\infty} e^{-x^2} x^4 dx \approx \frac{\sqrt{\pi}}{4} \approx 0.443\ 113\ 462\ 7.$$

当 $n = 2$ 时, 由 Gauss-Hermite 求积公式, 近似积分值为

$$\int_{-\infty}^{+\infty} e^{-x^2} x^4 dx \approx 1.329\ 340\ 388\ 2.$$

由于求积公式具有 $(2n+1)$ 次代数精度, 因此 $n = 2$ 时 Gauss-Hermite 求积公式的计算值 (的保留部分) 已经是精确积分值 (的保留部分).

5.4.3 Gauss 型求积公式的余项

定理 5.7 若 $f(x) \in C^{2n+2}[a,b]$, 则 n 阶 Gauss 求积公式 (5.29) 的余项为

$$R_n[f] = \frac{f^{(2n+2)}(\xi)}{(2n+2)!} \int_a^b \rho(x)\omega_{n+1}^2(x)\mathrm{d}x, \quad \xi \in (a,b), \tag{5.39}$$

其中 $\omega_{n+1}(x) = (x-x_0)(x-x_1)\cdots(x-x_n)$.

证明 设给定 $f(x)$ 在每个节点 x_k 处的函数值 $f(x_k)$ 与一阶导数值 $f'(x_k)$, 其中 $k = 0,1,\cdots,n$. 对 $f(x)$ 做 Hermite 插值, 得到 $(2n+1)$ 次多项式 $H_{2n+1}(x)$, 即满足插值条件

$$H_{2n+1}(x_k) = f(x_k), \quad H'_{2n+1}(x_k) = f'(x_k), \quad k = 0,1,\cdots,n.$$

利用 Hermite 插值的余项公式 (3.89), 于是

$$f(x) = H_{2n+1}(x) + \frac{f^{(2n+2)}(\eta)}{(2n+2)!}\omega_{n+1}^2(x), \quad \eta \in (a,b),$$

其中 $\omega_{n+1}(x) = (x-x_0)(x-x_1)\cdots(x-x_n)$. 对上式两端乘权函数 $\rho(x)$, 并从 a 到 b 积分可得

$$I(f) = \int_a^b \rho(x)f(x)\mathrm{d}x = \int_a^b \rho(x)H_{2n+1}(x)\mathrm{d}x + R_n[f], \tag{5.40}$$

其中 $R_n[f] = \int_a^b \rho(x)\dfrac{f^{(2n+2)}(\eta)}{(2n+2)!}\omega_{n+1}^2(x)\mathrm{d}x$.

因为 Gauss 求积公式 (5.29) 具有 $(2n+1)$ 次代数精度, 且注意到 Hermite 插值多项式满足条件 $H_{2n+1}(x_k) = f(x_k)$, 因此

$$\int_a^b \rho(x)H_{2n+1}(x)\mathrm{d}x = \sum_{k=0}^n C_k H_{2n+1}(x_k) = \sum_{k=0}^n C_k f(x_k).$$

所以由 (5.40) 式,

$$R_n[f] = I(f) - \sum_{k=0}^n C_k f(x_k) = \int_a^b \rho(x)\frac{f^{(2n+2)}(\eta)}{(2n+2)!}\omega_{n+1}^2(x)\mathrm{d}x.$$

由于在区间 $[a,b]$ 上 $\omega_{n+1}^2(x)\rho(x) \geqslant 0$ 且可积, 由积分中值定理得

$$R_n[f] = \frac{f^{(2n+2)}(\xi)}{(2n+2)!} \int_a^b \rho(x)\omega_{n+1}^2(x)\mathrm{d}x, \tag{5.41}$$

其中 $\xi \in (a,b)$. □

利用定理 5.7, 结合第 2.3.2 小节所给出的正交多项式的定义形式与内积性质, 我们给出常用的 Gauss 型求积公式的余项如下:

(1) Gauss-Legendre 求积公式 (5.31) 的余项为

$$R_n[f] = \frac{2^{2n+3}[(n+1)!]^4}{(2n+3)[(2n+2)!]^3} f^{(2n+2)}(\xi), \quad \xi \in (-1, 1). \tag{5.42}$$

当 $n = 1$ 时, 两点 Gauss-Legendre 求积公式的余项为

$$R_1[f] = \frac{1}{135} f^{(4)}(\xi), \quad \xi \in (-1, 1).$$

它比 Simpson 公式余项 (5.12) 还小, 且比 Simpson 公式少计算一个函数值.

(2) Gauss-Chebyshev 求积公式 (5.32) 的余项为

$$R_n[f] = \frac{2\pi}{2^{2(n+1)}(2n+2)!} f^{(2n+2)}(\xi), \quad \xi \in (-1, 1). \tag{5.43}$$

(3) Gauss-Laguerre 求积公式 (5.35) 的余项为

$$R_n[f] = \frac{[(n+1)!]^2}{[2(n+1)!]} f^{(2n+2)}(\xi), \quad \xi \in (0, +\infty). \tag{5.44}$$

(4) Gauss-Hermite 求积公式 (5.37) 的余项为

$$R_n[f] = \frac{(n+1)!\sqrt{\pi}}{2^{n+1}(2n+2)!} f^{(2n+2)}(\xi), \quad \xi \in (-\infty, +\infty). \tag{5.45}$$

5.5　多重积分简介

由于高维区域上的积分比一维区间上的积分要复杂得多, 所以到目前为止, 关于多重数值积分公式的研究还一直是数值逼近研究的核心问题之一. 一般地, 多重积分可以写成如下的形式

$$I(f) = \int_D f(\boldsymbol{x}) \mathrm{d}\boldsymbol{x}, \tag{5.46}$$

其中 $D \subset \mathbb{R}^d$ 为 d 维积分区域, $f(\boldsymbol{x})$ 为 D 上的可积函数, $\boldsymbol{x} = (x_1, x_2, \cdots, x_d)$, $\mathrm{d}\boldsymbol{x} = \mathrm{d}x_1 \mathrm{d}x_2 \cdots \mathrm{d}x_d$. 对 $I(f)$ 的数值求积公式一般具有如下形式:

$$I_N(f) = \sum_{k=1}^{N} C_k f(\boldsymbol{x}_k), \tag{5.47}$$

其中 $\boldsymbol{x}_k$ 是求积节点, C_k 是求积系数, $k = 1, 2, \cdots, N$. 称求积公式 (5.47) 具有 m 次代数精度, 如果对所有次数不超过 m 的 d 元多项式 $p(\boldsymbol{x})$, 恒有 $I(p) = I_N(p)$, 且存在某个 $(m+1)$ 次 d 元多项式 $q(\boldsymbol{x})$, 使得 $I(q) \neq I_N(q)$.

构造多重积分的求积公式最简单的思想是: 利用给定的求积节点 $\boldsymbol{x}_k$ 与函数值 $f(\boldsymbol{x}_k)$, 构造 d 元插值多项式 $p(\boldsymbol{x})$ 代替求积函数 $f(\boldsymbol{x})$ 进行积分, 从而给出 $I(f)$ 的近似积分 $I_N(f) = I(p)$. 遗憾的是, 正如第 3.7 节所介绍的, 多元多项式插值也是非常困难的. 不过, 如果节点 $\boldsymbol{x}_k(k = 1, 2, \cdots, N)$ 选择得当, 恰好为某个多项式空间的插值适定节点组, 我们就可以构造相应的插值多项式, 进而构造求积公式.

不失一般性, 我们这里只介绍二维平面上的二重积分

$$I(f) = \iint_D f(x, y)\mathrm{d}x\mathrm{d}y.$$

选取求积区域 D 上的 $N = (m+1)(n+1)$ 个不同节点 $(x_i, y_j)(i = 0, 1, \cdots, m, \ j = 0, 1, \cdots, n)$, 且满足 $x_i(i = 0, 1, \cdots, m)$ 与 $y_j(j = 0, 1, \cdots, n)$ 都是两两不同的. 以 $x_i(i = 0, 1, \cdots, m)$ 与 $y_j(j = 0, 1, \cdots, n)$ 为插值节点分别构造一元 Lagrange 插值基函数

$$l_{m,i}(x) = \frac{\omega_{m+1}(x)}{(x - x_i)\omega'_{m+1}(x_i)}, \quad i = 0, 1, \cdots, m,$$

$$l_{n,j}(y) = \frac{\omega_{n+1}(y)}{(y - y_j)\omega'_{n+1}(y_j)}, \quad j = 0, 1, \cdots, n,$$

其中 $\omega_{m+1}(x) = (x - x_0)(x - x_1)\cdots(x - x_m), \omega_{n+1}(y) = (y - y_0)(y - y_1)\cdots(y - y_n)$. 从而可以构造 mn 次二元多项式

$$p(x, y) = \sum_{i=0}^{m}\sum_{j=0}^{n} f(x_i, y_j)l_{m,i}(x)l_{n,j}(y), \tag{5.48}$$

其满足插值条件 $p(x_i, y_j) = f(x_j, y_j)(i = 0, 1, \cdots, m, \ j = 0, 1, \cdots, n)$.

对由 (5.48) 式确定的多项式 $p(x, y)$ 在区域 D 上进行积分, 从而可以给出求积公式

$$I_N(f) = \iint_D p(x, y)\mathrm{d}x\mathrm{d}y = \sum_{i=0}^{m}\sum_{j=0}^{n} C_{ij}f(x_i, y_j), \tag{5.49}$$

其中求积系数

$$C_{ij} = \iint_D l_{m,i}(x)l_{n,j}(y)\mathrm{d}x\mathrm{d}y, \quad i = 0, 1, \cdots, m, j = 0, 1, \cdots, n.$$

如上构造的求积公式 (5.49) 适用于任何二维区域 D, 节点确定后求积系数即可求出. 因为区域 D 往往不正规, 求积系数往往也没有显式公式. 一个简单但重要的情形是 D 为矩形区域 $D = \{(x, y) \mid a \leqslant x \leqslant b, c \leqslant y \leqslant d\}$, 此时求积系数为 $C_{ij} = \alpha_i\beta_j$, 其中

$$\alpha_i = \int_a^b l_{m,i}(x)\mathrm{d}x, \quad i = 0, 1, \cdots, m,$$

$$\beta_j = \int_c^d l_{n,j}(y)\mathrm{d}y, \quad j = 0, 1, \cdots, n,$$

且均为单变量求积, 相对容易计算. 如果节点 x_i, y_j 是等距的, 那么 α_i 和 β_j 恰好为单变量 Newton-Cotes 求积公式的求积系数, 可通过 Cotes 系数表查得.

当 $n = m = 1$ 且节点等距时,

$$\alpha_0 = \alpha_1 = \frac{1}{2}(b-a), \quad \beta_0 = \beta_1 = \frac{1}{2}(d-c),$$

从而 $C_{ij} = \dfrac{(b-a)(d-c)}{4}$. 相应的求积公式为

$$I_4(f) = \frac{(b-a)(d-c)}{4}[f(a,c) + f(a,d) + f(b,c) + f(b,d)]. \tag{5.50}$$

上式称为二重积分的梯形公式.

当 $n = m = 2$ 且节点等距时, 可类似地得到二重积分的 Simpson 公式:

$$\begin{aligned}
I_6(f) = \frac{(b-a)(d-c)}{36}\Bigg[& f(a,c) + 4f\left(a, \frac{c+d}{2}\right) + f(a,d) + \\
& 4f\left(\frac{a+b}{2}, c\right) + 16f\left(\frac{a+b}{2}, \frac{c+d}{2}\right) + 4f\left(\frac{a+b}{2}, d\right) + \\
& f(b,c) + 4f\left(b, \frac{c+d}{2}\right) + f(b,d)\Bigg].
\end{aligned} \tag{5.51}$$

可以证明, 求积公式 (5.49) 的余项为

$$\begin{aligned}
R_N(f) = \iint_D \Bigg\{ & \frac{\omega_{m+1}(x)}{(m+1)!}\left(\frac{\partial}{\partial x}\right)^{m+1} f(\xi, y) + \frac{\omega_{n+1}(y)}{(n+1)!}\left(\frac{\partial}{\partial y}\right)^{n+1} f(x, \eta) + \\
& \frac{\omega_{m+1}(x)\omega_{n+1}(y)}{(m+1)!(n+1)!}\left(\frac{\partial}{\partial x}\right)^{m+1}\left(\frac{\partial}{\partial y}\right)^{n+1} f(\overline{\xi}, \overline{\eta}) \Bigg\} \mathrm{d}x\mathrm{d}y,
\end{aligned}$$

其中 $\xi, \overline{\xi} \in (a,b), \eta, \overline{\eta} \in (c,d)$. 由此可知求积公式 $I_N(f)$ 具有至少 $\min\{m, n\}$ 次代数精度. 通常令 $m = n$, 于是利用 $(n+1)^2$ 个节点可以构造具有至少 n 次代数精度的求积公式. 另外, 还可以利用第 3.7.3 节介绍的二元多项式插值适定节点组, 适当选取求积节点, 构造插值多项式, 从而构造其他不同类型的二元求积公式, 具体方法请读者自己思考.

5.6 数 值 微 分

构造函数 $f(x)$ 的数值微分公式主要有三种方法: 一是由导数的定义, 利用函数值的差商来近似 $f(x)$ 在某点处的导数值; 二是构造 $f(x)$ 的插值函数 (一般为插值多项式或样条函数), 利用插值函数的导数来近似 $f(x)$ 的导数; 三是构造 $f(x)$ 的逼近函数, 利用逼近函数的导数来近似 $f(x)$ 的导数. 本节对前两类方法构造的数值微分公式进行介绍.

5.6.1 差商型求导公式

按导数的定义, 可以简单地用差商来近似导数. 对一元函数, 利用向前差分、向后差分与中心差分可以得到

$$
\begin{cases}
f'(x) = \dfrac{f(x+h) - f(x)}{h} + O(h), \\[2mm]
f'(x) = \dfrac{f(x) - f(x-h)}{h} + O(h), \\[2mm]
f'(x) = \dfrac{f(x+h) - f(x-h)}{2h} + O(h^2),
\end{cases}
$$

从而可以给出求 $f(x)$ 在某点处一阶导数的数值微分公式

$$
\begin{cases}
f'(x) \approx \dfrac{f(x+h) - f(x)}{h}, \\[2mm]
f'(x) \approx \dfrac{f(x) - f(x-h)}{h}, \\[2mm]
f'(x) \approx \dfrac{f(x+h) - f(x-h)}{2h} = G(h)
\end{cases}
\tag{5.52}
$$

其中 h 为步长. 第三种数值微分方法称为中点公式, 它是前两种方法的算术平均. 前两种方法的逼近阶为 $O(h)$, 而中心公式的逼近阶提高到了 $O(h^2)$, 因此应用更为广泛.

对高阶数值微分公式, 可以采用第 4.3.1 小节给出的磨光算子来逼近. 例如对步长 h, 将二次磨光算子应用于 $f''(x)$, 可得二阶数值微分公式

$$
f''(x) \approx \frac{1}{h^2} \left(\delta \int \right)^2 f''(x) = \frac{f(x+h) - 2f(x) + f(x-h)}{h^2}.
\tag{5.53}
$$

可以验证, 它的逼近阶是 $O(h^2)$. 基于差商方法来近似计算导数的公式称为差商型的数值微分公式, 如公式 (5.52) 与 (5.53).

同理, 我们可以推广如上方法. 设 $f'(x_0)$ 依赖于 $f(x)$ 在点 x_0 附近的函数值 $f(x_0 \pm jh)(j = 0, 1, \cdots, m)$, 因此可以将 $f'(x_0)$ 近似表示为

$$
f'(x_0) \approx \sum_{j=0}^{m} C_j f(x_0 \pm jh),
\tag{5.54}
$$

这里 C_j 是待定系数, h 为步长. 令上式对 $2m$ 次多项式精确成立, 如果能唯一确定这些系数, 那么就构成具有至少 $2m$ 次代数精度的数值微分公式.

一般来说, 步长 h 越小, 误差越小. 但由公式 (5.52) 与 (5.53) 可以看出, 当 h 很小时, 数值微分公式归结为两个相近的数相减, 造成有效数字的严重损失.

例 5.8 计算函数 $y = \sqrt{x}$ 在点 $x = 3$ 处的一阶导数, 其精确值为 $f'(3) = \dfrac{\sqrt{3}}{6} = 0.288\,67\cdots$.

解 取中心公式

$$f'(3) \approx G(h) = \frac{\sqrt{3+h} - \sqrt{3-h}}{2h}$$

来计算 $f'(3)$ 的近似值, 保留小数点后五位有效数字, 结果见下表:

h	2	1	0.2	0.1	0.02	0.01
$G(h)$	0.309 02	0.292 90	0.289 00	0.289 00	0.287 50	0.285 00
误差	0.020 33	0.004 21	0.000 31	0.000 31	0.001 19	0.003 69

从表中可以看出, 并不是 h 越小, 误差越小. 当 $h = 0.1$ 或 0.2 时效果最佳, 当 h 比 0.1 小时, h 越小效果反而越来越差. 因此, 使用差商型数值微分公式, 步长是不宜太小的. 为了克服这个缺点, 可以采用的方法是, 求出公式 (5.52) 与 (5.53) 误差余项的渐近形式, 利用外推法来提高逼近精度.

由 Taylor 展开式可以得到

$$f'(x) - \frac{f(x+h) - f(x-h)}{2h} = \sum_{i=1}^{\infty} \frac{f^{(2i+1)}(x)}{(2i+1)!} h^{2i}, \tag{5.55}$$

$$f''(x) - \frac{f(x+h) - 2f(x) + f(x-h)}{h^2} = \sum_{i=1}^{\infty} \frac{2f^{(2i+2)}(x)}{(2i+2)!} h^{2i}. \tag{5.56}$$

对如上两式左端第二项, 我们都记为 $G(h)$. 那么对一阶或二阶导数都可以建立如下外推公式:

$$\begin{cases} G_1(h) = G(h), \\ G_{m+1}(h) = \dfrac{G_m\left(\dfrac{h}{2}\right) - 4^{-m} G_m(h)}{1 - 4^{-m}}, \quad m = 1, 2, \cdots. \end{cases} \tag{5.57}$$

可以证明, 对 (5.55) 式与 (5.56) 式分别采用如上方法建立的外推公式具有如下逼近阶:

$$f'(x) - G_{m+1}(h) = O(h^{2(m+1)}), \quad f''(x) - G_{m+1}(h) = O(h^{2(m+1)}).$$

下面利用公式 (5.55) 与 (5.57) 推出一阶求导公式的另外一种形式. 将数值求导区间 $[a, b]$ 离散化, 建立步长为 $h = \dfrac{b-a}{n}$ 的等距划分, 节点为 $x_j = x_0 + jh (j = 0, 1, \cdots, n)$, 其中 $x_0 = a, x_n = b$. 对恒等式

$$f(x_{j+1}) - f(x_{j-1}) = \int_{x_{j-1}}^{x_{j+1}} f'(y) \mathrm{d}y, \quad j = 1, 2, \cdots, n-1,$$

右端积分采用 Simpson 公式, 可知

$$f(x_{j+1}) - f(x_{j-1}) = \frac{h}{3} [f'(x_{j-1}) + 4f'(x_j) + f'(x_{j+1})] - \frac{h^5}{90} f^{(5)}(\xi_j), \tag{5.58}$$

其中 $\xi_j \in [x_{j-1}, x_{j+1}]$. 略掉右侧余项, 并设 m_j 为 $f'(x_j)$ 的近似值, 设已知 $m_0 = f'(x_0), m_n = f'(x_n)$, 从而由 (5.58) 式可得

$$
\begin{cases}
m_{j-1} + 4m_j + m_{j+1} = \dfrac{3}{h}\left[f(x_{j+1}) - f(x_{j-1})\right], & j = 1, 2, \cdots, n-1, \\
m_0 = f'(x_0), \quad m_n = f'(x_n).
\end{cases}
\tag{5.59}
$$

容易证明, 如上线性方程组是对角占优的, 从而具有唯一解. 此方法将数值微分问题归结为代数方程组的解, 因此公式 (5.59) 称为数值微分的隐格式.

设误差 $\varepsilon_j = f'(x_j) - m_j$. 将公式 (5.58) 减去 (5.59) 式中的第一个公式, 可得

$$
\begin{cases}
\varepsilon_{j-1} + 4\varepsilon_j + \varepsilon_{j+1} = \dfrac{h^4}{30} f^{(5)}(\xi_j), & j = 1, 2, \cdots, n-1, \\
\varepsilon_0 = \varepsilon_n = 0.
\end{cases}
$$

假设 $|\varepsilon_s| = \max\limits_{1 \leqslant j \leqslant n-1} |\varepsilon_j|$, 那么由上式可知

$$
4|\varepsilon_s| \leqslant 2|\varepsilon_s| + \frac{h^4}{30}\|f^{(5)}\|_\infty,
$$

从而误差余项满足

$$
\max\limits_{0 \leqslant j \leqslant n} |\varepsilon_j| \leqslant \frac{h^4}{60}\|f^{(5)}\|_\infty,
$$

这说明隐格式的数值微分公式 (5.59) 的逼近阶达到了 $O(h^4)$.

5.6.2 插值型求导公式

对于给定的列表函数 $y = f(x)$:

x	x_0	x_1	x_2	$\cdots$	x_n
y	y_0	y_1	y_2	$\cdots$	y_n

由于多项式的求导比较容易, 我们采用插值方法, 构造 n 次插值多项式 $y = p_n(x)$ 作为 $f(x)$ 的近似, 取 $p_n'(x)$ 的值作为 $f'(x)$ 的近似值, 从而建立的数值微分公式

$$
f'(x) \approx p_n'(x),
\tag{5.60}
$$

统称为插值型求导公式.

必须指出, 即使 $f(x)$ 与 $p_n(x)$ 的值相差不多, 导数的近似值 $p_n'(x)$ 与真值 $f'(x)$ 仍然可能差别很大, 因此在使用求导公式 (5.60) 时应特别注意误差的分析.

依据插值余项公式 (3.18), 我们知道插值多项式 $p_n(x)$ 与 $f(x)$ 的导函数误差余项满足

$$
f'(x) - p_n'(x) = \frac{f^{(n+1)}(\xi)}{(n+1)!} \omega_{n+1}'(x) + \frac{\omega_{n+1}(x)}{(n+1)!} \frac{\mathrm{d}}{\mathrm{d}x} f^{(n+1)}(\xi),
$$

其中 $\omega_{n+1}(x) = \prod_{i=0}^{n}(x - x_i)$, ξ 是关于 x 的函数. 在这一余项公式中, 由于 ξ 是 x 的

未知函数, 我们无法对第二项 $\dfrac{\omega_{n+1}(x)}{(n+1)!}\dfrac{\mathrm{d}}{\mathrm{d}x}f^{n+1}(\xi)$ 做出进一步的说明. 因此, 对任

意给出的点 x, 误差 $f'(x) - p_n'(x)$ 是无法预估的. 但是, 如果我们限定在某个节点

x_j 上, 那么上面的第二项中因式 $\omega_{n+1}(x_j)$ 为零, 此时余项满足

$$f'(x_j) - p_n'(x_j) = \frac{f^{(n+1)}(\xi)}{(n+1)!}\omega_{n+1}'(x_j), \quad j = 0, 1, \cdots, n. \tag{5.61}$$

下面我们仅仅考虑数值求解节点处的近似导数值, 为简化讨论, 假定所给的节点是等距的.

(1) **两点求导公式**. 设已给出两个节点 x_0, x_1 处的函数值 $f(x_0), f(x_1)$, 构造线性插值多项式

$$p_1(x) = \frac{x - x_1}{x_0 - x_1}f(x_0) + \frac{x - x_0}{x_1 - x_0}f(x_1).$$

对上式两端求导, 记 $h = x_1 - x_0$, 有

$$p_1'(x) = \frac{1}{h}[f(x_1) - f(x_0)],$$

于是有下列求导公式:

$$f'(x_0) \approx p_1'(x_0) = \frac{1}{h}[f(x_1) - f(x_0)], \quad f'(x_1) \approx p_1'(x_1) = \frac{1}{h}[f(x_1) - f(x_0)].$$

而利用余项公式 (5.61) 知, 带余项的两点求导公式为

$$f'(x_0) = \frac{1}{h}[f(x_1) - f(x_0)] - \frac{h}{2}f''(\xi_0),$$

$$f'(x_1) = \frac{1}{h}[f(x_1) - f(x_0)] + \frac{h}{2}f''(\xi_1).$$

(2) **三点求导公式**. 设已给出三个等距节点 x_0, x_1, x_2, 处的函数值分别为 $f(x_0)$,

$f(x_1), f(x_2)$, 且 $x_1 = x_0 + h, x_2 = x_0 + 2h$. 容易求得二次插值多项式为

$$p_2(x) = \frac{(x - x_1)(x - x_2)}{(x_0 - x_1)(x_0 - x_2)}f(x_0) + \frac{(x - x_0)(x - x_2)}{(x_1 - x_0)(x_1 - x_2)}f(x_1) +$$

$$\frac{(x - x_0)(x - x_1)}{(x_2 - x_0)(x_2 - x_1)}f(x_2).$$

令 $x = x_0 + th$, 上式可表示为

$$p_2(x_0 + th) = \frac{1}{2}(t - 1)(t - 2)f(x_0) - t(t - 2)f(x_1) + \frac{1}{2}t(t - 1)f(x_2),$$

其中 $0 \leqslant t \leqslant 2$. 对上式两端关于 t 求导, 有

$$p_2'(x_0 + th) = \frac{1}{2h}[(2t - 3)f(x_0) - (4t - 4)f(x_1) + (2t - 1)f(x_2)]. \tag{5.62}$$

分别取 $t = 0, 1, 2$, 得到三点求导公式:

$$f'(x_0) \approx p_2'(x_0) = \frac{1}{2h}[-3f(x_0) + 4f(x_1) - f(x_2)],$$

$$f'(x_1) \approx p_2'(x_1) = \frac{1}{2h}[-f(x_0) + f(x_2)],$$

$$f'(x_2) \approx p_2'(x_2) = \frac{1}{2h}[f(x_0) - 4f(x_1) + 3f(x_2)].$$

利用余项公式 (5.61) 知, 而带余项的三点求导公式为

$$f'(x_0) = \frac{1}{2h}[-3f(x_0) + 4f(x_1) - f(x_2)] + \frac{h^2}{3}f'''(\xi_0),$$

$$f'(x_1) = \frac{1}{2h}[-f(x_0) + f(x_2)] - \frac{h^2}{6}f'''(\xi_1), \qquad (5.63)$$

$$f'(x_2) = \frac{1}{2h}[f(x_0) - 4f(x_1) + 3f(x_2)] + \frac{h^2}{3}f'''(\xi_2),$$

其中第二个公式是我们熟悉的中点公式. 在三点求导公式中, 它少用一个函数值 $f(x_1)$ 而不降低逼近阶, 在应用上最为受人关注.

一般来说, 用插值多项式 $p_n(x)$ 作为 $f(x)$ 的近似函数, 还可以建立高阶数值微分公式:

$$f^{(k)}(x) \approx p_n^{(k)}(x), \quad k = 1, 2, \cdots.$$

例如, 对 (5.62) 式再关于 t 求导一次, 有

$$p_2''(x_0 + th) = \frac{1}{h^2}[f(x_0) - 2f(x_1) + f(x_2)],$$

于是有二阶三点求导公式

$$f''(x_1) \approx p_2''(x_1) = \frac{1}{h^2}[f(x_0) - 2f(x_1) + f(x_2)],$$

而带余项的形式如下:

$$f''(x_1) = \frac{1}{h^2}[f(x_0) - 2f(x_1) + f(x_2)] - \frac{h^2}{12}f^{(4)}(\xi). \qquad (5.64)$$

求导公式 (5.64) 与求导公式 (5.53) 是一致的.

5.6.3　三次样条求导公式

由定理 4.9 可知, 利用第 4.2 节所给出的三次样条插值函数 $S(x)$ 作为 $f(x)$ 的近似, 不但函数值逼近效果较好, 导数值逼近也很出色, 误差满足

$$\|f^{(k)}(x) - S^{(k)}(x)\|_\infty \leqslant c_k h^{4-k}\|f^{(4)}\|_\infty, \quad k = 0, 1, 2, \qquad (5.65)$$

其中 $c_0 = \dfrac{5}{384}, c_1 = \dfrac{1}{24}, c_2 = \dfrac{3}{8}$.

因此利用三次样条函数 $S(x)$ 的导数直接得到求导公式

$$f^{(k)}(x) \approx S^{(k)}(x), \quad k = 1, 2.$$

再利用公式 (4.33), 可以得到

$$\begin{cases} f'(x_j) \approx S'(x_j) = -\dfrac{h_j}{3} M_j - \dfrac{h_j}{6} M_{j+1} + f(x_j, x_{j+1}), \\ f''(x_j) \approx M_j. \end{cases} \tag{5.66}$$

对于第一型与第二型三次样条插值问题, $M_j (j = 0, 1, \cdots, N + 1)$ 的值都可以通过三弯矩方程组 (4.36) 求出. 公式 (5.66) 称为三次样条求导公式, 它也是一种隐格式的数值微分公式. 由 (5.65) 式可得, 误差满足

$$\|f' - S'\|_\infty \leqslant \frac{1}{24} h^3 \|f^{(4)}\|_\infty,$$

$$\|f'' - S''\|_\infty \leqslant \frac{3}{8} h^2 \|f^{(4)}\|_\infty,$$

因此一阶与二阶三次样条求导公式的逼近阶分别为 $O(h^3), O(h^2)$.

■ 习题 5

1. 确定求积公式中的参数, 使其代数精度尽可能地高:

   (1) $\displaystyle\int_0^h f(x)\mathrm{d}x \approx \frac{h}{2}[f(0) + f(h)] + ah^2[f'(0) - f'(h)]$, 其中 a 为参数;

   (2) $\displaystyle\int_{-2h}^{2h} f(x)\mathrm{d}x \approx C_{-1} f(-h) + C_0 f(0) + C_1 f(h)$, 其中 C_{-1}, C_0, C_1 为参数.

2. 已知一个具有 d 次代数精度的求积公式, 试证明对此求积公式做线性变换后得到的新的求积公式也具有 d 次代数精度.

3. 假定已知求积公式

$$\int_a^b f(x)\mathrm{d}x \approx \sum_{i=0}^n C_i f(x_i),$$

其中求积系数 $C_i > 0$, 且它对 $f(x) \equiv 1$ 是精确的. 若计算 $f(x_i)$ 时产生的误差最多是 $\frac{1}{2} \cdot 10^{-k}$, 试证明由此求积公式产生的误差不大于 $\frac{b-a}{2} \cdot 10^{-k}$.

4. 证明下述求积公式对次数不高于 5 的多项式精确成立:

$$\int_{-\infty}^{+\infty} \mathrm{e}^{-x^2} f(x)\mathrm{d}x \approx \frac{\sqrt{\pi}}{6}\left[f\left(-\frac{\sqrt{6}}{2}\right) + 4f(0) + f\left(\frac{\sqrt{6}}{2}\right) \right].$$

5. 证明: Newton-Cotes 求积公式 (5.7) 中的 Cotes 系数满足

$$\sum_{k=0}^n C_k^{(n)} = 1.$$

6. 证明: Newton-Cotes 求积公式 (5.7) 中的 Cotes 系数满足方程组

$$\begin{pmatrix} 1 & 2 & \cdots & n \\ 1 & 2^2 & \cdots & n^2 \\ \vdots & \vdots & & \vdots \\ 1 & 2^n & \cdots & n^n \end{pmatrix} \begin{pmatrix} C_1^{(n)} \\ C_2^{(n)} \\ \vdots \\ C_n^{(n)} \end{pmatrix} = \begin{pmatrix} \dfrac{n}{2} \\ \dfrac{n^2}{3} \\ \vdots \\ \dfrac{n^n}{n+1} \end{pmatrix},$$

其中 $C_0^{(n)}$ 由 $\sum\limits_{k=0}^{n} C_k^{(n)} = 1$ 所确定.

7. 用复化 Simpson 公式计算下列积分:

(1) $\displaystyle\int_0^1 \frac{x}{4+x^2}\mathrm{d}x, \quad n=4$;

(2) $\displaystyle\int_0^{\frac{\pi}{6}} \sqrt{4-\sin^2\phi}\,\mathrm{d}\phi, \quad n=6$.

8. 假设 $f(x)$ 在 $[a,b]$ 上可积, 证明复化梯形公式和复化 Simpson 公式, 当 $n \to \infty$ 时, 收敛于积分值

$$\int_a^b f(x)\mathrm{d}x.$$

9. 将求积区间 $[a,b]$ 进行 n 等分, 节点为 $x_i = a + \dfrac{i}{n}h(i=0,1,\cdots,n)$, 其中 $h = \dfrac{b-a}{n}$. 在每个等分区间 $[x_i, x_{i+1}]$ 上再取一个中间点 $x_{i+\frac{1}{2}}$, 并对 $f(x)$ 作二次多项式插值. 试用这些二次插值多项式推导出如下振荡函数的数值积分公式:

$$I_1 = \int_0^{2\pi} f(x)\cos mx\,\mathrm{d}x, \quad I_2 = \int_0^{2\pi} f(x)\sin mx\,\mathrm{d}x.$$

10. 试求关于 $[a,b]=[-1,1]$ 和 $\rho(x)=x^2$ 的两点、三点和四点 Gauss 型求积公式, 并验证这些公式的代数精度分别是 3 次, 5 次和 7 次.

11. 试构造如下函数的 Gauss 型求积公式

$$\int_0^1 \frac{1}{(\sqrt{x})^3}\mathrm{d}x \approx C_0 f(x_0) + C_1 f(x_1).$$

12. 考虑积分 $I(f) = \displaystyle\int_0^1 x\ln x\,\mathrm{d}x = -\dfrac{1}{4}$.

(1) 取不同的步长 h, 分别用复合梯形求积公式及复合 Simpson 求积公式计算积分 $I(f)$ 的近似值, 给出误差中关于 h 的函数, 并与积分精确值比较, 得到两个公式的精度. 是否存在一个最小的 h, 使得精度不能再被改善?

(2) 用 Romberg 算法计算积分 $I(f)$ 的近似值, 使误差不超过 10^{-5}.

13. 试导出三重积分的梯形公式和 Simpson 公式.

14. 试用 Gauss 型求积公式 (取 $n = 3$). 计算积分

$$I(f) = \int_0^1 \frac{1}{\sqrt{(x^2+1)(3x^2+4)}} dx.$$

15. 用下列方法计算积分 $I(f) = \int_1^2 \frac{1}{x} dx$, 并比较结果:

(1) Romberg 方法, 直到第五位小数保持不变;

(2) 三点和五点 Gauss 型求积公式;

(3) 将积分区间四等分, 用复合两点 Gauss 型求积公式.

16. 用 $n = 2$ 的 Gauss-Laguerre 求积公式计算积分

$$\int_0^{+\infty} \frac{e^{-x}}{1+e^{2x}} dx.$$

17. 说明求积公式

$$\int_a^b f(x)dx \approx (b-a)f\left(\frac{a+b}{2}\right)$$

的几何意义. 当 $f(x) \in C^2[a,b]$ 时, 证明误差公式

$$\int_a^b f(x)dx - (b-a)f\left(\frac{a+b}{2}\right) = \frac{(b-a)^3}{24}f''(\xi), \quad a < \xi < b.$$

18. 设 $f(x) \in C^6[-1,1]$, $p(x)$ 为满足插值条件

$$p(x_i) = f(x_i), \quad p'(x_i) = f'(x_i), \quad x_i = -1, 0, 1$$

的五次 Hermite 插值多项式.

(1) 证明:

$$\int_{-1}^1 p(x)dx = \frac{7}{15}f(-1) + \frac{16}{15}f(0) + \frac{7}{15}f(1) + \frac{1}{15}f'(-1) - \frac{1}{15}f'(1).$$

(2) 证明: 利用如上等式与

$$\int_{-1}^1 f(x)dx \approx \int_{-1}^1 p(x)dx$$

所构造的数值积分公式具有 5 次代数精度.

(3) 利用 Hermite 插值的余项公式, 给出如上数值积分公式的余项表达式.

19. 确定如下数值微分公式的余项:

$$f'(x_0) \approx \frac{1}{2h}[4f(x_0+h) - 3f(x_0) - f(x_0+2h)].$$

20. 证明: 数值微分公式

$$f'(x_0+2h) \approx \frac{1}{12h}\left[f(x_0) - 8f(x_0+h) + 8f(x_0+3h) - f(x_0+4h)\right]$$

对任意的四次多项式都精确成立, 进一步确定数值微分公式的余项.

21. 用三点求导公式求 $f(x) = \dfrac{1}{(1+x)^2}$ 在点 $x = 0, 0.1, 0.2$ 处的一阶近似导数值, 并估计误差, 其中 $f(x)$ 在这三点处的函数值由下表给出:

x	0	0.1	0.2
$f(x)$	0.250 0	0.226 8	0.206 6

习题 5 典型习题
解答或提示

上机实验
练习 5 与答案

上机实验练习 5
程序代码

Bézier 曲线曲面

在计算几何、计算机辅助几何设计、计算机辅助设计与计算机图形学等学科中，曲线曲面主要采用隐式表示与参数表示两种方式. 参数表示方式以其在作图、分段表示与高维推广等方面的优势而成为曲线曲面设计的主要方法. 在前面内容中所介绍的多项式和样条函数插值方法可以用于构造通过给定型值点的函数曲线曲面，经简单推广后也可进行参数曲线或曲面的设计。由于 Bézier 曲线曲面采用一组性质优异的多项式基函数——Bernstein 基函数来构造参数曲线曲面，使得它具有很多优异的性质，在诸多形式的多项式参数曲线曲面中独树一帜，是最基本且重要的一类参数曲线曲面表示方法.

为了后续内容需要，本章首先介绍参数曲线曲面的一些基本知识，随后对一元 Bernstein 基函数及其性质、Bézier 曲线、张量积型 Bézier 曲面与 Bézier 三角曲面片进行分别介绍.

6.1　曲线曲面的基本理论

6.1.1　曲线的参数表示

三维空间中的一条曲线如果可表示为关于参数 t 的向量函数

$$\boldsymbol{p}(t) = (x(t), y(t), z(t)), \quad t \in [a, b],$$

则称其为曲线的参数表示, $[a, b]$ 称为曲线的参数域. 给定曲线的一个具体参数表示形式, 也称给定了一个曲线的参数化. 显然, 同一条曲线的参数化可能是不同的.

如果

$$\dot{\boldsymbol{p}}(t_0) = (\dot{x}(t_0), \dot{y}(t_0), \dot{z}(t_0)) \neq \boldsymbol{0},$$

则称曲线 $\boldsymbol{p}(t)$ 在 $t = t_0$ 处是正则的, $\boldsymbol{p}(t_0)$ 称为曲线的正则点, 其中 $\dot{x}(t), \dot{y}(t), \dot{z}(t)$ 表示对参数 t 求导数. 显然, $\boldsymbol{p}(t_0)$ 为正则点的充要条件是 $\dot{x}(t_0), \dot{y}(t_0), \dot{z}(t_0)$ 不同时为零. 若曲线 $\boldsymbol{p}(t)$ 的所有点都是正则点, 就称曲线 $\boldsymbol{p}(t)$ 为正则曲线. 非正则的点称

为曲线的奇点. 曲线上的同一个点, 在某些参数化下为正则点, 但是在另外的参数化下可能不是正则点.

一般情况下, 参数曲线经常表示为如下形式:

$$\boldsymbol{p}(t) = \sum_{i=1}^{n} \boldsymbol{b}_i f_i(t), \quad t \in [a, b], \tag{6.1}$$

其中 $\boldsymbol{b}_i \in \mathbb{R}^3$ 称为控制顶点, 实值函数 $f_i(t)$ 称为基函数 (或混合函数), $i = 1, 2, 3$. 一般来说, 基函数需具有非负性、线性无关性、单位分解性等. 控制顶点控制着曲线的形状, 基函数在曲线构造中起到了最为重要的作用.

对同一条曲线, 选择的参数化不同, 其性质也不尽相同. 而曲线自身的弧长是曲线本身的不变量, 它与坐标系的选择无关, 因此取曲线的弧长作为参数来研究曲线具有非常重要的意义.

给定空间中一条曲线 $\boldsymbol{p}(t) = (x(t), y(t), z(t))$, 取其上任意一点 $\boldsymbol{p}_0(x_0, y_0, z_0) = (x(t_0), y(t_0), z(t_0))$ 作为计算弧长的起点. 应用弧长积分公式, 可以计算曲线上任意一点到 $\boldsymbol{p}_0$ 之间的弧长 s. 由此, 曲线上的点与该点到 $\boldsymbol{p}_0$ 之间的弧长是一一对应的. 因此曲线 $\boldsymbol{p}(t)$ 可以表示为以弧长为参数的参数曲线, 这种表示方法称为曲线的弧长参数化. 弧长称为自然参数, 曲线的方程称为自然参数方程.

下面讨论曲线的弧长参数化与一般参数化之间的联系. 如果已知曲线参数表示为

$$\boldsymbol{p}(t) = (x(t), y(t), z(t)), \tag{6.2}$$

那么曲线弧长的微分与积分公式为

$$\left(\frac{\mathrm{d}s}{\mathrm{d}t}\right)^2 = \left(\frac{\mathrm{d}x}{\mathrm{d}t}\right)^2 + \left(\frac{\mathrm{d}y}{\mathrm{d}t}\right)^2 + \left(\frac{\mathrm{d}z}{\mathrm{d}t}\right)^2 = (\dot{\boldsymbol{p}})^2, \tag{6.3}$$

$$s(t) = \int_{t_0}^{t} \sqrt{\left(\frac{\mathrm{d}x}{\mathrm{d}t}\right)^2 + \left(\frac{\mathrm{d}y}{\mathrm{d}t}\right)^2 + \left(\frac{\mathrm{d}z}{\mathrm{d}t}\right)^2} \, \mathrm{d}t = \int_{t_0}^{t} |\dot{\boldsymbol{p}}| \mathrm{d}t, \tag{6.4}$$

其中 $s(t)$ 为参数 t_0 与 t 对应两点之间的弧长. 由 (6.4) 式, $\dot{s} = |\dot{\boldsymbol{p}}| > 0$, 因此反函数 $t = r(s)$ 必然存在, 代入 (6.2) 式对曲线重新参数化后便可得到弧长参数化表示 $\boldsymbol{p}(s) = \boldsymbol{p}(r(s))$.

弧长参数化是一类重要的概念, 但是如果用 (6.4) 式来计算弧长有时比较繁琐, 可以通过累加弦长方法来近似计算. 对于计算几何中常用的单段或分段多项式参数曲线, 一般情况下却不能采用自身弧长作为参数 (具体原因详见文献 [7, 14]).

给定空间弧长参数化的曲线 $\boldsymbol{p}(s) = (x(s), y(s), z(s))$. 设

$$\boldsymbol{t} = \boldsymbol{t}(s) = \boldsymbol{p}'(s), \tag{6.5}$$

为了与一般参数求导数有所区别, 这里 $\boldsymbol{p}'(s) = \dfrac{\mathrm{d}\boldsymbol{p}}{\mathrm{d}s}$ 表示对弧长求导数. 由于

$$\frac{\mathrm{d}\boldsymbol{p}}{\mathrm{d}s} = \frac{\mathrm{d}\boldsymbol{p}}{\mathrm{d}t}\frac{\mathrm{d}t}{\mathrm{d}s} = \frac{\dot{\boldsymbol{p}}}{|\dot{\boldsymbol{p}}|},$$

则 t 为曲线 $p(s)$ 在弧长 s 处的单位切向量. 因为

$$t^2 = t \cdot t = 1,$$

两端关于 s 求导, 可得

$$2t \cdot t' = 0.$$

设

$$n = n(s) = \frac{t'}{|t'|}, \tag{6.6}$$

由此可知单位向量 n 与 t 互相垂直, 称 n 为曲线在该点处的单位主法线向量, 平行于 n 的法线称为主法线.

设 $\kappa = \kappa(s) = |t'|$, 称 κ 为曲线在弧长 s 处的曲率, 它是单位切向量关于弧长的扭转速率. 换言之, 曲线在一点处的曲率等于此点与邻近点的切线向量之间的夹角关于弧长的变化率, 也就是曲线在该点附近切线方向改变的程度, 它反映了曲线的弯曲程度. 如果曲线在某点处的曲率愈大, 表示曲线在该点附近切线方向改变的愈快, 因此曲线在该点处的弯曲程度愈大. 曲线上曲率为零的点称为曲线的拐点.

曲率随点的移动而变化, 当曲线参数取为弧长参数时, 它的计算公式为

$$\kappa = |t'| = |p''(s)| = \sqrt{(x''(s))^2 + (y''(s))^2 + (z''(s))^2}. \tag{6.7}$$

称 $\rho = \dfrac{1}{\kappa}$ 为曲率半径, 向量

$$t' = \kappa(s)n \tag{6.8}$$

为曲率向量.

向量

$$b = t \times n \tag{6.9}$$

为与 t, n 垂直的单位向量, 称为曲线在该点处的单位副法线向量, 将平行于 b 的法线称为曲线的副法线.

三个单位向量 t, n, b 就像直角坐标系中的 i, j, k 一样, 组成一个右手系, 随着曲线上点的移动而改变, 给出了曲线上点所决定的三个基本向量, 称为 Frenet 标架或运动标架.

如图 6.1 所示, 由 t 和 n, n 和 b, b 和 t 所张成的平面分别称为曲线在该点处的密切平面、法平面和从切面. 设曲线上对应参数 $s - \Delta s, s, s + \Delta s$ 的 3 个点为 R, P, Q, 曲线在点 P 处的密切圆是通过这 3 个点所作的圆当 $\Delta s \to 0$ 时的极限情形. 密切圆的半径等于该点的曲率半径, 密切圆的圆心称为曲率中心.

结合如上分析, 并分别对三个基本向量求导可得关系式

$$t' = \kappa n, \tag{6.10}$$

$$b' = -\tau n, \tag{6.11}$$

$$n' = \tau b - \kappa t. \tag{6.12}$$

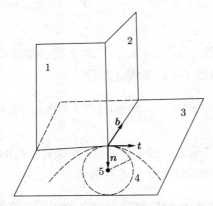

1. 密切平面; 2. 法平面; 3. 从切面; 4. 密切圆; 5. 曲率中心

图 6.1 Frenet 运动标架

它们称为曲线的 Frenet-Serret 方程, 是参数曲线理论中最基本的一组公式, 可用矩阵形式表示为

$$\begin{pmatrix} t' \\ n' \\ b' \end{pmatrix} = \begin{pmatrix} 0 & \kappa & 0 \\ -\kappa & 0 & \tau \\ 0 & -\tau & 0 \end{pmatrix} \begin{pmatrix} t \\ n \\ b \end{pmatrix}. \tag{6.13}$$

Frenet-Serret 方程中的函数 τ 称为挠率, 表示曲线的副法向量关于弧长的变化率. 换句话说, 挠率刻画了曲线的密切平面的变化程度, 反映了曲线离开密切平面的快慢, 即曲线的扭曲程度. 对于平面曲线来说, 由于密切平面就是曲线所在平面, 其不发生改变, 因此其挠率为 0.

对于一般参数化曲线 $p(t)$, 三个基本向量可以采用如下方法求解:

$$t = \frac{\dot{p}}{|\dot{p}|}, \quad b = \frac{\dot{p} \times \ddot{p}}{|\dot{p} \times \ddot{p}|}, \quad n = b \times t, \tag{6.14}$$

其曲率公式与挠率公式为

$$\kappa = \frac{|\dot{p} \times \ddot{p}|}{|\dot{p}^3|}, \tag{6.15}$$

$$\tau = \frac{(\dot{p}, \ddot{p}, \dddot{p})}{(\dot{p} \times \ddot{p})^2}. \tag{6.16}$$

由 (6.16) 式可知, 一条曲线 $p(t)$ 为平面曲线 (即曲线挠率为 0) 的充要条件是

$$(\dot{p}, \ddot{p}, \dddot{p}) = 0.$$

在曲线造型中, 往往需要多段参数曲线拼接组成一条具有一定连续性的组合曲线, 而在连续性的描述上有参数连续性与几何连续性两种方式.

定义 6.1   参数曲线 $\boldsymbol{p}(t)$ 在 $t = t_0$ 处为 k 阶参数连续 (即 C^k 连续) 当且仅当 $\boldsymbol{p}(t)$ 的每个分量函数在 $t = t_0$ 处是 C^k 连续的, 即

$$\lim_{t \to t_0^+} \overset{(i)}{\boldsymbol{p}}(t) = \lim_{t \to t_0^-} \overset{(i)}{\boldsymbol{p}}(t), \quad i = 0, 1, \cdots, k, \tag{6.17}$$

其中 $\overset{(i)}{\boldsymbol{p}}(t)$ 表示 $\boldsymbol{p}(t)$ 关于参数 t 的 i 阶导数. 如果对所有的 $t \in [a, b]$, 曲线 $\boldsymbol{p}(t)$ 均 C^k 连续, 则称它为关于参数 t 的 C^k 连续曲线.

由于每一段曲线通常是按照局部参数定义的 C^k 连续曲线, 按如上定义, 我们要构造参数连续的组合曲线, 即满足一定参数连续的分段曲线, 那么需要组合曲线找到一个合适的整体参数, 使得组合曲线关于整体参数是连续的. 但是满足要求的整体参数往往很难找到, 因此选择与参数化无关的连续性条件有时是十分必要的, 而几何连续性恰好满足这种要求.

定义 6.2   如果参数曲线 $\boldsymbol{p}(t)$ 在弧长参数化下是 C^k 的, 或者存在一个局部正则的 C^k 参数表示, 则称曲线 $\boldsymbol{p}(t)$ 是 k 阶几何连续 (即 G^k 或 GC^k 连续) 的.

虽然定义 6.2 给出了曲线几何连续性的判定准则, 但是一般情况下, 这两条准则很难验证. 下面我们介绍更加容易理解与判断的一种几何连续性定义.

给定两条参数曲线 $\boldsymbol{p}_l(u), u \in [u_0, u_1], \boldsymbol{p}_r(t), t \in [t_0, b]$, 满足 $\boldsymbol{p} = \boldsymbol{p}_l(u_1) = \boldsymbol{p}_r(t_0)$, 即它们在点 $\boldsymbol{p}$ 处相连接. 取参数变换

$$u = u(t), \quad t \in [a, t_0], \quad u_0 = u(a), \quad u_1 = u(t_0),$$

则 $\boldsymbol{p}_l(u)$ 重新参数化为

$$\boldsymbol{p}_l(t) = \boldsymbol{p}_l(u(t)), \quad t \in [a, t_0],$$

从而连接点 $\boldsymbol{p} = \boldsymbol{p}_l(t_0)$. 下面考虑两段曲线在点 $\boldsymbol{p}$ 处的几何连续条件.

设 $\overset{(i)}{\boldsymbol{p}}_+$ 表示曲线 $\boldsymbol{p}_r(t)$ 在 $t = t_0$ 处的 i 阶导数, $\overset{(i)}{\boldsymbol{p}}_-$ 表示曲线 $\boldsymbol{p}_l(t)$ 在 $t = t_0$ 处的 i 阶导数. 按照定义 6.2,

(1) 两段曲线在点 $\boldsymbol{p}$ 处 G^0 连续的充要条件为

$$\boldsymbol{p}_+ = \boldsymbol{p}_-, \tag{6.18}$$

即只要它们相连接即可保证 G^0 连续, 这与参数 C^0 连续是一致的.

(2) 两段曲线在点 $\boldsymbol{p}$ 处 G^1 连续的充要条件是它们在点 $\boldsymbol{p}$ 处 G^0 连续, 并且满足

$$\dot{\boldsymbol{p}}_+ = \frac{\mathrm{d}u}{\mathrm{d}t}\dot{\boldsymbol{p}}_-, \tag{6.19}$$

其中 $\dfrac{\mathrm{d}u}{\mathrm{d}t} > 0$, 即两段曲线在点 $\boldsymbol{p}$ 处具有公共的单位切向量.

(3) 对 (6.19) 式两端关于 t 求导, 则两段曲线在点 $\boldsymbol{p}$ 处 G^2 连续的充要条件是它们在点 $\boldsymbol{p}$ 处 G^1 连续, 并且满足

$$\ddot{\boldsymbol{p}}_+ = \frac{\mathrm{d}^2 u}{\mathrm{d}t^2} \dot{\boldsymbol{p}}_- + \left(\frac{\mathrm{d}u}{\mathrm{d}t}\right)^2 \ddot{\boldsymbol{p}}_-. \tag{6.20}$$

其几何意义为两段曲线在点 $\boldsymbol{p}$ 处的曲率值与主法向量皆连续, 即曲率向量连续.

(4) 类似地, 在 (6.20) 式两端关于 t 一直求导下去, 且令

$$\beta_j = \frac{\mathrm{d}^j u}{\mathrm{d}t^j}, \quad j = 1, 2, \cdots,$$

将如上分析综合后可得几何连续性约束条件的矩阵形式

$$\begin{pmatrix} \boldsymbol{p}_+ \\ \dot{\boldsymbol{p}}_+ \\ \ddot{\boldsymbol{p}}_+ \\ \dddot{\boldsymbol{p}}_+ \\ \vdots \\ \overset{(k)}{\boldsymbol{p}}_+ \end{pmatrix} = \begin{pmatrix} 1 & & & & & \\ 0 & \beta_1 & & & & \\ 0 & \beta_2 & \beta_1^2 & & & \\ 0 & \beta_3 & 3\beta_1\beta_2 & \beta_1^3 & & \\ \vdots & \vdots & \vdots & \vdots & \ddots & \\ 0 & \beta_k & * & * & \cdots & \beta_1^k \end{pmatrix} \begin{pmatrix} \boldsymbol{p}_- \\ \dot{\boldsymbol{p}}_- \\ \ddot{\boldsymbol{p}}_- \\ \dddot{\boldsymbol{p}}_- \\ \vdots \\ \overset{(k)}{\boldsymbol{p}}_- \end{pmatrix}, \tag{6.21}$$

其中 $\beta_1 > 0$, $*$ 表示关于 $\beta_1, \beta_2, \cdots, \beta_k$ 的多项式. 公式 (6.21) 称为几何连续的 β 约束.

由于同一曲线可以采用不同的参数化表示, 而不同的参数化表示所对应的是 β 约束中所给矩阵的不同非零元素, 从而 β 约束是与曲线的参数化表示无关的.

定理 6.1 两条参数曲线段在正则点 $\boldsymbol{p}$ 处 k 阶几何连续 (即 G^k 或 GC^k 连续) 的充要条件是存在实数 $\beta_j(j = 1, 2, \cdots, k), \beta_1 > 0$, 使得它们在点 $\boldsymbol{p}$ 处满足由 (6.21) 式所给出的 β 约束.

6.1.2 曲面的参数表示

三维空间中的一个曲面如果可以表示为关于参数 u, v 的向量函数

$$\boldsymbol{p}(u, v) = (x(u, v), y(u, v), z(u, v)), \quad (u, v) \in D, \tag{6.22}$$

则称 (6.22) 式为曲面的参数表示. 参数 u, v 的取值区域 $D \subset \mathbb{R}^2$ 称为参数域, 最常用的参数域取为 uOv 平面上的一个矩形区域 $D = [u_1, u_2] \times [v_1, v_2]$. 给定了曲面的一个具体参数表示形式, 也就称给定了一个曲面的参数化, 并决定了参数域 D 上的点与曲面上的点的对应关系. 显然, 曲面的参数化也不是唯一的.

一般情况下, 参数曲面经常表示为如下形式:

$$\boldsymbol{p}(u,v) = \sum_{i \in I} \boldsymbol{b}_i f_i(u,v), \quad (u,v) \in D, \tag{6.23}$$

其中 $\boldsymbol{b}_i \in \mathbb{R}^3$ 称为控制顶点, 实值函数 $f_i(u,v)$ 称为基函数 (或混合函数), I 为某个指标集. 一般来说, 基函数需具有非负性、线性无关性、单位分解性等. 控制顶点控制着曲面的形状, 基函数在曲面构造中同样起到了最为重要的作用.

如果固定一个参数, 例如 $v = v_0$, 那么 $\boldsymbol{p}(u,v_0)$ 为单参数 u 的向量函数, 它表示曲面上的一条曲线, 称为等参线或 u 曲线. 显然, 曲面 $\boldsymbol{p}(u,v)$ 上存在两簇等参线, 即一簇 u 曲线与一簇 v 曲线.

在曲面上的点 $\boldsymbol{p}(u_0,v_0)$ 处, 沿 u, v 方向的切向量分别定义为

$$\boldsymbol{p}_u(u_0,v_0) = \frac{\partial \boldsymbol{p}(u,v_0)}{\partial u}\bigg|_{u=u_0}, \quad \boldsymbol{p}_v(u_0,v_0) = \frac{\partial \boldsymbol{p}(u_0,v)}{\partial v}\bigg|_{v=v_0}, \tag{6.24}$$

如果这两个切向量 $\boldsymbol{p}_u(u_0,v_0), \boldsymbol{p}_v(u_0,v_0)$ 不共线, 即

$$\boldsymbol{p}_u(u_0,v_0) \times \boldsymbol{p}_v(u_0,v_0) \neq \boldsymbol{0},$$

则称点 $\boldsymbol{p}(u_0,v_0)$ 为曲面的正则点, 否则称为奇点. 如果曲面上的所有点都是正则点, 就称这样的参数化为正则的.

设 $(u(t),v(t))$ 为参数域 D 上任意一条过点 (u_0,v_0) 的曲线, 满足 $(u_0,v_0) = (u(t_0),v(t_0))$, 那么 $\boldsymbol{p}(t) = \boldsymbol{p}(u(t),v(t))$ 为曲面 $\boldsymbol{p}(u,v)$ 上过点 $\boldsymbol{p}(u_0,v_0)$ 的一条参数曲线, 且满足 $\boldsymbol{p}(u_0,v_0) = \boldsymbol{p}(t_0) = \boldsymbol{p}(u(t_0),v(t_0))$. 曲线 $\boldsymbol{p}(t)$ 在点 $\boldsymbol{p}(u_0,v_0)$ 处的切向量为

$$\frac{\mathrm{d}\boldsymbol{p}}{\mathrm{d}t}\bigg|_{t=t_0} = \boldsymbol{p}_u(u_0,v_0)\frac{\mathrm{d}u}{\mathrm{d}t}\bigg|_{t=t_0} + \boldsymbol{p}_v(u_0,v_0)\frac{\mathrm{d}v}{\mathrm{d}t}\bigg|_{t=t_0}.$$

由此可知, 若点 $\boldsymbol{p}(u_0,v_0)$ 为曲面的正则点, 曲线 $\boldsymbol{p}(t)$ 在点 $\boldsymbol{p}(u_0,v_0)$ 处的切向量可表示为 $\boldsymbol{p}_u(u_0,v_0), \boldsymbol{p}_v(u_0,v_0)$ 的线性组合, 因此其切线位于这两个向量所张成的平面内. 这个平面称为曲面 $\boldsymbol{p}(u,v)$ 在点 $\boldsymbol{p}(u_0,v_0)$ 处的切平面, 称过点 $\boldsymbol{p}(u_0,v_0)$ 且垂直于该点切平面的直线为法线, 其单位法向量为

$$\boldsymbol{e}(u_0,v_0) = \frac{\boldsymbol{p}_u(u_0,v_0) \times \boldsymbol{p}_v(u_0,v_0)}{|\boldsymbol{p}_u(u_0,v_0) \times \boldsymbol{p}_v(u_0,v_0)|}.$$

沿曲面 $\boldsymbol{p}(u,v)$ 每一点的法向量方向移动的距离为 α(可正可负), 得到的曲面称为 $\boldsymbol{p}(u,v)$ 的等距曲面, 方程为

$$\boldsymbol{r}(u,v) = \boldsymbol{p}(u,v) + \alpha\boldsymbol{e}(u,v).$$

设 $\boldsymbol{p} = \boldsymbol{p}(t) = \boldsymbol{p}(u(t),v(t))$ 为曲面 $\boldsymbol{p}(u,v)$ 上的一条曲线, 其中 $(u(t),v(t))$ 为参数域 D 上的一条曲线. 由 (6.24) 式, 该曲线的切向量可表示为

$$\boldsymbol{p}_u\dot{u} + \boldsymbol{p}_v\dot{v} = (\dot{u},\dot{v})\begin{pmatrix}\boldsymbol{p}_u \\ \boldsymbol{p}_v\end{pmatrix} = \dot{\boldsymbol{p}}\boldsymbol{A}, \tag{6.25}$$

其中等式右端

$$\dot{\boldsymbol{p}} = (\dot{u}, \dot{v}), \quad \boldsymbol{A} = \begin{pmatrix} \boldsymbol{p}_u \\ \boldsymbol{p}_v \end{pmatrix}.$$

由 Frenet 标架以及弧长参数的求导关系, 可以推得

$$\dot{s}^2 = (\dot{u}, \dot{v}) \, \boldsymbol{F} \begin{pmatrix} \dot{u} \\ \dot{v} \end{pmatrix} = \dot{\boldsymbol{p}} \boldsymbol{F} \dot{\boldsymbol{p}}^{\mathrm{T}}, \tag{6.26}$$

$$\dot{s}^2 \kappa \boldsymbol{e} \cdot \boldsymbol{n} = \dot{\boldsymbol{p}} \boldsymbol{G} \dot{\boldsymbol{p}}^{\mathrm{T}}, \tag{6.27}$$

其中 s 为曲线的弧长, 且

$$\boldsymbol{F} = \begin{pmatrix} \boldsymbol{p}_u^2 & \boldsymbol{p}_u \cdot \boldsymbol{p}_v \\ \boldsymbol{p}_v \cdot \boldsymbol{p}_u & \boldsymbol{p}_v^2 \end{pmatrix}, \quad \boldsymbol{G} = \begin{pmatrix} \boldsymbol{e} \cdot \boldsymbol{p}_{uu} & \boldsymbol{e} \cdot \boldsymbol{p}_{uv} \\ \boldsymbol{e} \cdot \boldsymbol{p}_{vu} & \boldsymbol{e} \cdot \boldsymbol{p}_{vv} \end{pmatrix}.$$

公式 (6.26) 称为曲面的第一基本公式, 公式 (6.27) 称为曲面的第二基本公式.

设 $\boldsymbol{p}(t) = \boldsymbol{p}(u(t), v(t))$ 为曲面 $\boldsymbol{p}(u, v)$ 上过点 $\boldsymbol{P}$ 的一条曲线. 作过点 $\boldsymbol{P}$ 的空间平面 C, 使 $\boldsymbol{p}(t)$ 在点 $\boldsymbol{P}$ 处的切向量 $\dot{\boldsymbol{p}}$ 与曲面 $\boldsymbol{p}(u, v)$ 在点 $\boldsymbol{P}$ 处的单位法向量 $\boldsymbol{e}$ 落在平面 C 上. 设平面 C 与曲面 $\boldsymbol{p}(u, v)$ 的交线为 l, 称曲线 l 在点 $\boldsymbol{P}$ 处的曲率为曲面 $\boldsymbol{p}(u, v)$ 在点 $\boldsymbol{P}$ 处关于方向 $\dot{\boldsymbol{p}}$ 的法曲率, 记为 κ_n. 显然, 它与 $\dot{\boldsymbol{p}}$ 的方向有关但与其大小无关, 它是曲线 $\boldsymbol{p}(t)$ 的曲率向量 $\kappa\boldsymbol{n}$ 在 $\boldsymbol{e}$ 上的投影.

由方程 (6.27) 可知, 法曲率满足

$$\dot{s}^2 \kappa_n = \dot{\boldsymbol{p}} \boldsymbol{G} \dot{\boldsymbol{p}}^{\mathrm{T}}, \tag{6.28}$$

即

$$\kappa_n = \frac{\dot{\boldsymbol{p}} \boldsymbol{G} \dot{\boldsymbol{p}}^{\mathrm{T}}}{\dot{s}^2} = \frac{\dot{\boldsymbol{p}} \boldsymbol{G} \dot{\boldsymbol{p}}^{\mathrm{T}}}{\dot{\boldsymbol{p}} \boldsymbol{F} \dot{\boldsymbol{p}}^{\mathrm{T}}}. \tag{6.29}$$

曲面上一点沿不同的方向可能有不同的法曲率, 称使得 κ_n 取极值的方向为法曲率的主方向, 主方向是互相垂直的. 设 κ_n 的最小、最大值分别为 $\kappa_{n_{\min}}, \kappa_{n_{\max}}$, 称之为主曲率. 曲面上的曲线如果切线方向总是存在一个主方向, 则称这样的曲线为曲率线. 对应两个主曲率, 曲面上有两簇成正交的曲率线. 令

$$K = \kappa_{n_{\min}} \cdot \kappa_{n_{\max}}, \quad H = \frac{\kappa_{n_{\min}} + \kappa_{n_{\max}}}{2},$$

称 K 为 Gauss 曲率 (或总曲率, 全曲率), 称 H 为平均曲率 (或中曲率).

在曲面造型中, 同样需要多片参数曲面拼接组成具有一定连续性的分片曲面, 而在参数曲面连续性拼接的描述上同样有参数连续性与几何连续性两种方式.

定义 6.3 如果参数曲面 $\boldsymbol{p}(u, v), \boldsymbol{q}(s, r)$ 沿公共边界 $\boldsymbol{p}(t) = \boldsymbol{q}(t)$ 处处满足

$$\frac{\partial^{i+j}}{\partial u^i \partial v^j} \boldsymbol{p}(t) = \frac{\partial^{i+j}}{\partial s^i \partial r^j} \boldsymbol{q}(t), \quad i + j = 0, 1, \cdots, k,$$

则称它们在公共边界上具有 k 阶参数连续性 (即 C^k 连续).

定义 6.4 如果参数曲面 $\boldsymbol{p}(u,v), (u,v) \in [u_0,u_1] \times [v_0,v_1]$ 与 $\boldsymbol{q}(u,v), (u,v) \in [u_0,u_1] \times [v_1,v_2]$ 在公共边界 $\boldsymbol{p}(u,v_1) = \boldsymbol{q}(u,v_1)$ 上满足

$$\frac{\partial^{i+j}}{\partial u^i \partial v^j} \boldsymbol{p}(u,v_1-) = \frac{\partial^{i+j}}{\partial u^i \partial v^j} \boldsymbol{q}(u,v_1+), \quad i+j = 0, 1, \cdots, k,$$

则称它们在公共边界上具有 k 阶参数连续性 (即 C^k 连续).

如上两个定义在某种情况下是等价的. 与曲线的参数连续性类似, 曲面的参数连续也同样与参数的选取有关, 而曲面的参数化同样是不唯一的. 而且参数曲面不存在像参数曲线那样的弧长参数化, 使得曲面的参数连续性判定与构造更为困难. 因此同参数曲线一样, 也需要寻找一种更为宽容、与参数化无关、能更好度量曲面拼接光滑性的连续性定义.

定义 6.5 对两个参数曲面,

(1) 如果它们有公共的连续边界, 则称它们在公共边界上具有 0 阶几何连续性 (即 G^0 连续);

(2) 如果它们在公共边界上 G^0 连续, 并且在公共边界线上处处具有相同的切平面 (或相同的曲面法线), 则称它们沿公共边界具有 1 阶几何连续性 (即 G^1 连续);

(3) 如果它们在公共边界上 G^1 连续, 并且具有公共的主曲率, 以及在两个主曲率相等时具有公共的主方向, 则称它们沿公共边界具有 2 阶几何连续性 (即 G^2 连续).

对曲面拼接来说, 最常用的就是 G^1 连续与 G^2 连续. 一般的几何连续性定义如下:

定义 6.6 如果两个参数曲面之一可以重新参数化, 使得它们沿公共边界为 C^k 连续的, 则称它们在公共边界上具有 k 阶几何连续性 (即 G^k 连续).

6.2　一元 Bernstein 基函数

因为在计算机中方便四则运算的特性, 多项式方法无疑是几何造型中非常实用的数学工具之一. 一般情况下, n 次多项式表示为幂基 $1, t, t^2, \cdots, t^n$ 的线性组合形式. 但是, 对多项式参数曲线曲面, 采用幂基形式表示在几何直观上又有所不足. 设空间中的多项式参数曲线表示为

$$\boldsymbol{p}(t) = \sum_{i=0}^{n} \boldsymbol{a}_i t^i, \quad t \in [0,1],$$

其中控制顶点 $a_i \in \mathbb{R}^3, i = 0, 1, \cdots, n$. 从如上参数化表示看出, 曲线除端点 $p(0) = a_0$ 的几何直观还比较明显外, 曲线的形状与控制顶点的几何位置之间并没有太直观的联系. 并且当调整幂基对应的控制顶点时, 对曲线产生的影响也并不十分直观. 最为重要的是, 由于幂基不满足单位分解性, 所以由它构造的参数曲线不满足几何不变性, 如例 6.1 所示.

例 6.1 对平面三次多项式参数曲线

$$p(t) = a_0 + a_1 t + a_2 t^2 + a_3 t^3, \quad t \in [0, 1],$$

其中控制顶点 $a_0 = (0, 0), a_1 = (3, 2), a_2 = (3, 1), a_3 = (4, -1)$. 由 MATLAB 生成控制顶点及其相连折线与曲线 $p(t)$ 如图 6.2(a) 所示. 可以直接看出曲线的一个端点 $p(0) = a_0$, 但并不能直观地看出另一个端点 $p(1)$ 的几何位置与控制顶点间的联系.

(1) 将控制顶点 a_1 向左移动变为 $A_1 = (2, 2)$. 如图 6.2(b) 所示, 连接新的控制顶点所形成的折线由原来的 "非凸" 的变为 "凸" 的, 但原曲线与新控制顶点所定义的曲线 (虚线) 的凸性并没有受到影响. 也就是说, 不能从控制顶点连接折线的凸性来判断定义曲线的凸性.

(2) 将所有控制顶点都向左平移一个单位变为 $B_0 = (-1, 0), B_1 = (2, 2), B_2 = (2, 1), B_3 = (3, -1)$. 如图 6.2(c) 所示, 平移后控制顶点所定义的曲线 (虚线) 并不是原曲线向左平移一个单位, 这说明说明幂基表示的多项式参数曲线不具有几何不变性.

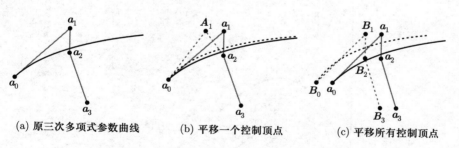

(a) 原三次多项式参数曲线　　(b) 平移一个控制顶点　　(c) 平移所有控制顶点

图 6.2 采用幂基表示的三次多项式曲线

图 6.2 程序代码

在第 1.2 节中, 我们介绍了 Weierstrass 第一定理 (定理 1.3) 的 Bernstein 构造性证明, 证明的关键是利用了 Bernstein 基函数. 下面我们将会介绍 Bernstein 基函数在计算几何中的重要应用, 这些应用都要归功于这类基函数所具有的一些带 "几何直观" 的优良性质.

n 次多项式 Bernstein 基函数为

$$B_i^n(t) = \binom{n}{i} t^i (1-t)^{n-i}, \quad i = 0, 1, \cdots, n, \tag{6.30}$$

其中 $\binom{n}{i} = \dfrac{n!}{i!(n-i)!}, i = 0, 1, \cdots, n.$ 为了方便, 当 $i < 0$ 或者 $i > n$ 时, 通常我们记 $B_i^n(t) = 0.$

例 6.2　当 $n = 1, 2, 3$ 时, Bernstein 基函数的具体形式如下, 由 Maple 生成它们在 $[0, 1]$ 上的图形如图 6.3 所示:

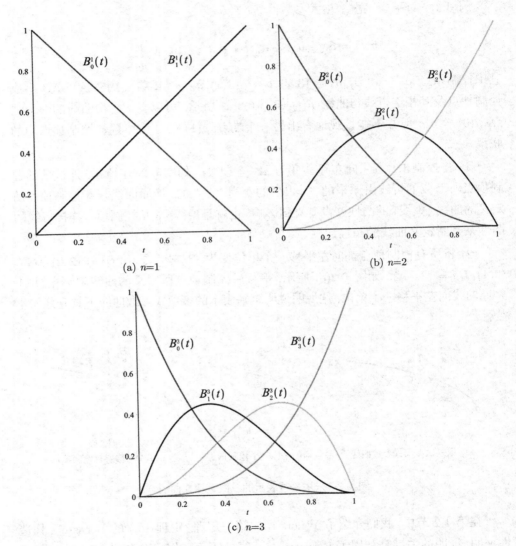

(a) $n=1$

(b) $n=2$

(c) $n=3$

图 6.3　$n = 1, 2, 3$ 时的 Bernstein 基函数

(1) 一次 Bernstein 多项式为

$$B_0^1(t) = 1 - t, \quad B_1^1(t) = t;$$

(2) 二次 Bernstein 多项式为

$$B_0^2(t) = (1-t)^2, \quad B_1^2(t) = 2t(1-t), \quad B_2^2(t) = t^2;$$

(3) 三次 Bernstein 多项式为

$$B_0^3(t) = (1-t)^3, \quad B_1^3(t) = 3t(1-t)^2, \quad B_2^3(t) = 3t^2(1-t), \quad B_3^3(t) = t^3.$$

不难证明 $\{B_i^n(t)\}_{i=0}^n$ 是线性无关的, 因此构成了 $\mathbb{P}_n$ 的一组基函数, 从而每一个 Bernstein 基函数都可以由幂基 $\{t^i\}_{i=0}^n$ 来线性表示. 对 $k \in \{0, 1, \cdots, n\}$, 有

$$\begin{aligned}
B_k^n(t) &= \binom{n}{k} t^k (1-t)^{n-k} = \binom{n}{k} t^k \sum_{i=0}^{n-k} (-1)^i \binom{n-k}{i} t^i \\
&= \sum_{i=0}^{n-k} (-1)^i \binom{n}{k} \binom{n-k}{i} t^{i+k} = \sum_{i=k}^n (-1)^{i-k} \binom{n}{k} \binom{n-k}{i-k} t^i \\
&= \sum_{i=k}^n (-1)^{i-k} \binom{n}{i} \binom{i}{k} t^i.
\end{aligned}$$

记 n 次多项式幂基到 Bernstein 基的变换矩阵为 $\boldsymbol{K}_n$, 即有

$$(B_0^n(t), B_1^n(t), \cdots, B_n^n(t)) = (1, t, \cdots, t^n) \boldsymbol{K}_n,$$

其中矩阵 $\boldsymbol{K}_n$ 的 (i, j) 元为

$$(\boldsymbol{K}_n)_{i,j} = \begin{cases} (-1)^{i-j} \dfrac{n!}{j!(i-j)!(n-i)!}, & i \geqslant j, \\ 0, & i < j. \end{cases} \tag{6.31}$$

由 $\boldsymbol{K}_n$ 为对角元非零的下三角阵也可证明 $\{B_i^n(t)\}_{i=0}^n$ 是线性无关的.

当 $n = 1, 2, 3$ 时, 矩阵 $\boldsymbol{K}_n$ 为

$$\boldsymbol{K}_1 = \begin{pmatrix} 1 & 0 \\ -1 & 1 \end{pmatrix}, \quad \boldsymbol{K}_2 = \begin{pmatrix} 1 & 0 & 0 \\ -2 & 2 & 0 \\ 1 & -2 & 1 \end{pmatrix}, \quad \boldsymbol{K}_3 = \begin{pmatrix} 1 & 0 & 0 & 0 \\ -3 & 3 & 0 & 0 \\ 3 & -6 & 3 & 0 \\ -1 & 3 & -3 & 1 \end{pmatrix}.$$

同样地, 每一个幂基 t^k 也可以表示成 Bernstein 基函数 $\{B_i^n(t)\}_{i=0}^n$ 的线性组合为 (参考文献 [14])

$$t^k = \sum_{i=k}^n \frac{\dbinom{i}{k}}{\dbinom{n}{k}} B_i^n(t).$$

记 n 次 Bernstein 基到幂基的变换矩阵为 $\boldsymbol{L}_n$, 即有

$$(1, t, \cdots, t^n) = (B_0^n(t), B_1^n(t), \cdots, B_n^n(t)) \boldsymbol{L}_n,$$

其中矩阵 $\boldsymbol{L}_n$ 的 (i,j) 元为

$$(\boldsymbol{L}_n)_{i,j} = \begin{cases} \dfrac{\dbinom{i}{j}}{\dbinom{n}{j}}, & i \geqslant j, \\ 0, & i < j. \end{cases} \tag{6.32}$$

显然变换矩阵 $\boldsymbol{K}_n$ 与 $\boldsymbol{L}_n$ 是互为逆矩阵的.

当 $n = 1, 2, 3$ 时, 矩阵 $\boldsymbol{L}_n$ 为

$$\boldsymbol{L}_1 = \begin{pmatrix} 1 & 0 \\ 1 & 1 \end{pmatrix}, \quad \boldsymbol{L}_2 = \begin{pmatrix} 1 & 0 & 0 \\ 1 & \dfrac{1}{2} & 0 \\ 1 & 1 & 1 \end{pmatrix}, \quad \boldsymbol{L}_3 = \begin{pmatrix} 1 & 0 & 0 & 0 \\ 1 & \dfrac{1}{3} & 0 & 0 \\ 1 & \dfrac{2}{3} & \dfrac{1}{3} & 0 \\ 1 & 1 & 1 & 1 \end{pmatrix}.$$

由如上的两个基变换公式, 可以很容易地将一个 n 次多项式在幂基与 Bernstein 基表示下互相转换.

性质 6.1　当 $t \in [0, 1]$ 时, Bernstein 基函数 $\{B_i^n(t)\}_{i=0}^n$ 具有以下性质:

(1) 非负性: $B_i^n(t) \geqslant 0,\ t \in [0, 1]$;

(2) 单位分解性: $\displaystyle\sum_{i=0}^n B_i^n(t) = (t + (1-t))^n \equiv 1$;

(3) 端点性质: 在端点 $t = 0$ 和 $t = 1$ 处, 分别只有一个 Bernstein 基函数取值为 1, 其余全部为 0, 即

$$B_i^n(0) = \begin{cases} 1, & i = 0, \\ 0, & i \neq 0, \end{cases} \qquad B_i^n(1) = \begin{cases} 1, & i = n, \\ 0, & i \neq n. \end{cases}$$

(4) 对称性: $B_i^n(t)$ 和 $B_{n-i}^n(t)$ 关于点 $t = \dfrac{1}{2}$ 是对称的, 即

$$B_i^n(t) = B_{n-i}^n(1 - t), \quad i = 0, 1, \cdots, n.$$

(5) 递推公式: 每一个 n 次 Bernstein 基函数可以由两个 $(n-1)$ 次 Bernstein 基函数递推得到, 即

$$B_i^n(t) = (1 - t)B_i^{n-1}(t) + tB_{i-1}^{n-1}(t), \quad i = 0, 1, \cdots, n, \tag{6.33}$$

其中 $B_{-1}^{n-1}(t) = B_n^{n-1}(t) \equiv 0$;

(6) 导函数递推公式: 每一个 n 次 Bernstein 基函数的导函数可由两个 $(n-1)$ 次的 Bernstein 基函数线性组合得到, 即

$$(B_i^n(t))' = n\left[B_{i-1}^{n-1}(t) - B_i^{n-1}(t)\right], \quad i = 0, 1, \cdots, n,$$

其中 $B_{-1}^{n-1}(t) = B_n^{n-1}(t) \equiv 0$;

(7) 最大值: 当 $n \geqslant 1$ 时, Bernstein 基函数 $B_i^n(t)$ 在点 $t = \dfrac{i}{n}$ 处取得唯一的最大值;

(8) 升阶公式: 每一个 n 次 Bernstein 基函数可以表示为两个 $(n+1)$ 次 Bernstein 基函数的线性组合, 即

$$B_i^n(t) = \frac{i+1}{n+1} B_{i+1}^{n+1}(t) + \left(1 - \frac{i}{n+1}\right) B_i^{n+1}(t), \quad i = 0, 1, \cdots, n;$$

(9) 分割性质: $B_j^n(ct) = \displaystyle\sum_{i=0}^{n} B_j^i(c) B_i^n(t)$, 其中 c 为任意常数;

(10) 积分等值性: 所有的 n 次 Bernstein 基函数在区间 $[0,1]$ 上的积分值相等, 即

$$\int_0^1 B_i^n(t)\mathrm{d}t = \frac{1}{n+1}, \quad i = 0, 1, \cdots, n.$$

6.3 Bézier 曲线

6.3.1 Bézier 曲线及其基本性质

定义 6.7 称参数曲线段

$$\boldsymbol{P}(t) = \sum_{i=0}^{n} \boldsymbol{P}_i B_i^n(t), \quad t \in [0,1] \tag{6.34}$$

为一条 n 次 Bézier 曲线, 其中 $B_i^n(t)(i = 0, 1, \cdots, n)$ 为 n 次 Bernstein 基函数, 空间向量 $\boldsymbol{P}_i \in \mathbb{R}^3$ $(i = 0, 1, \cdots, n)$ 称为控制顶点. 依次用直线段连接相邻两个控制顶点所得的 n 边折线多边形称为控制多边形 (或 Bézier 多边形).

例 6.3 图 6.4 中给出了由 MATLAB 生成的二次、三次和五次 Bézier 曲线与其相应的控制多边形.

利用 Bernstein 基函数的性质 (性质 6.1), 不难推出由 (6.34) 式所定义的 Bézier 曲线具有如下基本性质, 具体推导过程在此省略. 这些性质对 Bézier 曲线造型具有重要作用.

(1) **端点插值性质**: Bézier 曲线插值于首末两个控制顶点, 即

$$\boldsymbol{P}(0) = \boldsymbol{P}_0, \quad \boldsymbol{P}(1) = \boldsymbol{P}_n.$$

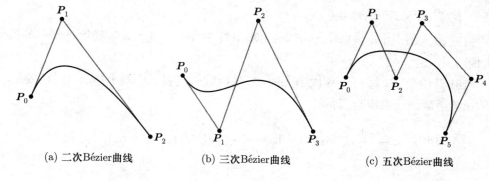

图 6.4
程序代码

(a) 二次Bézier曲线 (b) 三次Bézier曲线 (c) 五次Bézier曲线

图 6.4 Bézier 曲线

(2) **几何不变性与仿射不变性**: 对由 (6.34) 式定义的 Bézier 曲线进行仿射变换, 即采用线性变换 M 和平移 c 作用, 得到的新曲线为

$$
\begin{aligned}
\boldsymbol{P}^*(t) &= M\boldsymbol{P}(t) + \boldsymbol{c} \\
&= M\sum_{i=0}^{n}\boldsymbol{P}_i B_i^n(t) + \boldsymbol{c}\sum_{i=0}^{n}B_i^n(t) \\
&= \sum_{i=0}^{n}M\boldsymbol{P}_i B_i^n(t) + \sum_{i=0}^{n}\boldsymbol{c}B_i^n(t) \\
&= \sum_{i=0}^{n}(M\boldsymbol{P}_i + \boldsymbol{c})B_i^n(t) \\
&= \sum_{i=0}^{n}\boldsymbol{P}_i^* B_i^n(t),
\end{aligned}
$$

即 $\boldsymbol{P}^*(t)$ 是由原控制顶点经相同的仿射变换后得到的新的控制顶点所构造的 Bézier 曲线. 这说明, Bézier 曲线的形状仅取决于控制顶点, 而与坐标系的选取无关, 它是几何不变的.

(3) **对称性质**: 如果颠倒控制顶点次序, 即令 $\boldsymbol{P}_i^* = \boldsymbol{P}_{n-i}(i = 0, 1, \cdots, n)$, 那么由这些新控制顶点定义的 Bézier 曲线为

$$
\begin{aligned}
\boldsymbol{P}^*(t) &= \sum_{i=0}^{n}\boldsymbol{P}_i^* B_i^n(t) = \sum_{i=0}^{n}\boldsymbol{P}_{n-i}B_i^n(t) \\
&= \sum_{i=0}^{n}\boldsymbol{P}_i B_{n-i}^n(t) = \sum_{i=0}^{n}\boldsymbol{P}_i B_i^n(1-t) \\
&= \boldsymbol{P}(1-t).
\end{aligned}
$$

这说明, 这两条曲线的形状完全相同但是参数化不同, 曲线的方向相反. 这一性质也说明了由同一控制多边形定义的 Bézier 曲线是唯一的.

(4) **凸包性质**: 从 Bernstein 基函数的非负性和单位分解性, Bézier 曲线上的每一点 $\boldsymbol{P}(t)$ 都是控制顶点 $\boldsymbol{P}_i (i = 0, 1, \cdots, n)$ 的凸组合, 而组合系数就是控制顶点

对应的 Bernstein 基函数. 如图 6.5 所示, 在几何意义上, Bézier 曲线完全落在由其控制多边形确定的凸包中.

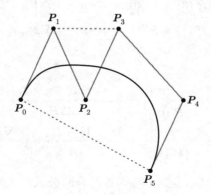

图 6.5　Bézier 曲线位于控制多边形的凸包之中

(5) **导矢性质**: 利用 Bernstein 基函数求导公式, 可得 n 次 Bézier 曲线的一阶导矢曲线 (也称为一阶速端曲线) 为

$$\boldsymbol{P}'(t) = n\sum_{i=0}^{n-1}(\boldsymbol{P}_{i+1} - \boldsymbol{P}_i)B_i^{n-1}(t), \tag{6.35}$$

这说明 $\boldsymbol{P}'(t)$ 是一条 $(n-1)$ 次 Bézier 曲线, 其控制顶点是 $\boldsymbol{P}(t)$ 的控制多边形的边矢量 (或控制顶点的一阶差分).

进一步, n 次 Bézier 曲线的 r 阶导矢曲线 (也称为 r 阶速端曲线) 为

$$\boldsymbol{P}^{(r)}(t) = \frac{n!}{(n-r)!}\sum_{i=0}^{n-r}\Delta^r\boldsymbol{P}_iB_i^{n-r}(t) = \frac{n!}{(n-r)!}\sum_{i=0}^{n-r}\nabla^r\boldsymbol{P}_{i+r}B_i^{n-r}(t), \tag{6.36}$$

这说明 $\boldsymbol{P}^{(r)}(t)$ 是一条 $(n-r)$ 次 Bézier 曲线, 其控制顶点是由 $\boldsymbol{P}(t)$ 的控制顶点 r 阶差分所确定的.

特别地, 在曲线端点处

$$\boldsymbol{P}'(0) = n(\boldsymbol{P}_1 - \boldsymbol{P}_0), \quad \boldsymbol{P}'(1) = n(\boldsymbol{P}_n - \boldsymbol{P}_{n-1}). \tag{6.37}$$

这说明控制多边形的首尾两边 $\boldsymbol{P}_1 - \boldsymbol{P}_0$ 和 $\boldsymbol{P}_n - \boldsymbol{P}_{n-1}$ 为曲线 $\boldsymbol{P}(t)$ 在首末端点的切方向, 如图 6.5—6.7 所示. 而

$$\boldsymbol{P}^{(r)}(0) = \frac{n!}{(n-r)!}\Delta^r\boldsymbol{P}_0, \quad \boldsymbol{P}^{(r)}(1) = \frac{n!}{(n-r)!}\nabla^r\boldsymbol{P}_n \tag{6.38}$$

说明曲线 $\boldsymbol{P}(t)$ 在首末端点处的 r 阶导矢分别是由其前、后 $(r+1)$ 个控制顶点所确定的.

此外, 利用 Frenet 标架, 得到曲线 $\boldsymbol{P}(t)$ 在两个端点处的副法向量分别为

$$\boldsymbol{\gamma}(0) = \boldsymbol{P}'(0) \times \boldsymbol{P}''(0) = n^2(n-1)\Delta\boldsymbol{P}_0 \times \Delta\boldsymbol{P}_1, \tag{6.39}$$

$$\boldsymbol{\gamma}(1) = \boldsymbol{P}'(1) \times \boldsymbol{P}''(1) = n^2(n-1)\nabla\boldsymbol{P}_{n-1} \times \nabla\boldsymbol{P}_n, \tag{6.40}$$

曲率分别为

$$\kappa(0) = \frac{|\boldsymbol{\gamma}(0)|}{|\boldsymbol{P}'(0)|^3} = \frac{(n-1)\,|\Delta\boldsymbol{P}_0 \times \Delta\boldsymbol{P}_1|}{n\,|\Delta\boldsymbol{P}_0|^3}, \tag{6.41}$$

$$\kappa(1) = \frac{|\boldsymbol{\gamma}(1)|}{|\boldsymbol{P}'(1)|^3} = \frac{(n-1)\,|\nabla\boldsymbol{P}_{n-1} \times \nabla\boldsymbol{P}_n|}{n\,|\nabla\boldsymbol{P}_n|^3}. \tag{6.42}$$

(6) **升阶性质**: 利用 Bernstein 基函数的升阶公式, 一条 n 次 Bézier 曲线可以形式上升阶为 $(n+1)$ 次 Bézier 曲线

$$\boldsymbol{P}(t) = \sum_{i=0}^{n} \boldsymbol{P}_i B_i^n(t) = \sum_{i=0}^{n+1} \boldsymbol{Q}_i B_i^{n+1}(t), \tag{6.43}$$

其中新的控制顶点满足

$$\boldsymbol{Q}_i = \frac{i}{n+1}\boldsymbol{P}_{i-1} + \left(1 - \frac{i}{n+1}\right)\boldsymbol{P}_i,$$

$$i = 0, 1, \cdots, n+1, \quad \boldsymbol{P}_{-1} = \boldsymbol{P}_{n+1} = \boldsymbol{0}. \tag{6.44}$$

由升阶过程可以看出, 由于 $\boldsymbol{Q}_0 = \boldsymbol{P}_0, \boldsymbol{Q}_{n+1} = \boldsymbol{P}_n$, 因此两端的新控制顶点与原来相同. 而当 $0 < i < n+1$ 时, 新控制顶点 $\boldsymbol{Q}_i$ 为原控制多边形边 $\boldsymbol{P}_{i-1}\boldsymbol{P}_i$ 上的一点, 具体位置与 i 有关. 在几何直观上, 新的控制多边形可以看做原控制多边形的一个 "割角" 过程.

设原控制顶点组成的向量为 $\boldsymbol{P}^{(0)} = (\boldsymbol{P}_0, \boldsymbol{P}_1, \cdots, \boldsymbol{P}_n)^{\mathrm{T}}$, 新的控制顶点组成的向量为 $\boldsymbol{P}^{(1)} = (\boldsymbol{Q}_0, \boldsymbol{Q}_1, \cdots, \boldsymbol{Q}_{n+1})^{\mathrm{T}}$, 那么如上升阶过程中控制顶点的关系可以表示为

$$\boldsymbol{P}^{(1)} = \boldsymbol{T}_{n+1}\boldsymbol{P}^{(0)},$$

其中矩阵

$$\boldsymbol{T}_{n+1} = \frac{1}{n+1}\begin{pmatrix} n+1 & 0 & 0 & \cdots & 0 & 0 \\ 1 & n & 0 & \cdots & 0 & 0 \\ 0 & 2 & n-1 & \cdots & 0 & 0 \\ \vdots & \vdots & \vdots & & \vdots & \vdots \\ 0 & 0 & 0 & \cdots & 2 & 0 \\ 0 & 0 & 0 & \cdots & n & 1 \\ 0 & 0 & 0 & \cdots & 0 & n+1 \end{pmatrix}$$

称为升阶算子, 它是一个 $(n+2) \times (n+1)$ 矩阵.

升阶 m 次后, n 次 Bézier 曲线形式上表示为 $(n+m)$ 次 Bézier 曲线, 那么新的控制顶点向量为

$$\boldsymbol{P}^{(m)} = \boldsymbol{T}_{n+m} \cdots \boldsymbol{T}_{n+2} \boldsymbol{T}_{n+1} \boldsymbol{P}^{(0)}.$$

可以将如上过程不断进行下去, 当 $m \to \infty$ 时, 控制多边形 $\boldsymbol{P}^{(m)}$ 就收敛到原 Bézier 曲线. 在几何直观上, 如果一条 Bézier 曲线的控制多边形按照升阶公式规则不断 "割角" 后, 控制多边形收敛到此曲线.

例 6.4 对由 MATLAB 生成的如图 6.6(a) 所示的三次 Bézier 曲线, 其升阶一次后表示为四次 Bézier 曲线, 由 (6.44) 式, 新的控制顶点为

$$\boldsymbol{Q}_0 = \boldsymbol{P}_0, \ \boldsymbol{Q}_1 = \frac{1}{4}\boldsymbol{P}_0 + \frac{3}{4}\boldsymbol{P}_1, \ \boldsymbol{Q}_2 = \frac{1}{2}\boldsymbol{P}_1 + \frac{1}{2}\boldsymbol{P}_2,$$

$$\boldsymbol{Q}_3 = \frac{3}{4}\boldsymbol{P}_2 + \frac{1}{4}\boldsymbol{P}_3, \ \boldsymbol{Q}_4 = \boldsymbol{P}_3.$$

我们继续对其升阶, 图 6.6(b) 给出其升阶到五次和六次时的控制顶点与控制多边形. 可以看出, 随着升阶的不断进行, 控制多边形越来越逼近 Bézier 曲线.

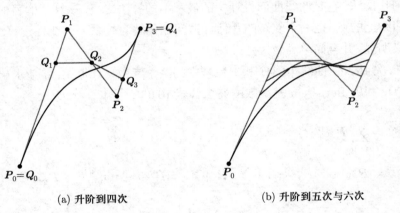

(a) 升阶到四次　　　　　　　(b) 升阶到五次与六次

图 6.6　三次 Bézier 曲线的升阶

(7) **变差缩减性质 (也称 VD 性质)**: 对平面上的 Bézier 曲线, 此平面上的任一直线与 Bézier 曲线的交点个数不多于该直线与其控制多边形的交点个数.

(8) **保凸性质**: 对平面上的 Bézier 曲线, 若其控制多边形是凸的 (指连接首末顶点构成的封闭多边形为凸的, 相重边情况除外), 则该 Bézier 曲线也是凸的. 如图 6.7 所示的三次 Bézier 曲线, 其控制多边形是凸的, 曲线也是凸的.

(9) 利用 Bernstein 基函数的最大值性质, 移动 n 次 Bézier 曲线的控制顶点 $\boldsymbol{P}_i$, 将对整条曲线形状产生影响, 且对参数 $t = \dfrac{i}{n}$ 对应的点 $\boldsymbol{P}\left(\dfrac{i}{n}\right)$ 影响最大.

图 6.6
程序代码

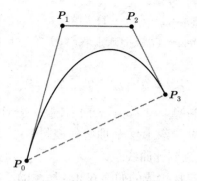

图 6.7 三次 Bézier 曲线的保凸性质

6.3.2 de Casteljau 算法

上一小节给出了 Bézier 曲线的定义与其基本性质, 它对 Bézier 曲线的理论研究与应用是十分重要的. Bézier 曲线自提出以来之所以迅速得到应用, 与其简单且高效的几何算法是分不开的. 本小节我们介绍 Bézier 曲线的 de Casteljau 算法, 也称为几何作图法, 它是曲线曲面设计中的最基本的算法之一. 该算法的目的是计算 Bézier 曲线上的点, 把一个复杂的几何计算问题化解为一系列的线性运算, 算法的几何意义明显, 并且简单高效.

对 n 次 Bézier 曲线 (6.34) 和参数域中的某个参数 $t \in [0,1]$, 希望求出曲线上的点 $\boldsymbol{P}(t)$. 利用 Bernstein 基函数的递推公式 (6.33), 可知

$$
\begin{aligned}
\boldsymbol{P}(t) &= \sum_{i=0}^{n} \boldsymbol{P}_i B_i^n(t) \\
&= \boldsymbol{P}_0(1-t)B_0^{n-1}(t) + \sum_{i=1}^{n-1} \boldsymbol{P}_i \left[(1-t)B_i^{n-1} + tB_{i-1}^{n-1} \right] + \boldsymbol{P}_n t B_{n-1}^{n-1}(t) \\
&= (1-t)\sum_{i=0}^{n-1} \boldsymbol{P}_i B_i^{n-1}(t) + t\sum_{i=0}^{n-1} \boldsymbol{P}_{i+1} B_i^{n-1}(t) \\
&= \sum_{i=0}^{n-1} \left[(1-t)\boldsymbol{P}_i + t\boldsymbol{P}_{i+1} \right] B_i^{n-1}(t) \\
&= \sum_{i=0}^{n-1} \boldsymbol{P}_i^{(1)} B_i^{n-1}(t).
\end{aligned}
$$

如上公式说明, 一条 n 次 Bézier 曲线从形式上 "降阶" 为 $(n-1)$ 次 Bézier 曲线, 对任意的 $0 \leqslant i \leqslant n-1$, 新的控制顶点 $\boldsymbol{P}_i^{(1)}$ 落在原控制多边形的边 $\boldsymbol{P}_i\boldsymbol{P}_{i+1}$ 上, 且将边按比例 $t:(1-t)$ 进行分割. 一直这样 "降阶" 下去,

$$
\boldsymbol{P}(t) = \sum_{i=0}^{n-1} \boldsymbol{P}_i^{(1)}(t) B_i^{n-1}(t) = \cdots = \sum_{i=0}^{n-k} \boldsymbol{P}_i^{(k)}(t) B_i^{n-k}(t) = \cdots = \boldsymbol{P}_0^{(n)}(t),
$$

最后 n 次 Bézier 曲线从形式上 "降阶" 为 0 次 Bézier 曲线 (即一点) $\boldsymbol{P}_0^{(n)}(t)$, 即我们要计算的曲线上的点 $\boldsymbol{P}(t)$. 这就是 Bézier 曲线的 de Casteljau 算法, 即为如下递归求值算法:

$$\begin{cases} \boldsymbol{P}_i^{(0)}(t) = \boldsymbol{P}_i^{(0)} = \boldsymbol{P}_i, \quad i = 0, 1, \cdots, n, \\ \boldsymbol{P}_i^{(k)}(t) = (1-t)\boldsymbol{P}_i^{(k-1)}(t) + t\boldsymbol{P}_{i+1}^{(k-1)}(t), \\ \quad i = 0, 1, \cdots, n-k; k = 1, 2, \cdots, n. \end{cases} \tag{6.45}$$

上标 k 表示递推级数, 每进行一级递推, 控制顶点少一个, 所得中间控制顶点都与参数 t 有关.

在几何意义上, 利用参数 t, de Casteljau 算法就是在每一步的控制多边形的每一条边上, 都按照比例 $t : (1-t)$ 选择新的控制顶点而形成新的控制多边形; 每进行一级递推, 控制多边形就减少一条边, 最后在只剩一条边的控制多边形上按照比例 $t : (1-t)$ 选择的点就是所求 Bézier 曲线上的点. 对 n 次 Bézier 曲线而言, 进行 n 级递推后将得到所求结果.

若记初始控制顶点向量为 $\boldsymbol{P}^{(0)} = (\boldsymbol{P}_0, \boldsymbol{P}_1, \cdots, \boldsymbol{P}_n)^{\mathrm{T}}$, k 级递推后的控制顶点向量为 $\boldsymbol{P}^{(k)}(t) = (\boldsymbol{P}_0^{(k)}, \boldsymbol{P}_1^{(k)}, \cdots, \boldsymbol{P}_{n-k}^{(k)})^{\mathrm{T}}$, 则 de Casteljau 算法可表示为矩阵形式

$$\boldsymbol{P}^{(k)}(t) = \boldsymbol{M}_k(t) \cdots \boldsymbol{M}_2(t)\boldsymbol{M}_1(t)\boldsymbol{P}^{(0)},$$

其中

$$\boldsymbol{M}_k(t) = \begin{pmatrix} 1-t & t & 0 & \cdots & 0 & 0 & 0 \\ 0 & 1-t & t & \cdots & 0 & 0 & 0 \\ 0 & 0 & 1-t & \cdots & 0 & 0 & 0 \\ \vdots & \vdots & \vdots & & \vdots & \vdots & \vdots \\ 0 & 0 & 0 & \cdots & 1-t & t & 0 \\ 0 & 0 & 0 & \cdots & 0 & 1-t & t \end{pmatrix},$$

是一个 $(n-k+1) \times (n-k+2)$ 矩阵. 控制顶点的递归关系 (金字塔算法) 如下表所示.

$$\begin{array}{ccccc} \boldsymbol{P}_0^{(0)} \\ & \boldsymbol{P}_0^{(1)}(t) \\ \boldsymbol{P}_1^{(0)} & & \ddots \\ & \boldsymbol{P}_1^{(1)}(t) & & \boldsymbol{P}_0^{(n-1)}(t) \\ \boldsymbol{P}_2^{(0)} & & & & \boldsymbol{P}_0^{(n)}(t) \\ & \vdots & & \boldsymbol{P}_1^{(n-1)}(t) \\ \vdots & & \iddots \\ & \boldsymbol{P}_{n-1}^{(1)}(t) \\ \boldsymbol{P}_n^{(0)} \end{array} \tag{6.46}$$

利用 de Casteljau 算法计算 Bézier 曲线上的点非常有效, 递推生成每一个中间控制顶点的过程都是线性插值, 因此特别简单, 且稳定可靠, 易于编程实现.

由 Bézier 曲线的导矢性质 (6.36), 可将其 r 阶速端曲线

$$\boldsymbol{P}^{(r)}(t) = \frac{n!}{(n-r)!} \sum_{i=0}^{n-r} \Delta^r \boldsymbol{P}_i B_i^{n-r}(t), \quad t \in [0,1]$$

看做一条以 $\Delta^r \boldsymbol{P}_i$ 为控制顶点的 $(n-r)$ 次的 Bézier 曲线. 应用 de Casteljau 算法, 参数 $t \in [0,1]$ 对应 Bézier 曲线上一点处的 r 阶导矢可表示为一些控制顶点的差商形式

$$\boldsymbol{P}^{(r)}(t) = \frac{n!}{(n-r)!} \Delta^r \boldsymbol{P}_0^{(n-r)}(t). \tag{6.47}$$

公式的具体推导过程请参考文献 [7].

进一步, de Casteljau 算法也给出了 Bézier 曲线的分割方法. 给定一条由控制顶点 $\boldsymbol{P}_0, \boldsymbol{P}_1, \cdots, \boldsymbol{P}_n$ 所定义的 n 次 Bézier 曲线 $\boldsymbol{P}(t)$, 及参数值 $\widetilde{t} \in [0,1]$. 利用 de Casteljau 算法, 计算 Bézier 曲线 $\boldsymbol{P}(t)$ 上的点 $\boldsymbol{P}(\widetilde{t})$, 该点把曲线分割为两条 n 次 Bézier 曲线段: 第一条曲线 $\boldsymbol{P}(t)$ 对应的参数域为 $t \in [0, \widetilde{t}]$, 其控制顶点是 de Casteljau 算法对应三角阵列 (金字塔算法) (6.46) 中上方边上的所有点, 即

$$\boldsymbol{P}_0^{(0)}, \boldsymbol{P}_0^{(1)}(\widetilde{t}), \cdots, \boldsymbol{P}_0^{(n-1)}(\widetilde{t}), \boldsymbol{P}_0^{(n)}(\widetilde{t});$$

第二条曲线 $\boldsymbol{P}(t)$ 对应的参数域为 $t \in [\widetilde{t}, 1]$, 其控制顶点是 de Casteljau 算法对应三角阵列 (金字塔算法) (6.46) 中下方边上的所有点, 即

$$\boldsymbol{P}_0^{(n)}(\widetilde{t}), \boldsymbol{P}_1^{(n-1)}(\widetilde{t}), \cdots, \boldsymbol{P}_{n-1}^{(1)}(\widetilde{t}), \boldsymbol{P}_n^{(0)}.$$

将它们重新参数化后, 可各自表示为在标准参数域 $[0,1]$ 上的 Bézier 曲线.

例 6.5　给定一条三次 Bézier 曲线 $\boldsymbol{P}(t)$, 其四个控制顶点分别为

$$\boldsymbol{P}_0 = (0, -1), \quad \boldsymbol{P}_1 = (1, 1), \quad \boldsymbol{P}_2 = (3, -1), \quad \boldsymbol{P}_3 = (4, 0).$$

利用 de Casteljau 算法计算曲线上的点 $\boldsymbol{P}\left(\dfrac{1}{3}\right)$ 与曲线在此点处的 1 阶、2 阶、3 阶导矢, 并给出曲线在此点分割为两条三次 Bézier 曲线的参数化表示.

解　利用控制顶点与 Bernstein 基函数表示, 三次 Bézier 曲线 $\boldsymbol{P}(t)$ 的参数化为

$$\boldsymbol{P}(t) = \left(-2t^3 + 3t^2 + 3t, \, 7t^3 - 12t^2 + 6t - 1\right).$$

利用 de Casteljau 算法, 可得

$$\boldsymbol{P}_0^{(0)} = (0, -1)$$

$$\boldsymbol{P}_0^{(1)}\left(\frac{1}{3}\right) = \left(\frac{1}{3}, -\frac{1}{3}\right)$$

$$\boldsymbol{P}_1^{(0)} = (1, 1) \qquad\qquad \boldsymbol{P}_0^{(2)}\left(\frac{1}{3}\right) = \left(\frac{7}{9}, -\frac{1}{9}\right)$$

$$\boldsymbol{P}_1^{(1)}\left(\frac{1}{3}\right) = \left(\frac{5}{3}, \frac{1}{3}\right) \qquad\qquad \boldsymbol{P}_0^{(3)}\left(\frac{1}{3}\right) = \left(\frac{34}{27}, -\frac{2}{27}\right)$$

$$\boldsymbol{P}_2^{(0)} = (3, -1) \qquad\qquad \boldsymbol{P}_1^{(2)}\left(\frac{1}{3}\right) = \left(\frac{20}{9}, 0\right)$$

$$\boldsymbol{P}_2^{(1)}\left(\frac{1}{3}\right) = \left(\frac{10}{3}, -\frac{2}{3}\right)$$

$$\boldsymbol{P}_3^{(0)} = (4, 0)$$

所以

$$\boldsymbol{P}\left(\frac{1}{3}\right) = \boldsymbol{P}_0^{(3)}\left(\frac{1}{3}\right) = \left(\frac{34}{27}, -\frac{2}{27}\right).$$

同样利用 de Casteljau 算法, 可得 $t = \frac{1}{3}$ 处的导矢为

$$\boldsymbol{P}'\left(\frac{1}{3}\right) = 3\Delta\boldsymbol{P}_0^{(2)}\left(\frac{1}{3}\right) = \left(\frac{17}{3}, \frac{5}{3}\right),$$

$$\boldsymbol{P}''\left(\frac{1}{3}\right) = 6\Delta^2\boldsymbol{P}_0^{(1)}\left(\frac{1}{3}\right) = \left(\frac{1}{3}, -\frac{5}{3}\right),$$

$$\boldsymbol{P}'''\left(\frac{1}{3}\right) = 6\Delta^3\boldsymbol{P}_0^{(0)} = (-12, 42).$$

同时, 我们将此曲线在 $t = \frac{1}{3}$ 处分割为两条三次 Bézier 曲线, 它们的控制顶点分别为

$$\boldsymbol{P}_0^{(0)}, \quad \boldsymbol{P}_0^{(1)}\left(\frac{1}{3}\right), \quad \boldsymbol{P}_0^{(2)}\left(\frac{1}{3}\right), \quad \boldsymbol{P}_0^{(3)}\left(\frac{1}{3}\right);$$

$$\boldsymbol{P}_0^{(3)}\left(\frac{1}{3}\right), \quad \boldsymbol{P}_1^{(2)}\left(\frac{1}{3}\right), \quad \boldsymbol{P}_2^{(1)}\left(\frac{1}{3}\right), \quad \boldsymbol{P}_3^{(0)}.$$

经计算, 这两条 Bézier 曲线段的参数化分别为

$$\boldsymbol{P}_1(u) = \left(\frac{1}{27}(-2u^3 + 9u^2 + 27u), \frac{1}{27}(7u^3 - 36u^2 + 54u - 27)\right), \quad u \in [0, 1],$$

$$\boldsymbol{P}_2(v) = \left(\frac{2}{27}(8v^3 - 18v^2 - 27v + 54), -\frac{2}{27}(28v^3 - 54v^2 + 27v)\right), \quad v \in [0, 1].$$

通过参数变换 $u = 3t$ 和 $v = -\frac{3}{2}(t - 1)$, 曲线 $\boldsymbol{P}_1(u)$ 和 $\boldsymbol{P}_2(v)$ 分别重新参数化为

$\boldsymbol{P}(t)$ 在参数区间 $t \in \left[0, \frac{1}{3}\right]$ 和 $t \in \left[\frac{1}{3}, 1\right]$ 上的表示形式. 其图形如图 6.8 所示.

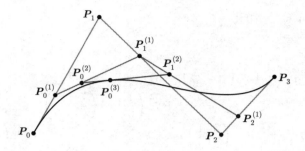

图 6.8　三次 Bézier 曲线

6.3.3　Bézier 曲线的拼接

　　Bézier 曲线本质上是多项式参数曲线, 曲线的次数与控制顶点的个数是紧密相关的, 每增加一个控制顶点, 曲线的次数也将升高一次. 由 Runge 现象, 高次的多项式具有不稳定现象. 另一方面, 由于多项式具有整体性较强的特点, 再结合 Bernstein 基函数的正性, 每一个控制顶点产生误差或改变位置, 将对整个曲线产生影响. 因此, 在实际问题中通常采用分段低次的逼近方法. 将数据点分成若干份, 每一份分别用一段 Bézier 曲线来表示或逼近, 再将曲线段拼接组合在一起构成一条完整的、具有一定光滑性的曲线. 在本小节中, 我们利用 Bézier 曲线的端点性质与导矢性质, 介绍两条 Bézier 曲线段间光滑拼接时控制顶点所需满足的条件.

　　设 n 次 Bézier 曲线 $\boldsymbol{P}(t)$ 和 m 次 Bézier 曲线 $\boldsymbol{Q}(\hat{t})$ 分别定义为

$$\boldsymbol{P}(t) = \sum_{i=0}^{n} \boldsymbol{P}_i B_i^n(t), \quad t \in [0,1];$$

$$\boldsymbol{Q}(\hat{t}) = \sum_{i=0}^{m} \boldsymbol{Q}_i B_i^m(\hat{t}), \quad \hat{t} \in [0,1].$$

我们考虑曲线 $\boldsymbol{P}(t)$ 在 $t=1$ 处和曲线 $\boldsymbol{Q}(\hat{t})$ 在 $\hat{t}=0$ 处光滑拼接的条件.

　　由 Bézier 曲线端点处的导矢公式 (6.38), 可知

$$\boldsymbol{P}^{(r)}(1) = \frac{n!}{(n-r)!} \nabla^r \boldsymbol{P}_n, \quad \boldsymbol{Q}^{(r)}(0) = \frac{m!}{(m-r)!} \Delta^r \boldsymbol{Q}_0, \quad r = 0, 1, \cdots.$$

于是, 曲线 $\boldsymbol{P}(t)$ 和 $\boldsymbol{Q}(\hat{t})$ 在连接点处 C^k 连续 (即 k 阶参数连续) 时, 它们的控制顶点所需满足的条件为:

$$\frac{n!}{(n-r)!} \nabla^r \boldsymbol{P}_n = \frac{m!}{(m-r)!} \Delta^r \boldsymbol{Q}_0, \quad r = 0, 1, \cdots, k. \tag{6.48}$$

　　当 $k = 0, 1, 2$ 时, 分别列出如下常用的光滑连接条件:

　　(1) C^0 **连续**. 两条曲线 C^0 连续, 要求它们具有公共的连接点 $\boldsymbol{P}(1) = \boldsymbol{Q}(0)$, 即满足 $\boldsymbol{P}_n = \boldsymbol{Q}_0$.

(2) C^1 **连续**. 两条曲线 C^1 连续, 要求它们首先 C^0 连续, 且满足

$$n(\boldsymbol{P}_n - \boldsymbol{P}_{n-1}) = m(\boldsymbol{Q}_1 - \boldsymbol{Q}_0).$$

(3) C^2 **连续**. 两条曲线 C^2 连续, 要求它们首先 C^1 连续, 且满足

$$n(n-1)(\boldsymbol{P}_n - 2\mathbf{P}_{n-1} + \boldsymbol{P}_{n-2}) = m(m-1)(\boldsymbol{Q}_2 - 2\boldsymbol{Q}_1 + \boldsymbol{Q}_0).$$

如图 6.9 所示, 两条 Bézier 曲线分别满足 C^0 和 C^1 连续条件.

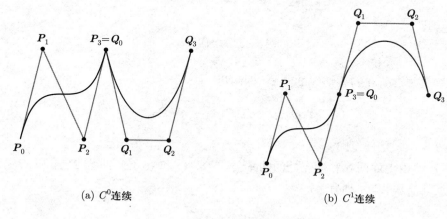

(a) C^0连续　　　　　(b) C^1连续

图 6.9　两条 Bézier 曲线的拼接

　　如上给出的 C^1, C^2 连续条件中, 相关控制顶点需满足一些代数约束关系. 如果采用几何连续条件拼接两条曲线, 那么这些约束关系将更加宽松. 利用第 6.1.1 小节所给几何连续性条件的相关结论, 结合曲线在端点处的导矢性质, 给出曲线 $\boldsymbol{P}(t)$ 和 $\boldsymbol{Q}(\hat{t})$ 在连接点处满足 G^0, G^1, G^2 连续拼接时所需满足的条件:

　　(1) G^0 **连续**. 两条曲线 G^0 连续, 要求它们具有公共的连接点 $\boldsymbol{P}(1) = \boldsymbol{Q}(0)$, 即 $\boldsymbol{P}_n = \boldsymbol{Q}_0$, 这与 C^0 连续条件相同.

　　(2) G^1 **连续**. 两条曲线 G^1 连续, 要求它们首先满足 G^0 连续, 且在连接点处具有同向的切向量, 即存在正数 $\alpha > 0$, 使得

$$\Delta \boldsymbol{Q}_0 = \alpha \nabla \boldsymbol{P}_n. \tag{6.49}$$

在几何直观上, (6.49) 式表示三个控制顶点 $\boldsymbol{P}_{n-1}, \boldsymbol{P}_n = \boldsymbol{Q}_0, \boldsymbol{Q}_1$ 共线, 且 $\boldsymbol{P}_{n-1}, \boldsymbol{Q}_1$ 在点 $\boldsymbol{P}_n = \boldsymbol{Q}_0$ 的两侧.

　　如图 6.10 所示, 两条三次 Bézier 曲线满足 G^1 连续条件.

　　(3) G^2 **连续**. 两条曲线 G^2 连续, 要求它们首先满足 G^1 连续, 且在连接点处具有相同的曲率矢, 即满足两个条件: 密切平面重合或副法向量同向; 曲率相等.

　　由端点处的副法向量公式 (6.39) (6.40), 曲线 $\boldsymbol{P}(t)$ 和 $\boldsymbol{Q}(\hat{t})$ 在连接点处副法向量同向等价于 $\boldsymbol{P}_{n-2}, \boldsymbol{P}_{n-1}, \boldsymbol{P}_n(= \boldsymbol{Q}_0), \boldsymbol{Q}_1, \boldsymbol{Q}_2$ 五个控制顶点共面, 且 $\boldsymbol{P}_{n-2}, \boldsymbol{Q}_2$

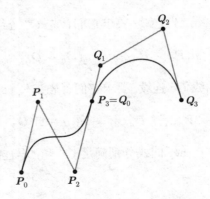

图 6.10 G^1 连续

在另 3 个顶点所在的公切线的同侧, 即满足

$$\Delta \boldsymbol{Q}_1 = -\beta \nabla \boldsymbol{P}_{n-1} + \eta \nabla \boldsymbol{P}_n, \qquad (6.50)$$

其中 $\beta > 0$, η 是任意的.

另外, 由上面两式和端点处的曲率公式 (6.41) 和 (6.42), 曲线 $\boldsymbol{P}(t)$ 和 $\boldsymbol{Q}(\hat{t})$ 在连接点处曲率相同, 则有

$$\beta = \frac{m(n-1)}{n(m-1)}\alpha^2. \qquad (6.51)$$

因此, 曲线 $\boldsymbol{P}(t)$ 和 $\boldsymbol{Q}(\hat{t})$ 在连接点处 G^2 连续的充要条件是 $\boldsymbol{P}_n = \boldsymbol{Q}_0$ 且公式 (6.49)—(6.51) 同时成立.

6.4 张量积型 Bézier 曲面

上节我们介绍了 Bézier 曲线, 由于采用了 Bernstein 基函数来构造, 它具有很多良好的性质与几何算法. 为了能将曲线推广为曲面形式, 我们就需要同样具有良好性质的二元多项式基函数. 一般来说, 从曲线向曲面推广有两个途径: 一种方法是采用张量积 (乘积) 型的推广, 另一种方法是采用单纯形的推广, 而这两种推广形式的区别在于基函数的构造形式. 在这一节中, 首先将一元 Bernstein 基函数推广为张量积型, 并以其为基函数构造参数曲面, 这就是张量积型 Bézier 曲面. 我们将在第 6.5 节中介绍一元 Bernstein 基函数推广为二元三角域上的基函数, 从而构造 Bézier 三角曲面片.

6.4.1 张量积型 Bernstein 基函数

所谓张量积型, 或者乘积型的二元函数空间是指, 它的基函数可以由一元基函数通过张量积 (乘积) 方式得到. 对 m 次与 n 次的一元 Bernstein 基函数 $\{B_i^m(u)\}_{i=0}^m$

和 $\{B_j^n(v)\}_{j=0}^n$, 张量积型 $m \times n$ 次二元 Bernstein 基函数为

$$B_{i,j}^{m,n}(u,v) = B_i^m(u)B_j^n(v), \quad i = 0,1,\cdots,m, \ j = 0,1,\cdots,n. \tag{6.52}$$

不难验证, 这 $(m+1) \times (n+1)$ 个多项式线性无关, 从而构成二元多项式空间 $\mathbb{P}_{m,n}^{(2)}$ 的一组基, 因此任意多项式 $f(u,v) \in \mathbb{P}_{m,n}^{(2)}$ 都可以表示为

$$f(u,v) = \sum_{i=0}^m \sum_{j=0}^n b_{i,j} B_{i,j}^{m,n}(u,v),$$

其中 $b_{i,j}$ 为常数. 利用一元 Bernstein 基函数的性质, 不难得到张量积型 Bernstein 基函数与幂基之间的变换公式与变换矩阵.

本质上, 张量积型 Bernstein 基函数的计算都可以转换为一元形式, 一元 Bernstein 基函数的性质基本上都可以直接推广到张量积型的 Bernstein 基函数上, 这为计算带来了极大的方便. 由于此时基函数在参数域 $[0,1] \times [0,1]$ 上的性质最为优秀, 且在计算几何与几何造型方面有广泛的应用, 因此张量积型二元 Bernstein 基函数也称为矩形域上的 Bernstein 基函数.

性质 6.2 当 $(u,v) \in [0,1] \times [0,1]$ 时, 设 $B_{-1}^{m-1}(u) = B_m^{m-1}(u) \equiv 0$, $B_{-1}^{n-1}(v) = B_n^{n-1}(v) \equiv 0$, 张量积型 Bernstein 基函数 (6.52) 具有以下性质:

(1) 非负性: $B_{i,j}^{m,n}(u,v) \geqslant 0$, $(u,v) \in [0,1] \times [0,1]$;

(2) 单位分解性: $\sum_{i=0}^m \sum_{j=0}^n B_{i,j}^{m,n}(u,v) = \sum_{i=0}^m B_i^m(u) \sum_{j=0}^n B_j^n(v) \equiv 1$;

(3) 角点性质: 在参数域 $[0,1] \times [0,1]$ 的四个角点处, 分别只有一个基函数取值为 1, 其余全部为 0, 即

$$B_{i,j}^{m,n}(0,0) = \begin{cases} 1, & i = j = 0, \\ 0, & i \neq 0 \text{ 或 } j \neq 0, \end{cases} \qquad B_{i,j}^{m,n}(1,0) = \begin{cases} 1, & i = m, j = 0, \\ 0, & i \neq m \text{ 或 } j \neq 0, \end{cases}$$

$$B_{i,j}^{m,n}(0,1) = \begin{cases} 1, & i = 0, j = n, \\ 0, & i \neq 0 \text{ 或 } j \neq n, \end{cases} \qquad B_{i,j}^{m,n}(1,1) = \begin{cases} 1, & i = m, j = n, \\ 0, & i \neq m \text{ 或 } j \neq n; \end{cases}$$

(4) 递推公式: 对 $i = 0,1,\cdots,m, \ j = 0,1,\cdots,n$,

$$B_{i,j}^{m,n}(u,v) = \left[(1-u)B_i^{m-1}(u) + uB_{i-1}^{m-1}(u)\right] B_j^n(v), \tag{6.53}$$

$$B_{i,j}^{m,n}(u,v) = B_i^m(u) \left[(1-v)B_j^{n-1}(v) + vB_{j-1}^{n-1}(v)\right], \tag{6.54}$$

$$B_{i,j}^{m,n}(u,v) = \left[(1-u)B_i^{m-1}(u) + uB_{i-1}^{m-1}(u)\right] \cdot$$
$$\left[(1-v)B_j^{n-1}(v) + vB_{j-1}^{n-1}(v)\right]; \tag{6.55}$$

(5) 升阶公式: 对 $i = 0, 1, \cdots, m, \quad j = 0, 1, \cdots, n,$

$$B_{i,j}^{m,n}(u,v) = \left[\frac{i+1}{m+1}B_{i+1}^{m+1}(u) + \left(1 - \frac{i}{m+1}\right)B_i^{m+1}(u)\right]B_j^n(v), \qquad (6.56)$$

$$B_{i,j}^{m,n}(u,v) = B_i^m(u)\left[\frac{j+1}{n+1}B_{j+1}^{n+1}(v) + \left(1 - \frac{j}{n+1}\right)B_j^{n+1}(v)\right], \qquad (6.57)$$

$$B_{i,j}^{m,n}(u,v) = \left[\frac{i+1}{m+1}B_{i+1}^{m+1}(u) + \left(1 - \frac{i}{m+1}\right)B_i^{m+1}(u)\right] \cdot$$
$$\left[\frac{j+1}{n+1}B_{j+1}^{n+1}(v) + \left(1 - \frac{j}{n+1}\right)B_j^{n+1}(v)\right]; \qquad (6.58)$$

(6) 导函数递推公式: 对 $i = 0, 1, \cdots, m, \quad j = 0, 1, \cdots, n,$

$$\frac{\partial}{\partial u}B_{i,j}^{m,n}(u,v) = (B_i^m(u))'B_j^n(v) = m\left[B_{i-1}^{m-1}(u) - B_i^{m-1}(u)\right]B_j^n(v),$$
$$\frac{\partial}{\partial v}B_{i,j}^{m,n}(u,v) = B_i^m(u)(B_j^n(v))' = nB_i^m(u)\left[B_{j-1}^{n-1}(v) - B_j^{n-1}(v)\right]; \qquad (6.59)$$

而

$$\frac{\partial^{k+r}}{\partial u^k \partial v^r}B_{i,j}^{m,n}(u,v) = (B_i^m(u))^{(k)}(B_j^n(v))^{(r)}$$

可以由如上两个公式逐步推出;

(7) 积分等值性: 对 $i = 0, 1, \cdots, m, \quad j = 0, 1, \cdots, n,$

$$\int_0^1 \int_0^1 B_{i,j}^{m,n}(u,v)\mathrm{d}u\mathrm{d}v = \frac{1}{(m+1)(n+1)}.$$

6.4.2 张量积型 Bézier 曲面及其基本性质

定义 6.8 称参数曲面

$$\boldsymbol{P}(u,v) = \sum_{i=0}^m \sum_{j=0}^n \boldsymbol{P}_{i,j}B_{i,j}^{m,n}(u,v), \quad (u,v) \in [0,1] \times [0,1] \qquad (6.60)$$

为 $m \times n$ 次 Bézier 曲面, 其中 $B_{i,j}^{m,n}(u,v) = B_i^m(u)B_j^n(v)$ 为张量积型 Bernstein 基函数, 空间向量 $\boldsymbol{P}_{i,j} \in \mathbb{R}^3$ 称为控制顶点, $i = 0, 1, \cdots, m, j = 0, 1, \cdots, n$. 依次用直线段连接同行同列相邻两个控制顶点所得的 $m \times n$ 边折线网格称为控制网格 (或 Bézier 网).

例 6.6 由 MATLAB 生成的图 6.11(a) 和 (b) 分别为双二次和 2×3 次的张量积型 Bézier 曲面及其控制网格.

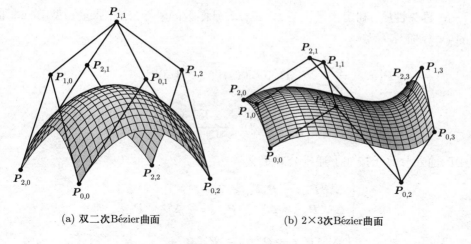

(a) 双二次 Bézier 曲面　　　　(b) 2×3 次 Bézier 曲面

图 6.11　张量积型 Bézier 曲面及其控制网格

图 6.11
程序代码

利用张量积型 Bernstein 基函数的性质 (性质 6.2), 不难推出由 (6.60) 式所定义的 Bézier 曲面具有如下基本性质, 其中设 $B_{-1}^{m-1}(u) = B_m^{m-1}(u) \equiv 0$, $B_{-1}^{n-1}(v) = B_n^{n-1}(v) \equiv 0$. 这些性质对 Bézier 曲面造型具有重要作用.

(1) **角点插值性质**: Bézier 曲面插值其控制网格的四个角点, 即

$$\boldsymbol{P}(0,0) = \boldsymbol{P}_{0,0}, \ \boldsymbol{P}(0,1) = \boldsymbol{P}_{0,n}, \ \boldsymbol{P}(1,0) = \boldsymbol{P}_{m,0}, \ \boldsymbol{P}(1,1) = \boldsymbol{P}_{m,n}.$$

(2) **几何不变性和仿射不变性**: 可由张量积型 Bernstein 基函数的单位分解性得到.

(3) **凸包性质**: 由张量积型 Bernstein 基函数的非负性和单位分解性, 可知张量积型 Bézier 曲面位于其控制顶点的凸包内.

(4) **等参线性质与边界性质**: 当参数取为等参线 $v = v^*$ 和 $u = u^*$ 时, 曲面分别是 m 次和 n 次 Bézier 曲线, 即

$$\boldsymbol{P}(u, v^*) = \sum_{i=0}^{m} \left[\sum_{j=0}^{n} \boldsymbol{P}_{i,j} B_j^n(v^*) \right] B_i^m(u), \quad u \in [0,1],$$

$$\boldsymbol{P}(u^*, v) = \sum_{j=0}^{n} \left[\sum_{i=0}^{m} \boldsymbol{P}_{i,j} B_i^m(u^*) \right] B_j^n(v), \quad v \in [0,1].$$

特别地, 当参数取为参数域的四条边界 $u = 0, u = 1, v = 0, v = 1$ 时, Bézier 曲面的边界恰好是由控制网格的四条边界控制多边形所决定的四条 Bézier 曲线, 即

$$\boldsymbol{P}(u, 0) = \sum_{i=0}^{m} \boldsymbol{P}_{i,0} B_i^m(u), \quad \boldsymbol{P}(u, 1) = \sum_{i=0}^{m} \boldsymbol{P}_{i,n} B_i^m(u),$$

$$\boldsymbol{P}(0, v) = \sum_{j=0}^{n} \boldsymbol{P}_{0,j} B_j^n(v), \quad \boldsymbol{P}(1, v) = \sum_{j=0}^{n} \boldsymbol{P}_{m,j} B_j^n(v).$$

(5) **导矢性质**: 利用张量积型 Bernstein 基函数的求导公式, 张量积型 Bézier 曲面的 (k, l) 阶导矢为

$$\frac{\partial^{k+l}}{\partial u^k \partial v^l} P(u, v) = \sum_{i=0}^{m} \sum_{j=0}^{n} P_{i,j} (B_i^m(u))^{(k)} (B_j^n(v))^{(l)}$$

$$= \frac{m! n!}{(m-k)!(n-l)!} \sum_{i=0}^{m-k} \sum_{j=0}^{n-l} \Delta^{k,l} P_{i,j} B_i^{m-k}(u) B_j^{n-l}(v),$$

其中向前差分算子按如下递推公式定义:

$$\begin{cases} \Delta^{1,0} P_{i,j} = P_{i+1,j} - P_{i,j}, \\ \Delta^{k,0} P_{i,j} = \Delta^{k-1,0} P_{i+1,j} - \Delta^{k-1,0} P_{i,j}, \end{cases}$$

$$\begin{cases} \Delta^{0,1} P_{i,j} = P_{i,j+1} - P_{i,j}, \\ \Delta^{0,l} P_{i,j} = \Delta^{0,l-1} P_{i,j+1} - \Delta^{0,l-1} P_{i,j}, \end{cases}$$

$$\Delta^{k,l} P_{i,j} = \begin{cases} \Delta^{k-1,l} P_{i+1,j} - \Delta^{k-1,l} P_{i,j}, \\ \Delta^{k,l-1} P_{i,j+1} - \Delta^{k,l-1} P_{i,j}. \end{cases}$$

特别地, 曲面关于单参数的偏导矢为

$$\frac{\partial^k}{\partial u^k} P(u, v) = \frac{m!}{(m-k)!} \sum_{i=0}^{m-k} \sum_{j=0}^{n} \Delta^{k,0} P_{i,j} B_i^{m-k}(u) B_j^n(v),$$

$$\frac{\partial^l}{\partial v^l} P(u, v) = \frac{n!}{(n-l)!} \sum_{i=0}^{m} \sum_{j=0}^{n-l} \Delta^{0,l} P_{i,j} B_i^m(u) B_j^{n-l}(v).$$

(6) **边界与角点切矢性质**: 利用张量积型 Bézier 曲面如上的导矢性质, 其在 $u = 0, v = 0$ 对应的两条边界上的切矢为

$$\frac{\partial}{\partial u} P(0, v) = m \sum_{j=0}^{n} (P_{1,j} - P_{0,j}) B_j^n(v),$$

$$\frac{\partial}{\partial v} P(u, 0) = n \sum_{i=0}^{m} (P_{i,1} - P_{i,0}) B_i^m(u),$$

在其他边界上的切矢可以类似推出, 在此不再一一列出.

曲面在角点上的切矢分别为

$$P_u(0, 0) = m(P_{1,0} - P_{0,0}), \quad P_u(1, 0) = m(P_{m,0} - P_{m-1,0}),$$

$$P_u(0, 1) = m(P_{1,n} - P_{0,n}), \quad P_u(1, 1) = m(P_{m,n} - P_{m-1,n}),$$

$$P_v(0, 0) = n(P_{0,1} - P_{0,0}), \quad P_v(1, 0) = n(P_{m,1} - P_{m,0}),$$

$$P_v(0, 1) = n(P_{0,n} - P_{0,n-1}), \quad P_v(1, 1) = n(P_{m,n} - P_{m,n-1}),$$

$$P_{uv}(0, 0) = mn(P_{1,1} - P_{1,0} - P_{0,1} + P_{0,0}),$$

$$\boldsymbol{P}_{uv}(1,0) = mn(\boldsymbol{P}_{m,1} - \boldsymbol{P}_{m,0} - \boldsymbol{P}_{m-1,1} + \boldsymbol{P}_{m-1,0}),$$

$$\boldsymbol{P}_{uv}(0,1) = mn(\boldsymbol{P}_{1,n} - \boldsymbol{P}_{1,n-1} - \boldsymbol{P}_{0,n} + \boldsymbol{P}_{0,n-1}),$$

$$\boldsymbol{P}_{uv}(1,1) = mn(\boldsymbol{P}_{m,n} - \boldsymbol{P}_{m,n-1} - \boldsymbol{P}_{m-1,n} + \boldsymbol{P}_{m-1,n-1}).$$

由曲面在一点处的单位法向量公式

$$\boldsymbol{e}(u,v) = \frac{\boldsymbol{P}_u(u,v) \times \boldsymbol{P}_v(u,v)}{|\boldsymbol{P}_u(u,v) \times \boldsymbol{P}_v(u,v)|}$$

可知张量积型 Bézier 曲面在四个角点处的法向量 (即为切平面的法向量) 仅与该控制顶点在两个方向的一阶差分有关. 例如, 曲面在点 $\boldsymbol{P}(0,0)$ 处的单位法向量 (切平面的法向量)

$$\boldsymbol{e}(0,0) = \frac{\Delta^{1,0}\boldsymbol{P}_{0,0} \times \Delta^{0,1}\boldsymbol{P}_{0,0}}{|\Delta^{1,0}\boldsymbol{P}_{0,0} \times \Delta^{0,1}\boldsymbol{P}_{0,0}|}$$

是垂直于向量 $\boldsymbol{P}_{1,0} - \boldsymbol{P}_{0,0}$ 与 $\boldsymbol{P}_{0,1} - \boldsymbol{P}_{0,0}$ 的, 其几何意义是, 曲面在点 $\boldsymbol{P}(0,0)$ 处的切平面是由 $\boldsymbol{P}_{0,0}, \boldsymbol{P}_{1,0}, \boldsymbol{P}_{0,1}$ 三点所决定的平面. 在其他三个角点处结论类似.

(7) **升阶性质**: 由 Bernstein 基函数的升阶性质, $m \times n$ 次 Bézier 曲面可在形式上升阶为 $(m+1) \times n$ 次, $m \times (n+1)$ 次或 $(m+1) \times (n+1)$ 次曲面, 即

$$\begin{aligned}
\boldsymbol{P}(u,v) &= \sum_{i=0}^{m}\sum_{j=0}^{n} \boldsymbol{P}_{i,j} B_i^m(u) B_j^n(v) \\
&= \sum_{i=0}^{m+1}\sum_{j=0}^{n} (\alpha_i \boldsymbol{P}_{i-1,j} + (1-\alpha_i)\boldsymbol{P}_{i,j}) B_i^{m+1}(u) B_j^n(v) \\
&= \sum_{i=0}^{m}\sum_{j=0}^{n+1} (\beta_j \boldsymbol{P}_{i,j-1} + (1-\beta_j)\boldsymbol{P}_{i,j}) B_i^m(u) B_j^{n+1}(v) \\
&= \sum_{i=0}^{m+1}\sum_{j=0}^{n+1} \boldsymbol{P}_{i,j}^* B_i^{m+1}(u) B_j^{n+1}(v),
\end{aligned}$$

其中对 $i = 0, 1, \cdots, m+1$, $j = 0, 1, \cdots, n+1$,

$$\begin{aligned}
\boldsymbol{P}_{i,j}^* &= \alpha_i \beta_j \boldsymbol{P}_{i-1,j-1} + \alpha_i(1-\beta_j)\boldsymbol{P}_{i-1,j} + \\
&\quad (1-\alpha_i)\beta_j \boldsymbol{P}_{i,j-1} + (1-\alpha_i)(1-\beta_j)\boldsymbol{P}_{i,j}, \\
\alpha_i &= \frac{i}{m+1}, \quad \beta_j = \frac{j}{n+1},
\end{aligned}$$

且当下标越界时, 令相应控制顶点为零向量.

如上升阶公式说明, 张量积型 Bézier 曲面升阶可采取 "张量积" 的方式进行, 可对参数 u 和 v 分别进行, 而且升阶结果与升阶两个参数的顺序无关. 类似地, 可以得到升多阶的公式.

(8) 移动一个控制顶点 $\boldsymbol{P}_{i,j}$, 将对曲面上参数为 $u = \dfrac{i}{m}, v = \dfrac{j}{n}$ 对应的点 $\boldsymbol{P}\left(\dfrac{i}{m}, \dfrac{j}{n}\right)$ 影响最大.

6.4.3 de Casteljau 算法

类似 Bézier 曲线的 de Casteljau 算法思想, 利用张量积型 Bernstein 基函数的递推公式, 张量积型 Bézier 曲面上一点也可由一系列线性插值计算出来, 这就是张量积型 Bézier 曲面的 de Casteljau 算法, 也称为几何作图法. 该算法几何意义明显, 并且简单高效, 是曲线曲面设计中的最基本的算法之一.

设 $(u,v) \in [0,1] \times [0,1]$, 则 $m \times n$ 型张量积 Bézier 曲面上的点 $\boldsymbol{P}(u,v)$ 可以表示为

$$
\begin{aligned}
\boldsymbol{P}(u,v) &= \sum_{i=0}^{m} \sum_{j=0}^{n} \boldsymbol{P}_{i,j} B_i^m(u) B_j^n(v) \\
&= \sum_{i=0}^{m} \sum_{j=0}^{n} \boldsymbol{P}_{i,j} \left[(1-u)B_i^{m-1}(u) + uB_{i-1}^{m-1}(u) \right] \cdot \\
&\quad \left[(1-v)B_j^{n-1}(v) + vB_{j-1}^{n-1}(v) \right] \\
&= \sum_{i=0}^{m-1} \sum_{j=0}^{n-1} \left[(1-u)(1-v)\boldsymbol{P}_{i,j} + (1-u)v\boldsymbol{P}_{i,j+1} + \right. \\
&\quad \left. u(1-v)\boldsymbol{P}_{i+1,j} + uv\boldsymbol{P}_{i+1,j+1} \right] B_i^{m-1}(u) B_j^{n-1}(v) \\
&= \sum_{i=0}^{m-1} \sum_{j=0}^{n-1} \boldsymbol{P}_{i,j}^{(1,1)}(u,v) B_i^{m-1}(u) B_j^{n-1}(v),
\end{aligned}
$$

此时 $m \times n$ 次 Bézier 曲面从形式上 "降阶" 为 $(m-1) \times (n-1)$ 次 Bézier 曲面, 新的控制顶点由原控制网格中的空间四边形的四个顶点线性组合而成, 且对每一个空间四边形网格, 组合系数是相同的. 一直进行下去, 有

$$
\begin{aligned}
\boldsymbol{P}(u,v) &= \sum_{i=0}^{m-1} \sum_{j=0}^{n-1} \boldsymbol{P}_{i,j}^{(1,1)}(u,v) B_i^{m-1}(u) B_j^{n-1}(v) = \cdots \\
&= \sum_{i=0}^{m-r} \sum_{j=0}^{n-s} \boldsymbol{P}_{i,j}^{(r,s)}(u,v) B_i^{m-r}(u) B_j^{n-s}(v) = \cdots \\
&= \boldsymbol{P}_{0,0}^{(m,n)}(u,v),
\end{aligned}
$$

即 $m \times n$ 次 Bézier 曲面从形式上 "降阶" 为 0×0 次曲面 (即一个点) $\boldsymbol{P}_{0,0}^{(m,n)}(u,v)$, 也是我们要求的点 $\boldsymbol{P}(u,v)$. 这就是张量积型 Bézier 曲面的 de Casteljau 算法, 将其总结为如下的递归求值算法:

$$
\begin{cases}
\boldsymbol{P}_{i,j}^{(0,0)}(u,v) = \boldsymbol{P}_{i,j}^{(0,0)} = \boldsymbol{P}_{i,j}, \quad i = 0,1,\cdots,m, \ \ j = 0,1,\cdots,n; \\
\boldsymbol{P}_{i,j}^{(r,s)}(u,v) = (1-u)(1-v)\boldsymbol{P}_{i,j}^{(r-1,s-1)}(u,v) + (1-u)v\boldsymbol{P}_{i,j+1}^{(r-1,s-1)}(u,v) + \\
\qquad\quad u(1-v)\boldsymbol{P}_{i+1,j}^{(r-1,s-1)}(u,v) + uv\boldsymbol{P}_{i+1,j+1}^{(r-1,s-1)}(u,v), \\
r = 1,2,\cdots,m, \ \ s = 1,2,\cdots,n, \\
i = 0,1,\cdots,m-r, \ \ j = 0,1,\cdots,n-s.
\end{cases}
\tag{6.61}
$$

例 6.7 对双二次 Bézier 曲面, 图 6.12 给出了 de Casteljau 算法求值时产生的金字塔状的控制顶点递推关系, 由 MATLAB 生成的图 6.13 给出了计算求值的结果.

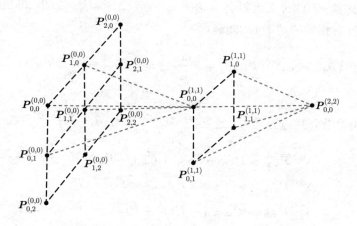

图 6.12 双二次 Bézier 曲面的控制顶点递推关系

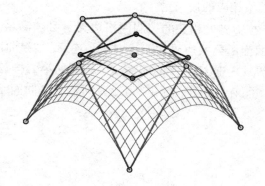

图 6.13
程序代码

图 6.13 用 de Casteljau 算法计算双二次 Bézier 曲面上的一点

6.4.4 张量积型 Bézier 曲面的几何连续性

对 $m \times n$ 次与 $m \times l$ 次 Bézier 曲面

$$\boldsymbol{P}(u,v) = \sum_{i=0}^{m} \sum_{j=0}^{n} \boldsymbol{P}_{i,j} B_i^m(u) B_j^n(v), \quad (u,v) \in [0,1] \times [0,1],$$

$$\overline{\boldsymbol{P}}(u,v) = \sum_{i=0}^{m} \sum_{j=0}^{l} \overline{\boldsymbol{P}}_{i,j} B_i^m(u) B_j^l(v), \quad (u,v) \in [0,1] \times [0,1],$$

两片曲面沿边界线 $\boldsymbol{P}(u,1)$ 与 $\overline{\boldsymbol{P}}(u,0)$ 分别满足 G^0, G^1, G^2 连续时所需的条件如下:

(1) G^0 **连续**. G^0 连续指两片曲面具有相同的公共边界 $\boldsymbol{P}(u,1) = \overline{\boldsymbol{P}}(u,0)$, 即控

制顶点满足

$$\boldsymbol{P}_{i,n} = \overline{\boldsymbol{P}}_{i,0}, \quad i = 0, 1, \cdots, m. \tag{6.62}$$

(2) G^1 **连续**. 当两片曲面沿公共边界 G^0 连续, 即满足 (6.62) 式, 且它们沿公共边界处处具有相同的切平面, 即满足

$$\Delta^{0,1}\overline{\boldsymbol{P}}_{k,0} = \alpha\Delta^{0,1}\boldsymbol{P}_{k,n-1} + \beta\frac{m-k}{n}\Delta^{1,0}\boldsymbol{P}_{k,n} + \gamma\frac{k}{n}\Delta^{1,0}\boldsymbol{P}_{k-1,n},$$
$$k = 0, 1, \cdots, m \tag{6.63}$$

时, 这两片曲面沿公共边界是 G^1 连续的, 其中 $\alpha > 0$, β, γ 为任意实数, 一阶差分

$$\Delta^{0,1}\overline{\boldsymbol{P}}_{k,0} = \overline{\boldsymbol{P}}_{k,1} - \overline{\boldsymbol{P}}_{k,0} = \overline{\boldsymbol{P}}_{k,1} - \boldsymbol{P}_{k,n},$$

$$\Delta^{0,1}\boldsymbol{P}_{k,n-1} = \boldsymbol{P}_{k,n} - \boldsymbol{P}_{k,n-1} = \overline{\boldsymbol{P}}_{k,0} - \boldsymbol{P}_{k,n-1},$$

$$\Delta^{1,0}\boldsymbol{P}_{k,n} = \boldsymbol{P}_{k+1,n} - \boldsymbol{P}_{k,n} = \overline{\boldsymbol{P}}_{k+1,0} - \overline{\boldsymbol{P}}_{k,0},$$

$$\Delta^{1,0}\boldsymbol{P}_{k-1,n} = \boldsymbol{P}_{k,n} - \boldsymbol{P}_{k-1,n} = \overline{\boldsymbol{P}}_{k,0} - \overline{\boldsymbol{P}}_{k-1,0}$$

分别表示曲面控制网格相应的边矢量.

(6.63) 式表明, 在边界处相交的控制网格边矢量必须满足一定的关系 (如图 6.14), 两片 Bézier 曲面沿公共边界才能达到 G^1 连续. 如果曲面 $\boldsymbol{P}(u,v)$ 已给定, 那么与它沿公共边界 G^1 连续拼接的曲面 $\overline{\boldsymbol{P}}(u,v)$ 的第二排控制顶点 $\overline{\boldsymbol{P}}_{k,1}(k = 0, 1, \cdots, m)$ 可以由 (6.63) 式确定, 而 $\alpha > 0$, β, γ 可以看做曲面 $\overline{\boldsymbol{P}}(u,v)$ 的形状控制参数.

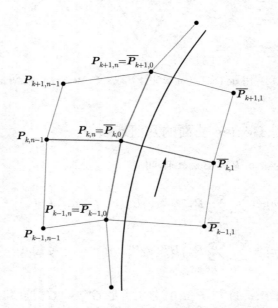

图 6.14 Bézier 曲面间 G^1 连续时控制网格的关系

当 $k = m$ 时, (6.63) 式右端第二项为 $\Delta^{1,0} \boldsymbol{P}_{m,n} = \boldsymbol{P}_{m+1,n} - \boldsymbol{P}_{m,n}$; 当 $k = 0$ 时, (6.63) 式右端第三项为 $\Delta^{1,0} \boldsymbol{P}_{-1,n} = \boldsymbol{P}_{0,n} - \boldsymbol{P}_{-1,n}$, 都有下标越界的情况, 但恰好其系数为零, 则相应项设为零矢量, 就可不予考虑. (6.63) 式还可表示成如下矩阵形式:

$$
\begin{pmatrix} \overline{\boldsymbol{P}}_{0,1} - \boldsymbol{P}_{0,n} \\ \overline{\boldsymbol{P}}_{1,1} - \boldsymbol{P}_{1,n} \\ \vdots \\ \overline{\boldsymbol{P}}_{m-1,1} - \boldsymbol{P}_{m-1,n} \\ \overline{\boldsymbol{P}}_{m,1} - \boldsymbol{P}_{m,n} \end{pmatrix} = \alpha \begin{pmatrix} \boldsymbol{P}_{0,n} - \boldsymbol{P}_{0,n-1} \\ \boldsymbol{P}_{1,n} - \boldsymbol{P}_{1,n-1} \\ \vdots \\ \boldsymbol{P}_{m-1,n} - \boldsymbol{P}_{m-1,n-1} \\ \boldsymbol{P}_{m,n} - \boldsymbol{P}_{m,n-1} \end{pmatrix} + \beta \begin{pmatrix} \dfrac{m}{n}(\boldsymbol{P}_{1,n} - \boldsymbol{P}_{0,n}) \\ \dfrac{m-1}{n}(\boldsymbol{P}_{2,n} - \boldsymbol{P}_{1,n}) \\ \vdots \\ \dfrac{1}{n}(\boldsymbol{P}_{m,n} - \boldsymbol{P}_{m-1,n}) \\ \boldsymbol{0} \end{pmatrix} +
$$

$$
\gamma \begin{pmatrix} \boldsymbol{0} \\ \dfrac{1}{n}(\boldsymbol{P}_{1,n} - \boldsymbol{P}_{0,n}) \\ \vdots \\ \dfrac{m-1}{n}(\boldsymbol{P}_{m-1,n} - \boldsymbol{P}_{m-2,n}) \\ \boldsymbol{P}_{m,n} - \boldsymbol{P}_{m-1,n} \end{pmatrix}. \tag{6.64}
$$

如上 G^1 连续所需满足的 (6.63) 式与 (6.64) 式右端都含有可以独立变化的三个标量参数 $\alpha > 0, \beta, \gamma$, 它们为构造 G^1 连续的组合曲面提供了比 C^1 连续更多的自由度, 同时也提出了如何确定这三个参数的问题. 显然, 可以根据情况, 令组合曲面满足插值特殊点、某些能量 (或泛函) 极小或其他条件, 从而选择这些参数. 一种简单的处理方式是令 $\beta = \gamma = 0$, 只保留 $\alpha > 0$. 此时, 两片曲面关于 u 为常数的等参线沿公共边界处处 G^1 连续. 在几何上两条 Bézier 曲线 G^1 连续的直观意义: 每个公共顶点与位于两侧各一个相邻非公共顶点共线, 并且所构成的两网格边长之比都一致, 即四对网格边共线且边长之比都一致. 简单来说, 对任意的 $k = 0, 1, \cdots, m$, 两片控制网格间满足三点

$$
\boldsymbol{P}_{k,n-1}, \boldsymbol{P}_{k,n} = \overline{\boldsymbol{P}}_{k,0}, \overline{\boldsymbol{P}}_{k,1}
$$

都共线, 且 $\boldsymbol{P}_{k,n-1}, \overline{\boldsymbol{P}}_{k,1}$ 在点 $\boldsymbol{P}_{k,n} = \overline{\boldsymbol{P}}_{k,0}$ 的两侧.

例 6.8 当 $m = n = l = 3$ 时, 两个双三次 Bézier 曲面的 G^1 连续时, (6.64) 式成为

$$
\begin{pmatrix} \overline{\boldsymbol{P}}_{0,1} - \boldsymbol{P}_{0,3} \\ \overline{\boldsymbol{P}}_{1,1} - \boldsymbol{P}_{1,3} \\ \overline{\boldsymbol{P}}_{2,1} - \boldsymbol{P}_{2,3} \\ \overline{\boldsymbol{P}}_{3,1} - \boldsymbol{P}_{3,3} \end{pmatrix} = \alpha \begin{pmatrix} \boldsymbol{P}_{0,3} - \boldsymbol{P}_{0,2} \\ \boldsymbol{P}_{1,3} - \boldsymbol{P}_{1,2} \\ \boldsymbol{P}_{2,3} - \boldsymbol{P}_{2,2} \\ \boldsymbol{P}_{3,3} - \boldsymbol{P}_{3,2} \end{pmatrix} + \beta \begin{pmatrix} \boldsymbol{P}_{1,3} - \boldsymbol{P}_{0,3} \\ \dfrac{2}{3}(\boldsymbol{P}_{2,3} - \boldsymbol{P}_{1,3}) \\ \dfrac{1}{3}(\boldsymbol{P}_{3,3} - \boldsymbol{P}_{2,3}) \\ \boldsymbol{0} \end{pmatrix} +
$$

$$
\gamma \begin{pmatrix} \mathbf{0} \\ \dfrac{1}{3}(\boldsymbol{P}_{1,3}-\boldsymbol{P}_{0,3}) \\ \dfrac{2}{3}(\boldsymbol{P}_{2,3}-\boldsymbol{P}_{1,3}) \\ \boldsymbol{P}_{3,3}-\boldsymbol{P}_{2,3} \end{pmatrix},
$$

其中 $\alpha > 0$, β,γ 为任意实数. 令 $\beta = \gamma = 0$, $\alpha = \dfrac{1}{2}$, 此时由 MATLAB 生成两片双三次 Bézier 曲面 G^1 连续拼接时的控制网格满足的关系和曲面分别如图 6.15(a) 和 (b) 所示.

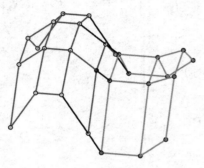 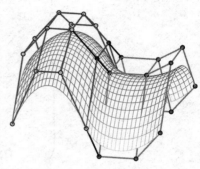

(a) G^1 连续拼接的控制网格   (b) G^1 连续拼接的曲面

图 6.15   两片双三次 Bézier 曲面间的 G^1 连续拼接

(3) G^2 **连续**. 当两片 Bézier 曲面沿公共边界 G^1 连续, 且其控制顶点满足

$$
\Delta^{0,2}\overline{\boldsymbol{P}}_{k,0} = \alpha^2 \Delta^{0,2}\boldsymbol{P}_{k,n-2} + 2\alpha\beta\frac{m-k}{n-1}\Delta^{1,1}\boldsymbol{P}_{k,n-1} + 2\alpha\gamma\frac{k}{n-1}\Delta^{1,1}\boldsymbol{P}_{k-1,n-1} +
$$

$$
\beta^2\frac{(m-k)(m-k-1)}{n(n-1)}\Delta^{2,0}\boldsymbol{P}_{k,n} + 2\beta\gamma\frac{(m-k)k}{n(n-1)}\Delta^{2,0}\boldsymbol{P}_{k-1,n} +
$$

$$
\gamma^2\frac{k(k-1)}{n(n-1)}\Delta^{2,0}\boldsymbol{P}_{k-2,n}, \quad k = 0,1,\cdots,n \tag{6.65}
$$

时, 这两片曲面沿公共边界 G^2 连续, 其中 $\Delta^{2,0}$ 和 $\Delta^{0,2}$ 分别表示沿 u 方向与 v 方向对同一排顺序三顶点的二阶差分, 也即顺序两网格边矢量的差分, 而 $\Delta^{1,1}$ 表示对所在网格四边形对边的边矢量的差分. 当 $k = 0,1,m-1,m$ 时, 也将遇到下标越界问题, 恰好所在项系数变为零, 该项成为零矢量, 可不予考虑.

(6.63) 式与 (6.65) 式表明, 在边界处相交的控制网格边矢量必须满足一定的关系 (如图 6.16), 两片 Bézier 曲面沿公共边界才能达到 G^2 连续. 当曲面 $\boldsymbol{P}(u,v)$ 给定后, 由 (6.65) 式可以确定曲面 $\overline{\boldsymbol{P}}(u,v)$ 的第三排控制顶点 $\overline{\boldsymbol{P}}_{k,2}(k=0,1,\cdots,m)$.

同样地, (6.65) 式右端的三个参数 α,β,γ 为构造光滑连接的组合曲面提供了比 C^2 连续更多的自由度. 仿照 G^1 连续拼接的简便方法, 一种简单情况是取 $\beta = \gamma = 0$, 只保留 α 非零. 这时两片曲面上当 u 为常数时的等参线沿公共边界处处 G^2 连续.

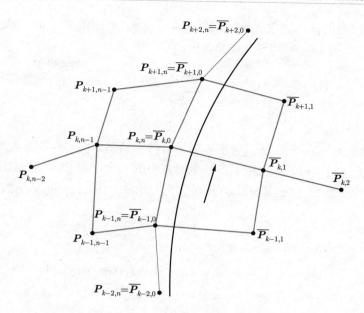

图 6.16 Bézier 曲面间 G^2 连续时控制网格的关系

6.5 Bézier 三角曲面片

6.5.1 三角域上的 Bernstein 基函数

由于适应不规则与散乱数据几何造型、避免出现退化, 而且适合有限元分析中广泛应用的三角形单元的需要, 三角曲面片 (也称三边曲面片或三角片) 在计算几何等学科中受到广泛的关注与深入的研究. 在第 6.4 节中, 我们介绍了 Bernstein 基函数的二元张量积型 (矩形域上) 推广, 得到二元张量积多项式空间的一组基. 本节将介绍 Bernstein 基函数在三角域上的另一种推广形式, 得到的是二元多项式空间的一组基.

一元 n 次 Bernstein 基函数是恒等式

$$[t + (1 - t)]^n \equiv 1$$

左侧二项式展开后的各项, 即它们由 $B_i^n(t) = \dfrac{n!}{i!(n-i)!} t^i (1-t)^{n-i}$ 组成, 其中 $i = 0, 1, \cdots, n.$ 如果设 $\tau_1 = t, \tau_2 = 1 - \tau_1$, 则一元 n 次 Bernstein 基函数同样是恒等式

$$(\tau_1 + \tau_2)^n \equiv 1$$

左侧二项式展开后的各项, 即它们由 $B_{\lambda_1, \lambda_2}^n(\tau_1, \tau_2) = \dfrac{n!}{\lambda_1! \lambda_2!} \tau_1^{\lambda_1} \tau_2^{\lambda_2}$ 组成, 其中 λ_1, λ_2 为满足 $\lambda_1 + \lambda_2 = n$ 的非负整数.

这种思想可以推广到二元形式. 设 $\tau_1 + \tau_2 + \tau_3 = 1$, 定义二元 n 次 Bernstein 基函数由 $(\tau_1 + \tau_2 + \tau_3)^n$ 的展开式的各项组成, 即

$$(\tau_1 + \tau_2 + \tau_3)^n = \sum_{\lambda_1 + \lambda_2 + \lambda_3 = n} B^n_{\lambda_1, \lambda_2, \lambda_3}(\tau_1, \tau_2, \tau_3),$$

其中 $\lambda_1, \lambda_2, \lambda_3$ 为满足 $\lambda_1 + \lambda_2 + \lambda_3 = n$ 的非负整数.

由于 $\tau_1 + \tau_2 + \tau_3 = 1$, 这三个坐标中只有两个是独立的. 那么当 τ_1, τ_2, τ_3 都非负时, 等式 $\tau_1 + \tau_2 + \tau_3 = 1$ 决定了参数坐标系中的一个由点 $(0,0), (0,1), (1,0)$ 所确定的三角域, 设为 T. 这也是称这类基函数为三角域上 Bernstein 基函数的原因.

记

$$\boldsymbol{\lambda} = (\lambda_1, \lambda_2, \lambda_3), \quad \boldsymbol{\tau} = (\tau_1, \tau_2, \tau_3),$$

$$|\boldsymbol{\lambda}| = \lambda_1 + \lambda_2 + \lambda_3 = n, \quad |\boldsymbol{\tau}| = \tau_1 + \tau_2 + \tau_3 = 1,$$

$$\boldsymbol{\tau}^{\boldsymbol{\lambda}} = \tau_1^{\lambda_1} \tau_2^{\lambda_2} \tau_3^{\lambda_3}, \quad \boldsymbol{\lambda}! = \lambda_1! \lambda_2! \lambda_3!,$$

则三角域 T 上的 n 次 Bernstein 基函数为

$$B^n_{\boldsymbol{\lambda}}(\boldsymbol{\tau}) = \frac{n!}{\boldsymbol{\lambda}!} \boldsymbol{\tau}^{\boldsymbol{\lambda}} = \frac{n!}{\lambda_1! \lambda_2! \lambda_3!} \tau_1^{\lambda_1} \tau_2^{\lambda_2} \tau_3^{\lambda_3}, \quad \boldsymbol{\tau} \in T. \tag{6.66}$$

由于满足条件 $\lambda_1 + \lambda_2 + \lambda_3 = n$ 的非负整数共有 $\binom{n+2}{2} = \frac{1}{2}(n+1)(n+2)$ 个, 因此三角域 T 上的 n 次 Bernstein 基函数共有 $\frac{1}{2}(n+1)(n+2)$ 个. 不难证明这 $\frac{1}{2}(n+1)(n+2)$ 个 Bernstein 基函数线性无关, 因此构成二元多项式空间 $\mathbb{P}^{(2)}_n$ 的一组基, 其上任意一个二元多项式都可以表示为这组基的线性组合.

如上的 $\boldsymbol{\tau} = (\tau_1, \tau_2, \tau_3)$ 本质上也是三角形 T 的面积坐标 (或重心坐标), 从而三角域上的 Bernstein 基函数也称为由面积坐标定义的 Bernstein 基函数, 具体细节可参考文献 [7]. 而这种构造 Bernstein 基函数的方法还可以推广到更高维形式, 从而给出单纯形上 (或重心坐标定义) 的 Bernstein 基函数, 具体定义形式请读者自己思考.

例 6.9 三角域上的三次 Bernstein 基函数与标号 $\boldsymbol{\lambda}$ 之间的关系如下:

$$
\begin{array}{ccccc}
\tau_1^3 & & & & (3,0,0) \\
3\tau_1^2\tau_2 & 3\tau_1^2\tau_3 & & \text{对应 } \boldsymbol{\lambda} \text{ 标号} & (2,1,0) \quad (2,0,1) \\
3\tau_1\tau_2^2 & 6\tau_1\tau_2\tau_3 & 3\tau_1\tau_3^2 & & (1,2,0) \quad (1,1,1) \quad (1,0,2) \\
\tau_2^3 & 3\tau_2^2\tau_3 & 3\tau_2\tau_3^2 & \tau_3^3 & (0,3,0) \quad (0,2,1) \quad (0,1,2) \quad (0,0,3)
\end{array}
$$

由 MATLAB 生成的图 6.17 的 (a) (b) (c) 分别给出了 $B^3_{0,3,0}(\boldsymbol{\tau}), B^3_{0,2,1}(\boldsymbol{\tau})$ 和 $B^3_{1,1,1}(\boldsymbol{\tau})$ 的图形.

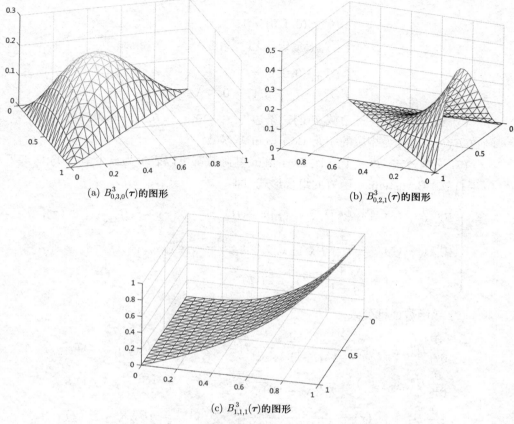

(a) $B_{0,3,0}^3(\tau)$ 的图形   (b) $B_{0,2,1}^3(\tau)$ 的图形

(c) $B_{1,1,1}^3(\tau)$ 的图形

图 6.17 三角域上的三次 Bernstein 基函数

作为一元 Bernstein 基函数的推广, 三角域上的 Bernstein 基函数也具有一些类似的基本性质, 这些性质对 Bézier 三角曲面片的构造具有重要作用.

性质 6.3 当 $\boldsymbol{\lambda}$ 的任何一个分量小于零时, 设 $B_{\boldsymbol{\lambda}}^n(\boldsymbol{\tau}) \equiv 0$. 当 $\boldsymbol{\tau} \in T$ 时, 则三角域 T 上的 Bernstein 基函数 (6.66) 具有以下性质:

(1) 非负性: $B_{\boldsymbol{\lambda}}^n(\boldsymbol{\tau}) \geqslant 0, \ \boldsymbol{\tau} \in T$;

(2) 单位分解性: $\displaystyle\sum_{|\boldsymbol{\lambda}|=n} B_{\boldsymbol{\lambda}}^n(\boldsymbol{\tau}) = (\tau_1 + \tau_2 + \tau_3)^n \equiv 1$;

(3) 对称性:
$$B_{\lambda_1,\lambda_2,\lambda_3}^n(\tau_1,\tau_2,\tau_3) = B_{\lambda_2,\lambda_1,\lambda_3}^n(\tau_2,\tau_1,\tau_3) = B_{\lambda_2,\lambda_3,\lambda_1}^n(\tau_2,\tau_3,\tau_1)$$
$$= B_{\lambda_3,\lambda_1,\lambda_2}^n(\tau_3,\tau_1,\tau_2) = B_{\lambda_1,\lambda_3,\lambda_2}^n(\tau_1,\tau_3,\tau_2) = B_{\lambda_3,\lambda_2,\lambda_1}^n(\tau_3,\tau_2,\tau_1);$$

(4) 角点性质: 在三角域 T 的 3 个角点上, 分别只有一个基函数取值为 1, 其余基函数取值为 0, 即
$$\begin{cases} B_{n,0,0}^n(1,0,0) = 1, \\ B_{\lambda_1,\lambda_2,\lambda_3}^n(1,0,0) = 0, \quad \lambda_1 < n, \end{cases}$$

$$\begin{cases} B_{0,n,0}^n(0,1,0) = 1, \\ B_{\lambda_1,\lambda_2,\lambda_3}^n(0,1,0) = 0, \quad \lambda_2 < n, \end{cases}$$

$$\begin{cases} B_{0,0,n}^n(0,0,1) = 1, \\ B_{\lambda_1,\lambda_2,\lambda_3}^n(0,0,1) = 0, \quad \lambda_3 < n; \end{cases}$$

(5) 边界性质: 在三角域 T 的三条边界 $\tau_1 = 0, \tau_2 = 0, \tau_3 = 0$ 上, Bernstein 基函数 $B_{\boldsymbol{\lambda}}^n(\boldsymbol{\tau})$ 退化为相应的一元 Bernstein 基函数;

(6) 递推公式: 每一个 n 次 Bernstein 基函数都可以表示为三个 $(n-1)$ 次 (或 $(n+1)$ 次) Bernstein 基函数的组合形式, 即

$$\begin{cases} B_{\lambda_1,\lambda_2,\lambda_3}^n(\boldsymbol{\tau}) = \tau_1 B_{\lambda_1-1,\lambda_2,\lambda_3}^{n-1}(\boldsymbol{\tau}) + \tau_2 B_{\lambda_1,\lambda_2-1,\lambda_3}^{n-1}(\boldsymbol{\tau}) + \tau_3 B_{\lambda_1,\lambda_2,\lambda_3-1}^{n-1}(\boldsymbol{\tau}), \\ B_{\lambda_1,\lambda_2,\lambda_3}^n(\boldsymbol{\tau}) = \dfrac{\lambda_1 + 1}{n+1} B_{\lambda_1+1,\lambda_2,\lambda_3}^{n+1}(\boldsymbol{\tau}) + \dfrac{\lambda_2 + 1}{n+1} B_{\lambda_1,\lambda_2+1,\lambda_3}^{n+1}(\boldsymbol{\tau}) + \\ \qquad\qquad \dfrac{\lambda_3 + 1}{n+1} B_{\lambda_1,\lambda_2,\lambda_3+1}^{n+1}(\boldsymbol{\tau}); \end{cases}$$

(7) 导函数递推公式:

$$\frac{\partial}{\partial \tau_1} B_{\lambda_1,\lambda_2,\lambda_3}^n(\boldsymbol{\tau}) = \frac{n!}{(\lambda_1 - 1)!\lambda_2!\lambda_3!} \tau_1^{\lambda_1-1} \tau_2^{\lambda_2} \tau_3^{\lambda_3} = n B_{\lambda_1-1,\lambda_2,\lambda_3}^{n-1}(\boldsymbol{\tau}),$$

$$\frac{\partial}{\partial \tau_2} B_{\lambda_1,\lambda_2,\lambda_3}^n(\boldsymbol{\tau}) = \frac{n!}{\lambda_1!(\lambda_2 - 1)!\lambda_3!} \tau_1^{\lambda_1} \tau_2^{\lambda_2-1} \tau_3^{\lambda_3} = n B_{\lambda_1,\lambda_2-1,\lambda_3}^{n-1}(\boldsymbol{\tau}),$$

$$\frac{\partial}{\partial \tau_3} B_{\lambda_1,\lambda_2,\lambda_3}^n(\boldsymbol{\tau}) = \frac{n!}{\lambda_1!\lambda_2!(\lambda_3 - 1)!} \tau_1^{\lambda_1} \tau_2^{\lambda_2} \tau_3^{\lambda_3-1} = n B_{\lambda_1,\lambda_2,\lambda_3-1}^{n-1}(\boldsymbol{\tau}),$$

令 $\boldsymbol{\mu} = (\mu_1, \mu_2, \mu_3)$, $r = |\boldsymbol{\mu}|$, 对函数 $f(\boldsymbol{\mu})$ 的偏导数记为

$$D^{\boldsymbol{\mu}} f(\boldsymbol{\tau}) = \frac{\partial^r}{\partial^{\mu_1} \tau_1 \partial^{\mu_2} \tau_2 \partial^{\mu_3} \tau_3} f(\boldsymbol{\tau}),$$

那么 Bernstein 基函数的偏导数为

$$\begin{aligned} D^{\boldsymbol{\mu}} B_{\boldsymbol{\lambda}}^n(\boldsymbol{\tau}) &= \frac{\partial^r}{\partial^{\mu_1} \tau_1 \partial^{\mu_2} \tau_2 \partial^{\mu_3} \tau_3} \frac{n!}{\lambda_1!\lambda_2!\lambda_3!} \tau_1^{\lambda_1} \tau_2^{\lambda_2} \tau_3^{\lambda_3} \\ &= \frac{n!}{(\lambda_1 - \mu_1)!(\lambda_2 - \mu_2)!(\lambda_3 - \mu_3)!} \tau_1^{\lambda_1-\mu_1} \tau_2^{\lambda_2-\mu_2} \tau_3^{\lambda_3-\mu_3} \\ &= \frac{n!}{(n-r)!} B_{\boldsymbol{\lambda}-\boldsymbol{\mu}}^{n-r}(\boldsymbol{\tau}); \end{aligned}$$

(8) 最大值: 当 $n \geqslant 1$ 时, $B_{\boldsymbol{\lambda}}^n(\boldsymbol{\tau})$ 在 $\boldsymbol{\tau} = \dfrac{\boldsymbol{\lambda}}{n}$ 处达到最大值;

(9) 积分等值性: 每一个 n 次 Bernstein 基函数在 T 上的积分值相同, 即

$$\int_T B_{\boldsymbol{\lambda}}^n(\boldsymbol{\tau}) \mathrm{d}\boldsymbol{\tau} = \frac{1}{(n+1)(n+2)}.$$

6.5.2 Bézier 三角曲面片

利用三角域上的 Bernstein 基函数, 可以定义 Bézier 三角曲面片 (也称为三角域上的 Bézier 曲面或 Bézier 三角片).

定义 6.9 称参数曲面

$$\boldsymbol{P}(u,v,w) = \sum_{i+j+k=n} \boldsymbol{P}_{i,j,k} B^n_{i,j,k}(u,v,w), \quad (u,v,w) \in T \tag{6.67}$$

为 n 次 Bernstein-Bézier 参数曲面片 (B-B 曲面片), 简称 Bézier 三角曲面片, 其中

$$B^n_{i,j,k}(u,v,w) = \frac{n!}{i!j!k!} u^i v^j w^k \tag{6.68}$$

为三角域 T 上的 Bernstein 基函数, 空间向量 $\boldsymbol{P}_{i,j,k} \in \mathbb{R}^3$ 称为控制顶点, i,j,k 为非负整数且满足 $i+j+k=n$, T 是由 $u \geqslant 0, v \geqslant 0, w \geqslant 0$ 和 $u+v+w=1$ 确定的三角域. 把任意三个控制顶点 $\boldsymbol{P}_{i,j,k}$, $\boldsymbol{P}_{i-1,j+1,k}$, $\boldsymbol{P}_{i-1,j,k+1}$ 用直线段两两相连所得到的由 n^2 个三角形组成的三角形网格称为曲面的控制网格 (或 Bézier 网, B 网).

由 MATLAB 生成的图 6.18 给出一个三次 Bézier 三角片及其控制网格.

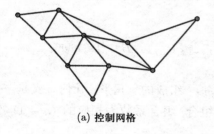
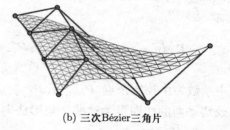

(a) 控制网格　　　　　　　(b) 三次Bézier三角片

图 6.18 程序代码

图 6.18　三次 Bézier 三角片及其控制网格

利用三角域上 Bernstein 基函数的性质 (性质 6.3), 不难推出由 (6.67) 式定义的 Bézier 三角曲面片具有如下基本性质, 其中当 i,j,k 中的任何一个小于零时, 设 $B^n_{i,j,k}(u,v,w) \equiv 0$. 这些性质对 Bézier 三角曲面片造型具有重要作用.

(1) **角点插值性质**: Bézier 三角片插值于其控制网格的三个角点, 即

$$\boldsymbol{P}(1,0,0) = \boldsymbol{P}_{n,0,0}, \quad \boldsymbol{P}(0,1,0) = \boldsymbol{P}_{0,n,0}, \quad \boldsymbol{P}(0,0,1) = \boldsymbol{P}_{0,0,n}.$$

(2) **几何不变性和仿射不变性**: 可由三角域上 Bernstein 基函数的单位分解性得到.

(3) **凸包性质**: 由三角域上 Bernstein 基函数的非负性和单位分解性, 可知 Bézier 三角片位于其控制网格的凸包内.

(4) **边界性质**: 当参数取为参数域 T 的三条边界线 $u = 0$, $v = 0$ 和 $w = 0$ 时, Bézier 三角片的边界曲线恰好是其控制网格的三条边界控制多边形所决定的三条 n 次 Bézier 曲线. 例如, 当 $w = 0$ 时,

$$\boldsymbol{P}(u,v,0) = \sum_{i+j+k=n} \boldsymbol{P}_{i,j,k} B^n_{i,j,k}(u,v,0) = \sum_{i+j=n} \boldsymbol{P}_{i,j,0} \frac{n!}{i!j!} u^i v^j = \sum_{i=0}^{n} \boldsymbol{P}_{i,n-i,0} B^n_i(u).$$

同理可得其他边界曲线方程.

(5) **切平面性质**: Bézier 三角片在点 $(u,v,w) \in T$ 处沿三角域 T 三边的方向导矢为

$$D_{(1,-1,0)}\boldsymbol{P}(u,v,w) = n \sum_{i+j+k=n-1} (\boldsymbol{P}_{i+1,j,k} - \boldsymbol{P}_{i,j+1,k}) B^{n-1}_{i,j,k}(u,v,w),$$

$$D_{(0,1,-1)}\boldsymbol{P}(u,v,w) = n \sum_{i+j+k=n-1} (\boldsymbol{P}_{i,j+1,k} - \boldsymbol{P}_{i,j,k+1}) B^{n-1}_{i,j,k}(u,v,w),$$

$$D_{(-1,0,1)}\boldsymbol{P}(u,v,w) = n \sum_{i+j+k=n-1} (\boldsymbol{P}_{i,j,k+1} - \boldsymbol{P}_{i+1,j,k}) B^{n-1}_{i,j,k}(u,v,w).$$

在几何上, 沿边界方向的方向导矢可以看做是 $\frac{n(n+1)}{2}$ 个 "方向" 的组合形式, 组合系数为 $(n-1)$ 次 Bernstein 基函数. 由于曲面在正则点处的不同方向导矢都落在该点处的切平面上, 因此三角曲面片 $P(u,v,w)$ 在点 (u,v,w) 处的切平面可以 "形式地" 表示为

$$\boldsymbol{P}_T(u,v,w) = \sum_{i+j+k=n-1} \triangle \boldsymbol{P}_{i+1,j,k} \boldsymbol{P}_{i,j+1,k} \boldsymbol{P}_{i,j,k+1} B^{n-1}_{i,j,0}(u,v,w),$$

其中系数为由控制顶点 $\boldsymbol{P}_{i+1,j,k}$, $\boldsymbol{P}_{i,j+1,k}$, $\boldsymbol{P}_{i,j,k+1}$ 组成的三角形. 几何意义是, 一点处切平面的法向量为这些三角形法向量的组合, 组合系数为相应的 $(n-1)$ 次 Bernstein 基函数.

在边界 $w = 0$ 上, 三角片的各方向导矢为

$$D_{(1,-1,0)}\boldsymbol{P}(u,v,0) = n \sum_{i+j=n-1} (\boldsymbol{P}_{i+1,j,0} - \boldsymbol{P}_{i,j+1,0}) B^{n-1}_{i,j,0}(u,v,0)$$

$$= n \sum_{i=0}^{n-1} (\boldsymbol{P}_{i+1,n-i-1,0} - \boldsymbol{P}_{i,n-i,0}) B^{n-1}_i(u),$$

$$D_{(0,1,-1)}\boldsymbol{P}(u,v,0) = n \sum_{i+j=n-1} (\boldsymbol{P}_{i,j+1,0} - \boldsymbol{P}_{i,j,1}) B^{n-1}_{i,j,0}(u,v,0)$$

$$= n \sum_{i=0}^{n-1} (\boldsymbol{P}_{i,n-i,0} - \boldsymbol{P}_{i,n-i-1,1}) B^{n-1}_i(u),$$

$$D_{(-1,0,1)}\boldsymbol{P}(u,v,0) = n \sum_{i+j=n-1} (\boldsymbol{P}_{i,j,1} - \boldsymbol{P}_{i+1,j,0}) B^{n-1}_{i,j,0}(u,v,0)$$

$$= n \sum_{i=0}^{n-1} (\boldsymbol{P}_{i,n-i-1,1} - \boldsymbol{P}_{i+1,n-i-1,0}) B^{n-1}_i(u).$$

因此, Bézier 三角片 (6.67) 在边界 $w = 0$ 上的切平面可以 "形式地" 表示为以 $(n-1)$ 个 "平面" 作为系数的一元 $(n-1)$ 次 Bézier 形式

$$\boldsymbol{P}_T(u,v,0) = \sum_{i=0}^{n-1} \triangle \boldsymbol{P}_{i+1,n-i-1,0}\boldsymbol{P}_{i,n-i,0}\boldsymbol{P}_{i,n-i-1,1} B_i^{n-1}(u).$$

类似地, 可得曲面在另两条边界 $u = 0$ 和 $v = 0$ 上的切平面表示形式.

当参数取为 $(1,0,0)$ 时, 曲面在角点处的各方向导矢为

$$D_{(1,-1,0)}\boldsymbol{P}(1,0,0) = n(\boldsymbol{P}_{n,0,0} - \boldsymbol{P}_{n-1,1,0}),$$
$$D_{(0,1,-1)}\boldsymbol{P}(1,0,0) = n(\boldsymbol{P}_{n-1,1,0} - \boldsymbol{P}_{n-1,0,1}),$$
$$D_{(-1,0,1)}\boldsymbol{P}(1,0,0) = n(\boldsymbol{P}_{n-1,0,1} - \boldsymbol{P}_{n,0,0}).$$

因此 Bézier 三角片 (6.67) 在角点 $(1,0,0)$ 处的切平面为控制网格 "角三角形" $\boldsymbol{P}_{n,0,0}$ $\boldsymbol{P}_{n-1,1,0}\boldsymbol{P}_{n-1,0,1}$ 所在的平面, 即

$$\boldsymbol{P}_T(1,0,0) = \triangle\boldsymbol{P}_{n,0,0}\boldsymbol{P}_{n-1,1,0}\boldsymbol{P}_{n-1,0,1}.$$

同理, Bézier 三角片其他两个角点处的切平面也是相应的控制网格 "角三角形" 所在的平面.

(6) **升阶性质**: 由三角域 T 上 Bernstein 基函数的升阶性质, n 次 Bézier 三角片 (6.67) 可在形式上升阶为 $(n+1)$ 次 Bézier 三角片, 即

$$\boldsymbol{P}(u,v,w) = \sum_{i+j+k=n} \boldsymbol{P}_{i,j,k}B_{i,j,k}^n(u,v,w)$$
$$= \sum_{i+j+k=n+1} \boldsymbol{P}_{i,j,k}^* B_{i,j,k}^{n+1}(u,v,w), \quad (u,v,w) \in T,$$

其中

$$\boldsymbol{P}_{i,j,k}^* = \frac{i}{n+1}\boldsymbol{P}_{i-1,j,k} + \frac{j}{n+1}\boldsymbol{P}_{i,j-1,k} + \frac{k}{n+1}\boldsymbol{P}_{i,j,k-1}, \quad i+j+k = n+1.$$

在几何上, 新控制顶点 $\boldsymbol{P}_{i,j,k}^*$ 落在 $\triangle\boldsymbol{P}_{i-1,j,k}\boldsymbol{P}_{i,j-1,k}\boldsymbol{P}_{i,j,k-1}$ 上, 并且在该三角形上的面积坐标都是 $\left(\frac{i}{n+1}, \frac{j}{n+1}, \frac{k}{n+1}\right)$.

(7) 移动一个控制顶点 $\boldsymbol{P}_{i,j,k}$, 将对曲面上参数为 $u = \frac{i}{n}, v = \frac{j}{n}, w = \frac{k}{n}$ 对应的点 $\boldsymbol{P}\left(\frac{i}{n}, \frac{j}{n}, \frac{k}{n}\right)$ 影响最大.

(8) **de Casteljau 算法**: 由三角域上 Bernstein 基函数的递推公式, 得出计算曲面上一点 $\boldsymbol{P}(u,v,w)$ 的递归算法:

$$\boldsymbol{P}(u,v,w) = \sum_{i+j+k=n-1} \boldsymbol{P}_{i,j,k}^{(1)}(u,v,w) B_{i,j,k}^{n-1}(u,v,w) = \cdots = \boldsymbol{P}_{0,0,0}^{(n)}(u,v,w).$$

经过 n 步后, 曲面形式上 "降阶" 为 0 次曲面 $\boldsymbol{P}_{0,0,0}^{(n)}(u,v,w)$, 即所求的点 $\boldsymbol{P}(u,v,w)$. 这就是 de Casteljau 算法, 即

$$\begin{cases} \boldsymbol{P}_{i,j,k}^{(0)}(u,v,w) = \boldsymbol{P}_{i,j,k}^{(0)} = \boldsymbol{P}_{i,j,k}, \quad i+j+k=n, \\ \boldsymbol{P}_{i,j,k}^{(r)}(u,v,w) = u\boldsymbol{P}_{i+1,j,k}^{(r-1)}(u,v,w) + v\boldsymbol{P}_{i,j+1,k}^{(r-1)}(u,v,w) + w\boldsymbol{P}_{i,j,k+1}^{(r-1)}(u,v,w), \\ \quad r=1,2,\cdots,n, \; i+j+k=n-r. \end{cases}$$

$$(6.69)$$

对二次 Bézier 三角片, 图 6.19 给出了由 de Casteljau 算法确定的控制顶点间递推关系, 由 MATLAB 生成的图 6.20 给出了计算求值结果.

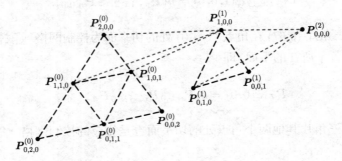

图 6.19　二次 Bézier 三角片的控制顶点间递推关系

图 6.20
程序代码

图 6.20　用 de Casteljau 算法计算二次 Bézier 三角片上的一点

(9) **几何连续性**: 利用 Bézier 三角片的边界性质 (性质 (4)) 与边界上的切平面性质 (性质 (5)), 两个 n 次 Bézier 曲面片

$$\boldsymbol{P}(u,v,w) = \sum_{i+j+k=n} \boldsymbol{P}_{i,j,k} B_{i,j,k}^n(u,v,w), \quad (u,v,w) \in T$$

和

$$\overline{\boldsymbol{P}}(\overline{u},\overline{v},\overline{w}) = \sum_{i+j+k=n} \overline{\boldsymbol{P}}_{i,j,k} B^n_{i,j,k}(\overline{u},\overline{v},\overline{w}), \quad (\overline{u},\overline{v},\overline{w}) \in \overline{T}$$

在公共边界 $w=0$ 和 $\overline{w}=0$ 上满足如下条件时, 它们在公共边界上分别是 G^0 与 G^1 连续的:

(a) G^0 **连续**: 两曲面片 G^0 连续是指它们具有公共的边界线 $\boldsymbol{P}(u,v,0)$ 与 $\overline{\boldsymbol{P}}(\overline{u},\overline{v},0)$, 即控制顶点满足 $\boldsymbol{P}_{i,j,0} = \overline{\boldsymbol{P}}_{i,j,0},\ i+j=n$.

(b) G^1 **连续**: 当两曲面片 G^0 连续且在公共边界线上处处具有相同的切平面, 即相应控制顶点满足

$$\boldsymbol{P}_{i,n-i-1,1}, \quad \boldsymbol{P}_{i+1,n-i-1,0}, \quad \boldsymbol{P}_{i,n-i,0}, \quad \overline{\boldsymbol{P}}_{i,n-i-1,1}$$

共面且点 $\boldsymbol{P}_{i,n-i-1,1}$ 和点 $\overline{\boldsymbol{P}}_{i,n-i-1,1}$ 落在直线段 $\boldsymbol{P}_{i+1,n-i-1,0}\boldsymbol{P}_{i,n-i,0}$ 两侧时, 两曲面片沿公共边界是 G^1 连续的, 其中 $i=0,1,\cdots,n-1$.

图 6.21 给出两片三次 Bézier 三角片的 G^1 连续拼接时其控制网满足的几何关系与曲面拼接图形.

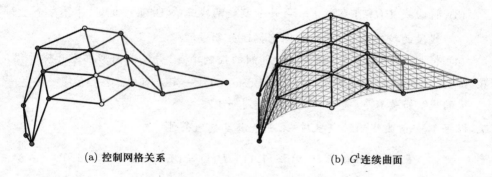

(a) 控制网格关系　　　　(b) G^1 连续曲面

图 6.21　两片三次 Bézier 三角片的 G^1 连续拼接

习题 6

1. 在曲面

$$\boldsymbol{r} = \left(u\cos v, u\sin v, \frac{u^2}{2} \right)$$

上考虑经过原点 $O=(0,0,0)$ 且满足 $v=ku^2$ 的曲线. 求该曲线从原点 O 到任意一点 (对应 $u=t$) 的弧长.

2. 当 $n \geqslant 1$ 时, 证明: Bernstein 基函数 $B^n_i(t)$ 在点 $t=\dfrac{i}{n}$ 处取得最大值.

3. 已知一条三次 Bézier 曲线 $P(t)$ 的两端控制顶点为 $P_0 = (-1, -1)$, $P_3 = (4, 1)$, 另外曲线满足

$$P\left(\frac{1}{3}\right) = \left(\frac{26}{27}, \frac{17}{27}\right), \quad P\left(\frac{2}{3}\right) = \left(\frac{73}{27}, \frac{19}{27}\right),$$

求这条三次 Bézier 曲线的表达式.

4. 与幂基形式, Lagrange 插值形式, Hermite 形式的参数多项式曲线比较, Bézier 曲线具有哪些优良的性质? 又有哪些性质可以推广到张量积 Bézeir 曲面?

5. 给定控制顶点

$$P_0 = (-16, 0), \quad P_1 = (0, 20), \quad P_2 = (16, 20), \quad P_3 = (16, 0)$$

所定义的平面三次 Bézier 曲线 $P(t)$.

(1) 用 de Casteljau 算法计算曲线上参数为 $t = \frac{1}{4}$ 的点 $P\left(\frac{1}{4}\right)$, 并利用几何作图法描述计算过程;

(2) 用 de Casteljau 算法计算曲线 $P(t)$ 在参数 $t = \frac{1}{4}$ 处一阶导矢 $P'\left(\frac{1}{4}\right)$, 并绘制图形描述计算过程;

(3) 将曲线 $P(t)$ 在参数 $t = \frac{1}{4}$ 处分割成两段三次 Bézier 曲线, 计算每个子曲线段的控制顶点, 并绘制图形描述分割过程;

(4) 将曲线 $P(t)$ 升阶到四次, 计算新的控制顶点, 并绘制图形描述升阶过程.

6. 证明: 只要控制顶点共线, 定义的 Bézier 曲线一定是直线. 这条直线一定是一次的吗? 如果不是, 是否一定能降阶到一次?

7. 根据 Bézier 曲线的端点性质, 求一条满足插值条件

$$P(0) = (0, 0), \quad P'(0) = (1, 1), \quad P(1) = (3, 1), \quad P'(1) = (1, 0)$$

的三次 Bézier 曲线 $P(t)$.

8. 编程绘制一条空间三次 Bézier 曲线 (控制顶点, 控制多边形, 曲线均需绘制), 及其升阶一次后的控制顶点与控制多边形, 理解 Bézier 曲线升阶的几何意义. 要求: 用不同颜色区分升阶前后的控制顶点与控制多边形.

9. 仿照 Bézier 曲线的 de Casteljau 算法, 由张量积型 Bézier 曲面的 de Casteljau 算法给出计算张量积型 Bézier 曲面与 Bézier 三角片在一点处的各阶导矢, 以及在该点处进行曲面分割的算法.

10. 设由控制顶点

$$P_{0,0} = (0, 0, 0), \quad P_{1,0} = (2, 0, 2), \quad P_{2,0} = (4, 0, 2), \quad P_{3,0} = (6, 0, 0),$$

$$P_{0,1} = (0, 3, 0), \quad P_{1,1} = (2, 3, 4), \quad P_{2,1} = (4, 3, 4), \quad P_{3,1} = (6, 3, 0),$$

$$P_{0,2} = (0, 6, 0), \quad P_{1,2} = (2, 6, 2), \quad P_{2,2} = (4, 6, 2), \quad P_{3,2} = (6, 6, 0)$$

定义了 3×2 次 Bézier 曲面 $\boldsymbol{P}(u,v)$, 试利用 de Casteljau 算法计算曲面上的点 $\boldsymbol{P}\left(\dfrac{1}{2}, \dfrac{1}{3}\right)$.

11. 将例 6.1 中由幂基表示的三次多项式参数曲线转化为 Bézier 曲线, 求出它的控制顶点 $\boldsymbol{P}_0, \boldsymbol{P}_1, \boldsymbol{P}_2, \boldsymbol{P}_3$. 观察调整这些控制顶点时对 Bézier 曲线产生的影响.

12. 给定由四个控制顶点

$$\boldsymbol{P}_0 = (-1,-1), \quad \boldsymbol{P}_1 = (1,2), \quad \boldsymbol{P}_2 = (3,0), \quad \boldsymbol{P}_3 = (4,1)$$

确定的三次 Bézier 曲线 $\boldsymbol{P}(t)$. 试计算 $\boldsymbol{P}(t)$ 在两个端点处的曲率值, 并构造两条 Bézier 曲线分别在两个端点处与 $\boldsymbol{P}(t)$ 满足 C^2 连续和 G^2 连续.

13. 将一元 Bernstein 基函数以张量积的方式推广到 d 维 $(d \geqslant 3)$, 给出 d 维张量积型 Bernstein 基函数的定义形式及其基本性质, 由此构造以 $[0,1]^d$ 为参数域的张量积型 Bézier 曲面.

14. 将三角域上 Bernstein 基函数推广到 d 维 $(d \geqslant 3)$, 给出 d 维单纯形上的 Bernstein 基函数定义形式及其基本性质, 由此构造以 d 维单纯形为参数域的 Bézier 曲面 (也称为 Bézier 单纯形曲面片).

15. 将一元 m 次 Bernstein 基函数 $\{B_i^m(u)\}_{i=0}^m$ 与三角域 T 上的 n 次 Bernstein 基函数 $\{B_{\boldsymbol{\lambda}}^n(\boldsymbol{\tau})\}_{|\boldsymbol{\lambda}|=n}$ 进行张量积推广, 给出定义在 $\Omega = [0,1] \times T$ 上的 $m \times n$ 次张量积型 Bernstein 基函数及其基本性质. 由此给出以 Ω 为参数域的三维 $m \times n$ 次 Bézier 体的定义.

习题 6 典型习题
解答或提示

上机实验
练习 6 与答案

上机实验练习 6
程序代码

在第 6 章中, 我们介绍了 Bézier 曲线曲面的相关知识. 由于 Bézier 曲线曲面采用的是 Bernstein 基函数, 其本质还是多项式表示形式, 整体性太强, 局部修改能力较弱. 在实际中, 往往采用光滑拼接的分段或分片 Bézier 曲线曲面进行几何设计. 我们知道, 样条函数作为分段或分片连续的多项式, 不仅继承了多项式的形式简单、便于计算的优点, 而且具有局部调整性质. 本章将第 4.3.3 小节介绍的标准 B 样条基函数用于曲线曲面构造, 提出所谓的 B 样条方法. B 样条方法既能保留 Bézier 方法的优点, 又具有较好的局部修改性质.

本章首先对一元 B 样条基函数的基本性质进行介绍, 随后对 B 样条曲线, B 样条曲面以及一些常用的低次 B 样条曲面分别进行介绍.

7.1　一元 B 样条基函数

B 样条函数有不同的定义方式, 第 4.3 节已经介绍了 B 样条函数的差分定义、差商定义以及递推公式定义. 其中在计算几何与几何造型中应用较为广泛的是由 de Boor-Cox 公式 (4.75) 给出的递归形式定义, 它是计算标准 B 样条基函数的著名算法, 不仅可以保持数值计算的稳定性, 而且还可以从中推出很多 B 样条函数的优良性质. 本节将对由 de Boor-Cox 公式所定义的一元 B 样条基函数及其基本性质进行介绍.

首先回顾一下 de Boor-Cox 公式 (4.75). 对给定节点向量 $U = \{t_i\}$, 其节点满足 $t_j \leqslant t_{j+1}$ 且构成剖分 Δ. 需要说明的是, 此处节点向量 U 构成的剖分可以是对整个实轴进行剖分, 也可以是对某一个区间进行剖分, 所含节点可以有无穷多个, 也可以有有限多个, 可以是单节点, 也可以重节点. 在节点向量 U 上定义的 p 次 (或 $(p+1)$ 阶)B 样条基函数可采用如下 de Boor-Cox 公式递归计算:

$$\begin{cases} N_{i,0}(t) = \begin{cases} 1, & t \in [t_i, t_{i+1}), \\ 0, & \text{其他}, \end{cases} \\ N_{i,p}(t) = \dfrac{t - t_i}{t_{i+p} - t_i} N_{i,p-1}(t) + \dfrac{t_{i+p+1} - t}{t_{i+p+1} - t_{i+1}} N_{i+1,p-1}(t), & p \geqslant 1, \end{cases} \tag{7.1}$$

其中规定 $\dfrac{0}{0} = 0$.

例 7.1 采用 de Boor-Cox 公式, 我们列出如下零次—三次 B 样条基函数的计算过程:

零次 B 样条基函数定义为

$$N_{i,0}(t) = \begin{cases} 1, & t \in [t_i, t_{i+1}), \\ 0, & \text{其他}. \end{cases}$$

显然 $N_{i,0}(t)$ 为一类阶梯函数, 其在半开区间 $[t_i, t_{i+1})$ 之外处处为零, 图形如图 7.1 所示.

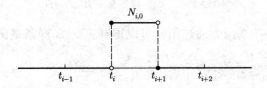

图 7.1 零次 B 样条基函数 $N_{i,0}(t)$

两个零次 B 样条基函数通过组合可以得到一个一次 B 样条基函数

$$\begin{aligned} N_{i,1}(t) &= \frac{t - t_i}{t_{i+1} - t_i} N_{i,0}(t) + \frac{t_{i+2} - t}{t_{i+2} - t_{i+1}} N_{i+1,0}(t) \\ &= \begin{cases} \dfrac{t - t_i}{t_{i+1} - t_i}, & t \in [t_i, t_{i+1}), \\ \dfrac{t_{i+2} - t}{t_{i+2} - t_{i+1}}, & t \in [t_{i+1}, t_{i+2}), \\ 0, & \text{其他}. \end{cases} \end{aligned}$$

如图 7.2 所示, $N_{i,1}(t)$ 的图形类似山形, 故又称该基函数为山形函数.

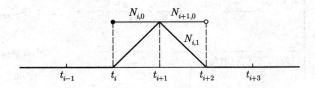

图 7.2 一次 B 样条基函数 $N_{i,1}(t)$

如图 7.3 所示, 两个一次 B 样条基函数通过组合可以得到一个二次 B 样条基函数

$$N_{i,2}(t) = \frac{t - t_i}{t_{i+2} - t_i} N_{i,1}(t) + \frac{t_{i+3} - t}{t_{i+3} - t_{i+1}} N_{i+1,1}(t)$$

$$= \begin{cases} \dfrac{(t - t_i)^2}{(t_{i+1} - t_i)(t_{i+2} - t_i)}, & t \in [t_i, t_{i+1}), \\[2mm] \dfrac{(t - t_i)(t_{i+2} - t)}{(t_{i+2} - t_i)(t_{i+2} - t_{i+1})} + \dfrac{(t - t_{i+1})(t_{i+3} - t)}{(t_{i+2} - t_{i+1})(t_{i+3} - t_{i+1})}, & t \in [t_{i+1}, t_{i+2}), \\[2mm] \dfrac{(t_{i+3} - t)^2}{(t_{i+3} - t_{i+1})(t_{i+3} - t_{i+2})}, & t \in [t_{i+2}, t_{i+3}), \\[2mm] 0, & \text{其他}. \end{cases}$$

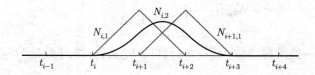

图 7.3　二次 B 样条基函数 $N_{i,2}(t)$

两个二次 B 样条基函数通过组合可以得到三次 B 样条基函数

$$N_{i,3}(t) = \frac{t - t_i}{t_{i+3} - t_i} N_{i,2}(t) + \frac{t_{i+4} - t}{t_{i+4} - t_{i+1}} N_{i+1,2}(t)$$

$$= \begin{cases} \dfrac{(t - t_i)^3}{(t_{i+1} - t_i)(t_{i+2} - t_i)(t_{i+3} - t_i)}, & t \in [t_i, t_{i+1}), \\[2mm] \dfrac{(t - t_i)^2(t_{i+2} - t)}{(t_{i+2} - t_i)(t_{i+2} - t_{i+1})(t_{i+3} - t_i)} + \\[2mm] \dfrac{(t - t_i)(t_{i+3} - t)(t - t_{i+1})}{(t_{i+3} - t_i)(t_{i+3} - t_{i+1})(t_{i+2} - t_{i+1})} + \\[2mm] \dfrac{(t_{i+4} - t)(t - t_{i+1})^2}{(t_{i+2} - t_{i+1})(t_{i+3} - t_{i+1})(t_{i+4} - t_{i+1})}, & t \in [t_{i+1}, t_{i+2}), \\[2mm] \dfrac{(t - t_i)(t_{i+3} - t)^2}{(t_{i+3} - t_i)(t_{i+3} - t_{i+1})(t_{i+3} - t_{i+2})} + \\[2mm] \dfrac{(t - t_{i+1})(t_{i+3} - t)(t_{i+4} - t)}{(t_{i+3} - t_{i+1})(t_{i+3} - t_{i+2})(t_{i+4} - t_{i+1})} + \\[2mm] \dfrac{(t_{i+4} - t)^2(t - t_{i+2})}{(t_{i+4} - t_{i+1})(t_{i+4} - t_{i+2})(t_{i+3} - t_{i+2})}, & t \in [t_{i+2}, t_{i+3}), \\[2mm] \dfrac{(t_{i+4} - t)^3}{(t_{i+4} - t_{i+1})(t_{i+4} - t_{i+2})(t_{i+4} - t_{i+3})}, & t \in [t_{i+3}, t_{i+4}), \\[2mm] 0, & \text{其他}. \end{cases}$$

$N_{i,3}(t)$ 的图形如图 7.4 所示.

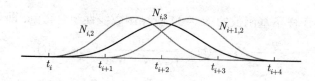

图 7.4　三次 B 样条基函数 $N_{i,3}(t)$

在第 4.3 节中已经介绍了 B 样条基函数的局部支集性、单位分解性与连续阶等基本性质, 为了后续 B 样条曲线曲面性质分析的需要, 在此我们将这些基本性质再次进行介绍, 同时介绍一些 B 样条基函数的其他重要性质. 局部支集性、单位分解性与连续阶性质在第 4.3 节中已经给出详细证明, 其他性质的证明请读者自己思考, 在此不再给出.

性质 7.1　对给定的节点向量 $\boldsymbol{U} = \{t_0, t_1, \cdots, t_{n+p+1}\}$, 其上定义的 p 次 B 样条基函数 $N_{i,p}(t)(i = 0, 1, \cdots, n)$ 具有如下性质:

(1) 非负性: $N_{i,p}(t) \geqslant 0$, 对一切满足要求的 i, p 和 t.

(2) 局部支集性: B 样条基函数 $N_{i,p}(t)$ 满足

$$N_{i,p}(t) = 0, \quad t \notin (t_i, t_{i+p+1}),$$
$$N_{i,p}(t) > 0, \quad t \in (t_i, t_{i+p+1}),$$

因此 $[t_i, t_{i+p+1})$ 称为 $N_{i,p}(t)$ 的局部支集 (也称为支集或紧支集). 除 $p = 0$ 外, 一般来说, $N_{i,p}(t)$ 都是连续函数, 因此其局部支集也可称为 $[t_i, t_{i+p+1}]$. 对任意给定的节点区间 $[t_i, t_{i+1})$, 它最多是 $(p+1)$ 个 p 次 B 样条基函数局部支集的公共区间, 它们是

$$N_{i-p,p}(t), N_{i-p+1,p}(t), \cdots, N_{i,p}(t).$$

(3) 单位分解性: 如果区间 $[t_i, t_{i+1})$ 是 $(p+1)$ 个 p 次 B 样条基函数局部支集的公共区间, 那么对任意的 $t \in [t_i, t_{i+1})$, 都有

$$\sum_{j=0}^{n} N_{j,p}(t) = \sum_{j=i-p}^{i} N_{j,p}(t) \equiv 1. \tag{7.2}$$

$[t_p, t_{n+1})$ 中的每一个节点区间, 都是 $(p+1)$ 个 p 次 B 样条基函数局部支集的公共区间, 因此满足单位分解性, 即

$$\sum_{j=0}^{n} N_{j,p}(t) = 1, \quad t \in [t_p, t_{n+1}). \tag{7.3}$$

(4) 最大值: 除了 $p = 0$ 外, $N_{i,p}(t)$ 恰好取得一个最大值.

(5) 导函数递推公式: 每一个 p 次 B 样条基函数的一阶导函数可由两个 $(p-1)$ 次 B 样条基函数的线性组合得到, 且每一个 p 次 B 样条基函数的 k 阶导函数可由

两个 $(p-1)$ 次 B 样条基函数的 $(k-1)$ 阶导函数线性组合得到, 即

$$N'_{i,p}(t) = \frac{p}{t_{i+p} - t_i} N_{i,p-1}(t) - \frac{p}{t_{i+p+1} - t_{i+1}} N_{i+1,p-1}(t), \qquad (7.4)$$

$$N^{(k)}_{i,p} = \frac{p}{t_{i+p} - t_i} N^{(k-1)}_{i,p-1}(t) - \frac{p}{t_{i+p+1} - t_{i+1}} N^{(k-1)}_{i+1,p-1}(t), \quad 2 \leqslant k \leqslant p, \qquad (7.5)$$

且在系数表达式中, 当分母所含节点的差分为 0 时, 相应的比值定义为 0.

例 7.2 利用如上公式, 常用的三次 B 样条基函数 $N_{i,3}(t)$ 在其支集上各节点处的导数值计算如下:

$$\begin{cases} N_{i,3}(t_i) = 0, \\ N_{i,3}(t_{i+1}) = \dfrac{(t_{i+1} - t_i)^2}{(t_{i+2} - t_i)(t_{i+3} - t_i)}, \\ N_{i,3}(t_{i+2}) = \dfrac{(t_{i+2} - t_i)(t_{i+3} - t_{i+2})}{(t_{i+3} - t_i)(t_{i+3} - t_{i+1})} + \dfrac{(t_{i+2} - t_{i+1})(t_{i+4} - t_{i+2})}{(t_{i+3} - t_{i+1})(t_{i+4} - t_{i+1})}, \\ N_{i,3}(t_{i+3}) = \dfrac{(t_{i+4} - t_{i+3})^2}{(t_{i+4} - t_{i+1})(t_{i+4} - t_{i+2})}, \\ N_{i,3}(t_{i+4}) = 0; \end{cases} \qquad (7.6)$$

$$\begin{cases} N'_{i,3}(t_i) = 0, \\ N'_{i,3}(t_{i+1}) = \dfrac{3(t_{i+1} - t_i)}{(t_{i+3} - t_i)(t_{i+2} - t_i)}, \\ N'_{i,3}(t_{i+2}) = 3\left(\dfrac{t_{i+3} - t_{i+2}}{(t_{i+3} - t_i)(t_{i+3} - t_{i+1})} - \dfrac{t_{i+2} - t_{i+1}}{(t_{i+4} - t_{i+1})(t_{i+3} - t_{i+1})} \right), \\ N'_{i,3}(t_{i+3}) = \dfrac{-3(t_{i+4} - t_{i+3})}{(t_{i+4} - t_{i+1})(t_{i+4} - t_{i+2})}, \\ N'_{i,3}(t_{i+4}) = 0; \end{cases} \qquad (7.7)$$

$$\begin{cases} N''_{i,3}(t_i) = 0, \\ N''_{i,3}(t_{i+1}) = \dfrac{3!}{(t_{i+3} - t_i)(t_{i+2} - t_i)}, \\ N''_{i,3}(t_{i+2}) = 3!\left(\dfrac{1}{(t_{i+3} - t_i)(t_{i+3} - t_{i+1})} - \dfrac{1}{(t_{i+4} - t_{i+1})(t_{i+3} - t_{i+1})} \right), \\ N''_{i,3}(t_{i+3}) = \dfrac{3!}{(t_{i+4} - t_{i+1})(t_{i+4} - t_{i+2})}, \\ N''_{i,3}(t_{i+4}) = 0. \end{cases} \qquad (7.8)$$

(6) 重节点性质.

(a) 重节点时基函数的连续阶性质. 设 t_j 为 $\{t_i, t_{i+1}, \cdots, t_{i+p+1}\}$ 中的 p_j 重节点, 其中 $1 \leqslant p_j \leqslant p$, 则 $N_{i,p}(t)$ 在节点 t_j 处的连续阶为 $p - p_j$. 节点重数每增加 1, B 样条基函数的支集区间中减少一个非零节点区间, B 样条基函数在该重节点处的连续阶降低一次.

例 7.3 对二次 B 样条基函数 $N_{i,2}(t)$, 其支集区间为 $[t_i, t_{i+3}]$. 若节点都是单节点, 那么其基函数的图形如图 7.5(a) 所示. 若节点 $t_i = t_{i+1}$ 且其他节点都是单节点, 此时

$$N_{i,2}(t) = \begin{cases} \dfrac{t - t_{i+1}}{t_{i+2} - t_{i+1}} \left(\dfrac{t_{i+2} - t}{t_{i+2} - t_{i+1}} + \dfrac{t_{i+3} - t}{t_{i+3} - t_{i+1}} \right), & t \in [t_{i+1}, t_{i+2}), \\ \dfrac{(t_{i+3} - t)^2}{(t_{i+3} - t_{i+1})(t_{i+3} - t_{i+2})}, & t \in [t_{i+2}, t_{i+3}), \\ 0, & \text{其他}. \end{cases}$$

如图 7.5(b) 所示, 二重节点 $t_i = t_{i+1}$ 使得 $N_{i,2}(t)$ 在该点处降为 C^0 连续, 但它并不影响在 $[t_{i+2}, t_{i+3})$ 上的函数表达式.

当节点 $t_{i+1} = t_{i+2}$ 且其他节点都是单节点时,

$$N_{i,2}(t) = \begin{cases} \dfrac{(t - t_{i+1})^2}{(t_{i+2} - t_{i+1})^2}, & t \in [t_i, t_{i+1}), \\ \dfrac{(t_{i+3} - t)^2}{(t_{i+3} - t_{i+2})^2}, & t \in [t_{i+2}, t_{i+3}), \\ 0, & \text{其他}. \end{cases}$$

如图 7.5(c) 所示, 此时二重节点 $t_{i+1} = t_{i+2}$ 使得 $N_{i,2}(t)$ 在该点处降为 C^0 连续, 且函数值为 1, 它同时影响了函数在 $[t_i, t_{i+1})$ 和 $[t_{i+2}, t_{i+3})$ 上的表达式.

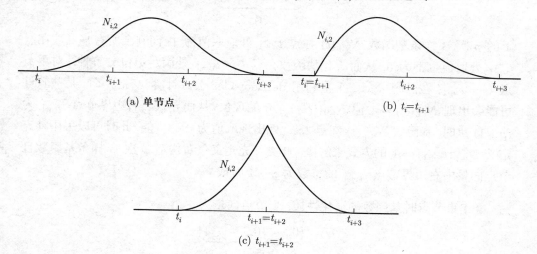

(a) 单节点

(b) $t_i = t_{i+1}$

(c) $t_{i+1} = t_{i+2}$

图 7.5 重节点对二次 B 样条基函数 $N_{i,2}(t)$ 连续阶的影响

当节点 $t_i = t_{i+1} = t_{i+2}$ 时,

$$N_{i,2}(t) = \begin{cases} \dfrac{(t_{i+3} - t)^2}{(t_{i+3} - t_{i+2})^2}, & t \in [t_{i+2}, t_{i+3}), \\ 0, & \text{其他}. \end{cases}$$

此时, 三重节点 $t_i = t_{i+1} = t_{i+2}$ 使得 $N_{i,2}(t)$ 在该点处失去了连续性, 而 $N_{i,2}(t)$ 在 $[t_{i+2}, t_{i+3})$ 上的表达式与当二重节点 $t_{i+1} = t_{i+2}$ 时它在 $[t_{i+2}, t_{i+3})$ 上的表达式一致 (可参考图 7.5(c) 在 $[t_{i+2}, t_{i+3})$ 上的部分).

(b) 重节点时基函数的插值性质. 当节点向量中的内部节点 t_j 的重数为 p 时, 只有定义在

$$\{t_{j-1}, \underbrace{t_j, \cdots, t_j}_{p\text{ 重}}, t_{j+1}\}$$

上的基函数 $N_{j-1,p}(t)$ 在点 t_j 处取值为 1, 其余所有 p 次 B 样条基函数在点 t_j 处取值都为 0.

当节点向量的左边界节点 t_0 的重数为 $p+1$ 时, 则只有定义在

$$\{\underbrace{t_0, \cdots, t_0}_{(p+1)\text{ 重}}, t_1\}$$

上的 p 次 B 样条基函数 $N_{0,p}(t)$ 在点 t_0 处取值为 1, 其余所有基函数在点 t_0 处取值都为 0.

需要注意的是, 当节点向量的右边界节点 t_{n+1} 的重数为 $p+1$ 时, 按照 de Boor-Cox 公式 (7.1), 若 $t_i = t_{i+1}$, 则 $N_{i,0}(t_i) = 1$ 且 $N_{i,0}(t) = 0, t \neq t_i$. 那么定义在

$$\{t_n, \underbrace{t_{n+1}, \cdots, t_{n+1}}_{(p+1)\text{ 重}}\}$$

上的 p 次 B 样条基函数 $N_{n,p}(t)$ 在点 t_{n+1} 处应取值为 1, 而其余所有基函数在点 t_{n+1} 处取值也都为 0, 从而所有基函数在点 $t = t_{n+1}$ 处满足单位分解性. 对重节点 $t_i = t_{i+1}$, 在区间 $[t_i, t_{i+1})$ 上利用 de Boor-Cox 公式计算 $N_{i,0}(t)$ 时, 某些软件可能会出现 $N_{i,0}(t_i) = 1$ 但 $N_{i,0}(t_{i+1}) = 0$ 的现象, 从而导致当右边界节点 t_{n+1} 为 $(p+1)$ 重时, 基函数 $N_{n,p}(t)$ 在点 t_{n+1} 处出现取值为 0 的可能, 此时可以采用补充定义 $N_{n,p}(t_{n+1}) = 1$ 的方式来解决. 此类补充定义仅对构造 p 次 B 样条基函数且节点向量中右边界节点 t_{n+1} 的重数为 $p+1$ 时成立.

(c) 重节点时基函数的退化性质. 若节点向量为

$$\boldsymbol{U} = \{\underbrace{0, \cdots, 0}_{(p+1)\text{ 重}}, \underbrace{1, \cdots, 1}_{(p+1)\text{ 重}}\},$$

由 $\boldsymbol{U}$ 定义的 p 次 B 样条基函数退化为 p 次 Bernstein 基函数

$$N_{i,p}(t) = \binom{p}{i} t^i (1-t)^{p-i} = B_i^p(t), \quad i = 0, 1, \cdots, p.$$

由节点向量

$$\{t_{i-1}, \underbrace{t_i, \cdots, t_i}_{p\text{ 重}}, \underbrace{t_{i+1}, \cdots, t_{i+1}}_{p\text{ 重}}, t_{i+2}\}$$

所定义的 p 次 B 样条基函数, 在区间 $[t_i, t_{i+1}]$ 上经参数变换 $u = \dfrac{t - t_i}{t_{i+1} - t_i}$ 后转换为 p 次 Bernstein 基函数. 因此, Bernstein 基函数是 B 样条基函数的特殊形式, B 样条基函数是 Bernstein 基函数的推广形式.

例 7.4 对节点向量 $\boldsymbol{U} = \{0, 0, 0, 1, 2, 3, 4, 4, 5, 5, 5\}$, 按 de Boor-Cox 公式 (7.1), 其上定义的二次 B 样条基函数共有八个, 它们分别是 $N_{0,2}(t), N_{1,2}(t), \cdots, N_{7,2}(t)$, 且它们局部支集所对应的节点分别为

$$N_{0,2}: \{0, 0, 0, 1\}, \quad N_{1,2}: \{0, 0, 1, 2\}, \quad N_{2,2}: \{0, 1, 2, 3\}, \quad N_{3,2}: \{1, 2, 3, 4\},$$

$$N_{4,2}: \{2, 3, 4, 4\}, \quad N_{5,2}: \{3, 4, 4, 5\}, \quad N_{6,2}: \{4, 4, 5, 5\}, \quad N_{7,2}: \{4, 5, 5, 5\}.$$

由 MATLAB 生成的图形如图 7.6 所示, 利用重节点的连续阶性质, 我们不难推出每一个基函数在相应节点处的连续阶.

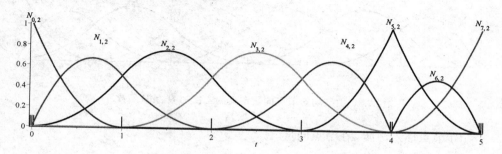

图 7.6 由节点向量 $\boldsymbol{U}$ 定义的二次 B 样条基函数

图 7.6
程序代码

(7) 平移性质. 当节点均匀分布时, 节点向量称为均匀节点向量, 此时所有同次数的 B 样条基函数可由其中一个 B 样条基函数平移得到.

例 7.5 对节点向量 $\boldsymbol{U} = \{\cdots, -2, -1, 0, 1, 2, \cdots\}$, 如图 7.7 所示, 所有一次 B 样条基函数可以通过 $N_{0,1}(t)$ 平移得到, 即

$$N_{i,1}(t) = N_{0,1}(t - i), \quad i = \cdots, -1, 0, 1, \cdots,$$

其中

$$N_{0,1}(t) = \begin{cases} t, & t \in [0, 1), \\ 2 - t, & t \in [1, 2), \\ 0, & \text{其他}. \end{cases}$$

若边界节点都为 $(p+1)$ 重, 而内部节点都是均匀的单节点, 此时称 $\boldsymbol{U}$ 为准均匀节点向量. 利用重节点 B 样条基函数的插值性质与均匀节点的平移性质, 此时

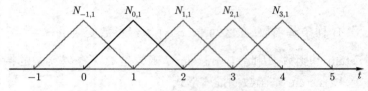

图 7.7　一次均匀 B 样条基函数的平移

定义的 B 样条基函数在边界节点上具有插值性, 即只有一个基函数值为 1 而其他全为 0. 而在节点内部, 又可以由某一个基函数平移生成部分基函数. 此类 B 样条基函数以其构造的 B 样条曲线具有端点插值性而备受关注.

　　例 7.6　对准均匀节点向量 $\boldsymbol{U} = \{0,0,0,1,2,3,4,5,6,6,6\}$, 由 Maple 生成的图 7.8 给出了其上定义的八个二次 B 样条基函数图形. 基函数 $N_{2,2}(t)$ 可以平移生成 $N_{3,2}(t), N_{4,2}(t), N_{5,2}(t)$. 而基函数 $N_{0,2}(t), N_{7,2}(t)$ 分别满足 $N_{0,2}(0) = 1, N_{7,2}(6) = 1$.

图 7.8 彩图

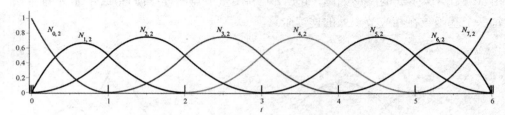

图 7.8　由准均匀节点向量定义的二次 B 样条基函数

　　(8) 节点插入性质. 在节点向量

$$\boldsymbol{U} = \{t_0, t_1, \cdots, t_i, t_{i+1}, \cdots, t_{n+p+1}\}$$

中的某个节点区间 $[t_i, t_{i+1})$ 内插入一个节点 t^*, 得到新的节点向量设为

$$\boldsymbol{U}^1 = \{t_0, t_1, \cdots, t_i, t^*, t_{i+1}, \cdots, t_{n+p+1}\}$$
$$= \{t_0^1, t_1^1, \cdots, t_i^1, t_{i+1}^1, t_{i+2}^1, \cdots, t_{n+p+2}^1\},$$

则原节点向量 $\boldsymbol{U}$ 上的 p 次 B 样条基函数 $\{N_{j,p}(t)\}_{j=0}^{n}$ 与新的节点向量 $\boldsymbol{U}^1$ 上的 B 样条基函数 $\{N_{j,p}^1(t)\}_{j=0}^{n+1}$ 之间满足如下关系:

$$\begin{cases} N_{j,p}(t) = N_{j,p}^1(t), \quad j = 0, 1, \cdots, i-p-1, \\[2mm] N_{i-p,p}(t) = N_{i-p,p}^1(t) + \dfrac{t_{i+1} - t^*}{t_{i+1} - t_{i-p+1}} N_{i-p+1,p}^1(t), \\[2mm] N_{i-p+1,p}(t) = \dfrac{t^* - t_{i-p+1}}{t_{i+1} - t_{i-p+1}} N_{i-p+1,p}^1(t) + \dfrac{t_{i+2} - t^*}{t_{i+2} - t_{i-p+2}} N_{i-p+2,p}^1(t), \\[1mm] \qquad \cdots\cdots\cdots\cdots \\[2mm] N_{i,p}(t) = \dfrac{t^* - t_i}{t_{i+p} - t_i} N_{i,p}^1(t) + N_{i+1,p}^1(t), \\[2mm] N_{j,p}(t) = N_{j+1,p}^1(t), \quad j = i+1, i+2, \cdots, n. \end{cases} \quad (7.9)$$

如上公式表明: 插入一个节点 $t^* \in [t_i, t_{i+1})$ 后, 原以此区间为局部支集的 p 次 B 样条基函数都需重新计算, 原来的一个参数区间分割为两个参数区间, 且基函数的个数增加一个. 原不以此区间为局部支集的 p 次 B 样条基函数不用重新计算, 只需改变标号即可.

当新插入的节点是已有的单节点时, 上述公式同样成立, 得到的是具有二重节点的 B 样条基函数. 反复插入同一个节点, 可以构造具有多重节点的 B 样条基函数, 从而同样可以导出重节点的连续阶与插值性质.

7.2 B 样条曲线

7.2.1 B 样条曲线及基本性质

定义 7.1 称参数曲线段

$$\boldsymbol{P}(t) = \sum_{i=0}^{n} \boldsymbol{P}_i N_{i,p}(t), \quad t \in [t_p, t_{n+1}] \tag{7.10}$$

为一条 p 次 B 样条曲线, 其中 $N_{i,p}(t)(i = 0, 1, \cdots, n)$ 为定义在节点向量

$$\boldsymbol{U} = \{t_0, t_1, \cdots, t_{n+p+1}\}$$

上的 p 次 B 样条基函数, 空间向量 $\boldsymbol{P}_i \in \mathbb{R}^3$ $(i = 0, 1, \cdots, n)$ 称为控制顶点, 依次用直线段连接相邻两个控制顶点所得的 n 边折线多边形称为控制多边形.

如上定义的 B 样条曲线的次数、控制顶点个数、节点个数满足

$$曲线次数 + 控制顶点个数 + 1 = 节点个数.$$

当 $p = 0$ 时, 按 de Boor-Cox 公式, 参数域应为 $[t_0, t_{n+1})$, 按如上 B 样条曲线定义, 不难验证, 此时的 0 次 B 样条曲线即为所有的 $(n + 1)$ 个控制顶点, 并不是一条连续的曲线. 按性质 7.1 的第 (1) 条、第 (3) 条与第 (6) 条 (b), 当 $p > 0$ 时, 所有 p 次 B 样条基函数在 $[t_p, t_{n+1}]$ 上满足非负性与单位分解性. 因此, 定义 7.1 将参数域设为 $[t_p, t_{n+1}]$, 从而定义的 p 次 B 样条曲线才有我们即将介绍的一些优良性质.

我们称定义在一般节点向量上的 B 样条曲线为非均匀 B 样条曲线. 当节点向量中的节点为等距分布时, 称 B 样条曲线为均匀 B 样条曲线. 此时 B 样条基函数具有平移性质, 计算较为简单. 当节点向量中的两端节点都为 $(p + 1)$ 重且其余内部节点等距分布, 即为准均匀节点向量时, 相应的 p 次 B 样条曲线称为准均匀 B 样条曲线. 在如下性质中我们会看到, 准均匀 B 样条曲线满足端点插值性质, 同时内部的曲线段还具有一定的均匀 B 样条曲线的特点.

例 7.7 由 $(n+1)$ 个控制顶点 $\{P_i\}_{i=0}^n$ 和节点向量 $U = \{t_0, t_1, \cdots, t_{n+2}\}$ 所确定的一次 B 样条曲线的分段表示为

$$P(t) = \sum_{i=0}^n P_i N_{i,1}(t) = \begin{cases} \dfrac{t_2 - t}{t_2 - t_1} P_0 + \dfrac{t - t_1}{t_2 - t_1} P_1, & t \in [t_1, t_2), \\[2mm] \dfrac{t_3 - t}{t_3 - t_2} P_1 + \dfrac{t - t_2}{t_3 - t_2} P_2, & t \in [t_2, t_3), \\ \cdots\cdots\cdots\cdots \\[2mm] \dfrac{t_{n+1} - t}{t_{n+1} - t_n} P_{n-1} + \dfrac{t - t_n}{t_{n+1} - t_n} P_n, & t \in [t_n, t_{n+1}], \end{cases} \qquad (7.11)$$

此时, 在几何上, 一次 B 样条曲线为一条空间中顺序连接 $(n+1)$ 个控制顶点所构成的分段折线, 即为其控制多边形.

例 7.8 由 $(n+1)$ 个控制顶点 $\{P_i\}_{i=0}^n$ 和节点向量 $U = \{t_0, t_1, \cdots, t_{n+3}\}$ 所确定的二次 B 样条曲线为

$$P(t) = \sum_{i=0}^n P_i N_{i,2}(t), \quad t \in [t_2, t_{n+1}].$$

当 $t \in [t_i, t_{i+1}] \subset [t_2, t_{n+1}]$ 时, $P(t)$ 为二次多项式参数曲线

$$P(t) = \frac{(t_{i+1} - t)^2}{(t_{i+1} - t_{i-1})(t_{i+1} - t_i)} P_{i-2} + \left[\frac{(t - t_{i-1})(t_{i+1} - t)}{(t_{i+1} - t_{i-1})(t_{i+1} - t_i)} + \frac{(t - t_i)(t_{i+2} - t)}{(t_{i+2} - t_i)(t_{i+1} - t_i)} \right] P_{i-1} + \frac{(t - t_i)^2}{(t_{i+1} - t_i)(t_{i+2} - t_i)} P_i.$$

显然, 此段曲线是由三个控制顶点 P_{i-2}, P_{i-1}, P_i 所确定的. 将 t_i, t_{i+1} 分别代入上式, 容易得到

$$P(t_i) = \frac{t_{i+1} - t_i}{t_{i+1} - t_{i-1}} P_{i-2} + \frac{t_i - t_{i-1}}{t_{i+1} - t_{i-1}} P_{i-1},$$

$$P(t_{i+1}) = \frac{t_{i+2} - t_{i+1}}{t_{i+2} - t_i} P_{i-1} + \frac{t_{i+1} - t_i}{t_{i+2} - t_i} P_i,$$

如图 7.9 所示, 这说明此段曲线的两个端点分别落在控制多边形的边 $P_{i-2}P_{i-1}$ 和 $P_{i-1}P_i$ 上.

如果节点向量中两个端点节点都是三重, 利用此时 B 样条基函数的重节点插值性质, 可知曲线满足

$$P(t_0) = P_0, \quad P(t_{n+1}) = P_{n+1},$$

即 $P(t)$ 插值首末两个控制顶点. 由 MATLAB 生成的图 7.10 给出了定义在准均匀节点向量 $U = \{0, 0, 0, 1, 2, 3, 4, 5, 6, 6, 6\}$ 上的二次准均匀 B 样条曲线.

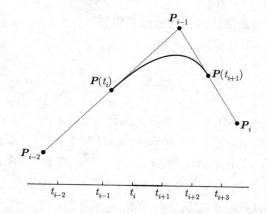

图 7.9 二次 B 样条曲线在 $[t_i, t_{i+1}]$ 上的曲线段

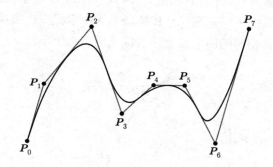

图 7.10 二次准均匀 B 样条曲线

图 7.10
程序代码

利用 B 样条基函数的性质 (性质 7.1), 可以推出由 (7.10) 式所定义的 B 样条曲线具有如下基本性质. 由于比较重要且相对复杂, 我们将在后面小节详细介绍 B 样条曲线的 de Boor 算法、节点插入算法与升阶算法. 这些性质与算法对 B 样条曲线造型具有重要作用.

(1) **几何不变性和仿射不变性**: 由 B 样条基函数在参数域 $[t_p, t_{n+1}]$ 上具有单位分解性即可得知.

(2) **磨光性质**: 由 B 样条基函数的磨光性质 (见第 4.3.1 小节), 除控制顶点共线外, 次数越高, B 样条曲线距离定义它的控制多边形越远. 同一组控制顶点定义的 B 样条曲线, 随着次数的升高, 越来越光滑.

(3) **凸包性质**: 由 B 样条基函数具有非负性, 且在 B 样条曲线 (7.10) 的参数域 $[t_p, t_{n+1}]$ 上具有单位分解性, 可知 B 样条曲线上的每一点 $\boldsymbol{P}(t)$ 都是控制顶点 $\{\boldsymbol{P}_i\}_{i=0}^n$ 的凸组合, 而组合系数就是控制顶点对应的 B 样条基函数. 这说明, B 样条曲线完全落在由其控制多边形确定的凸包中.

(4) **分段多项式参数曲线性质与强凸包性质**: 当 $t \in [t_i, t_{i+1}] \subset [t_p, t_{n+1}]$ 时, p 次 B 样条曲线 (7.10) 可表示为

$$\boldsymbol{P}(t) = \sum_{j=i-p}^{i} \boldsymbol{P}_j N_{j,p}(t), \quad t \in [t_i, t_{i+1}],$$

这表明 B 样条曲线是一条分段 p 次多项式参数曲线. 由于在区间 $[t_i, t_{i+1}]$ 上, $(p+1)$ 个 B 样条基函数 $\{N_{j,p}(t)\}_{j=i-p}^{i}$ 具有单位分解性与非负性, 从而此段曲线上的每一点 $\boldsymbol{P}(t)$ 都是这 $(p+1)$ 个控制顶点 $\{\boldsymbol{P}_j\}_{j=i-p}^{i}$ 的凸组合, 从而落在它们所构成的凸包中, 这就是 B 样条曲线所谓的 "强" 凸包性.

由强凸包性质, 从第一个控制顶点开始, 每顺序 $(p+1)$ 个控制顶点决定了 p 次 B 样条曲线中的一段. 这也说明若这 $(p+1)$ 个控制顶点共线, 则由这些控制顶点确定的曲线段为一条直线段; 若它们重合, 则此段曲线退化为该重合点.

例 7.9 在图 7.11 中, 一条三次 B 样条曲线由六段三次多项式曲线组合而成, 每段曲线分别位于其相应的四个控制顶点构成的凸包之中.

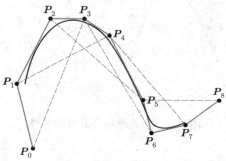

图 7.11 三次 B 样条曲线的强凸包性

(5) **局部调整性质**: p 次 B 样条基函数 $N_{i,p}(t)$ 的局部支集为 $[t_i, t_{i+p+1}]$, 因此控制顶点 $\boldsymbol{P}_i$ 只对区域 $[t_i, t_{i+p+1}] \cap [t_p, t_{n+1}]$ 上定义的 B 样条曲线有贡献. 换句话说, 调整控制顶点 $\boldsymbol{P}_i$, 只影响 B 样条曲线在 $[t_i, t_{i+p+1}] \cap [t_p, t_{n+1}]$ 上相应的曲线段, 而不影响其余部分曲线. 因此, 局部调整性质增强了 B 样条曲线的灵活性.

例 7.10 如图 7.12 所示的三次 B 样条曲线, 移动控制顶点 $\boldsymbol{P}_4$, 只影响与 $\boldsymbol{P}_4$ 有关的四段曲线, 而曲线的其余部分保持不变.

(6) **导矢性质**: 利用 B 样条基函数求导公式 (7.4), 在节点区间 $[t_i, t_{i+1}]$ 上, p 次 B 样条曲线的导矢为

$$\boldsymbol{P}'(t) = \sum_{j=i-p+1}^{i} \frac{p}{t_{j+p} - t_j} (\boldsymbol{P}_j - \boldsymbol{P}_{j-1}) N_{j,p-1}(t). \tag{7.12}$$

这说明, $\boldsymbol{P}'(t)$ 形式上是一条 $(p-1)$ 次 B 样条曲线, 其控制顶点是相关的一些原控制顶点所构成多边形的边矢量 (或控制顶点的一阶差分). 曲线的高阶导矢可以采

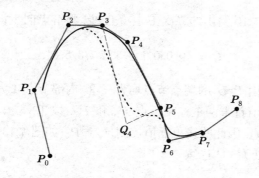

图 7.12 彩图

图 7.12 移动 P_4 对三次 B 样条曲线的局部影响

用类似方法给出 (也可参见公式 (7.14)).

(7) **重节点性质**.

(a)**B 样条曲线的连续阶性质**: p 次 B 样条曲线 (7.10) 在参数域 $[t_p, t_{n+1}]$ 上的每个非零区间内部是无限次可微的. 利用重节点时 B 样条基函数的连续阶性质, 曲线在参数域的 r 重节点处是 C^{p-r} 阶连续的. 若参数域上的节点都是单节点, 则曲线是整体 C^{p-1} 阶连续的.

(b) **B 样条曲线的插值性质**: 当节点向量中的某个内节点 t_j 为 p 重时, 利用重节点时 B 样条基函数的插值性质, 只有由节点向量

$$\{t_{j-1}, \underbrace{t_j, \cdots, t_j}_{p\ \text{重}}, t_{j+1}\}$$

定义的 p 次 B 样条基函数 $N_{j-1,p}(t)$ 在点 t_j 处取值为 1, 其余所有基函数在此点处取值均为 0. 因此曲线插值于控制顶点 P_{j-1}, 且满足 $P(t_j) = P_{j-1}$.

当节点向量中的端点节点为 $(p+1)$ 重时, 利用重节点时 B 样条基函数的插值性质, B 样条曲线具有端点插值性. 当 t_0 为 $(p+1)$ 重时, 只有由节点向量

$$\{\underbrace{t_0, \cdots, t_0}_{(p+1)\ \text{重}}, t_{p+1}\}$$

定义的 p 次 B 样条基函数 $N_{0,p}(t)$ 在点 t_0 处取值为 1, 其余基函数在点 t_0 处取值均为 0. 此时曲线插值于首控制顶点 P_0, 即满足 $P(t_0) = P_0$. 当 t_{n+1} 为 $(p+1)$ 重时, 只有由节点向量

$$\{t_n, \underbrace{t_{n+1}, \cdots, t_{n+1}}_{(p+1)\ \text{重}}\}$$

定义的 p 次 B 样条基函数 $N_{n,p}(t)$ 在点 t_{n+1} 处取值为 1, 其余基函数在此点处取值均为 0. 此时曲线插值于末控制顶点 P_n, 即满足 $P(t_{n+1}) = P_n$. 当点 t_0 与点 t_{n+1} 都为 $(p+1)$ 重时, B 样条曲线插值于首末两个控制顶点, 具有端点插值性.

例 7.11 对图 7.10 给出的二次 B 样条曲线, 将节点向量设为

$$\widetilde{U} = \{0,0,0,1,2,3,4,4,5,5,5\},$$

控制顶点保持不变. 由于 $\widetilde{U}$ 的端点节点均为三重, 内部节点 4 为二重, 由如上性质, B 样条曲线 $P(t)$ 插值首末两个控制顶点 P_0 和 P_7. 以 $\{3,4,4,5\}$ 为支集的二次 B 样条基函数为 $N_{5,2}(t)$, 因此曲线也插值控制顶点 P_5(如图 7.13), 满足 $P(4) = P_5$, 并且曲线在节点 4 处为 C^0 连续.

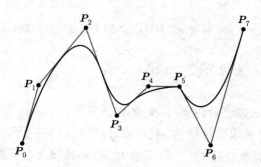

图 7.13　由节点向量 $\widetilde{U}$ 定义的二次 B 样条曲线

(c) **B 样条曲线的退化性质**: 当节点向量的两个连续内部节点都是 p 重 (或者一个内部节点为 p 重, 与其相邻的边界节点为 $(p+1)$ 重), 即

$$U = \{t_{j-1}, \underbrace{t_j, \cdots, t_j}_{p\,\text{重}}, \underbrace{t_{j+1}, \cdots, t_{j+1}}_{p\,\text{重}}, t_{j+2}\}$$

时, 那么 p 次 B 样条曲线在区间 $[t_j, t_{j+1}]$ 上的多项式曲线段经参数变换 $u = \dfrac{t - t_j}{t_{j+1} - t_j}$ 化为 p 次 Bézier 曲线. 例如, 如图 7.13 所示的二次 B 样条曲线在 $[4,5]$ 上为一条由点 P_5, P_6, P_7 确定的二次 Bézier 曲线.

特别地, 当 $n = p$ 且

$$U = \{\underbrace{0, \cdots, 0}_{(p+1)\,\text{重}}, \underbrace{1, \cdots, 1}_{(p+1)\,\text{重}}\}$$

时, p 次 B 样条基函数退化为 p 次 Bernstein 基函数, 则 p 次 B 样条曲线退化为由相应控制顶点定义的 p 次 Bézier 曲线.

7.2.2　de Boor 算法

上一小节给出了 B 样条曲线的定义与基本性质, 本小节我们介绍 B 样条曲线的 de Boor 算法, 也称为 B 样条曲线的几何作图法, 它是 de Casteljau 算法的推广. 该算法利用控制顶点的线性运算来计算 B 样条曲线上的点, 几何意义明显并且简单高效.

对由 (7.10) 式所定义的 p 次 B 样条曲线, 若给出参数值 $t \in [t_i, t_{i+1}) \subset [t_p, t_{n+1}]$, 目的是计算曲线上对应该参数的点 $\boldsymbol{P}(t)$. 利用 B 样条基函数的局部支集性与 de Boor-Cox 公式 (7.1), 可知

$$
\begin{aligned}
\boldsymbol{P}(t) &= \sum_{j=0}^{n} \boldsymbol{P}_j N_{j,p}(t) = \sum_{j=i-p}^{i} \boldsymbol{P}_j N_{j,p}(t) \\
&= \sum_{j=i-p}^{i} \boldsymbol{P}_j \left[\frac{t-t_j}{t_{j+p}-t_j} N_{j,p-1}(t) + \frac{t_{j+p+1}-t}{t_{j+p+1}-t_{j+1}} N_{j+1,p-1}(t) \right] \\
&= \sum_{j=i-p+1}^{i} \left[\frac{t_{j+p}-t}{t_{j+p}-t_j} \boldsymbol{P}_{j-1} + \frac{t-t_j}{t_{j+p}-t_j} \boldsymbol{P}_j \right] N_{j,p-1}(t) \\
&= \sum_{j=i-p+1}^{i} \boldsymbol{P}_j^{(1)}(t) N_{j,p-1}(t).
\end{aligned}
$$

如上公式说明, 在区间 $[t_i, t_{i+1}]$ 上, p 次 B 样条曲线从形式上 "降阶" 为 $(p-1)$ 次 B 样条曲线, 对任意的 $i-p+1 \leqslant j \leqslant i$, 新的控制顶点 $\boldsymbol{P}_j^{(1)}$ 落在原控制多边形的边 $\boldsymbol{P}_{j-1}\boldsymbol{P}_j$ 上, 即将原控制多边形局部进行割角, 从而形成新的控制多边形.

一直这样 "降阶" 下去,

$$
\begin{aligned}
\boldsymbol{P}(t) &= \sum_{j=i-p+1}^{i} \boldsymbol{P}_j^{(1)}(t) N_{j,p-1}(t) = \cdots \\
&= \sum_{j=i-p+k}^{i} \boldsymbol{P}_j^{(k)}(t) N_{j,p-k}(t) = \cdots \\
&= \boldsymbol{P}_i^{(p)}(t),
\end{aligned}
$$

最后 p 次 B 样条曲线从形式上 "降阶" 为 0 次曲线 (即一点)$\boldsymbol{P}_i^{(p)}(t)$, 从而得到计算的曲线上的点 $\boldsymbol{P}(t)$, 这就是 B 样条曲线的 de Boor 算法. 相比将参数代入曲线表示式并进行求值计算, de Boor 算法更简单快捷, 只需对原相关的部分控制顶点进行线性运算即可. de Boor 算法可总结为如下递归求值算法:

$$
\begin{cases}
\boldsymbol{P}_j^{(0)}(t) = \boldsymbol{P}_j^{(0)} = \boldsymbol{P}_j, \quad j = i-p, i-p+1, \cdots, i, \\
\boldsymbol{P}_j^{(k)}(t) = (1-\alpha_j^{(k)}) \boldsymbol{P}_{j-1}^{(k-1)}(t) + \alpha_j^{(k)} \boldsymbol{P}_j^{(k-1)}(t), \quad \alpha_j^{(k)} = \dfrac{t-t_j}{t_{j+p+1-k}-t_j}, \\
k = 1, 2, \cdots, p, \quad j = i-p+k, i-p+k+1, \cdots, i.
\end{cases} \tag{7.13}
$$

上标 k 表示递推级数, 每进行一级递推, 控制顶点少一个, 所得中间控制顶点都与参数 t 有关. 控制顶点的递推关系 (金字塔算法) 可由如下的三角阵列形式表示:

$$\boldsymbol{P}_{i-p}^{(0)}$$
$$\boldsymbol{P}_{i-p+1}^{(1)}(t)$$
$$\boldsymbol{P}_{i-p+1}^{(0)} \qquad \ddots$$
$$\boldsymbol{P}_{i-p+2}^{(1)}(t) \qquad \boldsymbol{P}_{i-1}^{(p-1)}(t)$$
$$\boldsymbol{P}_{i-p+2}^{(0)} \qquad\qquad \boldsymbol{P}_{i}^{(p)}(t)$$
$$\vdots \qquad \boldsymbol{P}_{i}^{(p-1)}(t)$$
$$\vdots \qquad \ddots$$
$$\boldsymbol{P}_{i}^{(1)}(t)$$
$$\boldsymbol{P}_{i}^{(0)}$$

最左边那列表示求该点 $\boldsymbol{P}(t)$ 所涉及的控制顶点仅为 $\boldsymbol{P}_{i-p}, \boldsymbol{P}_{i-p+1}, \cdots, \boldsymbol{P}_i$, 涉及的节点为 $t_{i-p+1}, t_{i-p+2}, \cdots, t_{i+p}$. 在这里 t_{i-p} 与 t_{i+p+1} 两个节点是用不到的, 或者说 $\boldsymbol{P}(t)$ 与这两个节点值的大小无关.

例 7.12 计算三次 B 样条曲线上的点 $\boldsymbol{P}(t)$, 其中 $t \in [t_i, t_{i+1}]$. 利用 de Boor 算法, 它们涉及的节点向量为 $\{t_{i-2}, t_{i-1}, \cdots, t_{i+3}\}$, 相应控制顶点按递归算法计算如下:

$$\begin{cases} \boldsymbol{P}_{i-2}^{(1)}(t) = \dfrac{t_{i+1} - t}{t_{i+1} - t_{i-2}} \boldsymbol{P}_{i-3}^{(0)} + \dfrac{t - t_{i-2}}{t_{i+1} - t_{i-2}} \boldsymbol{P}_{i-2}^{(0)}, \\[2mm] \boldsymbol{P}_{i-1}^{(1)}(t) = \dfrac{t_{i+2} - t}{t_{i+2} - t_{i-1}} \boldsymbol{P}_{i-2}^{(0)} + \dfrac{t - t_{i-1}}{t_{i+2} - t_{i-1}} \boldsymbol{P}_{i-1}^{(0)}, \\[2mm] \boldsymbol{P}_{i}^{(1)}(t) = \dfrac{t_{i+3} - t}{t_{i+3} - t_i} \boldsymbol{P}_{i-1}^{(0)} + \dfrac{t - t_i}{t_{i+3} - t_i} \boldsymbol{P}_{i}^{(0)}, \\[2mm] \boldsymbol{P}_{i-1}^{(2)}(t) = \dfrac{t_{i+1} - t}{t_{i+1} - t_{i-1}} \boldsymbol{P}_{i-2}^{(1)}(t) + \dfrac{t - t_{i-1}}{t_{i+1} - t_{i-1}} \boldsymbol{P}_{i-1}^{(1)}(t), \\[2mm] \boldsymbol{P}_{i}^{(2)}(t) = \dfrac{t_{i+2} - t}{t_{i+2} - t_i} \boldsymbol{P}_{i-1}^{(1)}(t) + \dfrac{t - t_i}{t_{i+2} - t_i} \boldsymbol{P}_{i}^{(1)}(t), \\[2mm] \boldsymbol{P}_{i}^{(3)}(t) = \dfrac{t_{i+1} - t}{t_{i+1} - t_i} \boldsymbol{P}_{i-1}^{(2)}(t) + \dfrac{t - t_i}{t_{i+1} - t_i} \boldsymbol{P}_{i}^{(2)}(t). \end{cases}$$

图 7.14 给出在节点区间 $[0, 1]$ 上的一段三次 B 样条曲线, 并采用 de Boor 算法求出点 $\boldsymbol{P}\left(\dfrac{1}{2}\right)$.

由 B 样条曲线的重节点性质可知, 在例 7.12 中, 当 $t_{i-2} = t_{i-1} = t_i = 0$ 且 $t_{i+1} = t_{i+2} = t_{i+3} = 1$ 时, 此参数区间上的三次 B 样条曲线退化为三次 Bézier 曲线. 而上面的迭代过程中的系数都退化为 $1 - t$ 和 t, 从而 de Boor 算法退化为 de Casteljau 算法. 同理可知, 当 p 次 B 样条曲线的两个相邻内节点都为 p 重, 或者一个内节点为 p 重而与其相邻的一个端点节点为 $(p+1)$ 重, 或者节点向量 $\{0, 0, \cdots, 0, 1, 1 \cdots, 1\}$ 两端都为 $(p+1)$ 重节点时, 计算相应节点区间上 B 样条曲线对应点的 de Boor 算法就退化为 de Casteljau 算法.

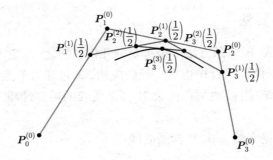

图 7.14　用 de Boor 算法求三次 B 样条曲线上的点 $P\left(\dfrac{1}{2}\right)$

利用 B 样条曲线的导矢公式 (7.12), 反复利用 B 样条基函数求导公式 (7.4), 令

$$\begin{cases} P_j^{(0)} = P_j, \ j = i-p, i-p+1, \cdots, i, \\ P_j^{(k)} = \dfrac{p+1-k}{t_{j+p+1-k}-t_j}\left(P_j^{(k-1)} - P_{j-1}^{(k-1)}\right), \\ k = 1, 2, \cdots, p-1, \quad j = i-p+k, i-p+k+1, \cdots, i, \end{cases}$$

则可得 p 次 B 样条曲线 $P(t)$ 的 k 阶导矢公式为

$$P^{(k)}(t) = \sum_{j=i-p+k}^{i} P_j^{(k)} N_{j,p-k}(t), \tag{7.14}$$

此即为计算 B 样条曲线 k 阶导矢的 de Boor 算法.

例 7.13　对定义在节点向量

$$U = \{0, 0, 0, 0, 1, 2, \cdots, n, n+1, n+1, n+1, n+1\}$$

上的三次准均匀 B 样条曲线, 在左端点 $t = 0$ 处, 曲线满足

$$P(0) = P_0, \quad P'(0) = 3(P_1 - P_0),$$
$$P''(0) = 6P_0 - 9P_1 + 3P_2.$$

在右端点 $t = n+1$ 处可对称地推出曲线满足的性质. 图 7.15 给出 MATLAB 生成的由节点向量 $U = \{0, 0, 0, 0, 1, 2, 3, 4, 5, 5, 5, 5\}$ 所定义的三次准均匀 B 样条曲线.

图 7.15
程序代码

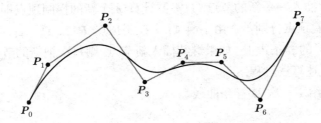

图 7.15　三次准均匀 B 样条曲线

7.2.3 节点插入算法

节点插入算法是 B 样条方法中最重要的几何算法之一, 它不仅在理论上具有重要的价值, 在曲线曲面设计中也有广泛的应用. 通过插入节点, 可以简单地证明 B 样条曲线的变差缩减性, 也可以改善 B 样条曲线的局部性质, 提高对 B 样条曲线的形状控制等.

对由 (7.10) 式定义的 p 次 B 样条曲线

$$\boldsymbol{P}(t) = \sum_{i=0}^{n} \boldsymbol{P}_i N_{i,p}(t),$$

其节点向量为 $\boldsymbol{U} = \{t_0, t_1, \cdots, t_{n+p+1}\}$. 现在要在曲线定义域内的某个区间内插入一个新节点 $t^* \in [t_i, t_{i+1}) \subset [t_p, t_{n+1}]$, 于是得到新的节点向量为

$$\boldsymbol{U}^1 = \{t_0, t_1, \cdots, t_i, t^*, t_{i+1}, \cdots, t_{n+p+1}\},$$

对其重新编号后为

$$\boldsymbol{U}^1 = \{t_0^1, t_1^1, \cdots, t_i^1, t_{i+1}^1, \cdots, t_{n+p+2}^1\},$$

这组新的节点向量定义了一组新的基函数 $N_{j,p}^1(t)(j = 0, 1, \cdots, n+1)$. 要求插入节点后, 曲线形状及连续性均保持不变, 那么原 B 样条曲线可以用这组新的基函数与未知的新控制顶点 $\boldsymbol{P}_j^{(1)}(j = 0, 1, \cdots, n+1)$ 表示为

$$\boldsymbol{P}(t) = \sum_{j=0}^{n+1} \boldsymbol{P}_j^{(1)} N_{j,p}^1(t).$$

那么, 利用 B 样条基函数的节点插入公式 (7.9), 这些未知控制顶点可以采用如下公式计算:

$$\begin{cases} \boldsymbol{P}_j^{(1)} = \boldsymbol{P}_j, \quad j = 0, 1, \cdots, i-p, \\ \boldsymbol{P}_j^{(1)} = (1-\alpha_j)\boldsymbol{P}_{j-1} + \alpha_j \boldsymbol{P}_j, \quad \alpha_j = \dfrac{t^* - t_j}{t_{j+p} - t_j}, \\ \quad j = i-p+1, i-p+2, \cdots, i, \\ \boldsymbol{P}_j^{(1)} = \boldsymbol{P}_{j-1}, \quad j = i+1, i+2, \cdots, n+1. \end{cases} \tag{7.15}$$

上述算法表明, 插入一个新的节点, 只需要计算 p 个新的控制顶点即可. 在几何上, 这 p 个新的控制顶点分别落在由 $(p+1)$ 个控制顶点 $\boldsymbol{P}_{i-p}, \boldsymbol{P}_{i-p+1}, \cdots, \boldsymbol{P}_i$ 所构成的原控制多边形的 p 条边上. 如果继续插入新节点, 则每次把新的节点向量重新排序之后, 重复上述算法过程.

例 7.14 给定三次 B 样条曲线

$$\boldsymbol{P}(t) = \sum_{i=0}^{3} \boldsymbol{P}_i N_{i,3}(t), \quad t \in [0, 1],$$

其节点向量为

$$U = \{-3, -2, -1, 0, 1, 2, 3, 4\},$$

控制顶点为

$$P_0 = (0, 0), \ P_1 = \left(1, \frac{5}{2}\right), \ P_2 = (3, 2), \ P_3 = (4, 0).$$

在区间 $[0, 1]$ 内插入一个新的节点 $t^* = \frac{1}{2} \in [0, 1)$, 于是得到新的节点向量为

$$U^1 = \left\{-3, -2, -1, 0, \frac{1}{2}, 1, 2, 3, 4\right\}.$$

根据节点插入算法 (7.15), 得到新的控制顶点为

$$\begin{cases} P_0^{(1)} = P_0 = (0, 0), \\ P_1^{(1)} = (1-\alpha_1)P_0 + \alpha_1 P_1 = \left(\frac{5}{6}, \frac{25}{12}\right), \quad \alpha_1 = \frac{t^* - t_1}{t_4 - t_1} = \frac{5}{6}, \\ P_2^{(1)} = (1-\alpha_2)P_1 + \alpha_2 P_2 = \left(2, \frac{9}{4}\right), \quad \alpha_2 = \frac{t^* - t_2}{t_5 - t_2} = \frac{1}{2}, \\ P_3^{(1)} = (1-\alpha_3)P_2 + \alpha_3 P_3 = \left(\frac{19}{6}, \frac{5}{3}\right), \quad \alpha_3 = \frac{t^* - t_3}{t_6 - t_3} = \frac{1}{6}, \\ P_4^{(1)} = P_3 = (4, 0). \end{cases}$$

则原曲线可表示为

$$P(t) = \sum_{i=0}^{4} P_i^{(1)} N_{i,3}^1(t), \quad t \in [0, 1],$$

其中 $N_{i,3}^1(t)(i = 0, 1, \cdots, 4)$ 为由 U^1 定义的三次 B 样条基函数, 曲线图形如图 7.16 所示.

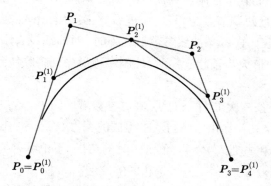

图 7.16 三次 B 样条曲线与插入一个节点后的控制多边形

如果重复 k 次插入同一个节点 $t^* \in [t_i, t_{i+1})$, 可以将如上算法推广. 由于重节点的连续阶性质, 设插入内节点后其重数不能超过 p. 将插入后的节点向量设为

U^k, 由其定义的 p 次 B 样条基函数为 $N_{j,p}^k(t)(j=0,1,\cdots,n+k)$. 那么原 B 样条曲线可以用这组新的基函数与未知的新控制顶点 $\boldsymbol{P}_j^{(k)}(j=0,1,\cdots,n+k)$ 表示为

$$\boldsymbol{P}(t)=\sum_{j=0}^{n+k}\boldsymbol{P}_j^{(k)}N_{j,p}^k(t).$$

由公式 (7.15), 因此得到插入一个 k 重节点后计算控制顶点的递推算法:

$$\begin{cases} \boldsymbol{P}_j^{(0)}=\boldsymbol{P}_j, \quad j=0,1,\cdots,n, \\ \boldsymbol{P}_j^{(k)}=\boldsymbol{P}_j^{(k-1)}, \quad j=0,1,\cdots,i-p+k-1, \\ \boldsymbol{P}_j^{(k)}=(1-\alpha_j^{(k)})\boldsymbol{P}_{j-1}^{(k-1)}+\alpha_j^{(k)}\boldsymbol{P}_j^{(k-1)}, \quad \alpha_j^{(k)}=\dfrac{t^*-t_j}{t_{j+p-k+1}-t_j}, \\ \quad j=i-p+k,i-p+k+1,\cdots,i, \\ \boldsymbol{P}_j^{(k)}=\boldsymbol{P}_{j-1}^{(k-1)}, \quad j=i+1,i+2,\cdots,n+k, \quad k=1,2,\cdots,p. \end{cases} \quad (7.16)$$

其中 $j=i-p+k,i-p+k+1,\cdots,i$ 的部分即为 B 样条曲线 de Boor 算法的控制顶点递推公式 (7.13).

事实上, 当重复 p 次插入同一个节点 $t^*\in(t_i,t_{i+1})$ 之后, 可求出 B 样条曲线上的点 $\boldsymbol{P}(t^*)$, 它就是 p 级递推到的最后一个点, 这就是由 de Boor 算法得到的结果. 因此 de Boor 算法可以看做节点插入算法的一个特殊结果. 如上节点插入算法可以推广为一次插入多个节点的节点细化算法, 具体细节在此不做介绍, 读者可以参考文献 [14, 16].

关于节点插入算法还有如下一些事实需要注意: 虽然插入节点可能改变了部分基函数的连续阶, 但 B 样条曲线保持不变; 当插入多个节点时, 最后的结果与插入节点的先后顺序无关; 节点插入算法是一个局部过程, 仅与插入节点参数区间相关的控制顶点有关, 而其余控制顶点保持不变; 当对参数域中的内部节点经节点插入算法都变为 p 重且两端节点为 $(p+1)$ 重后, p 次 B 样条曲线退化为分段 Bézier 曲线; 当插入节点处于 B 样条曲线参数域之外时, 对曲线没有影响; 当插入节点无限加密, 即节点间的最大步长趋于零时, 控制多边形序列将收敛到其定义的 B 样条曲线.

例 7.15 对一条三次 B 样条曲线, 在其参数域区间 (t_3,t_4) 中插入两个节点 t^* 和 t^{**}. 利用算法 (7.15), 在由 MATLAB 生成的图 7.17(a) 和 (b) 中分别给出了先插入 t^* 再插入 t^{**} 和先插入 t^{**} 再插入 t^* 时的结果. 不论哪种插入顺序, 最后得到的新控制顶点 $\boldsymbol{P}_1^{(2)}, \boldsymbol{P}_2^{(2)}, \boldsymbol{P}_3^{(2)}, \boldsymbol{P}_4^{(2)}$ 是相同的.

插入节点是一个变差缩减过程, 是对控制多边形执行分段线性插值, 因而是变差缩减的, 同时也保持原控制多边形的凸性. 通过不断插入节点, 直到使 B 样条曲线退化为分段 Bézier 曲线, B 样条曲线的控制多边形就是分段 Bézier 曲线的控制多边形. 因为平面 Bézier 曲线具有变差缩减性与保凸性, 所以 B 样条曲线也具有

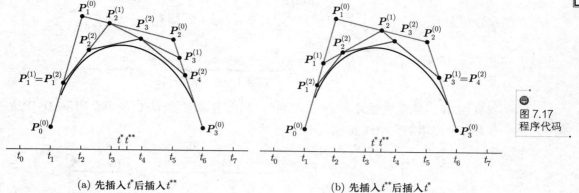

(a) 先插入 t^* 后插入 t^{**}　　　　　(b) 先插入 t^{**} 后插入 t^*

图 7.17　插入两个节点 t^* 和 t^{**} 的三次 B 样条曲线

图 7.17
程序代码

变差缩减性和保凸性. 利用节点插入算法, 可以证明 B 样条曲线有如下两个基本性质 (我们在此沿用上一小节的编号):

(8) **平面 B 样条曲线的变差缩减性质**: 对平面上的 B 样条曲线, 此平面上的任意一条直线与曲线的交点个数不多于直线与其控制多边形的交点个数.

(9) **平面 B 样条曲线的保凸性**: 若 B 样条曲线的控制多边形是凸的, 则所定义的 B 样条曲线也是凸的.

7.2.4　升阶算法

提高 B 样条曲线的表示次数, 即曲线的升阶, 是一项非常重要且实用的技术, 它可以提高曲线形状控制的灵活性. B 样条曲线的升阶在表示与设计组合曲线时是必不可少的手段之一. 两条或者多条不同次数的 B 样条曲线要顺序连接成为一条组合 B 样条曲线, 必须先采用升阶的方法, 使它们的次数统一起来, 才能实现用一个统一的方程表示组合曲线. 与 Bézier 曲线的升阶相比, B 样条曲线的升阶要复杂很多.

对由 (7.10) 式所定义的 p 次 B 样条曲线 $\boldsymbol{P}(t)$, 当其次数提升一次后, 曲线 $\boldsymbol{P}(t)$ 需要采用 $(p+1)$ 次 B 样条基函数来表示, 而曲线在此过程中保持不变. 例如, 曲线在其参数域内的 r 重节点处具有 C^{p-r} 连续性, 升阶后如果此节点要保持原来的节点重数 r, 则 $(p+1)$ 次 B 样条曲线在该节点处将具有 C^{p-r+1} 连续性. 但是, 升阶过程中要求曲线保持不变, 因此连续性也应该保持不变, 那么升阶过程需通过提高节点的重数来实现.

设节点向量 $\boldsymbol{U} = \{t_0, t_1, \cdots, t_{n+p+1}\}$ 中共有 $(l+1)$ 个互异的节点, 它们的重

数分别为 $r_i(i = 0, 1, \cdots, l)$ 且满足 $\sum\limits_{i=0}^{l} r_i = n + p + 2$, 即有

$$U = \{t_0, t_1, \cdots, t_{n+p+1}\} = \{\underbrace{u_0, \cdots, u_0}_{r_0 \text{ 重}}, \underbrace{u_1, \cdots, u_1}_{r_1 \text{ 重}}, \cdots, \underbrace{u_l, \cdots, u_l}_{r_l \text{ 重}}\}.$$

当 p 次 B 样条曲线提升为 $(p+1)$ 次时, 新的节点向量 $\overline{U}$ 由原节点向量 U 中所有互异节点增加重数 1 得到, 记为

$$\overline{U} = \{\bar{t}_0, \bar{t}_1, \cdots, \bar{t}_{\overline{n}+p+2}\} = \{\underbrace{u_0, \cdots, u_0}_{(r_0+1) \text{ 重}}, \underbrace{u_1, \cdots, u_1}_{(r_1+1) \text{ 重}}, \cdots, \underbrace{u_l, \cdots, u_l}_{(r_l+1) \text{ 重}}\}.$$

由于 $\sum\limits_{i=0}^{l}(r_i+1) = n+p+l+3 = \overline{n}+p+3$, 所以由 $\overline{U}$ 确定的 $(p+1)$ 次 B 样条基函数个数 (即升阶后的新未知控制顶点个数) 为 $\overline{n}+1 = n+l+1$, 即 $\overline{n} = n+l$. 设由 $\overline{U}$ 确定的 $(p+1)$ 次 B 样条基函数为 $N_{i,p+1}(t)(i = 0, 1, \cdots, n+l)$. 那么原 p 次 B 样条曲线可以用新未知控制顶点 $\boldsymbol{Q}_i$ 和基函数 $N_{i,p+1}$ 表示为

$$\boldsymbol{P}(t) = \sum_{i=0}^{n+l} \boldsymbol{Q}_i N_{i,p+1}(t), \tag{7.17}$$

所以接下来的问题是如何确定这些未知的控制顶点. 目前求解控制顶点的方法不止一种, 我们这里仅介绍 Prautzsch 所给出方法, 对其他方法感兴趣的读者可以参考文献 [14] 和 [16].

在介绍求解新控制顶点之前, 先介绍一下 B 样条基函数的升阶公式. 首先, 设由节点向量 U 中 $(p+2)$ 个节点 $\{t_i, t_{i+1}, \cdots, t_{i+p+1}\}$ 所确定的 p 次 B 样条基函数为 $N_{i,p}(t)$, 则 $N_{i,p}(t)$ 可以表示为与其具有相同的互异节点但具有不同重数的节点序列所决定的 $(p+2)$ 个 $(p+1)$ 次 B 样条基函数的线性组合

$$N_{i,p}(t) = \frac{1}{p+1} \sum_{j=i}^{p+1+i} N_{i,p+1}(t|\boldsymbol{U}^j), \tag{7.18}$$

其中 $N_{i,p+1}(t|\boldsymbol{U}^j)$ 表示由 $\{t_i, t_{i+1}, \cdots, t_j, t_j, \cdots, t_{i+p+1}\}$ 这 $(p+3)$ 个节点所决定的 $(p+1)$ 次 B 样条基函数, $\boldsymbol{U}^j$ 与 $\boldsymbol{U}$ 所具有的互异节点一样, 但是其中部分节点的重数不同. 令 $\boldsymbol{U}$ 中的下标为 j 及其前后相隔 p 个节点的那些节点重数都增加 1, 便可得到 $\boldsymbol{U}^j$, 也即

$$\boldsymbol{U}^j = \{t_0, \cdots, t_{j-p-1}, t_{j-p-1}, \cdots, t_j, t_j, \cdots, t_{j+p+1}, t_{j+p+1}, \cdots, t_{n+p+1}\},$$

从而有 $\boldsymbol{U}^{j+p+1} = \boldsymbol{U}^j$. 但值得注意的是, $N_{i,p+1}(t|\boldsymbol{U}^i) \neq N_{i,p+1}(t|\boldsymbol{U}^{i+p+1})$, 因为 $N_{i,p+1}(t|\boldsymbol{U}^i)$ 是由节点向量 $\{t_i, t_i, t_{i+1}, \cdots, t_{i+p+1}\}$ 决定, 而 $N_{i,p+1}(t|\boldsymbol{U}^{i+p+1})$ 是由节点向量 $\{t_i, t_{i+1}, \cdots, t_{i+p+1}, t_{i+p+1}\}$ 决定.

例如, 根据 (7.18) 式, 我们可以把一次 B 样条基函数 $N_{0,1}(t)$ 用二次 B 样条基函数表示为

$$N_{0,1}(t) = \frac{1}{2} \left[N_{0,2}(t|\boldsymbol{U}^0) + N_{0,2}(t|\boldsymbol{U}^1) + N_{0,2}(t|\boldsymbol{U}^2) \right].$$

为了帮助理解, 我们如下就以用二次 B 样条基函数表示一次 B 样条基函数为例来进行说明.

例 7.16 取 $n = 4, p = 1$, 节点向量

$$\boldsymbol{U} = \{t_0, t_1, \cdots, t_6\} = \{u_0, u_0, u_1, u_2, u_3, u_3, u_4\},$$

则其互异节点为 u_0, u_1, u_2, u_3, u_4.

计算 $j = 0$ 时的 $\boldsymbol{U}^0$, 其由 $\boldsymbol{U}$ 中节点 $t_0 = u_0$ 及前后相隔一个节点的 $t_2 = u_1, t_4 = u_3, t_6 = u_4$ 的重数增加 1 所构造, 即

$$\boldsymbol{U}^0 = \{u_0, u_0, u_0, u_1, u_1, u_2, u_3, u_3, u_3, u_4, u_4\}.$$

用同样的方法可求得 $\boldsymbol{U}^{j+p+1} = \boldsymbol{U}^2$, 即由节点 $t_2 = u_1$ 及前后相隔一个节点的 $t_0 = u_0, t_4 = u_3, t_6 = u_4$ 的重数增加 1 得到, 即

$$\boldsymbol{U}^2 = \{u_0, u_0, u_0, u_1, u_1, u_2, u_3, u_3, u_3, u_4, u_4\},$$

即有 $\boldsymbol{U}^0 = \boldsymbol{U}^2$. 同样地, 我们可以得到

$$\boldsymbol{U}^1 = \{u_0, u_0, u_0, u_1, u_2, u_2, u_3, u_3, u_3, u_4\},$$

则 $N_{0,2}(t|\boldsymbol{U}^0)$ 是由 $\{t_0, t_0, t_1, t_2\} = \{u_0, u_0, u_0, u_1\}$ 所决定的二次 B 样条基函数, $N_{0,2}(t|\boldsymbol{U}^1)$ 是由 $\{t_0, t_1, t_1, t_2\} = \{u_0, u_0, u_0, u_1\}$ 所决定的二次 B 样条基函数, 而 $N_{0,2}(t|\boldsymbol{U}^2)$ 是由 $\{t_0, t_1, t_2, t_2\} = \{u_0, u_0, u_1, u_1\}$ 所决定的二次 B 样条基函数, 显然 $\boldsymbol{U}^0 = \boldsymbol{U}^2$, 但是 $N_{0,2}(t|\boldsymbol{U}^0) \neq N_{0,2}(t|\boldsymbol{U}^2)$.

我们将 (7.18) 式代入 (7.10) 式可得

$$\boldsymbol{P}(t) = \frac{1}{p+1} \sum_{i=0}^{n} \boldsymbol{P}_i \sum_{j=i}^{p+1+i} N_{i,p+1}(t|\boldsymbol{U}^j), \tag{7.19}$$

又因为 $\boldsymbol{U}^{j+p+1} = \boldsymbol{U}^j$, 则上式中只有 $(p+1)$ 个互异的节点向量 $\boldsymbol{U}^j (j = 1, 2, \cdots, p+1)$. 所以 (7.19) 式可以写成 $(p+1)$ 段 $(p+1)$ 次 B 样条曲线 $\boldsymbol{P}^j(t) (j = 1, 2, \cdots, p+1)$ 的算术平均, 即

$$\boldsymbol{P}(t) = \frac{1}{p+1} \sum_{j=1}^{p+1} \boldsymbol{P}^j(t), \tag{7.20}$$

其中第 j 段 $(p+1)$ 次 B 样条曲线的表达式为

$$\boldsymbol{P}^j(t) = \sum_{i=0}^{n_j} \boldsymbol{P}_i^j N_{i,p+1}(t|\boldsymbol{U}^j), \quad j = 1, 2, \cdots, p+1,$$

其中控制顶点 $\boldsymbol{P}_i^j (i = 0, 1, \cdots, n_j)$ 是由下标为 j 的原控制顶点 $\boldsymbol{P}_j$ 及前后相隔 p 个顶点的那些控制顶点的重数增加 1 得到.

通过插入节点使这 $(p+1)$ 个节点向量 $\boldsymbol{U}^j (j = 1, 2, \cdots, p+1)$ 都统一成细化节点向量 $\overline{\boldsymbol{U}}$. 我们记通过插入节点生成的 $(p+1)$ 段 $(p+1)$ 次 B 样条曲线 $\boldsymbol{P}^j(t) (j = 1, 2, \cdots, p+1)$ 的新控制顶点为 $\overline{\boldsymbol{P}}_i^j$, 这样它们的控制顶点也变成相同的, 即 $\overline{\boldsymbol{P}}_i^j (i = 0, 1, \cdots, n+l)$. 所以, 将 p 次 B 样条曲线 (7.10) 升阶成 $(p+1)$ 次 B 样条曲线 (7.17) 的控制顶点为

$$\boldsymbol{Q}_i = \frac{1}{p+1} \sum_{j=0}^{p+1} \overline{\boldsymbol{P}}_i^j, \quad i = 0, 1, \cdots, n+1. \tag{7.21}$$

例 7.17 给定控制顶点

$$\boldsymbol{P}_0 = (0,0), \quad \boldsymbol{P}_1 = (1,2), \quad \boldsymbol{P}_2 = (3,3), \quad \boldsymbol{P}_3 = (4,0)$$

与节点向量

$$\boldsymbol{U} = \{0, 0, 0, 1, 2, 2, 2\},$$

定义了一条二次 B 样条曲线 $\boldsymbol{P}(t)$. 根据已知, $n = 3, p = 2$, $\boldsymbol{U}$ 中互异的节点个数为 3, 则 $l = 2$. 我们分步计算曲线 $\boldsymbol{P}(t)$ 升阶为三次 B 样条曲线时的节点向量与控制顶点.

(1) 升阶后曲线的节点向量 $\overline{\boldsymbol{U}}$ 是由 $\boldsymbol{U}$ 中的互异节点重数增加 1 得到, 即

$$\overline{\boldsymbol{U}} = \{0, 0, 0, 0, 1, 1, 2, 2, 2, 2\}.$$

(2) 升阶后曲线的控制顶点 (或基函数) 为 $n + l + 1 = 6$ 个, 记为 $\boldsymbol{Q}_i (i = 0, 1, \cdots, 5)$.

(3) 将二次 B 样条曲线升阶到三次, 将用到 $p + 1 = 3$ 个相异的节点向量 $\boldsymbol{U}^j (j = 1, 2, 3)$, 它们分别为

$$\boldsymbol{U}^1 = \{0, 0, 0, 0, 1, 2, 2, 2, 2\},$$
$$\boldsymbol{U}^2 = \{0, 0, 0, 0, 1, 2, 2, 2, 2\},$$
$$\boldsymbol{U}^3 = \{0, 0, 0, 0, 1, 1, 2, 2, 2, 2\}.$$

(4) 升阶后将用到 $p + 1 = 3$ 条 B 样条曲线 $\boldsymbol{P}^j(t) (j = 1, 2, 3)$, 它们的控制顶点 $\boldsymbol{P}_i^j (i = 0, 1, \cdots, n_j)$ 可以这样来确定: $\boldsymbol{P}_i^1$ 为下标为 1 的原控制顶点 $\boldsymbol{P}_1$ 及前后

每相隔 $p = 2$ 个的那些控制顶点的重数增加 1 得到, 即为 $\boldsymbol{P}_0, \boldsymbol{P}_1, \boldsymbol{P}_1, \boldsymbol{P}_2, \boldsymbol{P}_3$. 当 $j = 2, 3$ 时用同样的方法可得. 所以有

$$\boldsymbol{P}_0^1 = \boldsymbol{P}_0 = (0, 0), \quad \boldsymbol{P}_1^1 = \boldsymbol{P}_2^1 = \boldsymbol{P}_1 = (1, 2),$$

$$\boldsymbol{P}_3^1 = \boldsymbol{P}_2 = (3, 3), \quad \boldsymbol{P}_4^1 = \boldsymbol{P}_3 = (4, 0),$$

$$\boldsymbol{P}_0^2 = \boldsymbol{P}_0 = (0, 0), \quad \boldsymbol{P}_1^2 = \boldsymbol{P}_1 = (1, 2),$$

$$\boldsymbol{P}_2^2 = \boldsymbol{P}_3^2 = \boldsymbol{P}_2 = (3, 3), \quad \boldsymbol{P}_4^2 = \boldsymbol{P}_3 = (4, 0),$$

$$\boldsymbol{P}_0^3 = \boldsymbol{P}_1^3 = \boldsymbol{P}_0 = (0, 0), \quad \boldsymbol{P}_2^3 = \boldsymbol{P}_1 = (1, 2),$$

$$\boldsymbol{P}_3^3 = \boldsymbol{P}_2 = (3, 3), \quad \boldsymbol{P}_4^3 = \boldsymbol{P}_5^3 = \boldsymbol{P}_3 = (4, 0).$$

(5) 把 $\boldsymbol{U}^j (j = 1, 2, 3)$ 插入节点统一成 $\overline{\boldsymbol{U}}$, 则相应的控制顶点改变为 $\overline{\boldsymbol{P}}_i^j (j = 1, 2, 3)$. 将 $\boldsymbol{U}^1$ 中插入节点 $t_3 = 1$, 根据公式 (7.15) 可得

$$\overline{\boldsymbol{P}}_0^1 = \boldsymbol{P}_0 = (0, 0), \quad \overline{\boldsymbol{P}}_1^1 = \overline{\boldsymbol{P}}_2^1 = \boldsymbol{P}_1 = (1, 2),$$

$$\overline{\boldsymbol{P}}_3^1 = \left(1 - \frac{1}{2}\right) \boldsymbol{P}_2^1 + \frac{1}{2} \boldsymbol{P}_3^1 = \frac{1}{2} \boldsymbol{P}_1 + \frac{1}{2} \boldsymbol{P}_2 = \left(2, \frac{5}{2}\right),$$

$$\overline{\boldsymbol{P}}_4^1 = \boldsymbol{P}_3^1 = \boldsymbol{P}_2 = (3, 3), \quad \overline{\boldsymbol{P}}_5^1 = \boldsymbol{P}_4^1 = (4, 0).$$

在 $\boldsymbol{U}^2$ 中插入节点 $t_3 = 1$, 新生成的控制顶点为

$$\overline{\boldsymbol{P}}_0^2 = \boldsymbol{P}_0 = (0, 0), \quad \overline{\boldsymbol{P}}_1^2 = \boldsymbol{P}_1 = (1, 2),$$

$$\overline{\boldsymbol{P}}_2^2 = \left(1 - \frac{1}{2}\right) \boldsymbol{P}_1^2 + \frac{1}{2} \boldsymbol{P}_2^2 = \frac{1}{2} \boldsymbol{P}_1 + \frac{1}{2} \boldsymbol{P}_2 = \left(2, \frac{5}{2}\right),$$

$$\overline{\boldsymbol{P}}_3^2 = \left(1 - \frac{1}{2}\right) \boldsymbol{P}_2^2 + \frac{1}{2} \boldsymbol{P}_3^2 = \boldsymbol{P}_2 = (3, 3),$$

$$\overline{\boldsymbol{P}}_4^2 = \boldsymbol{P}_3^2 = \boldsymbol{P}_2 = (3, 3), \quad \overline{\boldsymbol{P}}_5^2 = \boldsymbol{P}_4^2 = (4, 0).$$

因为 $\boldsymbol{U}^3 = \overline{\boldsymbol{U}}$, 所以 $\overline{\boldsymbol{P}}_i^3 = \boldsymbol{P}_i^3 (i = 0, 1, \cdots, 5)$.

(6) 根据公式 (7.21), 可求得升阶后的控制顶点分别为

$$\boldsymbol{Q}_0 = \frac{1}{3} \left(\overline{\boldsymbol{P}}_0^1 + \overline{\boldsymbol{P}}_0^2 + \overline{\boldsymbol{P}}_0^3\right) = (0, 0),$$

$$\boldsymbol{Q}_1 = \frac{1}{3} \left(\overline{\boldsymbol{P}}_1^1 + \overline{\boldsymbol{P}}_1^2 + \overline{\boldsymbol{P}}_1^3\right) = \left(\frac{2}{3}, \frac{4}{3}\right),$$

$$\boldsymbol{Q}_2 = \frac{1}{3} \left(\overline{\boldsymbol{P}}_2^1 + \overline{\boldsymbol{P}}_2^2 + \overline{\boldsymbol{P}}_2^3\right) = \left(\frac{4}{3}, \frac{13}{6}\right),$$

$$\boldsymbol{Q}_3 = \frac{1}{3} \left(\overline{\boldsymbol{P}}_3^1 + \overline{\boldsymbol{P}}_3^2 + \overline{\boldsymbol{P}}_3^3\right) = \left(\frac{8}{3}, \frac{17}{6}\right),$$

$$\boldsymbol{Q}_4 = \frac{1}{3} \left(\overline{\boldsymbol{P}}_4^1 + \overline{\boldsymbol{P}}_4^2 + \overline{\boldsymbol{P}}_4^3\right) = \left(\frac{10}{3}, 2\right),$$

$$\boldsymbol{Q}_5 = \frac{1}{3} \left(\overline{\boldsymbol{P}}_5^1 + \overline{\boldsymbol{P}}_5^2 + \overline{\boldsymbol{P}}_5^3\right) = (4, 0).$$

(7) 从而曲线升阶后的表达式为

$$\boldsymbol{P}(t) = \sum_{i=0}^{5} \boldsymbol{Q}_i N_{i,3}(t), \quad t \in [0,2], \tag{7.22}$$

其中 $N_{i,3}(t)(i = 0, 1, \cdots, 5)$ 是定义在节点向量 $\overline{\boldsymbol{U}}$ 上的三次 B 样条基函数.

升阶前后的 B 样条曲线 $\boldsymbol{P}(t)$ 及其控制顶点与控制多边形如图 7.18 所示.

图 7.18 彩图

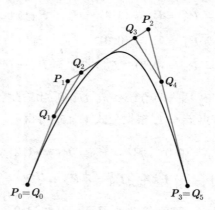

图 7.18 升阶前后的 B 样条曲线

7.3 B 样条曲面

由第 6.4 节的结论可知, 利用张量积方法很容易将一元 Bernstein 基函数推广为二元形式. 本节中我们首先利用张量积方法将一元 B 样条基函数推广到二元形式, 然后以其为基函数构造参数曲面, 这就是张量积型 B 样条曲面.

7.3.1 张量积型 B 样条基函数

一元 B 样条基函数是定义在由某个剖分确定的节点向量上的, 为了将其以张量形式推广到二元形式, 首先需对剖分进行张量形式的推广. 设 $[a,b] \times [c,d]$ 为二维 (u,v) 参数平面上的一个矩形区域, 其中 a, b, c, d 可以为有限实数, 也可以为 $-\infty, +\infty$. 对此矩形进行张量形式的剖分, 即分别对 u 轴和 v 轴进行剖分, 得到两个节点向量

$$\begin{cases} \boldsymbol{U} = \{u_i\}, & u_i \leqslant u_{i+1}, \\ \boldsymbol{V} = \{v_j\}, & v_j \leqslant v_{j+1}. \end{cases}$$

利用 de Boor-Cox 公式 (7.1), 分别构造定义在节点向量 $\boldsymbol{U}, \boldsymbol{V}$ 上的 p 次与 q 次 B 样条基函数 $\{N_{i,p}(u)\}$ 和 $\{N_{j,q}(v)\}$. 把它们按照张量的方式组合就可以得到张量积

型二元 $p \times q$ 次 B 样条基函数

$$\{N_{i,p}(u)N_{j,q}(v)\}.$$

例 7.18 由 MATLAB 生成的图 7.19 分别给出了由均匀节点向量定义的双一次, 1×2 次, 双二次和 2×3 次张量积型 B 样条基函数的图形.

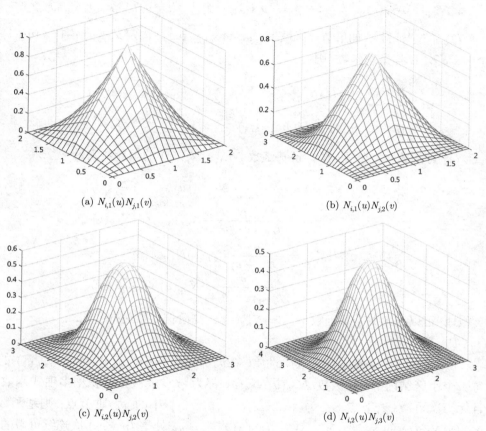

(a) $N_{i,1}(u)N_{j,1}(v)$

(b) $N_{i,1}(u)N_{j,2}(v)$

(c) $N_{i,2}(u)N_{j,2}(v)$

(d) $N_{i,2}(u)N_{j,3}(v)$

图 7.19 张量积型二元 B 样条基函数

图 7.19
程序代码

性质 7.2 对给定的节点向量 $\boldsymbol{U}, \boldsymbol{V}$, 其上定义的 $p \times q$ 次张量积型 B 样条基函数具有如下性质:

(1) 非负性: $N_{i,p}(u)N_{j,q}(v) \geqslant 0$, 对一切满足条件的 i, j, p, q, u, v.

(2) 局部支集性: B 样条基函数 $N_{i,p}(u)N_{j,q}(v)$ 满足

$$N_{i,p}(u)N_{j,q}(v) = 0, \quad (u,v) \notin (u_i, u_{i+p+1}) \times (v_j, v_{j+q+1}),$$

$$N_{i,p}(u)N_{j,q}(v) \neq 0, \quad (u,v) \in (u_i, u_{i+p+1}) \times (v_j, v_{j+q+1}),$$

因此 $[u_i, u_{i+p+1}] \times [v_j, v_{j+q+1}]$ 称为 $N_{i,p}(u)N_{j,q}(v)$ 的局部支集 (或支集、紧支集). 除 $p = 0$ 或 $q = 0$ 外, 一般来说, $N_{i,p}(u)N_{j,q}(v)$ 都是连续函数, 因此其局部支集也

可称为 $[u_i, u_{i+p+1}] \times [v_j, v_{j+q+1}]$. 也就是说二元 B 样条基函数 $N_{i,p}(u)N_{j,q}(v)$ 的局部支集为一元 B 样条基函数 $N_{i,p}(u)$ 和 $N_{j,q}(v)$ 的局部支集的张量积.

对任意给定的节点区域 $[u_i, u_{i+1}] \times [v_j, v_{j+1}]$, 最多有 $(p+1) \times (q+1)$ 个 $p \times q$ 次 B 样条基函数是非零的, 它们是

$$N_{k,p}(u)N_{l,q}(v), \quad k = i-p, i-p+1, \cdots, i; l = j-q, j-q+1, \cdots, j.$$

(3) 单位分解性: 如果节点区域 $[u_i, u_{i+1}] \times [v_j, v_{j+1}]$ 内定义了 $(p+1) \times (q+1)$ 个 $p \times q$ 次 B 样条基函数, 则

$$\sum_k \sum_l N_{k,p}(u)N_{l,q}(v) = \sum_{k=i-p}^{i} \sum_{l=j-q}^{j} N_{k,p}(u)N_{l,q}(v) = 1,$$
$$(u, v) \in [u_i, u_{i+1}] \times [v_j, v_{j+1}].$$

(4) 导函数递推公式: B 样条基函数 $N_{i,p}(u)N_{j,q}(v)$ 的偏导数满足

$$\frac{\partial}{\partial u} N_{i,p}(u)N_{j,q}(v) = \frac{p}{u_{i+p} - u_i} N_{i,p-1}(u)N_{j,q}(v) -$$
$$\frac{p}{u_{i+p+1} - u_{i+1}} N_{i+1,p-1}(u)N_{j,q}(v),$$
$$\frac{\partial}{\partial v} N_{i,p}(u)N_{j,q}(v) = \frac{q}{v_{j+q} - v_j} N_{i,p}(u)N_{j,q-1}(v) -$$
$$\frac{q}{v_{j+q+1} - v_{j+1}} N_{i,p}(u)N_{j+1,q-1}(v).$$

类似地, 可以推出关于基函数 $N_{i,p}(u)N_{j,q}(v)$ 的高阶偏导数递推公式.

(5) 重节点性质.

(a) 重节点时基函数的连续阶性质: 在局部支集 $[u_i, u_{i+p+1}] \times [v_j, v_{j+q+1}]$ 的每一个小区域内部, 基函数 $N_{i,p}(u)N_{j,q}(v)$ 都为 $p \times q$ 次张量积型多项式函数, 且无穷次可微. 若节点 u_k 为 $\{u_i, u_{i+1}, \cdots, u_{i+p+1}\}$ 中的 p_k 重节点, 则基函数 $N_{i,p}(u)N_{j,q}(v)$ 的等参线 $N_{i,p}(u)N_{j,q}(v^*)$ 在点 $u = u_k$ 处是 $(p - p_k)$ 次连续可微的. 同样, 若节点 v_l 为 $\{v_j, v_{j+1}, \cdots, v_{j+q+1}\}$ 中的 q_l 重节点, 则基函数 $N_{i,p}(u)N_{j,q}(v)$ 的等参线 $N_{i,p}(u^*)N_{j,q}(v)$ 在点 $v = v_l$ 处 $(q - q_l)$ 次连续可微.

为了保证基函数的连续性, 在 $N_{i,p}(u)N_{j,q}(v)$ 的支集内两方向上的节点重数最高只能取为 p 和 q.

(b) 重节点时基函数的插值性质: 当节点向量 $\boldsymbol{U}$ 中的内节点 u_i 为 p 重且节点向量 $\boldsymbol{V}$ 中的内节点 v_j 为 q 重时, 只有分别定义在

$$\{u_{i-1}, \underbrace{u_i, \cdots, u_i}_{p \text{ 重}}, u_{i+1}\}, \quad \{v_{j-1}, \underbrace{v_j, \cdots, v_j}_{q \text{ 重}}, v_{j+1}\}$$

上的一元 p 次与 q 次 B 样条函数所张成的基函数 $N_{i-1,p}(u)N_{j-1,q}(v)$ 在点 (u_i, v_j) 处取值为 1, 其余所有 $p \times q$ 次张量积 B 样条基函数在 (u_i, v_j) 取值都为 0.

当节点向量 U 中的端点节点 u_i 的重数为 $p+1$ 而且节点向量 V 中的端点节点 v_j 的重数为 $q+1$ 时, 只有分别定义在

$$\{u_{i-1}, \underbrace{u_i, \cdots, u_i}_{(p+1)\,重}\} \quad 或 \quad \{\underbrace{u_i, \cdots, u_i}_{(p+1)重}, u_{i+1}\}$$

与

$$\{v_{j-1}, \underbrace{v_j, \cdots, v_j}_{(q+1)\,重}\} \quad 或 \quad \{\underbrace{v_j, \cdots, v_j}_{(q+1)\,重}, v_{j+1}\}$$

上的一元 p 次与 q 次 B 样条函数所张成的 $p \times q$ 次基函数在点 (u_i, v_j) 处取值为 1, 其余所有 $p \times q$ 次张量积 B 样条基函数在点 (u_i, v_j) 处取值都为 0.

同理, 分别由如上两种情况所定义的一元 B 样条基函数张成的 $p \times q$ 次基函数也具有插值性质. 例如, 节点向量 U 中的内节点 u_i 为 p 重, 节点向量 V 中的端点节点 v_j 为 $(q+1)$ 重, 则分别定义在

$$\{u_{i-1}, \underbrace{u_i, \cdots, u_i}_{p\,重}, u_{i+1}\}, \quad \{v_{j-1}, \underbrace{v_j, \cdots, v_j}_{(q+1)\,重}\}$$

上的一元 p 次与 q 次 B 样条函数所张成的 $p \times q$ 次基函数在点 (u_i, v_j) 处取值为 1, 其余所有张量积 B 样条基函数在点 (u_i, v_j) 处取值都为 0.

(c) 重节点时基函数的退化性质: 由节点向量

$$U = \{\underbrace{0, \cdots, 0}_{(p+1)\,重}, \underbrace{1, \cdots, 1}_{(p+1)\,重}\}, \quad V = \{\underbrace{0, \cdots, 0}_{(q+1)\,重}, \underbrace{1, \cdots, 1}_{(q+1)\,重}\}$$

所定义的 p 次与 q 次 B 样条基函数所张成的 $p \times q$ 次二元 B 样条基函数退化为 $p \times q$ 次张量积型的二元 Bernstein 基函数.

分别由节点向量 (如下重节点为端点节点时, 要求重数为 $p+1$ 或 $q+1$)

$$\{u_{i-1}, \underbrace{u_i, \cdots, u_i}_{p\,重}, \underbrace{u_{i+1}, \cdots, u_{i+1}}_{p\,重}, u_{i+2}\}$$

与

$$\{v_{j-1}, \underbrace{v_j, \cdots, v_j}_{q\,重}, \underbrace{v_{j+1}, \cdots, v_{j+1}}_{q\,重}, v_{j+2}\}$$

所定义一元 p 次与 q 次 B 样条基函数, 经张量所构造的 $(p+1) \times (q+1)$ 个 $p \times q$ 次基函数在区域 $[u_i, u_{i+1}] \times [v_j, v_{j+1}]$ 上, 经参数变换 $s = \dfrac{u - u_i}{u_{i+1} - u_i}$, $t = \dfrac{v - v_j}{v_{j+1} - v_j}$ 后转换为 $p \times q$ 次张量积型的二元 Bernstein 基函数.

因此, 张量积型 Bernstein 基函数是张量积型 B 样条基函数的特殊形式, 张量积型 B 样条基函数是张量积型 Bernstein 基函数的推广形式.

利用一元 B 样条基函数的性质, 同样可以推出张量积型 B 样条基函数的节点插入性质、平移性质等, 在此不再详细介绍, 请读者自己思考或参考文献 [7, 14, 16].

7.3.2 张量积型 B 样条曲面

> **定义 7.2** 称参数曲面
> $$\boldsymbol{P}(u,v) = \sum_{i=0}^{m} \sum_{j=0}^{n} \boldsymbol{P}_{i,j} N_{i,p}(u) N_{j,q}(v), \quad (u,v) \in [u_p, u_{m+1}] \times [v_q, v_{n+1}] \tag{7.23}$$
>
> 为 $p \times q$ 次张量积型 B 样条曲面, 简称为 $p \times q$ 次 B 样条曲面, 其中空间向量 $\boldsymbol{P}_{i,j} \in \mathbb{R}^3$ 称为控制顶点, $N_{i,p}(u)$ 和 $N_{j,q}(v)$ 分别为定义在节点向量
> $$\boldsymbol{U} = \{u_0, u_1, \cdots, u_{m+p+1}\}, \quad \boldsymbol{V} = \{v_0, v_1, \cdots, v_{n+q+1}\}$$
>
> 上的一元 p 次和 q 次 B 样条基函数, $i = 0, 1, \cdots, m, j = 0, 1, \cdots, n$. 依次用直线段连接同行同列相邻两个控制顶点所得的 $m \times n$ 边折线网格称为控制网格.

在如上定义中, B 样条曲面的参数域为 $[u_p, u_{m+1}] \times [v_q, v_{n+1}]$, 原因是在此区域上的每一个子矩形区域上, 都有 $(p+1) \times (q+1)$ 个 $p \times q$ 次张量积型 B 样条基函数以其为局部支集, 从而满足基函数的单位分解性, 以此定义的曲面才有我们即将介绍的一些优良性质.

例 7.19 当 $p = q = 1$ 时, 定义在节点向量
$$\boldsymbol{U} = \{u_0, u_1, \cdots, u_{m+2}\}, \quad \boldsymbol{V} = \{v_0, v_1, \cdots, v_{n+2}\}$$

上的双一次 B 样条曲面为
$$\boldsymbol{P}(u,v) = \sum_{i=0}^{m} \sum_{j=0}^{n} \boldsymbol{P}_{i,j} N_{i,1}(u) N_{j,1}(v), \quad (u,v) \in [u_1, u_{m+1}] \times [v_1, v_{n+1}].$$

定义在 $[u_i, u_{i+1}] \times [v_j, v_{j+1}] \subset [u_1, u_{m+1}] \times [v_1, v_{n+1}]$ 上的曲面片为

$$\begin{aligned}
\boldsymbol{P}(u,v) &= \sum_{k=i-1}^{i} \sum_{l=j-1}^{j} \boldsymbol{P}_{k,l}(u) N_{k,1}(u) N_{l,1}(v) \\
&= \frac{u_{i+1}-u}{u_{i+1}-u_i} \frac{v_{j+1}-v}{v_{j+1}-v_j} \boldsymbol{P}_{i-1,j-1} + \frac{u_{i+1}-u}{u_{i+1}-u_i} \frac{v-v_j}{v_{j+1}-v_j} \boldsymbol{P}_{i-1,j} + \\
&\quad \frac{u-u_i}{u_{i+1}-u_i} \frac{v_{j+1}-v}{v_{j+1}-v_j} \boldsymbol{P}_{i,j-1} + \frac{u-u_i}{u_{i+1}-u_i} \frac{v-v_j}{v_{j+1}-v_j} \boldsymbol{P}_{i,j},
\end{aligned}$$

满足
$$\boldsymbol{P}(u_i, v_j) = \boldsymbol{P}_{i-1,j-1}, \quad \boldsymbol{P}(u_i, v_{j+1}) = \boldsymbol{P}_{i-1,j},$$
$$\boldsymbol{P}(u_{i+1}, v_j) = \boldsymbol{P}_{i,j-1}, \quad \boldsymbol{P}(u_{i+1}, v_{j+1}) = \boldsymbol{P}_{i,j},$$

即 $P(u, v)$ 是在 $[u_i, u_{i+1}] \times [v_j, v_{j+1}]$ 上插值于四个控制顶点 $P_{i-1,j-1}$, $P_{i-1,j}$, $P_{i,j-1}$, $P_{i,j}$ 的双一次多项式参数曲面片. 因此 $P(u, v)$ 在整个参数域上为插值于所有控制顶点的分片双一次参数多项式曲面, 即为其控制网面.

利用张量积型 B 样条基函数的性质, 可以推出 B 样条曲面 (7.23) 具有如下基本性质:

(1) **几何不变性和仿射不变性**: 由张量积型 B 样条基函数在 B 样条曲面 (7.23) 的参数域上具有单位分解性可得.

(2) **分片多项式参数曲面**: 利用张量积型 B 样条基函数的局部性质, 在每个参数域中的胞腔 $[u_i, u_{i+1}) \times [v_j, v_{j+1})$ 上, B 样条曲面 (7.23) 是一片关于参数 u 和 v 的 $p \times q$ 次多项式曲面

$$P(u, v) = \sum_{k=i-p}^{i} \sum_{l=j-q}^{j} P_{k,l} N_{k,p}(u) N_{l,q}(v), \quad (u, v) \in [u_i, u_{i+1}] \times [v_j, v_{j+1}].$$

本质上, B 样条曲面是一个分片多项式参数曲面. 例如, 例 7.19 给出的双一次 B 样条曲面本质上就是分片双一次多项式参数曲面.

(3) **等参线性质与边界性质**: 当参数取为等参线 $v = v^*$ 和 $u = u^*$ 时, B 样条曲面 (7.23) 分别是 m 次和 n 次 B 样条曲线, 即

$$P(u, v^*) = \sum_{i=0}^{m} \left[\sum_{j=0}^{n} P_{i,j} N_{j,q}(v^*) \right] N_{i,p}(u), \quad u \in [u_p, u_{m+1}],$$

$$P(u^*, v) = \sum_{j=0}^{n} \left[\sum_{i=0}^{m} P_{i,j} N_{i,p}(u^*) \right] N_{j,q}(v), \quad v \in [v_q, v_{n+1}].$$

特别地, 当取参数域的四条边界 $u = u_p, u = u_{m+1}, v = v_q, v = v_{n+1}$ 时, B 样条曲面的边界也是 B 样条曲线, 其控制顶点分别由控制网格点的相应线性组合得到 (可参见例 7.21).

(4) **凸包性质**: 由张量积型 B 样条基函数的非负性和在参数域上的单位分解性, B 样条曲面 (7.23) 上的每一点都可以看作其控制顶点的凸组合, 而组合系数就是其对应的基函数. 这说明, B 样条曲面完全落在由其控制网格确定的凸包中.

例 7.20 给定节点向量

$$U = V = \{-3, -2, -1, 0, 1, 2, 3, 4\},$$

定义在该节点向量上的双三次 B 样条曲面与其控制网格, 由 MATLAB 生成的图形如图 7.20 所示, 显然曲面落在其控制网格的凸包里.

(5) **强凸包性质**: 利用如上的分片多项式参数曲面性质, 在其参数域上的任一矩形区域 $[u_i, u_{i+1}] \times [v_j, v_{j+1}]$ 上, B 样条曲面 (7.23) 为

$$P(u, v) = \sum_{k=i-p}^{i} \sum_{l=j-q}^{j} P_{k,l} N_{k,p}(u) N_{l,q}(v), \quad (u, v) \in [u_i, u_{i+1}] \times [v_j, v_{j+1}].$$

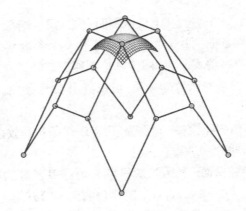

图 7.20 双三次 B 样条曲面及其控制网格

由于在区域 $[u_i, u_{i+1}) \times [v_j, v_{j+1})$ 上, $(p+1) \times (q+1)$ 个 B 样条基函数 $N_{k,p}(u)N_{l,q}(v)$ $(k = i-p, i-p+1, \cdots, i; l = j-q, j-q+1, \cdots, j)$ 具有单位分解性与非负性, 从而此片曲面上的每一点 $\boldsymbol{P}(u,v)$ 都是这 $(p+1) \times (q+1)$ 个控制顶点 $\boldsymbol{P}_{k,l}(k = i-p, i-p+1, \cdots, i; l = j-q, j-q+1, \cdots, j)$ 的凸组合, 从而落在由它们所构成的凸包中, 这就是 B 样条曲面所谓的 "强" 凸包性.

(6) **局部调整性质**: 由于 $p \times q$ 次 B 样条基函数 $N_{i,p}(u)N_{j,q}(v)$ 的局部支集为 $[u_i, u_{i+p+1}) \times [v_j, v_{j+q+1})$, 因此控制顶点 $\boldsymbol{P}_{i,j}$ 只对区域

$$([u_i, u_{i+p+1}) \times [v_j, v_{j+q+1})) \cap ([u_p, u_{m+1}] \times [v_q, v_{n+1}])$$

上定义的 B 样条曲面有贡献. 换句话说, 调整控制顶点 $\boldsymbol{P}_{i,j}$ 只影响 B 样条曲面在

$$([u_i, u_{i+p+1}) \times [v_j, v_{j+q+1})) \cap ([u_p, u_{m+1}] \times [v_q, v_{n+1}])$$

上相应的曲面片, 而不影响其余部分曲面. 因此, 局部调整性质增强了 B 样条曲面的灵活性.

(7) **偏导矢性质**: 由 (7.23) 式定义的张量积型 B 样条曲面的一阶单向偏导矢为

$$\frac{\partial}{\partial u}\boldsymbol{P}(u,v) = \sum_{i=1}^{m}\sum_{j=0}^{n}(\boldsymbol{P}_{i,j} - \boldsymbol{P}_{i-1,j})\frac{p}{u_{i+p} - u_i}N_{i,p-1}(u)N_{j,q}(v),$$
$$(u,v) \in [u_p, u_{m+1}] \times [v_q, v_{n+1}],$$
$$\frac{\partial}{\partial v}\boldsymbol{P}(u,v) = \sum_{i=0}^{m}\sum_{j=1}^{n}(\boldsymbol{P}_{i,j} - \boldsymbol{P}_{i,j-1})\frac{p}{v_{j+q} - v_j}N_{i,p}(u)N_{j,q-1}(v),$$
$$(u,v) \in [u_p, u_{m+1}] \times [v_q, v_{n+1}].$$

特别地, 当 $v = v_q, u = u_p$ 时的边界曲线的偏导矢为

$$\frac{\partial}{\partial u} P(u_p, v) = \sum_{i=1}^{p-1} \sum_{j=0}^{n} (P_{i,j} - P_{i-1,j}) \frac{p}{u_{i+p} - u_i} N_{i,p-1}(u_p) N_{j,q}(v), \quad v \in [v_q, v_{n+1}],$$

$$\frac{\partial}{\partial v} P(u, v_q) = \sum_{i=0}^{m} \sum_{j=1}^{q-1} (P_{i,j} - P_{i,j-1}) \frac{q}{u_{j+q} - u_j} N_{i,p}(u) N_{j,q-1}(v_q), \quad u \in [u_p, u_{m+1}].$$

在参数 (u_p, v_q) 处, 曲面角点满足

$$P(u_p, v_q) = \sum_{i=0}^{p-1} \sum_{j=0}^{q-1} P_{i,j} N_{i,p}(u_p) N_{j,q}(v_q),$$

$$\frac{\partial}{\partial u} P(u_p, v_q) = \sum_{i=1}^{p-1} \sum_{j=0}^{q-1} (P_{i,j} - P_{i-1,j}) \frac{p}{u_{i+p} - u_i} N_{i,p-1}(u_p) N_{j,q}(v_q),$$

$$\frac{\partial}{\partial v} P(u_p, v_q) = \sum_{i=0}^{p-1} \sum_{j=1}^{q-1} (P_{i,j} - P_{i,j-1}) \frac{q}{u_{j+q} - u_j} N_{i,p}(u_p) N_{j,q-1}(v_q).$$

例 7.21 设节点向量为 $U = V = \{-2, -1, 0, 1, 2, 3\}$, 由其定义的双二次 B 样条曲面为

$$P(u, v) = \sum_{i=0}^{2} \sum_{j=0}^{2} P_{i,j} N_{i,2}(u) N_{j,2}(v), \quad (u, v) \in [0, 1] \times [0, 1].$$

当 $v = 0, u = 0$ 时, 其边界曲线为

$$P(u, 0) = \sum_{i=0}^{2} \frac{1}{2} (P_{i,0} + P_{i,1}) N_{i,2}(u),$$

$$P(0, v) = \sum_{j=0}^{2} \frac{1}{2} (P_{0,j} + P_{1,j}) N_{j,2}(v).$$

这说明, 边界曲线 $P(u, 0)$ 是由节点向量 $U = \{-2, -1, 0, 1, 2, 3\}$ 和控制顶点

$$\frac{1}{2}(P_{0,0} + P_{0,1}), \quad \frac{1}{2}(P_{1,0} + P_{1,1}), \quad \frac{1}{2}(P_{2,0} + P_{2,1})$$

所定义的二次 B 样条曲线, 而边界曲线 $P(0, v)$ 是由节点向量 $V = \{-2, -1, 0, 1, 2, 3\}$ 和控制顶点

$$\frac{1}{2}(P_{0,0} + P_{1,0}), \quad \frac{1}{2}(P_{0,1} + P_{1,1}), \quad \frac{1}{2}(P_{0,2} + P_{1,2})$$

所确定的二次 B 样条曲线. 对称地, 可以得到另外两条边界曲线 $P(u, 1), P(1, v)$ 也为由相应控制顶点定义的二次 B 样条曲线.

在参数 $(0, 0)$ 处, 曲面角点 $P(0, 0)$ 满足

$$P(0, 0) = \frac{1}{4}(P_{0,0} + P_{0,1} + P_{1,0} + P_{1,1}),$$

$$P_u(0,0) = \frac{1}{2}(P_{1,1} + P_{1,0} - P_{0,1} - P_{0,0}),$$

$$P_v(0,0) = \frac{1}{2}(P_{1,1} + P_{0,1} - P_{1,0} - P_{0,0}).$$

同理可得曲面在其他角点处的相关性质.

再由双二次 Bézier 曲面的性质, 不难得到如上定义在 $[0,1] \times [0,1]$ 上的双二次 B 样条曲面 $P(u,v)$ 恰好是以如下点阵为控制网格的双二次 Bézier 曲面:

$$\frac{1}{4}(P_{0,0} + P_{0,1} + P_{1,0} + P_{1,1}) \quad \frac{1}{2}(P_{1,0} + P_{1,1}) \quad \frac{1}{4}(P_{1,0} + P_{1,1} + P_{2,0} + P_{2,1})$$

$$\frac{1}{2}(P_{0,1} + P_{1,1}) \qquad P_{1,1} \qquad \frac{1}{2}(P_{1,1} + P_{2,1})$$

$$\frac{1}{4}(P_{0,1} + P_{0,2} + P_{1,1} + P_{1,2}) \quad \frac{1}{2}(P_{1,1} + P_{1,2}) \quad \frac{1}{4}(P_{1,1} + P_{1,2} + P_{2,1} + P_{2,2})$$

由 MATLAB 生成的图形如图 7.21 所示, 细线网格为双二次 B 样条曲面的控制网格, 而粗线网格为对应双二次 Bézier 曲面的控制网格.

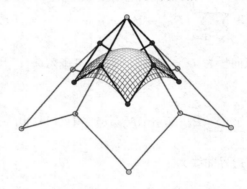

图 7.21
程序代码

图 7.21　双二次 B 样条曲面与双二次 Bézier 曲面的控制网格

(8) **重节点性质**.

(a) **B 样条曲面的连续阶性质**: 由二元 B 样条基函数的连续阶性质, 当 u 方向的某节点 u_k 为 p_k 重时, B 样条曲面 (7.23) 的等参线 $P(u, v^*)$ 在点 $u = u_k$ 处的连续阶为 $p - p_k$. 同样, 当 v 方向的某节点 v_l 的重数为 q_l 时, B 样条曲面 (7.23) 的等参线 $P(u^*, v)$ 在点 $v = v_l$ 处的连续阶为 $q - q_l$.

(b) **B 样条曲面的插值性质**: 当节点向量 U 中的内节点 u_i 为 p 重 (或当边界节点 u_i 为 $(p+1)$ 重), 且节点向量 V 中的内节点 v_j 为 q 重时, 利用基函数的插值性质, 只有基函数 $N_{i-1,p}(u)N_{j-1,q}(v)$ 在点 (u_i, v_j) 处取值为 1, 其余所有基函数在点 (u_i, v_j) 处取值都为 0. 这说明此时 B 样条曲面 (7.23) 插值于该基函数对应的控制顶点 $P_{i-1,j-1}$, 且满足

$$P(u_i, v_j) = P_{i-1,j-1}.$$

当节点向量 U 中的端点节点 u_i 的重数为 $p+1$ (或内节点 u_i 的重数为 p), 且节点向量 V 中的端点节点 v_j 的重数为 $q+1$ 时, 利用基函数的插值性质, 只有一

个定义在相应节点向量上的 $p \times q$ 次基函数在点 (u_i, v_j) 处取值为 1, 其余所有基函数在点 (u_i, v_j) 处取值都为 0. 这说明, B 样条曲面 (7.23) 在点 (u_i, v_j) 处插值于此基函数对应的控制顶点. 当 u_i 与 v_j 都是边界节点时, B 样条曲面在点 (u_i, v_j) 处插值于控制网格的角点.

当节点向量 $\boldsymbol{U}, \boldsymbol{V}$ 的每一个端点节点都分别为 $(p+1)$ 重, $(q+1)$ 重时, B 样条曲面 (7.23) 插值于控制网格的四个角点

$$\boldsymbol{P}(u_0, v_0) = \boldsymbol{P}_{0,0}, \quad \boldsymbol{P}(u_0, v_{n+1}) = \boldsymbol{P}_{0,n},$$
$$\boldsymbol{P}(u_{m+1}, v_0) = \boldsymbol{P}_{m,0}, \quad \boldsymbol{P}(u_{m+1}, v_{n+1}) = \boldsymbol{P}_{m,n},$$

此时 B 样条曲面具有角点插值性.

特别地, 当 $\boldsymbol{U}, \boldsymbol{V}$ 都为准均匀节点向量时, B 样条曲面 (7.23) 插值于控制网格的四个角点, 其等参线都是准均匀 p 次或 q 次 B 样条曲线, 且其四条边界曲线恰是由控制网格四边所定义的准均匀 p 次或 q 次 B 样条曲线.

例 7.22 对于相同的控制顶点, 分别定义在单节点向量

$$\boldsymbol{U} = \{0,1,2,3,4,5,6,7,8\}, \quad \boldsymbol{V} = \{0,1,2,3,4,5,6\}$$

和具有重节点的

$$\boldsymbol{U} = \{0,0,0,1,2,2,3,3,3\}, \quad \boldsymbol{V} = \{0,0,0,1,2,2,2\}$$

上的双二次 B 样条曲面分别如图 7.22(a) 和 (b) 所示. 由于采用单节点, 图 7.22(a) 所示曲面整体具有 C^1 连续性. 由于采用了重节点, 图 7.22(b) 所示的双二次 B 样条曲面在 u 方向上当 $u=2$ 时只具有 C^0 连续性, 曲面具有角点插值性, 且其边界曲线都是由相应的控制网格边所定义的 B 样条曲线.

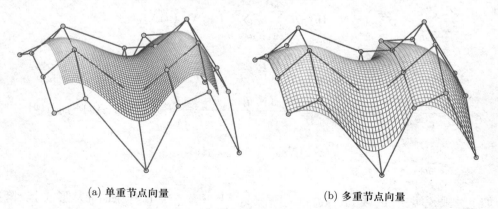

图 7.22 彩图

(a) 单重节点向量   (b) 多重节点向量

图 7.22 双二次 B 样条曲面及其控制网格

(c) **B 样条曲面的退化性质**: 利用重节点时基函数的退化性质, 由节点向量

$$\boldsymbol{U} = \{\underbrace{0, \cdots, 0}_{(p+1)\,\text{重}}, \underbrace{1, \cdots, 1}_{(p+1)\,\text{重}}\}, \quad \boldsymbol{V} = \{\underbrace{0, \cdots, 0}_{(q+1)\,\text{重}}, \underbrace{1, \cdots, 1}_{(q+1)\,\text{重}}\}$$

定义的 $p \times q$ 次 B 样条曲面退化为 $p \times q$ 次张量积型 Bézier 曲面.

而当内部节点出现 (如下重节点为端点节点时, 要求重数为 $p+1$ 或 $q+1$)

$$\{u_{i-1}, \underbrace{u_i, \cdots, u_i}_{p\,\text{重}}, \underbrace{u_{i+1}, \cdots, u_{i+1}}_{p\,\text{重}}, u_{i+2}\}, \quad \{v_{j-1}, \underbrace{v_j, \cdots, v_j}_{q\,\text{重}}, \underbrace{v_{j+1}, \cdots, v_{j+1}}_{q\,\text{重}}, v_{j+2}\}$$

时, 利用重节点时 B 样条基函数的退化性质, 定义在胞腔 $[u_i, u_{i+1}] \times [v_j, v_{j+1}]$ 上的 $p \times q$ 次 B 样条曲面片 (经参数变换后) 退化为 $p \times q$ 次的 Bézier 曲面片.

7.3.3 de Boor 算法

如下我们将 B 样条曲线的 de Boor 算法以张量形式推广到 B 样条曲面上, 给出迭代计算 B 样条曲面上一点的几何算法, 它也是 de Casteljau 算法的推广.

对 $p \times q$ 次 B 样条曲面 (7.23), 给出参数

$$(u, v) \in [u_k, u_{k+1}) \times [v_l, v_{l+1}) \subset [u_p, u_{m+1}] \times [v_q, v_{n+1}],$$

目的是计算其上一点 $\boldsymbol{P}(u, v)$. 利用张量积型 B 样条基函数的局部支集性与 de Boor-Cox 公式 (7.1), 可知

$$
\begin{aligned}
&\boldsymbol{P}(u, v) \\
&= \sum_{i=0}^{m} \sum_{j=0}^{n} \boldsymbol{P}_{i,j} N_{i,p}(u) N_{j,q}(v) = \sum_{i=k-p}^{k} \sum_{j=l-q}^{l} \boldsymbol{P}_{i,j} N_{i,p}(u) N_{j,q}(v) \\
&= \sum_{i=k-p}^{k} \sum_{j=l-q}^{l} \left(\frac{u_{i+p}-u}{u_{i+p}-u_i} \frac{v_{j+q}-v}{v_{j+q}-v_j} \boldsymbol{P}_{i-1,j-1} + \frac{u-u_i}{u_{i+p}-u_i} \frac{v_{j+q}-v}{v_{j+q}-v_j} \boldsymbol{P}_{i,j-1} + \right. \\
&\qquad \left. \frac{u_{i+p}-u}{u_{i+p}-u_i} \frac{v-v_j}{v_{j+q}-v_j} \boldsymbol{P}_{i-1,j} + \frac{u-u_i}{u_{i+p}-u_i} \frac{v-v_j}{v_{j+q}-v_j} \boldsymbol{P}_{i,j} \right) N_{i,p-1}(u) N_{j,q-1}(v). \\
&= \sum_{i=k-p+1}^{k} \sum_{j=l-q+1}^{l} \boldsymbol{P}_{i,j}^{(1,1)}(u, v) N_{i,p-1}(u) N_{j,q-1}(v).
\end{aligned}
$$

如上公式说明, 在区域 $[u_k, u_{k+1}) \times [v_l, v_{l+1})$ 上, $p \times q$ 次 B 样条曲面从形式上 "降阶" 为 $(p-1) \times (q-1)$ 次 B 样条曲面, 新的控制顶点为原控制网格中相关网格上的四个控制顶点的加权平均, 其中 "权" 系数依赖于参数 u 和 v. 在几何上, 相当于

将原控制网格局部进行割角, 从而形成新的控制网格. 一直这样 "降阶" 下去,

$$
\begin{aligned}
\boldsymbol{P}(u,v) &= \sum_{i=k-p+1}^{k} \sum_{j=l-q+1}^{l} \boldsymbol{P}_{i,j}^{(1,1)}(u,v) N_{i,p-1}(u) N_{j,q-1}(v) = \cdots \\
&= \sum_{i=k-p+r}^{k} \sum_{j=l-q+s}^{l} \boldsymbol{P}_{i,j}^{(r,s)}(u,v) N_{i,p-r}(u) N_{j,q-s}(v) = \cdots \\
&= \boldsymbol{P}_{k,l}^{(p,q)}(u,v),
\end{aligned}
$$

最后 $p \times q$ 次 B 样条曲面从形式上 "降阶" 为 0×0 次曲面 (即一点) $\boldsymbol{P}_{k,l}^{(p,q)}(u,v)$, 从而得到我们要计算的曲面上的点 $\boldsymbol{P}(u,v)$, 这就是 B 样条曲面的 de Boor 算法. 相对于将参数代入曲面表示式并进行求值计算, de Boor 算法更简单快捷, 只需对原相关的部分控制顶点进行线性运算即可.

需要说明的是: 当如上公式里 p,q 中的某一个先 "降阶" 到 0 次时, 只需对另外一个相关参数进行降阶, 此时就是 B 样条曲线的 de Boor 算法. 此外, 我们还可以对两个参数分别采用 B 样条曲线的 de Boor 算法, 即先将一个参数 "降阶" 到 0 次, 然后再对另外一个参数 "降阶" 到 0 次, 所得结果是相同的. 不管如何实现, de Boor 算法总可表示为如下递归求值算法:

$$
\begin{cases}
\boldsymbol{P}_{i,j}^{(0,0)}(u,v) = \boldsymbol{P}_{i,j}^{(0,0)} = \boldsymbol{P}_{i,j}, \quad i = k-p, k-p+1, \cdots, k, \\
\qquad j = l-q, l-q+1, \cdots, l, \\
\boldsymbol{P}_{i,j}^{(r,s)}(u,v) = (1-\alpha_i^{(r)})(1-\beta_j^{(s)}) \boldsymbol{P}_{i-1,j-1}^{(r-1,s-1)}(u,v) + \\
\qquad (1-\alpha_i^{(r)})\beta_j^{(s)} \boldsymbol{P}_{i-1,j}^{(r-1,s-1)}(u,v) + \\
\qquad \alpha_i^{(r)}(1-\beta_j^{(s)}) \boldsymbol{P}_{i,j-1}^{(r-1,s-1)}(u,v) + \alpha_i^{(r)} \beta_j^{(s)} \boldsymbol{P}_{i,j}^{(r-1,s-1)}(u,v),
\end{cases} \tag{7.24}
$$

其中

$$
\alpha_i^{(r)} = \frac{u - u_i}{u_{i+p+1-r} - u_i}, \quad \beta_j^{(s)} = \frac{v - v_j}{v_{j+q+1-s} - v_j},
$$
$$
r = 1, 2, \cdots, p, \quad s = 1, 2, \cdots, q,
$$
$$
i = k-p+r, k-p+r+1, \cdots, k, \quad j = l-q+s, l-q+s+1, \cdots, l.
$$

当节点向量

$$
\boldsymbol{U} = \{\underbrace{0, \cdots, 0}_{(p+1) \, \text{重}}, \underbrace{1, \cdots, 1}_{(p+1) \, \text{重}}\}, \quad \boldsymbol{V} = \{\underbrace{0, \cdots, 0}_{(q+1) \, \text{重}}, \underbrace{1, \cdots, 1}_{(q+1) \, \text{重}}\}
$$

时, $p \times q$ 次 B 样条曲面退化为 $p \times q$ 次张量积型 Bézier 曲面, 相应的 de Boor 算法也退化为 de Casteljau 算法.

例 7.23 给定控制顶点

$$P_{0,0} = (1,0,0), \quad P_{1,0} = \left(2,0,\frac{1}{2}\right), \quad P_{2,0} = (3,0,0),$$

$$P_{0,1} = \left(1,1,\frac{1}{2}\right), \quad P_{1,1} = \left(2,1,\frac{3}{2}\right), \quad P_{2,1} = \left(3,1,\frac{1}{2}\right),$$

$$P_{0,2} = (1,2,0), \quad P_{1,2} = \left(2,2,\frac{1}{2}\right), \quad P_{2,2} = (3,2,0)$$

和节点向量

$$U = V = \{-2,-1,0,1,2,3\},$$

它们定义了一张双二次 B 样条曲面 $P(u,v)$. 利用 de Boor 算法计算曲面上点 $P\left(\frac{1}{2},\frac{1}{2}\right)$ 的值.

解 利用递推公式 (7.24), 可得

$$\begin{aligned}
P_{1,1}^{(1,1)} &= (1-\alpha_1^{(1)})(1-\beta_1^{(1)})P_{0,0}^{(0,0)} + (1-\alpha_1^{(1)})\beta_1^{(1)}P_{0,1}^{(0,0)} + \\
&\quad \alpha_1^{(1)}(1-\beta_1^{(1)})P_{1,0}^{(0,0)} + \alpha_1^{(1)}\beta_1^{(1)}P_{1,1}^{(0,0)} \\
&= \left(\frac{7}{4},\frac{3}{4},\frac{33}{32}\right),
\end{aligned}$$

$$\begin{aligned}
P_{1,2}^{(1,1)} &= (1-\alpha_1^{(1)})(1-\beta_2^{(1)})P_{0,1}^{(0,0)} + (1-\alpha_1^{(1)})\beta_2^{(1)}P_{0,2}^{(0,0)} + \\
&\quad \alpha_1^{(1)}(1-\beta_2^{(1)})P_{1,1}^{(0,0)} + \alpha_1^{(1)}\beta_2^{(1)}P_{1,2}^{(0,0)} \\
&= \left(\frac{7}{4},\frac{5}{4},\frac{33}{32}\right),
\end{aligned}$$

$$\begin{aligned}
P_{2,1}^{(1,1)} &= (1-\alpha_2^{(1)})(1-\beta_1^{(1)})P_{1,0}^{(0,0)} + (1-\alpha_2^{(1)})\beta_1^{(1)}P_{1,1}^{(0,0)} + \\
&\quad \alpha_2^{(1)}(1-\beta_1^{(1)})P_{2,0}^{(0,0)} + \alpha_2^{(1)}\beta_1^{(2)}P_{2,1}^{(0,0)} \\
&= \left(\frac{9}{4},\frac{3}{4},\frac{33}{32}\right),
\end{aligned}$$

$$\begin{aligned}
P_{2,2}^{(1,1)} &= (1-\alpha_2^{(1)})(1-\beta_2^{(1)})P_{1,1}^{(0,0)} + (1-\alpha_2^{(1)})\beta_2^{(1)}P_{1,2}^{(0,0)} + \\
&\quad \alpha_2^{(1)}(1-\beta_2^{(1)})P_{2,1}^{(0,0)} + \alpha_2^{(1)}\beta_2^{(1)}P_{2,2}^{(0,0)} \\
&= \left(\frac{9}{4},\frac{5}{4},\frac{33}{32}\right),
\end{aligned}$$

$$\begin{aligned}
P_{2,2}^{(2,2)} &= (1-\alpha_2^{(2)})(1-\beta_2^{(2)})P_{1,1}^{(1,1)} + (1-\alpha_2^{(2)})\beta_2^{(2)}P_{1,2}^{(1,1)} + \\
&\quad \alpha_2^{(2)}(1-\beta_2^{(2)})P_{2,1}^{(1,1)} + \alpha_2^{(2)}\beta_2^{(2)}P_{2,2}^{(1,1)} \\
&= \left(2,1,\frac{33}{32}\right),
\end{aligned}$$

其中

$$u = v = \frac{1}{2}, \quad \alpha_1^{(1)} = \beta_1^{(1)} = \frac{u-u_1}{u_3-u_1} = \frac{3}{4},$$

$$\alpha_2^{(1)} = \beta_2^{(1)} = \frac{u-u_2}{u_4-u_2} = \frac{1}{4}, \quad \alpha_2^{(2)} = \beta_2^{(2)} = \frac{u-u_2}{u_3-u_2} = \frac{1}{2}.$$

从而可得

$$P\left(\frac{1}{2}, \frac{1}{2}\right) = P_{2,2}^{(2,2)} = \left(2, 1, \frac{33}{32}\right).$$

图 7.23 给出了用 de Boor 算法求值时控制顶点间递推关系 (金字塔算法), 由 MAT-LAB 生成的图 7.24 给出了具体的几何作图过程.

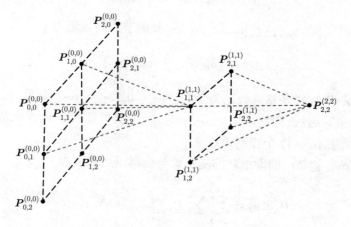

图 7.23　由 de Boor 算法给出的相关局部控制顶点间递推关系

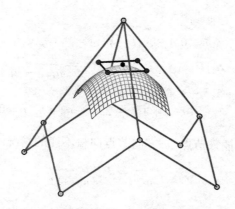

图 7.24
程序代码

图 7.24　de Boor 算法对双二次 B 样条曲面求值的几何作图

7.3.4　节点插入算法

　　如下我们将 B 样条曲线的节点插入算法以张量形式推广到 B 样条曲面上, 给出 B 样条曲面的节点插入算法, 它也是 B 样条曲面的一个重要几何算法.

　　对 $p \times q$ 次 B 样条曲面

$$P(u,v) = \sum_{i=0}^{m} \sum_{j=0}^{n} P_{i,j} N_{i,p}(u) N_{j,q}(v), \quad (u,v) \in [u_p, u_{m+1}] \times [v_q, v_{n+1}],$$

我们在曲面的节点向量中插入节点, 要求曲面保持不变, 则相应的新控制顶点计算算法如下:

(1) 首先考虑 u 方向插入节点, v 方向节点向量不变的情况. 在 u 方向节点向量

$$U = \{u_0, u_1, \cdots, u_{m+p+1}\}$$

中插入节点 $u^* \in [u_k, u_{k+1}) \subset [u_p, u_{m+1}]$ 后, 新的节点向量记为

$$U^1 = \{u_0^1, u_1^1, \cdots, u_{m+p+2}^1\},$$

其上定义的 p 次 B 样条基函数记为 $N_{i,p}^1(u)(i = 0, 1, \cdots, m+1)$, 则 u 方向增加一个 p 次 B 样条基函数, 因此增加 $(n+1)$ 个 $p \times q$ 次张量积型 B 样条基函数, 那么曲面相应要增加 $(n+1)$ 个控制顶点.

设插入节点 u^* 后, 曲面由新的基函数与控制顶点表示为

$$P(u,v) = \sum_{i=0}^{m+1} \sum_{j=0}^{n} P_{i,j}^{(1,0)} N_{i,p}^1(u) N_{j,q}(v).$$

由于节点插入后曲面保持不变, 利用基函数的插入节点算法, 新的控制顶点 $P_{i,j}^{(1,0)}$ 可由如下方式确定:

$$\begin{cases} P_{i,j}^{(1,0)} = P_{i,j}, & i = 0, 1, \cdots, k-p, \ j = 0, 1, \cdots, n, \\ P_{i,j}^{(1,0)} = (1-\alpha_i)P_{i-1,j} + \alpha_i P_{i,j}, & \alpha_i = \dfrac{u^* - u_i}{u_{i+p} - u_i}, \\ \quad i = k-p+1, k-p+2, \cdots, k, \ j = 0, 1, \cdots, n, \\ P_{i,j}^{(1,0)} = P_{i-1,j}, & i = k+1, k+2, \cdots, m+1, \ j = 0, 1, \cdots, n. \end{cases} \quad (7.25)$$

(2) 再考虑 v 方向插入节点, u 方向节点向量不变的情况. 在 v 方向节点向量

$$V = \{v_0, v_1, \cdots, v_{n+q+1}\}$$

中插入节点 $v^* \in [v_l, v_{l+1}) \subset [v_q, v_{n+1}]$ 后, 新的节点向量记为

$$V^1 = \{v_0^1, v_1^1, \cdots, v_{n+q+2}^1\},$$

其上定义的 q 次 B 样条基函数记为 $N_{j,q}^1(v)(j = 0, 1, \cdots, n+1)$, 则 v 方向增加一个 q 次 B 样条基函数, 因此增加 $(m+1)$ 个 $p \times q$ 次张量积型 B 样条基函数, 那么曲面相应要增加 $(m+1)$ 个控制顶点.

设插入节点 v^* 后, 曲面由新的基函数与控制顶点表示为

$$P(u,v) = \sum_{i=0}^{m} \sum_{j=0}^{n+1} P_{i,j}^{(0,1)} N_{i,p}(u) N_{j,q}^1(v).$$

由于节点插入后曲面保持不变, 利用基函数的插入节点算法, 新的控制顶点 $\boldsymbol{P}_{i,j}^{(0,1)}$ 可由如下方式确定:

$$\begin{cases} \boldsymbol{P}_{i,j}^{(0,1)} = \boldsymbol{P}_{i,j}, \quad i = 0, 1, \cdots, m, \ j = 0, 1, \cdots, l-q, \\ \boldsymbol{P}_{i,j}^{(0,1)} = (1-\beta_j)\boldsymbol{P}_{i,j-1} + \beta_j \boldsymbol{P}_{i,j}, \quad \beta_j = \dfrac{v^* - v_j}{v_{j+p} - v_j}, \\ \quad i = 0, 1, \cdots, m, \ j = l-q+1, l-q+2, \cdots, l, \\ \boldsymbol{P}_{i,j}^{(0,1)} = \boldsymbol{P}_{i,j-1}, \quad i = 0, 1, \cdots, m, \ j = l+1, l+2, \cdots, n+1. \end{cases} \tag{7.26}$$

(3) 如果在 u 方向和 v 方向的节点向量中分别插入节点 $u^* \in [u_k, u_{k+1}) \subset [u_p, u_{m+1}]$, $v^* \in [v_l, v_{l+1}) \subset [v_q, v_{n+1}]$, 那么由新的节点向量 $\boldsymbol{U}^1, \boldsymbol{V}^1$ 定义的 $p \times q$ 次张量积型 B 样条基函数增加 $(m+n+3)$ 个, 也相应增加 $(m+n+3)$ 个控制顶点.

设插入节点 u^*, v^* 后, 曲面由新的基函数与控制顶点表示为

$$\boldsymbol{P}(u, v) = \sum_{i=0}^{m+1} \sum_{j=0}^{n+1} \boldsymbol{P}_{i,j}^{(1,1)} N_{i,p}^1(u) N_{j,q}^1(v).$$

由于节点插入后曲面保持不变, 利用如上两条结论, 新的控制顶点 $\boldsymbol{P}_{i,j}^{(1,1)}$ 满足如下关系:

$$\begin{cases} \boldsymbol{P}_{i,j}^{(1,1)} = \boldsymbol{P}_{i,j}, \quad i = 0, 1, \cdots, k-p, \ j = 0, 1, \cdots, l-q, \\ \boldsymbol{P}_{i,j}^{(1,1)} = (1-\alpha_i)\boldsymbol{P}_{i-1,j} + \alpha_i \boldsymbol{P}_{i,j}, \quad i = k-p+1, k-p+2, \cdots, k, \\ \quad j = 0, l, \cdots, l-q, \\ \boldsymbol{P}_{i,j}^{(1,1)} = \boldsymbol{P}_{i-1,j}, \quad i = k+1, k+2, \cdots, m+1, \ j = 0, l, \cdots, l-q; \end{cases} \tag{7.27}$$

$$\begin{cases} \boldsymbol{P}_{i,j}^{(1,1)} = (1-\beta_j)\boldsymbol{P}_{i,j-1} + \beta_j \boldsymbol{P}_{i,j}, \quad i = 0, 1, \cdots, k-p, \\ \quad j = l-q+1, l-q+2, \cdots, l, \\ \boldsymbol{P}_{i,j}^{(1,1)} = (1-\alpha_i)(1-\beta_j)\boldsymbol{P}_{i-1,j-1} + (1-\alpha_i)\beta_j \boldsymbol{P}_{i-1,j} + \\ \quad \alpha_i(1-\beta_j)\boldsymbol{P}_{i,j-1} + \alpha_i \beta_j \boldsymbol{P}_{i,j}, \\ \quad i = k-p+1, k-p+2, \cdots, k, \ j = l-q+1, l-q+2, \cdots, l, \\ \boldsymbol{P}_{i,j}^{(1,1)} = (1-\beta_j)\boldsymbol{P}_{i-1,j-1} + \beta_j \boldsymbol{P}_{i-1,j}, \quad i = k+1, k+2, \cdots, m+1, \\ \quad j = l-q+1, l-q+2, \cdots, l; \end{cases} \tag{7.28}$$

$$\begin{cases} \boldsymbol{P}_{i,j}^{(1,1)} = \boldsymbol{P}_{i,j-1}, \quad i = 0, 1, \cdots, k-p, \quad j = l+1, l+2, \cdots, n+1, \\ \boldsymbol{P}_{i,j}^{(1,1)} = (1-\alpha_i)\boldsymbol{P}_{i-1,j-1} + \alpha_i \boldsymbol{P}_{i,j-1}, \quad i = k-p+1, k-p+2, \cdots, k, \\ \quad j = l+1, l+2, \cdots, n+1, \\ \boldsymbol{P}_{i,j}^{(1,1)} = \boldsymbol{P}_{i-1,j-1}, \quad i = k+1, k+2, \cdots, m+1, \\ \quad j = l+1, l+2, \cdots, n+1. \end{cases} \tag{7.29}$$

其中

$$\alpha_i = \frac{u^* - u_i}{u_{i+p} - u_i}, \quad \beta_j = \frac{v^* - v_j}{v_{j+p} - v_j},$$
$$i = k-p+1, k-p+2, \cdots, k, \quad j = l-q+1, l-q+2, \cdots, l.$$

如上公式与插入节点 u^*, v^* 的先后顺序无关.

(4) 进一步, 考虑 B 样条曲面分别在节点向量 U 中重复 r 次插入节点 $u^* \in [u_k, u_{k+1}) \subset [u_p, u_{m+1}]$, 在节点向量 V 中重复 s 次插入节点 $v^* \in [v_l, v_{l+1}) \subset [v_q, v_{n+1}]$. 新的控制顶点记为 $\boldsymbol{P}_{i,j}^{(r,s)}(i = 0, 1, \cdots, m+r, j = 0, 1, \cdots, n+s)$, 则它们由如下关系确定:

$$
\begin{cases}
\boldsymbol{P}_{i,j}^{(0,0)} = \boldsymbol{P}_{i,j}, \quad i = 0, 1, \cdots, m, \ j = 0, 1, \cdots, n, \\
\boldsymbol{P}_{i,j}^{(r,s)} = \boldsymbol{P}_{i,j}^{(r-1,s-1)}, \quad i = 0, 1, \cdots, k-p+r-1, \\
\quad j = 0, 1, \cdots, l-q+s-1, \\
\boldsymbol{P}_{i,j}^{(r,s)} = (1-\alpha_i^{(r)})\boldsymbol{P}_{i-1,j}^{(r-1,s-1)} + \alpha_i^{(r)}\boldsymbol{P}_{i,j}^{(r-1,s-1)}, \\
\quad i = k-p+r, k-p+r+1, \cdots, k, \ j = 0, 1, \cdots, l-q+s-1, \\
\boldsymbol{P}_{i,j}^{(r,s)} = \boldsymbol{P}_{i-1,j}^{(r-1,s-1)}, \quad i = k+1, k+2, \cdots, m+r, \\
\quad j = 0, 1, \cdots, l-q+s-1,
\end{cases}
\tag{7.30}
$$

$$
\begin{cases}
\boldsymbol{P}_{i,j}^{(r,s)} = (1-\beta_j^{(s)})\boldsymbol{P}_{i,j-1}^{(r-1,s-1)} + \beta_j^{(s)}\boldsymbol{P}_{i,j}^{(r-1,s-1)}, \\
\quad i = 0, 1, \cdots, k-p+r-1, \ j = l-q+s, l-q+s+1, \cdots, l, \\
\boldsymbol{P}_{i,j}^{(r,s)} = (1-\alpha_i^{(r)})(1-\beta_j^{(s)})\boldsymbol{P}_{i-1,j-1}^{(r-1,s-1)} + (1-\alpha_i^{(r)})\beta_j^{(s)}\boldsymbol{P}_{i-1,j}^{(r-1,s-1)} + \\
\quad \alpha_i^{(r)}(1-\beta_j^{(s)})\boldsymbol{P}_{i,j-1}^{(r-1,s-1)} + \alpha_i^{(r)}\beta_j^{(s)}\boldsymbol{P}_{i,j}^{(r-1,s-1)}, \\
\quad i = k-p+r, k-p+r+1, \cdots, k, \ j = l-q+s, l-q+s+1, \cdots, l, \\
\boldsymbol{P}_{i,j}^{(r,s)} = (1-\beta_j^{(s)})\boldsymbol{P}_{i-1,j-1}^{(r-1,s-1)} + \beta_j^{(s)}\boldsymbol{P}_{i-1,j}^{(r-1,s-1)}, \\
\quad i = k+1, k+2, \cdots, m+r, \ j = l-q+s, l-q+s+1, \cdots, l,
\end{cases}
\tag{7.31}
$$

$$
\begin{cases}
\boldsymbol{P}_{i,j}^{(r,s)} = \boldsymbol{P}_{i,j}^{(r-1,s-1)}, \quad i = 0, 1, \cdots, k-p+r-1, \\
\quad j = l+1, l+2, \cdots, n+s, \\
\boldsymbol{P}_{i,j}^{(r,s)} = (1-\alpha_i^{(r)})\boldsymbol{P}_{i-1,j}^{r-1,s-1} + \alpha_i^{(r)}\boldsymbol{P}_{i,j}^{(r-1,s-1)}, \\
\quad i = k-p+r, k-p+r+1, \cdots, k, \ j = l+1, l+2, \cdots, n+s, \\
\boldsymbol{P}_{i,j}^{(r,s)} = \boldsymbol{P}_{i-1,j}^{(r-1,s-1)}, \quad i = k+1, k+2, \cdots, m+r, \\
\quad j = l+1, l+2, \cdots, n+s,
\end{cases}
\tag{7.32}
$$

其中

$$
\alpha_j^{(r)} = \frac{u^* - u_i}{u_{i+p-r+1} - u_i}, \quad \beta_j^{(s)} = \frac{v^* - v_j}{v_{j+p-s+1} - v_j},
$$
$$
i = k-p+r, k-p+r+1, \cdots, k, \quad j = l-q+s, l-q+s+1, \cdots, l,
$$
$$
r = 1, 2, \cdots, p, \quad s = 1, 2, \cdots, q.
$$

如上公式中对应 $i = k-p+r, k-p+r+1, \cdots, k$ 与 $j = l-q+s, l-q+s+1, \cdots, l$ 的部分即为张量积型 B 样条曲面 de Boor 算法的控制顶点递推公式 (7.24).

例 7.24 由 MATLAB 生成的图 7.25(a) 为一个双二次 B 样条曲面在参数区域 $[u_i, u_{i+1}] \times [v_j, v_{j+1}] \subset [u_p, u_{m+1}] \times [v_q, v_{n+1}]$ 上的曲面片及其相关控制网格. 在

节点向量 U 和 V 中分别插入新的节点 $u^* \in (u_i, u_{i+1})$ 和 $v^* \in (v_j, v_{j+1})$ 后的控制网格如图 7.25(b) 所示. 再次插入相同的节点 u^* 和 v^* 后, 控制网格如图 7.25(c) 所示, 此时 u^* 和 v^* 都是二重节点, 因此曲面插值于支集为 $\{u_i, u^*, u^*, u_{i+1}\} \times \{v_j, v^*, v^*, v_{j+1}\}$ 的 B 样条基函数对应的控制顶点. 另一种情况, 对 U 和 V 中已有节点 u_i 和 v_j, 我们对其再分别插入一次, 新生成的控制网格如图 7.25(d) 所示. 此时 u_i 和 v_j 都是二重节点, 因此曲面插值于支集为 $\{u_{i-1}, u_i, u_i, u_{i+1}\} \times \{v_{j-1}, v_j, v_j, v_{j+1}\}$ 的 B 样条基函数对应的控制顶点.

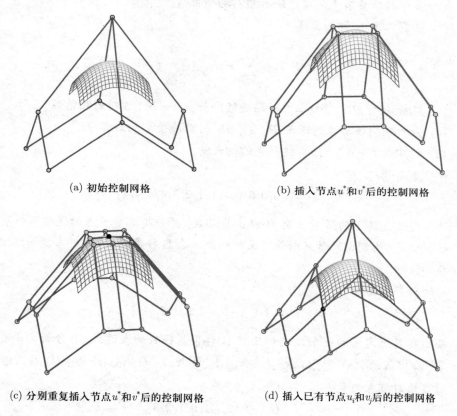

(a) 初始控制网格

(b) 插入节点 u^* 和 v^* 后的控制网格

图 7.25
程序代码

(c) 分别重复插入节点 u^* 和 v^* 后的控制网格

(d) 插入已有节点 u_i 和 v_j 后的控制网格

图 7.25 双二次 B 样条曲面的节点插入

■ 习题 7

1. 在一个非零节点区间 $[x_i, x_{i+1}]$ 上至多有几个非零的 k 次 B 样条函数? 它们分别由哪些节点所定义?

2. B 样条曲线的局部性质有哪两个方面的含义? 给出完整确切的表述. 怎样在 B 样条曲线的表达式中反映它的局部性质?

3. 证明一元 B 样条基函数的节点插入性质.

4. 给出推导张量积型 B 样条曲面的 de Boor 算法的详细过程.

5. 对节点向量

$$U = \{0, 0, 0, 1, 1, 2, 3, 4, 5, 5, 5\}$$

与空间向量 $P_i(i = 0, 1, \cdots, 7)$:

(1) 计算定义在 U 上的所有八个二次 B 样条基函数 $N_{i,2}(t)(i = 0, 1, \cdots, 7)$, 并分析其重节点的连续阶性质与插值性质;

(2) 绘制二次 B 样条曲线

$$P(t) = \sum_{i=0}^{7} P_i N_{i,2}(t), \quad t \in [0, 5];$$

(3) 分析曲线 $P(t)$ 当 $t = 1$ 时的连续阶与当 $t = 0, 1, 5$ 时的插值性;

(4) 分析分别移动控制顶点 P_0, P_1, P_5 时曲线受影响的部分;

(5) 计算当 $t = 0, 5$ 时, 曲线端点的切矢量.

6. 对节点向量

$$U = \{0, 0, 0, 0, 1, 1, 1, 2, 3, 4, 4, 4, 4\}$$

计算定义在其上的所有三次 B 样条基函数, 并分析其重节点的连续阶性质与插值性质. 绘制由此节点向量定义的一条三次 B 样条曲线, 分析曲线的连续性与插值性.

7. 对均匀节点向量

$$U = \{\cdots, -2, -1, 0, 1, 2, \cdots\}$$

给出在其上定义的一个二次和三次 B 样条基函数的表达式, 并分析其平移性质. 画出基函数 $N_{-1,2}(t), N_{0,2}(t), N_{1,2}(t)$ 和 $N_{-1,3}(t), N_{0,3}(t), N_{1,3}(t)$ 的图形.

8. 对在均匀节点向量

$$U = \{-2, -1, 0, 1, 2, 3\}$$

上定义的二次均匀 B 样条曲线, 给出求其在区间 $(0, 1)$ 上一点处函数值的 de Boor 算法公式, 并与 de Casteljau 算法进行比较.

9. 对在均匀节点向量

$$U = \{-2, -1, 0, 1, 2, 3\}$$

上定义的二次均匀 B 样条曲线, 给出重复两次插入同一节点 $t \in (0, 1)$ 的算法, 并与相应的 de Boor 算法作比较.

10. 给定控制顶点

$$P_0 = (0, 0), \quad P_1 = (4, 4), \quad P_2 = (20, 12), \quad P_3 = (32, 0)$$

与节点向量

$$U = \{0, 0, 0, 0.25, 1, 1, 1\},$$

定义一条二次 B 样条曲线. 试求将它升阶成三次 B 样条曲线后的节点向量及控制顶点.

11. 给定控制顶点

$$\boldsymbol{P}_0 = (-24, 0), \quad \boldsymbol{P}_1 = (-12, 6), \quad \boldsymbol{P}_2 = (1, 8), \quad \boldsymbol{P}_3 = (10, 2), \quad \boldsymbol{P}_4 = (12, 0)$$

与节点向量

$$U = \{0, 0, 0, 0, 0.75, 1, 1, 1, 1\},$$

定义一条三次 B 样条曲线 $\boldsymbol{P}(t)$.

(1) 用 de Boor 算法计算曲线上参数为 $t = 0.5$ 处的值 $\boldsymbol{P}(0.5)$, 并用几何作图法给出计算过程;

(2) 计算该曲线上点 $\boldsymbol{P}(0.5)$ 处的一阶导矢 $\boldsymbol{P}'(0.5)$ 和二阶导矢 $\boldsymbol{P}''(0.5)$.

12. 能否将非均匀 B 样条曲线各段从整体参数变换到局部参数? 变换后参数连续性与几何连续性有怎样的改变?

13. 对节点向量

$$U = \{0, 0, 0, 1, 3, 4, 4, 4\},$$

将由其定义的二次 B 样条曲线转化为分段二次 Bézier 曲线并绘图, 验证它们满足 C^1 连续.

14. 设节点向量为

$$U = \left\{0, 0, 0, \frac{1}{2}, 1, 1, 1\right\}, \quad V = \left\{0, 0, 0, \frac{1}{3}, \frac{2}{3}, 1, 1, 1\right\}.$$

(1) 计算由 U, V 所定义的所有张量积型双二次 B 样条基函数;

(2) 由这些张量积型 B 样条基函数构造一个双二次 B 样条曲面 $\boldsymbol{P}(u, v), (u, v) \in [0, 1] \times [0, 1]$, 并绘制其图形;

(3) 观察 $\boldsymbol{P}(u, v)$ 的角点插值性, 并计算其在角点处的切平面法向量;

(4) 用 de Boor 算法计算曲面上的一点 $\boldsymbol{P}(0.7, 0.5)$, 并用几何作图法给出计算过程;

(5) 在节点向量 U, V 中分别两次重复插入节点 $u^* = 0.7, v^* = 0.5$, 计算新的控制顶点, 并与 de Boor 算法进行比较.

15. 推导张量积型 B 样条曲面的升阶算法.

16. 试给出张量积型 B 样条曲面片间的 C^1 连续和 G^1 连续条件.

习题 7 典型习题

解答或提示

上机实验

练习 7 与答案

上机实验练习 7

程序代码

在第 6 章和第 7 章中我们分别介绍了 Bézier 曲线曲面和 B 样条曲线曲面, 虽然它们具有非常出色的性质, 但这两类曲线曲面本质上还是多项式 (或分段/片多项式) 曲线曲面, 因此在表示一些 "基本" 的几何图形时还是有所不足. 在飞机外形设计与机械零件加工中, 二次曲线曲面是最基本的几何工具, 但是 Bézier 曲线曲面和 B 样条曲线曲面都不能准确表示除抛物线或抛物面外的其他二次曲线曲面, 只能给出近似表示, 这在几何设计中是非常不便的.

例 8.1　对单位圆上的一段圆弧, 它在极坐标下可表示为参数形式

$$(\cos\theta, \sin\theta), \quad \theta \in [\alpha, \beta].$$

经过参数变换 $t = \tan\dfrac{\theta}{2}$ 后, 可以把上面的参数表示转换为

$$\left(\frac{1-t^2}{1+t^2}, \frac{2t}{1+t^2}\right), \quad t \in [a, b]. \tag{8.1}$$

这说明, 虽然圆弧曲线不能采用多项式表示, 但可以采用有理多项式来精确表示. 由 Maple 生成的图 8.1 给出当 $t \in [0, 1]$ 时有理多项式表示的 $\dfrac{1}{4}$ 单位圆弧.

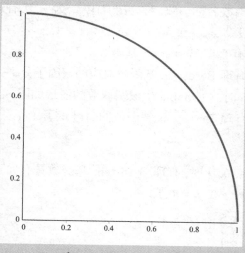

图 8.1　$\dfrac{1}{4}$ 单位圆弧的有理多项式表示

由于 Bézier 曲线曲面和 B 样条曲线曲面是分别基于 Bernstein 基函数与 B 样条基函数所构造的, 而这两类基函数本质上是多项式或分段/片多项式基函数. 由例 8.1 出发, 在保留原性质的基础上, 我们推广这两类基函数到有理形式, 从而构造 "有理" 形式的曲线曲面, 这就是有理 Bézier 曲线曲面和 NURBS 曲线曲面.

本章首先对有理 Bézier 曲线进行介绍, 给出其构造的基本思想、性质与几何算法. 鉴于篇幅, 本章随后对张量积型有理 Bézier 曲面与 NURBS 曲线曲面仅进行简单介绍. 有关 NURBS 曲线曲面的详细理论与算法, 可以参考文献 [7, 14, 16].

8.1   有理 Bézier 曲线

类似于 Bézier 曲线的构造方式, 构造有理 Bézier 曲线首先也要从基函数的构造出发. 基函数的构造应该满足如下要求:

(1) 尽可能多地保留 Bernstein 基函数的性质;

(2) 在特殊情况下, 可以退化为 Bernstein 基函数.

因此, 从一元 Bernstein 基函数出发, 采取如下方式将 Bernstein 基函数 "有理化": 设每一个 n 次的 Bernstein 基函数 $B_i^n(t)$ 对应一个 "权因子" $\omega_i \geqslant 0$, 令 $B_i^n(t)$ 乘 ω_i, 再用它们的 "和" 作为统一的分母进行 "平均", 从而得到一组有理多项式

$$R_i^n(t) = \frac{\omega_i B_i^n(t)}{\displaystyle\sum_{j=0}^{n} \omega_j B_j^n(t)}, \quad i = 0, 1, \cdots, n. \tag{8.2}$$

为了与 Bernstein 基函数名称一致, 称 $\{R_i^n(t)\}_{i=0}^{n}$ 为 n 次有理 Bernstein 基函数. 为使分母不为零, 一般设 $\omega_0 > 0, \omega_n > 0, \omega_i \geqslant 0, i = 1, 2, \cdots, n-1$. 显然, 某一个权因子的变化会影响所有有理 Bernstein 基函数.

例 8.2   设二次有理 Bernstein 基函数对应的权因子分别为 $\omega_0, \omega_1, \omega_2$. 当 $\omega_0 = \omega_2 = 1$, 而 $\omega_1 = 1, 3, 6$ 时, 由 Maple 生成基函数的图形如图 8.2 所示.

作为一种推广, 有理 Bernstein 基函数同时继承了 Bernstein 基函数的部分基本性质.

性质 8.1   当 $t \in [0, 1]$ 时, 有理 Bernstein 基函数具有如下基本性质:

(1) 非负性: $R_i^n(t) \geqslant 0, \ t \in [0, 1]$;

(2) 单位分解性: $\displaystyle\sum_{i=0}^{n} R_i^n(t) \equiv 1$;

(3) 端点性质: 在端点 $t = 0$ 和 $t = 1$ 处, 分别只有一个有理 Bernstein 基函数

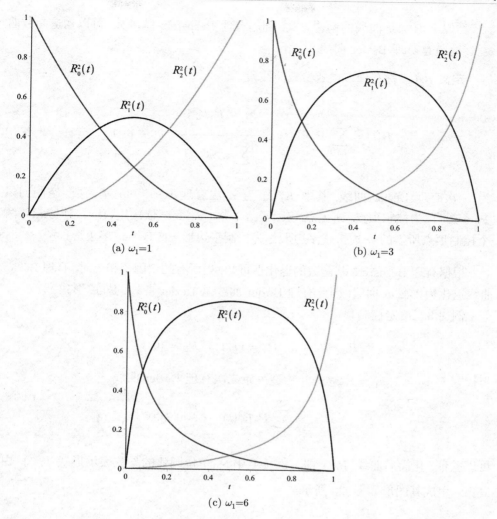

(a) $\omega_1=1$

(b) $\omega_1=3$

(c) $\omega_1=6$

图 8.2 当 $\omega_1 = 1, 3, 6$ 时的二次有理 Bernstein 基函数

取值为 1, 其余取值为 0, 即

$$R_i^n(0) = \begin{cases} 1, & i = 0, \\ 0, & i \neq 0, \end{cases} \qquad R_i^n(1) = \begin{cases} 1, & i = n, \\ 0, & i \neq n; \end{cases}$$

(4) 退化性: 当所有的权因子都相等, 即对 $i = 0, 1, \cdots, n$, 有 $\omega_i = \omega > 0$ 时, 有理 Bernstein 基函数退化为 Bernstein 基函数, 即

$$R_i^n(t) = \frac{\omega_i B_i^n(t)}{\sum\limits_{j=0}^{n} \omega_j B_j^n(t)} = \frac{\omega B_i^n(t)}{\omega \sum\limits_{j=0}^{n} B_j^n(t)} = B_i^n(t), \quad i = 0, 1, \cdots, n.$$

类似于 Bézier 曲线的构造方式, 利用有理 Bernstein 基函数, 可以构造参数曲线段, 这就是有理 Bézier 曲线.

> **定义 8.1** 称有理多项式参数曲线段
>
> $$\boldsymbol{R}(t) = \sum_{i=0}^{n} \boldsymbol{P}_i R_i^n(t) = \frac{\sum\limits_{i=0}^{n} \omega_i \boldsymbol{P}_i B_i^n(t)}{\sum\limits_{i=0}^{n} \omega_i B_i^n(t)}, \quad t \in [0, 1] \tag{8.3}$$
>
> 为 n 次有理 Bézier 曲线, 其中 $R_i^n(t)$ 为 n 次有理 Bernstein 基函数, 空间向量 $\boldsymbol{P}_i \in \mathbb{R}^3$ 称为控制顶点, ω_i 称为权因子, $i = 0, 1, \cdots, n$. 依次用直线段连接相邻两个控制顶点所得的 n 边折线多边形称为控制多边形 (或 Bézier 多边形).

根据有理 Bernstein 基函数的退化性可知, 当所有的权因子相等时, 有理 Bézier 曲线退化为 Bézier 曲线. 因此有理 Bézier 曲线是 Bézier 曲线的推广形式.

例 8.3 给定控制顶点

$$\boldsymbol{P}_0 = (1, 0), \quad \boldsymbol{P}_1 = (1, 1), \quad \boldsymbol{P}_2 = (0, 1)$$

与权因子 $\omega_0 = 1, \omega_1 = 1, \omega_2 = 2$, 构造一条二次有理 Bézier 曲线

$$\boldsymbol{R}(t) = \sum_{i=0}^{2} \boldsymbol{P}_i R_i^2(t), \quad t \in [0, 1].$$

可以验证, 化简后曲线 $\boldsymbol{R}(t)$ 即为例 8.1 中 $\dfrac{1}{4}$ 单位圆弧的参数表示形式 (8.1), 由 Maple 生成其图形如图 8.3 所示.

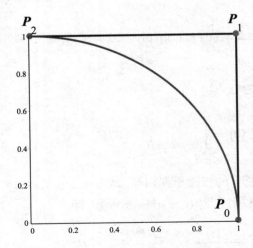

图 8.3 $\dfrac{1}{4}$ 单位圆弧的二次有理 Bézier 曲线表示

为了更好地理解有理 Bézier 曲线的性质与相关几何算法, 下面介绍有理 Bézier 曲线另外一种定义形式 —— 齐次坐标表示.

利用射影几何知识, 当 $\omega \neq 0$ 时, 四维 Euclid 空间齐次坐标到三维 Euclid 空间仿射坐标的中心投影变换为

$$\mathcal{H}\left[(X, Y, Z, \omega)\right] = (x, y, z) = \left(\frac{X}{\omega}, \frac{Y}{\omega}, \frac{Z}{\omega}\right).$$

三维空间中的点 $\boldsymbol{P} = (x, y, z)$ 称为四维空间中的点 $\boldsymbol{P}^\omega = (X, Y, Z, \omega)$ 的透视像, 它是点 $\boldsymbol{P}^\omega$ 在超平面 $\omega = 1$ 上的中心投影, 其投影中心为四维空间的坐标原点. 图 8.4 给出将三维齐次坐标中心投影到二维平面上的情况.

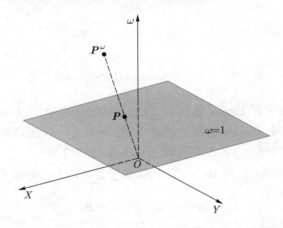

图 8.4 三维空间的齐次坐标到二维空间的中心投影

对有理 Bézier 曲线 (8.3) 的控制顶点 $\boldsymbol{P}_i = (x_i, y_i, z_i)$ 与其相关权因子 ω_i, 定义四维齐次坐标形式的控制顶点

$$\boldsymbol{P}_i^\omega = (\omega_i \boldsymbol{P}_i, \omega_i) = (X_i, Y_i, Z_i, \omega_i) = (\omega_i x_i, \omega_i y_i, \omega_i z_i, \omega_i), \quad i = 0, 1, \cdots, n.$$

利用控制顶点 $\boldsymbol{P}_i^\omega (i = 0, 1, \cdots, n)$, 可以定义一条四维空间中的 n 次 Bézier 曲线

$$\boldsymbol{R}^\omega(t) = (X(t), Y(t), Z(t), \omega(t)) = \sum_{i=0}^{n} \boldsymbol{P}_i^\omega B_i^n(t), \quad t \in [0, 1]. \tag{8.4}$$

再将此曲线经中心投影变换投影到超平面 $\omega = 1$ 上, 得到

$$\boldsymbol{R}(t) = \mathcal{H}\left[\boldsymbol{R}^\omega(t)\right] = (x(t), y(t), z(t))$$

$$= \left(\frac{X(t)}{\omega(t)}, \frac{Y(t)}{\omega(t)}, \frac{Z(t)}{\omega(t)}\right) = \frac{\displaystyle\sum_{i=0}^{n} \omega_i \boldsymbol{P}_i B_i^n(t)}{\displaystyle\sum_{i=0}^{n} \omega_i B_i^n(t)},$$

而这就是由定义 8.1 所给出的 n 次有理 Bézier 曲线 (如图 8.5).

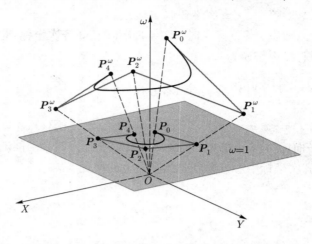

图 8.5 二维有理 Bézier 曲线的中心投影构造

(8.4) 式被称为有理 Bézier 曲线 (8.3) 的齐次坐标表示, 它们是等价的. 采用齐次坐标形式定义有理 Bézier 曲线的优势在于, 可以将一些保持射影不变的 Bézier 曲线的性质通过 "投影" 方式得到有理 Bézier 曲线的性质.

(1) **端点插值性质**: 有理 Bézier 曲线插值于首末两个控制顶点, 即

$$\boldsymbol{R}(0) = \boldsymbol{P}_0, \quad \boldsymbol{R}(1) = \boldsymbol{P}_n.$$

(2) **几何不变性与仿射不变性**: 由有理 Bernstein 基函数的单位分解性即知.

(3) **凸包性质**: 由有理 Bernstein 基函数的单位分解性和非负性即知.

(4) **退化性质**: 当所有权因子都相同且不为零时, 有理 Bézier 曲线退化为 Bézier 曲线.

(5) **对称性质**: 由齐次坐标表示的 $\boldsymbol{R}^\omega(t)$ 具有对称性, 因此中心投影得到的有理 Bézier 曲线 $\boldsymbol{R}(t)$ 也具有对称性.

(6) **平面有理 Bézier 曲线的变差缩减性**: 平面有理 Bézier 曲线与所在平面内任一直线的交点个数不超过其控制多边形与该直线的交点个数.

(7) **平面有理 Bézier 曲线的保凸性**: 若控制多边形是凸的, 则由它决定的有理 Bézier 曲线也是凸的.

(8) **升阶性质**: 对 n 次有理 Bézier 曲线, 可以将其次数形式上升高一次, 表示为 $(n+1)$ 次有理 Bézier 曲线

$$\boldsymbol{R}(t) = \frac{\sum\limits_{i=0}^{n} \omega_i \boldsymbol{P}_i B_i^n(t)}{\sum\limits_{i=0}^{n} \omega_i B_i^n(t)} = \frac{\sum\limits_{i=0}^{n+1} \omega_i^* \boldsymbol{P}_i^* B_i^{n+1}(t)}{\sum\limits_{i=0}^{n+1} \omega_i^* B_i^{n+1}(t)}, \quad t \in [0,1].$$

为了给出 $\omega_i^*, \boldsymbol{P}_i^*$ 的计算公式, 我们首先将曲线 $\boldsymbol{R}(t)$ 表示为齐次坐标形式 $\boldsymbol{R}^\omega(t)$, 然后对 $\boldsymbol{R}^\omega(t)$ 进行升阶, 即

$$\boldsymbol{R}^\omega(t) = \sum_{i=0}^{n} \boldsymbol{P}_i^\omega B_i^n(t) = \sum_{i=0}^{n+1} \boldsymbol{Q}_i^\omega B_i^{n+1}(t), \quad t \in [0,1]. \tag{8.5}$$

将如上公式经中心投影变换, 并结合 Bézier 曲线的升阶公式, 就可以得到有理 Bézier 曲线的升阶公式:

$$\boldsymbol{R}(t) = \mathcal{H}\left[\sum_{i=0}^{n+1} \boldsymbol{Q}_i^\omega B_i^{n+1}(t)\right] = \frac{\displaystyle\sum_{i=0}^{n+1} \omega_i^* \boldsymbol{P}_i^* B_i^{n+1}(t)}{\displaystyle\sum_{i=0}^{n+1} \omega_i^* B_i^{n+1}(t)}, \quad t \in [0,1],$$

其中

$$\omega_i^* = \frac{i}{n+1}\omega_{i-1} + \left(1 - \frac{i}{n+1}\right)\omega_i,$$

$$\boldsymbol{P}_i^* = \frac{1}{\omega_i^*}\left[\frac{i}{n+1}\omega_{i-1}\boldsymbol{P}_{i-1} + \left(1 - \frac{i}{n+1}\right)\omega_i\boldsymbol{P}_i\right],$$

$$i = 0, 1, \cdots, n+1.$$

与 Bézier 曲线的升阶性质类似, 当如上升阶过程一直进行下去时, 得到的控制多边形序列收敛到有理 Bézier 曲线.

(9) **导矢性质**: 设

$$\boldsymbol{P}(t) = \sum_{i=0}^{n} \omega_i \boldsymbol{P}_i B_i^n(t), \quad \omega(t) = \sum_{i=0}^{n} \omega_i B_i^n(t),$$

那么有理 Bézier 曲线 $\boldsymbol{R}(t) = \dfrac{\boldsymbol{P}(t)}{\omega(t)}$, 即 $\boldsymbol{R}(t)\omega(t) = \boldsymbol{P}(t)$. 对其两边关于 t 求导, 可得

$$\boldsymbol{R}'(t) = \frac{\boldsymbol{P}'(t) - \omega'(t)\boldsymbol{R}(t)}{\omega(t)},$$

$$\boldsymbol{R}''(t) = \frac{\boldsymbol{P}''(t) - \omega''(t)\boldsymbol{R}(t) - 2\omega'(t)\boldsymbol{R}'(t)}{\omega(t)}.$$

高阶导矢可以类似方法求得.

当 $t = 0$ 和 $t = 1$ 时, 曲线在端点处的一阶与二阶导矢为

$$\boldsymbol{R}'(0) = n\frac{\omega_1}{\omega_0}(\boldsymbol{P}_1 - \boldsymbol{P}_0), \quad \boldsymbol{R}'(1) = n\frac{\omega_{n-1}}{\omega_n}(\boldsymbol{P}_n - \boldsymbol{P}_{n-1}),$$

$$\boldsymbol{R}''(0) = n(n-1)\frac{\omega_2}{\omega_0}(\boldsymbol{P}_2 - \boldsymbol{P}_1) + \left[\frac{n(n-1)\omega_2}{\omega_0} - \frac{2n^2\omega_1^2}{\omega_0^2} + \frac{2n\omega_1}{\omega_0}\right](\boldsymbol{P}_1 - \boldsymbol{P}_0),$$

$$\boldsymbol{R}''(1) = n(n-1)\frac{\omega_{n-2}}{\omega_n}(\boldsymbol{P}_{n-2} - \boldsymbol{P}_{n-1}) -$$

$$\left[\frac{n(n-1)\omega_{n-2}}{\omega_n} - \frac{2n^2\omega_{n-1}^2}{\omega_n^2} + \frac{2n\omega_{n-1}}{\omega_n}\right](\boldsymbol{P}_n - \boldsymbol{P}_{n-1}).$$

可以看出, 有理 Bézier 曲线 $\boldsymbol{R}(t)$ 在端点处的一阶导矢仅与前两个或后两个控制顶点及其相关的权因子有关, 二阶导矢仅与前三个或后三个控制顶点及其相关的权因子有关, 高阶导矢类似.

(10) **参数连续性**: 假设 n 次与 m 次有理 Bézier 曲线段分别定义为

$$\boldsymbol{R}(t) = \frac{\displaystyle\sum_{i=0}^{n} \omega_i \boldsymbol{P}_i B_i^n(t)}{\displaystyle\sum_{i=0}^{n} \omega_i B_i^n(t)}, \quad t \in [0,1], \tag{8.6}$$

$$\hat{\boldsymbol{R}}(\hat{t}) = \frac{\displaystyle\sum_{i=0}^{m} \hat{\omega}_i \hat{\boldsymbol{P}}_i B_i^m(\hat{t})}{\displaystyle\sum_{i=0}^{m} \hat{\omega}_i B_i^m(\hat{t})}, \quad \hat{t} \in [0,1], \tag{8.7}$$

则曲线 $\boldsymbol{R}(t)$ 和 $\hat{\boldsymbol{R}}(\hat{t})$ 在 $t = 1$ 和 $\hat{t} = 0$ 处常用的参数连续性条件为

(a) C^0 **连续条件**: $\boldsymbol{P}_n = \hat{\boldsymbol{P}}_0$;

(b) C^1 **连续条件**: C^0 连续且 $\boldsymbol{R}'(1) = \hat{\boldsymbol{R}}'(0)$, 即

$$n\frac{\omega_{n-1}}{\omega_n}(\boldsymbol{P}_n - \boldsymbol{P}_{n-1}) = m\frac{\hat{\omega}_1}{\hat{\omega}_0}(\hat{\boldsymbol{P}}_1 - \hat{\boldsymbol{P}}_0);$$

(c) C^2 **连续条件**: C^1 连续且 $\boldsymbol{R}''(1) = \hat{\boldsymbol{R}}''(0)$, 即

$$n(n-1)\frac{\omega_{n-2}}{\omega_n}(\boldsymbol{P}_{n-2} - \boldsymbol{P}_{n-1}) -$$

$$\left[\frac{n(n-1)\omega_{n-2}}{\omega_n} - \frac{2n^2\omega_{n-1}^2}{\omega_n^2} + \frac{2n\omega_{n-1}}{\omega_n}\right](\boldsymbol{P}_n - \boldsymbol{P}_{n-1})$$

$$= m(m-1)\frac{\hat{\omega}_2}{\hat{\omega}_0}(\hat{\boldsymbol{P}}_2 - \hat{\boldsymbol{P}}_1) + \left[\frac{m(m-1)\hat{\omega}_2}{\hat{\omega}_0} - \frac{2m^2\hat{\omega}_1^2}{\hat{\omega}_0^2} + \frac{2m\hat{\omega}_1}{\hat{\omega}_0}\right](\hat{\boldsymbol{P}}_1 - \hat{\boldsymbol{P}}_0).$$

(11) **几何连续性**: 对分别由 (8.6) 式与 (8.7) 式所定义的 n 次与 m 次有理 Bézier 曲线段, 它们在 $t = 1$ 和 $\hat{t} = 0$ 处常用的几何连续性条件为

(a) G^0 **连续条件**: 与 C^0 连续条件相同, 即

$$\hat{\boldsymbol{P}}_0 = \boldsymbol{P}_n; \tag{8.8}$$

(b) G^1 **连续条件**: G^0 连续, 且存在正数 $\alpha > 0$, 使得

$$\Delta \hat{P}_0 = \alpha \nabla P_n, \tag{8.9}$$

即三个控制顶点 $P_{n-1}, P_n = \hat{P}_0, \hat{P}_1$ 共线, 且 $P_{n-1}, \hat{P}_1$ 在点 $P_n = \hat{P}_0$ 的两侧;

(c) G^2 **连续条件**: G^1 连续, 且在连接点处具有相同的曲率矢. $R(t)$ 和 $\hat{R}(\hat{t})$ 在连接点处的副法向量同向等价于 $P_{n-2}, P_{n-1}, P_n(= \hat{P}_0), \hat{P}_1, \hat{P}_2$ 五个控制顶点共面, 且 $P_{n-2}, \hat{P}_2$ 在另三个控制顶点所在的公切线的同侧. 再由 G^1 连续条件 (8.9), 有

$$\Delta \hat{P}_1 = -\beta \nabla P_{n-1} + \eta \nabla P_n, \tag{8.10}$$

其中 $\beta > 0, \eta$ 是任意实数. 再由 $R(t)$ 和 $\hat{R}(\hat{t})$ 在公共点处具有相同的曲率值, 可得

$$\beta = \frac{m(n-1)\omega_{n-2}\omega_n\hat{\omega}_1^2}{n(m-1)\omega_{n-1}^2\hat{\omega}_0\hat{\omega}_2}\alpha^2. \tag{8.11}$$

综上, $R(t)$ 和 $\hat{R}(\hat{t})$ 在公共点处 G^2 连续的条件为 (8.8)—(8.11) 式同时成立.

(12) **de Casteljau 算法**: 计算有理 Bézier 曲线上的一点, 可以借助齐次坐标表示的 Bézier 曲线的 de Casteljau 算法, 再经中心投影后给出有理 Bézier 曲线的 de Casteljau 算法.

对 n 次有理 Bézier 曲线

$$R(t) = \frac{\sum_{i=0}^{n} \omega_i P_i B_i^n(t)}{\sum_{i=0}^{n} \omega_i B_i^n(t)}, \quad t \in [0, 1],$$

其齐次坐标表示为

$$R^\omega(t) = \sum_{i=0}^{n} P_i^\omega B_i^n(t), \quad t \in [0, 1].$$

对给定的 $t \in [0, 1]$, 计算点 $R^\omega(t)$ 的 de Casteljau 算法为

$$R^\omega(t) = \sum_{i=0}^{n-1} P_i^{\omega,1}(t) B_i^{n-1}(t) = \cdots$$

$$= \sum_{i=0}^{n-k} P_i^{\omega,k}(t) B_i^{n-k}(t) = \cdots$$

$$= P_0^{\omega,n}(t),$$

点 $P_0^{\omega,n}(t)$ 即为所求的 $R^\omega(t)$, 其中

$$\begin{cases} P_i^{\omega,0}(t) \equiv P_i^{\omega,0} = P_i^\omega, \quad i = 0, 1, \cdots, n, \\ P_i^{\omega,k}(t) = (1-t)P_i^{\omega,k-1}(t) + tP_{i+1}^{\omega,k-1}(t), \\ \quad k = 1, 2, \cdots, n, \quad i = 0, 1, \cdots, n-k. \end{cases} \tag{8.12}$$

将点 $\boldsymbol{R}^{\omega}(t) = \boldsymbol{P}_0^{\omega,n}(t)$ 进行中心投影, 就是我们要计算的有理 Bézier 曲线上的点 $\boldsymbol{R}(t)$, 即 $\mathcal{H}[\boldsymbol{R}^{\omega}(t)] = \boldsymbol{R}(t)$.

将上述迭代计算过程每一步都进行中心投影变换, 从而给出有理 Bézier 曲线的 de Casteljau 算法:

$$
\begin{aligned}
\boldsymbol{R}(t) &= \frac{\displaystyle\sum_{i=0}^{n-1} \omega_i^{(1)}(t) \boldsymbol{P}_i^{(1)}(t) B_i^{n-1}(t)}{\displaystyle\sum_{i=0}^{n-1} \omega_i^{(1)}(t) B_i^{n-1}(t)} = \cdots \\
&= \frac{\displaystyle\sum_{i=0}^{n-k} \omega_i^{(k)}(t) \boldsymbol{P}_i^{(k)}(t) B_i^{n-k}(t)}{\displaystyle\sum_{i=0}^{n-k} \omega_i^{(k)}(t) B_i^{n-k}(t)} = \cdots \\
&= \boldsymbol{P}_0^{(n)}(t),
\end{aligned}
$$

点 $\boldsymbol{P}_0^n(t)$ 即为所求的 $\boldsymbol{R}(t)$, 其中

$$
\begin{cases}
\omega_i^{(0)}(t) \equiv \omega_i^{(0)} = \omega_i, \quad i = 0, 1, \cdots, n, \\
\omega_i^{(k)}(t) = (1-t)\omega_i^{(k-1)}(t) + t\omega_{i+1}^{(k-1)}(t), \\
\quad k = 1, 2, \cdots, n, \quad i = 0, 1, \cdots, n-k,
\end{cases}
$$

$$
\begin{cases}
\boldsymbol{P}_i^{(0)}(t) \equiv \boldsymbol{P}_i^{(0)} = \boldsymbol{P}_i, \quad i = 0, 1, \cdots, n, \\
\boldsymbol{P}_i^{(k)}(t) = \dfrac{1}{\omega_i^{(k)}(t)}[(1-t)\omega_i^{(k-1)}(t)\boldsymbol{P}_i^{(k-1)}(t) + t\omega_{i+1}^{(k-1)}(t)\boldsymbol{P}_{i+1}^{(k-1)}(t)], \\
\quad k = 1, 2, \cdots, n; \quad i = 0, 1, \cdots, n-k.
\end{cases}
$$

如上算法在几何上可以理解为: 对齐次坐标形式的 Bézier 曲线的几何作图法进行中心投影变换, 就得到了有理 Bézier 曲线的几何作图法.

(13) **单个权因子的极限性质**: 若 $\omega_0 \neq 0, \omega_n \neq 0$, 则对任意的 $t \in [0,1]$, 当 ω_i 趋于无穷时, 曲线的极限满足

$$
\lim_{\omega_i \to +\infty} \boldsymbol{R}(t) = \begin{cases}
\boldsymbol{P}_0, & t = 0, \\
\boldsymbol{P}_i, & t \in (0,1), \\
\boldsymbol{P}_n, & t = 1.
\end{cases}
$$

例如, 对三次有理 Bézier 曲线, 当权因子 ω_2 变化时, 其对曲线的影响如图 8.6 所示.

(14) **权因子的交比性质**: 设有理 Bézier 曲线 $\boldsymbol{R}(t)$ 的控制顶点 $\boldsymbol{P}_i$ 对应的权因子为 ω_i. 对任一参数值 $t_0 \in [0,1]$, 记点 $\boldsymbol{S}_i = \boldsymbol{R}(t_0)$. 在控制顶点和其他权因子不改变的情况下, 当 $\omega_i = 0$ 时设曲线上对应参数 t_0 的点为 $\boldsymbol{Q}_i = \boldsymbol{R}(t_0)$, 当 $\omega_i = 1$ 时设

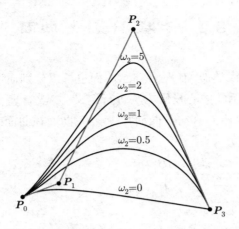

图 8.6 权因子 ω_2 的变化对三次有理 Bézier 曲线的影响

曲线上对应参数 t_0 的点为 $\boldsymbol{M}_i = \boldsymbol{R}(t_0)$, 则有

$$\omega_i = \frac{|\boldsymbol{M}_i\boldsymbol{P}_i|}{|\boldsymbol{Q}_i\boldsymbol{M}_i|} : \frac{|\boldsymbol{S}_i\boldsymbol{P}_i|}{|\boldsymbol{Q}_i\boldsymbol{S}_i|}.$$

(15) **二次有理 Bézier 曲线的形状不变因子**: 对于二次有理 Bézier 曲线

$$\boldsymbol{R}(t) = \frac{\displaystyle\sum_{j=0}^{2} \omega_j \boldsymbol{P}_j B_j^2(t)}{\displaystyle\sum_{j=0}^{2} \omega_j B_j^2(t)}, \quad t \in [0, 1],$$

设

$$k = \frac{\omega_0\omega_2}{\omega_1^2}.$$

当控制顶点保持相同时, 选取不同的权因子, 只要 k 相等, 则所定义的二次有理 Bézier 曲线是相同的. 不同的权因子使得曲线对应不同的参数化, k 称为二次有理 Bézier 曲线的形状不变因子.

在例 8.3 中, 表示 $\frac{1}{4}$ 单位圆弧的二次有理 Bézier 曲线的形状不变因子 $k = 2$. 如果将其权因子重新设为 $\omega_0 = \omega_2 = 1, \omega_1 = \frac{\sqrt{2}}{2}$, 由于形状不变因子仍为 $k = 2$, 因此同样得到 $\frac{1}{4}$ 单位圆弧, 不过此时曲线的参数化表示不同.

根据形状不变因子可以对二次有理 Bézier 曲线的形状进行如下分类:

$$k \begin{cases} = 0, & \boldsymbol{R}(t) \text{ 表示两条直线段 } \boldsymbol{P}_0\boldsymbol{P}_1 \text{ 和 } \boldsymbol{P}_1\boldsymbol{P}_2, \\ \in (0, 1), & \boldsymbol{R}(t) \text{ 表示双曲线}, \\ = 1, & \boldsymbol{R}(t) \text{ 表示抛物线}, \\ \in (1, +\infty), & \boldsymbol{R}(t) \text{ 表示椭圆}, \\ = +\infty, & \boldsymbol{R}(t) \text{ 表示直线段 } \boldsymbol{P}_0\boldsymbol{P}_2. \end{cases}$$

8.2 有理 Bézier 曲面

与有理 Bézier 曲线类似, 有理 Bézier 曲面也可以分别通过二元有理 Bernstein 基函数和齐次坐标表示的中心投影方法进行定义. 二次有理 Bézier 曲面可以精确表示圆锥曲面, 这也弥补了 Bézier 曲面与 B 样条曲面在曲面表示上的不足.

称有理多项式函数

$$R_{i,j}^{m,n}(u,v) = \frac{\omega_{i,j}B_i^m(u)B_j^n(v)}{\sum\limits_{p=0}^{m}\sum\limits_{q=0}^{n}\omega_{p,q}B_p^m(u)B_q^n(v)}, \quad i=0,1,\cdots,m, \ j=0,1,\cdots,n$$

为 $m \times n$ 次有理 Bernstein 基函数, 其中 $B_i^m(u), B_j^n(v)$ 分别为 m 次与 n 次 Bernstein 基函数, $\omega_{i,j} \geqslant 0$ 称为权因子. 为使分母不为零, 一般设 $\omega_{0,0} > 0, \omega_{m,0} > 0, \omega_{0,n} > 0, \omega_{m,n} > 0$. 显然, 当所有权因子都相等且不为零时, $R_{i,j}^{m,n}(u,v)$ 退化为张量积型 Bernstein 基函数 $B_i^m(u)B_j^n(v)$. $m \times n$ 次有理 Bernstein 基函数的性质可以参考张量积型 Bernstein 基函数的性质 (性质 6.2) 与一元有理 Bernstein 基函数的性质 (性质 8.1), 在此不再赘述.

定义 8.2 称有理多项式参数曲面

$$\boldsymbol{R}(u,v) = \sum_{i=0}^{m}\sum_{j=0}^{n}\boldsymbol{P}_{i,j}R_{i,j}^{m,n}(u,v) = \frac{\sum\limits_{i=0}^{m}\sum\limits_{j=0}^{n}\omega_{i,j}\boldsymbol{P}_{i,j}B_i^m(u)B_j^n(v)}{\sum\limits_{i=0}^{m}\sum\limits_{j=0}^{n}\omega_{i,j}B_i^m(u)B_j^n(v)},$$

$$(u,v) \in [0,1] \times [0,1] \tag{8.13}$$

为 $m \times n$ 次有理 Bézier 曲面, 其中 $R_{i,j}^{m,n}(u,v)$ 为 $m \times n$ 次有理 Bernstein 基函数, 空间向量 $\boldsymbol{P}_{i,j} \in \mathbb{R}^3$ 称为控制顶点, $\omega_{i,j} \geqslant 0$ 为权因子, $i=0,1,\cdots,m, j=0,1,\cdots,n$. 依次用直线段连接同行同列相邻两个控制顶点所得的 $m \times n$ 边折线网格称为控制网格 (或 Bézier 网).

对于定义 8.2 中给定的控制顶点与权因子, 定义控制顶点的齐次坐标表示

$$\boldsymbol{P}_{i,j}^{\omega} = (\omega_{i,j}\boldsymbol{P}_{i,j}, \omega_{i,j}), \quad i=0,1,\cdots,m, \ j=0,1,\cdots,n,$$

则 $m \times n$ 次张量积型 Bézier 曲面

$$\boldsymbol{R}^{\omega}(u,v) = \sum_{i=0}^{m}\sum_{j=0}^{n}\boldsymbol{P}_{i,j}^{\omega}B_i^m(u)B_j^n(v), \quad (u,v) \in [0,1] \times [0,1] \tag{8.14}$$

为有理 Bézier 曲面 (8.13) 的齐次坐标表示形式, 满足

$$\mathcal{H}\left[\boldsymbol{R}^{\omega}(u,v)\right] = \boldsymbol{R}(u,v).$$

但需要注意的是, 虽然 $R_{i,j}^{m,n}(u,v)$ 称为 $m \times n$ 次有理 Bernstein 基函数, 但其并不是关于 u,v 的基函数的乘积, 因此曲面 $\boldsymbol{R}(u,v)$ 并不是张量积型曲面. 由于齐次坐标形式 $\boldsymbol{R}^\omega(u,v)$ 为张量积型曲面, 因此 $\boldsymbol{R}(u,v)$ 的很多性质与算法可以借助 $\boldsymbol{R}^\omega(u,v)$ 来进行研究. 有理 Bézier 曲面继承了张量积型 Bézier 曲面的部分性质, 又具有权因子的形状控制性质, 下面对其性质进行简单罗列:

(1) **几何不变性与仿射不变性**: 由 $m \times n$ 次有理 Bernstein 基函数的单位分解性可知.

(2) **凸包性质**: 由 $m \times n$ 次有理 Bernstein 基函数的单位分解性和非负性, 有理 Bézier 曲面落在由其控制顶点确定的凸包内.

(3) **退化性质**: 当所有权因子都相同且不为零时, 有理 Bézier 曲面退化为张量积型 Bézier 曲面.

(4) **角点性质**: 当控制网格的角控制顶点对应的权因子 $\omega_{0,0}, \omega_{0,n}, \omega_{m,0}, \omega_{m,n}$ 均不为零时, 曲面 $\boldsymbol{R}(u,v)$ 插值于这四个角控制顶点, 即

$$\boldsymbol{R}(0,0) = \boldsymbol{P}_{0,0}, \ \boldsymbol{R}(0,1) = \boldsymbol{P}_{0,n}, \ \boldsymbol{R}(1,0) = \boldsymbol{P}_{m,0}, \ \boldsymbol{R}(1,1) = \boldsymbol{P}_{m,n}.$$

曲面 $\boldsymbol{R}(u,v)$ 在角点 $(0,0)$ 处的切矢为

$$\boldsymbol{R}_u(0,0) = m\frac{\omega_{1,0}}{\omega_{0,0}}(\boldsymbol{P}_{1,0} - \boldsymbol{P}_{0,0}), \ \boldsymbol{R}_v(0,0) = n\frac{\omega_{0,1}}{\omega_{0,0}}(\boldsymbol{P}_{0,1} - \boldsymbol{P}_{0,0}),$$

$$\boldsymbol{R}_{uv}(0,0) = mn\left[\frac{\omega_{1,1}}{\omega_{0,0}}(\boldsymbol{P}_{1,1} - \boldsymbol{P}_{0,0}) - \frac{\omega_{1,0}\omega_{0,1}}{\omega_{0,0}^2}(\boldsymbol{P}_{1,0} + \boldsymbol{P}_{0,1} - 2\boldsymbol{P}_{0,0})\right],$$

因此, 曲面在角点 $\boldsymbol{P}(0,0)$ 处的法向量 (即为切平面的法向量) 垂直于向量 $\boldsymbol{P}_{1,0} - \boldsymbol{P}_{0,0}$ 与 $\boldsymbol{P}_{0,1} - \boldsymbol{P}_{0,0}$. 在几何上, 曲面在点 $\boldsymbol{P}(0,0)$ 处的切平面是由 $\boldsymbol{P}_{0,0}, \boldsymbol{P}_{1,0}, \boldsymbol{P}_{0,1}$ 三点所决定的平面. 对称地, 曲面在其他三个角点处的结论类似.

(5) **边界性质**: 有理 Bézier 曲面 $\boldsymbol{R}(u,v)$ 的四条边界曲线是由控制网格的边界多边形所决定的四条有理 Bézier 曲线, 即

$$\boldsymbol{R}(u,0) = \frac{\sum_{i=0}^m \omega_{i,0}\boldsymbol{P}_{i,0}B_i^m(u)}{\sum_{i=0}^m \omega_{i,0}B_i^m(u)}, \ \boldsymbol{R}(u,1) = \frac{\sum_{i=0}^m \omega_{i,n}\boldsymbol{P}_{i,n}B_i^m(u)}{\sum_{i=0}^m \omega_{i,n}B_i^m(u)}, \quad u \in [0,1],$$

$$\boldsymbol{R}(0,v) = \frac{\sum_{j=0}^n \omega_{0,j}\boldsymbol{P}_{0,j}B_j^n(v)}{\sum_{j=0}^n \omega_{0,j}B_j^n(v)}, \ \boldsymbol{R}(1,v) = \frac{\sum_{j=0}^n \omega_{m,j}\boldsymbol{P}_{m,j}B_j^n(v)}{\sum_{j=0}^n \omega_{m,j}B_j^n(v)}, \quad v \in [0,1].$$

(6) **升阶性质**: 借助齐次坐标形式的升阶公式, 有理 Bézier 曲面 $\boldsymbol{R}(u,v)$ 的升

阶公式为

$$\boldsymbol{P}(u,v) = \frac{\sum\limits_{i=0}^{m}\sum\limits_{j=0}^{n}\omega_{i,j}\boldsymbol{P}_{i,j}B_i^m(u)B_j^n(v)}{\sum\limits_{i=0}^{m}\sum\limits_{j=0}^{n}\omega_{i,j}B_i^m(u)B_j^n(v)} = \frac{\sum\limits_{i=0}^{m+1}\sum\limits_{j=0}^{n+1}\omega_{i,j}^*\boldsymbol{P}_{i,j}^*B_i^{m+1}(u)B_j^{n+1}(v)}{\sum\limits_{i=0}^{m+1}\sum\limits_{j=0}^{n+1}\omega_{i,j}^*B_i^{m+1}(u)B_j^{n+1}(v)},$$

其中

$$\omega_{i,j}^* = \alpha_i\beta_j\omega_{i-1,j-1} + \alpha_i(1-\beta_j)\omega_{i-1,j} + (1-\alpha_i)\beta_j\omega_{i,j-1} + (1-\alpha_i)(1-\beta_j)\omega_{i,j},$$
$$\boldsymbol{P}_{i,j}^* = \frac{1}{\omega_{i,j}^*}\left[\alpha_i\beta_j\omega_{i-1,j-1}\boldsymbol{P}_{i-1,j-1} + \alpha_i(1-\beta_j)\omega_{i-1,j}\boldsymbol{P}_{i-1,j} + \right.$$
$$\left. (1-\alpha_i)\beta_j\omega_{i,j-1}\boldsymbol{P}_{i,j-1} + (1-\alpha_i)(1-\beta_j)\omega_{i,j}\boldsymbol{P}_{i,j}\right],$$
$$\alpha_i = \frac{i}{m+1}, \quad \beta_j = \frac{j}{n+1},$$
$$i = 0, 1, \cdots, m+1, \quad j = 0, 1, \cdots, n+1.$$

(7) **de Casteljau 算法**: 借助齐次坐标形式的 de Casteljau 算法, 对 $(u,v) \in [0,1] \times [0,1]$, 计算有理 Bézier 曲面上一点 $\boldsymbol{R}(u,v)$ 的 de Casteljau 算法为

$$\begin{cases} \omega_{i,j}^{(0,0)}(u,v) = \omega_{i,j}^{(0,0)} = \omega_{i,j}, \quad i = 0,1,\cdots,m, \ j = 0,1,\cdots,n, \\ \omega_{i,j}^{(r,s)}(u,v) = (1-u)(1-v)\omega_{i,j}^{(r-1,s-1)}(u,v) + (1-u)v\omega_{i,j+1}^{(r-1,s-1)}(u,v) + \\ \qquad\qquad u(1-v)\omega_{i+1,j}^{(r-1,s-1)}(u,v) + uv\omega_{i+1,j+1}^{(r-1,s-1)}(u,v), \\ r = 1,2,\cdots,m, \ s = 1,2,\cdots,n, \\ i = 0,1,\cdots,m-r, \ j = 0,1,\cdots,n-s. \end{cases} \tag{8.15}$$

$$\begin{cases} \boldsymbol{P}_{i,j}^{(0,0)}(u,v) = \boldsymbol{P}_{i,j}^{(0,0)} = \boldsymbol{P}_{i,j}, \quad i = 0,1,\cdots,m, \ j = 0,1,\cdots,n, \\ \boldsymbol{P}_{i,j}^{(r,s)}(u,v) = \frac{1}{\omega_{i,j}^{(r,s)}(u,v)}\left[(1-u)(1-v)\omega_{i,j}^{(r-1,s-1)}(u,v)\boldsymbol{P}_{i,j}^{(r-1,s-1)}(u,v) + \right. \\ \qquad\qquad (1-u)v\omega_{i,j+1}^{(r-1,s-1)}(u,v)\boldsymbol{P}_{i,j+1}^{(r-1,s-1)}(u,v) + \\ \qquad\qquad u(1-v)\omega_{i+1,j}^{(r-1,s-1)}(u,v)\boldsymbol{P}_{i+1,j}^{(r-1,s-1)}(u,v) + \\ \qquad\qquad \left. uv\omega_{i+1,j+1}^{(r-1,s-1)}(u,v)\boldsymbol{P}_{i+1,j+1}^{(r-1,s-1)}(u,v)\right], \\ r = 1,2,\cdots,m, \ s = 1,2,\cdots,n, \\ i = 0,1,\cdots,m-r, \ j = 0,1,\cdots,n-s. \end{cases} \tag{8.16}$$

点 $\boldsymbol{P}_{0,0}^{(m,n)}(u,v)$ 即为所求曲面上的点 $\boldsymbol{P}(u,v)$.

如上公式给出有理 Bézier 曲面的 de Casteljau 算法的递归求值公式, 计算过程中控制顶点间的递推关系和几何作图法与张量积型 Bézier 曲面一致. 特别地, 当所有权因子 $\omega_{i,j}$ 相等时, 如上算法退化为张量积型 Bézier 曲面的 de Casteljau 算法.

(8) **单个权因子的极限性质**: 当 $\omega_{0,0}, \omega_{0,n}, \omega_{m,0}, \omega_{m,n}$ 均不为零时, 对任意的

$(u, v) \in [0, 1] \times [0, 1]$, 当 $\omega_{i,j}$ 趋于无穷时, 有理 Bézier 曲面的极限满足

$$\lim_{\omega_{i,j} \to +\infty} \boldsymbol{R}(u, v) = \begin{cases} \boldsymbol{P}_{0,0}, & (u, v) = (0, 0), \\ \boldsymbol{P}_{0,n}, & (u, v) = (0, 1), \\ \boldsymbol{P}_{m,0}, & (u, v) = (1, 0), \\ \boldsymbol{P}_{m,n}, & (u, v) = (1, 1), \\ \boldsymbol{P}_{i,j}, & (u, v) \in (0, 1) \times (0, 1). \end{cases}$$

例 8.4 对双二次有理 Bézier 曲面, 由 MATLAB 生成的图 8.7 给出部分权因子变化影响曲面几何形状的情形. 图 8.7(a) 给出原双二次有理 Bézier 曲面的图形, 此时所有权因子都设为 1. 图 8.7(b) 与 (c) 分别给出控制顶点 $\boldsymbol{P}_{1,1}$ 对应的权因子 $\omega_{1,1} = 10$ 和 100 时的图形. 当角控制顶点 $\boldsymbol{P}_{2,0}$ 对应的权因子 $\omega_{2,0} = 100$ 时, 图 8.7(d) 给出此时曲面的图形. 而图 8.7(e) 与 (f) 分别给出曲面边界上控制顶点 $\boldsymbol{P}_{2,1}$ 对应的权因子 $\omega_{2,1} = 10$ 和 100 时的图形.

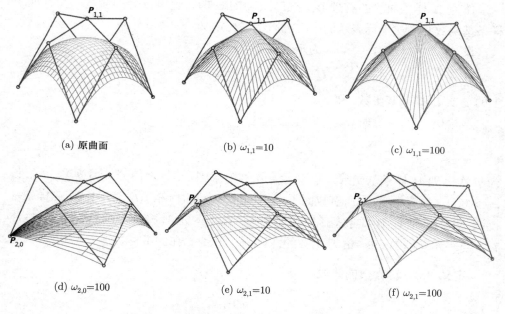

(a) 原曲面   (b) $\omega_{1,1}=10$ (c) $\omega_{1,1}=100$

(d) $\omega_{2,0}=100$ (e) $\omega_{2,1}=10$ (f) $\omega_{2,1}=100$

图 8.7
程序代码

图 8.7 权因子对双二次有理 Bézier 曲面的影响

(9) **权因子的交比性质**: 设有理 Bézier 曲面 $\boldsymbol{R}(u, v)$ 的控制顶点 $\boldsymbol{P}_{i,j}$ 对应的权因子为 $\omega_{i,j}$, 对任一参数值 $(u_0, v_0) \in [0, 1] \times [0, 1]$, 设点 $\boldsymbol{S}_{i,j} = \boldsymbol{R}(u_0, v_0)$. 在控制顶点和其他权因子不改变的情况下, 当 $\omega_{i,j} = 0$ 时设曲面上对应参数 (u_0, v_0) 的点为 $\boldsymbol{Q}_{i,j} = \boldsymbol{R}(u_0, v_0)$, 当 $\omega_{i,j} = 1$ 时设曲面上对应参数 (u_0, v_0) 的点为 $\boldsymbol{M}_{i,j} = \boldsymbol{R}(u_0, v_0)$, 则有

$$\omega_{i,j} = \frac{|\boldsymbol{M}_{i,j}\boldsymbol{P}_{i,j}|}{|\boldsymbol{Q}_{i,j}\boldsymbol{M}_{i,j}|} : \frac{|\boldsymbol{S}_{i,j}\boldsymbol{P}_{i,j}|}{|\boldsymbol{Q}_{i,j}\boldsymbol{S}_{i,j}|}.$$

采用类似的方法, 对三角域上的 Bernstein 基函数 (6.66) 进行有理化后, 可以定义有理 Bézier 三角曲面片, 它同样可以看做是由 Bézier 三角曲面片经过中心投影后得到的. 鉴于篇幅, 本文不再对三角域上的有理 Bernstein 基函数以及有理 Bézier 三角曲面片进行介绍, 感兴趣的读者可以参考文献 [7, 14].

8.3 NURBS 曲线

与前两节思想类似, 将 B 样条曲线曲面向有理形式推广, 就可得到有理形式的 B 样条曲线曲面, 这就是非均匀有理 B 样条 (non-uniform rational B-spline) 曲线曲面, 简称 NURBS 曲线曲面. NURBS 曲线曲面既保持了 B 样条曲线曲面的局部调整性以及可构造具有一定连续阶的低次曲线曲面的优点, 又具有可精确表示圆锥曲线曲面的特性, 还可将有理 Bézier 曲线曲面归为统一的框架中.

作为 B 样条曲线的有理形式推广, NURBS 曲线也可以分别通过一元有理 B 样条基函数和齐次坐标表示的中心投影法进行定义.

设 $N_{i,p}(t)(i = 0, 1, \cdots, n)$ 为定义在节点向量

$$\boldsymbol{U} = \{t_0, t_1, \cdots, t_{n+p+1}\}$$

上的 p 次 B 样条基函数, 称

$$R_{i,p}(t) = \frac{\omega_i N_{i,p}(t)}{\sum\limits_{j=0}^{n} \omega_j N_{j,p}(t)}, \quad i = 0, 1, \cdots, n$$

为 p 次有理 B 样条基函数, 其中 $\omega_i \geqslant 0$ 称为权因子, 且为使分母不为零, 一般设 $\omega_0 > 0, \omega_n > 0$. 显然, 当所有权因子都相等且不为零时, $R_{i,p}(t)$ 就退化为 B 样条基函数 $N_{i,p}(t)$. 有理 B 样条基函数的性质可以参考一元 B 样条基函数的性质 (性质 7.1) 与一元有理 Bernstein 基函数的性质 (性质 8.1), 在此不再赘述.

定义 8.3　称参数曲线段

$$\boldsymbol{R}(t) = \sum_{i=0}^{n} \boldsymbol{P}_i R_{i,p}(t) = \frac{\sum\limits_{i=0}^{n} \omega_i \boldsymbol{P}_i N_{i,p}(t)}{\sum\limits_{i=0}^{n} \omega_i N_{i,p}(t)}, \quad t \in [t_p, t_{n+1}] \tag{8.17}$$

为一条 p 次 NURBS 曲线, 其中 $R_{i,p}(t)$ 为定义在节点向量

$$\boldsymbol{U} = \{t_0, t_1, \cdots, t_{n+p+1}\}$$

上的 p 次有理 B 样条基函数, 空间向量 $\boldsymbol{P}_i \in \mathbb{R}^3$ 称为控制顶点, $\omega_i \geqslant 0, i = 0, 1, \cdots, n$ 称为权因子. 依次用直线段连接相邻两个控制顶点所得的 n 边折线多边形称为控制多边形.

对定义 8.3 中给定的控制顶点与权因子, 定义控制顶点的齐次坐标表示

$$\boldsymbol{P}_i^\omega = (\omega_i \boldsymbol{P}_i, \omega_i), \quad i = 0, 1, \cdots, n,$$

则建立在节点向量 $\boldsymbol{U}$ 上的 p 次 B 样条曲线

$$\boldsymbol{R}^\omega(t) = \sum_{i=0}^n \boldsymbol{P}_i^\omega N_{i,p}(t), \quad t \in [t_p, t_{n+1}] \tag{8.18}$$

为 NURBS 曲线 (8.17) 的齐次坐标表示形式, 满足

$$\mathcal{H}\left[\boldsymbol{R}^\omega(t)\right] = \boldsymbol{R}(t).$$

NURBS 曲线继承了 B 样条曲线的大部分性质, 又具有权因子的形状控制性质. NURBS 曲线 $\boldsymbol{R}(t)$ 的很多性质与算法可以借助其齐次形式 $\boldsymbol{R}^\omega(t)$ 来进行讨论, 我们对其基本性质进行简单罗列如下:

(1) **几何不变性和仿射不变性**: 由有理 B 样条基函数在参数域 $[t_p, t_{n+1}]$ 上具有单位分解性即可得知.

(2) **凸包性质**: 由有理 B 样条基函数在参数域 $[t_p, t_{n+1}]$ 上具有单位分解性和非负性即可得知, NURBS 曲线完全落在由其控制顶点确定的凸包中.

(3) **退化性质**: 当所有权因子都相同且不为零时, NURBS 曲线退化为 B 样条曲线.

(4) **分段有理多项式参数曲线性质**: 当 $t \in [t_i, t_{i+1}) \subset [t_p, t_{n+1}]$ 时, NURBS 曲线 (8.17) 可表示为

$$\boldsymbol{R}(t) = \sum_{j=i-p}^i \boldsymbol{P}_j R_{j,p}(t) = \frac{\sum\limits_{j=i-p}^i \omega_j \boldsymbol{P}_j N_{j,p}(t)}{\sum\limits_{j=i-p}^i \omega_j N_{j,p}(t)}, \quad t \in [t_i, t_{i+1}),$$

这表明 NURBS 曲线是一条分段 p 次有理多项式参数曲线.

(5) **强凸包性质**: 在区间 $[t_i, t_{i+1})$ 上, $(p+1)$ 个 p 次有理 B 样条基函数 $\{R_{j,p}(t)\}_{j=i-p}^i$ 具有单位分解性与非负性, 从而此段曲线上的每一点 $\boldsymbol{R}(t)$ 都是这 $(p+1)$ 个控制顶点 $\{\boldsymbol{P}_j\}_{j=i-p}^i$ 的凸组合, 从而落在它们所构成的凸包中, 这就是 NURBS 曲线所谓的强凸包性.

(6) **局部调整性质**: 由于 p 次有理 B 样条基函数 $R_{i,p}(t)$ 的局部支集同样为 $[t_i, t_{i+p+1}]$, 因此控制顶点 $\boldsymbol{P}_i$ 只影响在区域 $[t_i, t_{i+p+1}] \cap [t_p, t_{n+1}]$ 上定义的 NURBS 曲线. 换句话说, 调整控制顶点 $\boldsymbol{P}_i$ 及其相应的权因子 ω_i, 只影响 NURBS 曲线在 $[t_i, t_{i+p+1}) \cap [t_p, t_{n+1}]$ 上相应的曲线段, 而不影响其余部分曲线.

例 8.5 如图 8.8 所示, 调节二次 NURBS 曲线的权因子 ω_5, 只对与点 $\boldsymbol{P}_5$ 相关的连续三段曲线产生影响.

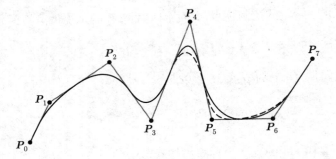

图 8.8 彩图

图 8.8　调整 ω_5 对二次 NURBS 曲线的影响

(7) **重节点性质**.

(a) **NURBS 曲线的连续阶性质**: p 次 NURBS 曲线在参数域 $[t_p, t_{n+1}]$ 上的每个非零区间内部是无限次可微的. 利用重节点时 B 样条基函数的连续阶性质, 曲线在参数域的 r 重节点处是 C^{p-r} 阶连续的. 若参数域上的节点都是单节点, 则曲线是整体 C^{p-1} 阶连续的.

(b) **NURBS 曲线的插值性质**: 当节点向量 U 中的某个内节点 t_j 为 p 重时, 设 $\omega_{j-1} \neq 0$, 则只有由节点向量

$$\{t_{j-1}, \underbrace{t_j, \cdots, t_j}_{p\,\text{重}}, t_{j+1}\}$$

定义的 p 次有理 B 样条基函数 $R_{j-1,p}(t)$ 在节点 t_j 处取值为 1, 其余所有基函数在此点处取值全为 0. 因此 NURBS 曲线插值于控制顶点 P_{j-1}, 且满足 $R(t_j) = P_{j-1}$.

当节点向量中的端点节点 t_0 或 t_{n+1} 为 $(p+1)$ 重时, 利用重节点时有理 B 样条基函数的插值性质 (要求相应权因子不为零), NURBS 曲线插值于首控制顶点 P_0 或末控制顶点 P_n. 当 t_0 与 t_{n+1} 都为 $(p+1)$ 重, 且 ω_0, ω_n 都不为零时, NURBS 曲线插值于首末两个控制顶点, 具有端点插值性.

(c) **NURBS 曲线的退化性质**: 当节点向量的两个连续内部节点 t_j, t_{j+1} 都是 p 重 (或者一个内部节点为 p 重, 与其相邻的边界节点为 $(p+1)$ 重) 时, p 次 NURBS 曲线在区间 $[t_j, t_{j+1}]$ 上的曲线段经参数变换 $u = \dfrac{t - t_j}{t_{j+1} - t_j}$ 可化为 p 次有理 Bézier 曲线.

特别地, 当 $n = p$ 且

$$U = \{\underbrace{0, \cdots, 0}_{(p+1)\,\text{重}}, \underbrace{1, \cdots, 1}_{(p+1)\,\text{重}}\}$$

时, p 次有理 B 样条基函数退化为 p 次有理 Bernstein 基函数, 则 p 次 NURBS 曲线退化为由相应控制顶点与权因子所定义的 p 次有理 Bézier 曲线.

例 8.6　定义在节点向量 $U = \{0, 0, 0, 1, 2, 3, 4, 4, 5, 5, 5\}$ 上的二次 NURBS 曲

线如图 8.9 所示. 由于节点向量两个端点节点均为三重, 内部节点 4 为二重, 所以当权因子 $\omega_0, \omega_5, \omega_7$ 都不为零时, 该曲线插值于控制顶点 $\boldsymbol{P}_0, \boldsymbol{P}_5$ 和 $\boldsymbol{P}_7$, 在 $t = 4$ 处为 C^0 连续, 且在参数段 $[4, 5]$ 上退化为一条二次有理 Bézier 曲线.

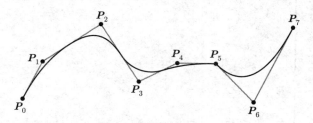

图 8.9　二次 NURBS 曲线的重节点插值性质

(8) **de Boor 算法**: 对 NURBS 曲线 (8.17), 借助其齐次坐标形式的 de Boor 算法, 对 $t \in [t_i, t_{i+1}] \subset [t_p, t_{n+1}]$, 计算 NURBS 曲线上一点 $\boldsymbol{R}(t)$ 的 de Boor 算法为

$$\begin{cases} \omega_j^{(0)}(t) = \omega_j^{(0)} = \omega_j, \quad j = i-p, i-p+1, \cdots, i, \\ \omega_j^{(k)}(t) = (1 - \alpha_j^{(k)})\omega_{j-1}^{(k-1)}(t) + \alpha_j^{(k)}\omega_j^{(k-1)}(t), \quad \alpha_j^{(k)} = \dfrac{t - t_j}{t_{j+p+1-k} - t_j}, \\ k = 1, 2, \cdots, p, \quad j = i-p+r, i-p+r+1, \cdots, i, \end{cases} \quad (8.19)$$

$$\begin{cases} \boldsymbol{P}_j^{(0)}(t) = \boldsymbol{P}_j^{(0)} = \boldsymbol{P}_j, \quad j = i-p, i-p+1, \cdots, i, \\ \boldsymbol{P}_j^{(k)}(t) = \dfrac{1}{\omega_j^{(k)}(t)}\left[(1 - \alpha_j^{(k)})\omega_{j-1}^{(k-1)}(t)\boldsymbol{P}_{j-1}^{(k-1)}(t) + \alpha_j^{(k)}\omega_j^{(k-1)}(t)\boldsymbol{P}_j^{(k-1)}(t)\right], \\ k = 1, 2, \cdots, p, \quad j = i-p+r, i-p+r+1, \cdots, i, \end{cases} \quad (8.20)$$

$\boldsymbol{P}_i^{(p)}(t)$ 即为所求的点 $\boldsymbol{R}(t)$.

如上公式给出 NURBS 曲线的 de Boor 算法的递归求值公式, 计算过程中控制顶点间的递推关系和几何作图法与 B 样条曲线的 de Boor 算法一致. 特别地, 当所有权因子都相等时, 如上算法退化为 B 样条曲线的 de Boor 算法. 而当节点 t_i, t_{i+1} 的重数都为 p (如为端点节点则为 $(p+1)$ 重), 或者由 $(p+1)$ 重节点 $0, 1$ 构成节点向量 $\{0, 0, \cdots, 0, 1, 1, \cdots, 1\}$ 时, 相应的 de Boor 算法退化为有理 Bézier 曲线的 de Casteljau 算法.

(9) **节点插入算法**: 对 NURBS 曲线 (8.17), 在曲线定义域内的某个区间内插入一个新节点 $t^* \in [t_i, t_{i+1}] \subset [t_p, t_{n+1}]$, 于是得到新的节点向量为

$$\boldsymbol{U}^1 = \{t_0, t_1, \cdots, t_i, t^*, t_{i+1}, \cdots, t_{n+p+1}\} = \{t_0^1, t_1^1, \cdots, t_i^1, t_{i+1}^1, \cdots, t_{n+p+2}^1\},$$

则 NURBS 曲线可表示为

$$\boldsymbol{R}(t) = \dfrac{\displaystyle\sum_{j=0}^{n+1} \omega_j^{(1)}\boldsymbol{P}_j^{(1)} N_{j,p}^1(t)}{\displaystyle\sum_{j=0}^{n+1} \omega_j^{(1)} N_{j,p}^1(t)},$$

其中 $N_{j,p}^1(t)$ 为定义在 U^1 上的 p 次 B 样条基函数, 控制顶点 $P_j^{(1)}$ 与权因子 $\omega_j^{(1)}$ 采用如下算法进行计算:

$$
\begin{cases}
\omega_j^{(1)} = \omega_j, \quad j = 0, 1, \cdots, i-p, \\
\omega_j^{(1)} = (1-\alpha_j)\omega_{j-1} + \alpha_j\omega_j, \quad \alpha_j = \dfrac{t^*-t_j}{t_{j+p}-t_j}, \\
\quad j = i-p+1, i-p+2, \cdots, i, \\
\omega_j^{(1)} = \omega_{j-1}, \quad j = i+1, i+2, \cdots, n+1.
\end{cases}
\tag{8.21}
$$

$$
\begin{cases}
\boldsymbol{P}_j^{(1)} = \boldsymbol{P}_j, \quad j = 0, 1, \cdots, i-p, \\
\boldsymbol{P}_j^{(1)} = \dfrac{1}{\omega_j^{(1)}}\left[(1-\alpha_j)\omega_{j-1}\boldsymbol{P}_{j-1} + \alpha_j\omega_j\boldsymbol{P}_j\right], \\
\quad j = i-p+1, i-p+2, \cdots, i, \\
\boldsymbol{P}_j^{(1)} = \boldsymbol{P}_{j-1}, \quad j = i+1, i+2, \cdots, n+1.
\end{cases}
\tag{8.22}
$$

如果重复 k 次插入同一个节点 $t^* \in [t_i, t_{i+1})$, 可以将如上算法推广. 由于重节点的连续阶性质, 设插入内节点后其重数不能超过 p. 将插入后的节点向量设为 U^k, 那么 NURBS 曲线可表示为

$$
\boldsymbol{R}(t) = \dfrac{\displaystyle\sum_{j=0}^{n+k}\omega_j^{(k)}\boldsymbol{P}_j^{(k)}N_{j,p}^k(t)}{\displaystyle\sum_{j=0}^{n+k}\omega_j^{(k)}N_{j,p}^k(t)},
$$

其中 $N_{j,p}^k(t)$ 为定义在 U^k 上的 p 次 B 样条基函数, 控制顶点 $P_j^{(k)}$ 与权因子 $\omega_j^{(k)}$ 采用如下算法进行计算:

$$
\begin{cases}
\omega_j^{(0)} = \omega_j, \quad j = 0, 1, \cdots, n, \\
\omega_j^{(k)} = \omega_j^{(k-1)}, \quad j = 0, 1, \cdots, i-p+k-1, \\
\omega_j^{(k)} = (1-\alpha_j^{(k)})\omega_{j-1}^{(k-1)} + \alpha_j^{(k)}\omega_j^{(k-1)}, \quad \alpha_j^{(k)} = \dfrac{t^*-t_j}{t_{j+p-r+1}-t_j}, \\
\quad j = i-p+k, \ i-p+k+1, \cdots, i, \\
\omega_j^{(k)} = \omega_{j-1}^{(k-1)}, \quad j = i+1, i+2, \cdots, n+k, \ k = 1, 2, \cdots, p.
\end{cases}
\tag{8.23}
$$

$$
\begin{cases}
\boldsymbol{P}_j^{(0)} = \boldsymbol{P}_j, \quad j = 0, 1, \cdots, n, \\
\boldsymbol{P}_j^{(k)} = \boldsymbol{P}_j^{(k-1)}, \quad j = 0, 1, \cdots, i-p+k-1, \\
\boldsymbol{P}_j^{(k)} = \dfrac{1}{\omega_j^{(k)}}\left[(1-\alpha_j^{(k)})\omega_{j-1}^{(k-1)}\boldsymbol{P}_{j-1}^{(k-1)} + \alpha_j^{(k)}\omega_j^{(k-1)}\boldsymbol{P}_j^{(k-1)}\right], \\
\quad j = i-p+k, \ i-p+k+1, \cdots, i, \\
\boldsymbol{P}_j^{(k)} = \boldsymbol{P}_{j-1}^{(k-1)}, \quad j = i+1, i+2, \cdots, n+k, \ k = 1, 2, \cdots, p.
\end{cases}
\tag{8.24}
$$

(10) **单个权因子的极限性质**: 在控制顶点 $\boldsymbol{P}_i$ 的影响范围 $[t_i, t_{i+p+1}) \cap [t_p, t_{n+1}]$ 内, 若其对应的权因子 ω_i 趋于无穷, 则

$$
\lim_{\omega_i \to +\infty} \boldsymbol{R}(t) = \boldsymbol{P}_i, \quad \forall t \in [t_i, t_{i+p+1}) \cap [t_p, t_{n+1}].
$$

(11) **权因子的交比性质**: 设 NURBS 曲线 $\boldsymbol{R}(t)$ 的控制顶点 $\boldsymbol{P}_i$ 对应的权因子为 ω_i. 对任一参数值 $t_0 \in [t_i, t_{i+p+1}] \cap [t_p, t_{n+1}]$, 记点 $\boldsymbol{S}_i = \boldsymbol{R}(t_0)$. 控制顶点和其他权因子不改变的情况下, 当 $\omega_i = 0$ 时设曲线上对应参数 t_0 的点为 $\boldsymbol{Q}_i = \boldsymbol{R}(t_0)$, 当 $\omega_i = 1$ 时设曲线上对应参数 t_0 的点为 $\boldsymbol{M}_i = \boldsymbol{R}(t_0)$, 则有

$$\omega_i = \frac{|\boldsymbol{M}_i\boldsymbol{P}_i|}{|\boldsymbol{Q}_i\boldsymbol{M}_i|} : \frac{|\boldsymbol{S}_i\boldsymbol{P}_i|}{|\boldsymbol{Q}_i\boldsymbol{S}_i|}.$$

8.4 NURBS 曲面

设 $N_{i,p}(u)(i=0,1,\cdots,m), N_{j,q}(v)(j=0,1,\cdots,n)$ 为分别定义在节点向量

$$\boldsymbol{U} = \{u_0, u_1, \cdots, u_{m+p+1}\}, \quad \boldsymbol{V} = \{v_0, v_1, \cdots, v_{n+q+1}\}$$

上的 p 次与 q 次 B 样条基函数, 称分片有理多项式函数

$$R_{i,j}^{p,q}(u,v) = \frac{\omega_{i,j}N_{i,p}(u)N_{j,q}(v)}{\displaystyle\sum_{i=0}^{m}\sum_{j=0}^{n}\omega_{i,j}N_{i,p}(u)N_{j,q}(v)}, \quad i = 0, 1, \cdots, m, \ j = 0, 1, \cdots, n$$

为 $p \times q$ 次有理 B 样条基函数, 其中 $\omega_{i,j} \geqslant 0$ 称为权因子, 且为使分母不为零, 一般设 $\omega_{0,0} > 0, \omega_{m,0} > 0, \omega_{0,n} > 0, \omega_{m,n} > 0$. 显然, 当所有权因子都相等且不为零时, $R_{i,j}^{p,q}(u,v)$ 就退化为张量积型 B 样条基函数 $N_{i,p}(u)N_{j,q}(v)$. 如上定义的 $p \times q$ 次有理 B 样条基函数的性质可以参考张量积型 B 样条基函数的性质 (性质 7.2).

定义 8.4 称有理多项式参数曲面

$$\boldsymbol{R}(u,v) = \sum_{i=0}^{m}\sum_{j=0}^{n}\boldsymbol{P}_{i,j}R_{i,j}^{p,q}(u,v) = \frac{\displaystyle\sum_{i=0}^{m}\sum_{j=0}^{n}\omega_{i,j}\boldsymbol{P}_{i,j}N_{i,p}(u)N_{j,q}(v)}{\displaystyle\sum_{i=0}^{m}\sum_{j=0}^{n}\omega_{i,j}N_{i,p}(u)N_{j,q}(v)},$$

$$(u,v) \in [u_p, u_{m+1}] \times [v_q, v_{n+1}] \tag{8.25}$$

为 $p \times q$ 次 NURBS 曲面, 其中 $R_{i,j}^{p,q}(u,v)$ 为 $p \times q$ 次有理 B 样条基函数, 空间向量 $\boldsymbol{P}_{i,j} \in \mathbb{R}^3$ 称为控制顶点, $\omega_{i,j} \geqslant 0$ 为权因子, $i = 0, 1, \cdots, m, j = 0, 1, \cdots, n$. 依次用直线段连接同行同列相邻两个控制顶点, 所得的 $m \times n$ 边折线网格称为控制网格.

对于定义 8.4 中给定的控制顶点与权因子, 定义控制顶点的齐次坐标表示

$$\boldsymbol{P}_{i,j}^{\omega} = (\omega_{i,j}\boldsymbol{P}_{i,j}, \omega_{i,j}), \quad i = 0, 1, \cdots, m, \ j = 0, 1, \cdots, n,$$

则 $p \times q$ 次张量积型 B 样条曲面

$$\boldsymbol{R}^{\omega}(u,v) = \sum_{i=0}^{m} \sum_{j=0}^{n} \boldsymbol{P}_{i,j}^{\omega} N_{i,p}(u) N_{j,q}(v), \quad (u,v) \in [u_p, u_{m+1}] \times [v_q, v_{n+1}] \quad (8.26)$$

为 NURBS 曲面 (8.25) 的齐次坐标表示形式, 满足

$$\mathcal{H}\left[\boldsymbol{R}^{\omega}(u,v)\right] = \boldsymbol{R}(u,v).$$

需要注意的是, 虽然 $R_{i,j}^{p,q}(u,v)$ 称为 $p \times q$ 次 B 样条基函数, 但其并不是关于 u,v 的基函数的乘积, 因此 NURBS 曲面 $\boldsymbol{R}(u,v)$ 并不是张量积型曲面. 由于齐次坐标形式 $\boldsymbol{R}^{\omega}(u,v)$ 为张量积型曲面, 因此 $\boldsymbol{R}(u,v)$ 的很多性质与算法可以借助 $\boldsymbol{R}^{\omega}(u,v)$ 来进行研究. NURBS 曲面继承了张量积型 B 样条曲面的部分性质, 又具有权因子的形状控制性质, 下面对其性质进行简单罗列:

(1) **几何不变性与仿射不变性**: 由 $p \times q$ 次有理 B 样条基函数在参数域 $[u_p, u_{m+1}] \times [v_q, v_{n+1}]$ 上具有单位分解性可得.

(2) **凸包性质**: 由 $p \times q$ 次有理 B 样条基函数在参数域 $[u_p, u_{m+1}] \times [v_q, v_{n+1}]$ 上具有非负性单位分解性, 可知 NURBS 曲面落在由其控制顶点确定的凸包中.

(3) **退化性质**: 当所有权因子都相等且不为零时, NURBS 曲面退化为张量积型 B 样条曲面.

(4) **分片有理多项式参数曲面性质**: NURBS 曲面 (8.25) 在每个胞腔 $[u_i, u_{i+1}) \times [v_j, v_{j+1}) \subset [u_p, u_{m+1}] \times [v_q, v_{n+1}]$ 上是关于参数 u,v 的 $p \times q$ 次有理多项式曲面

$$\boldsymbol{R}(u,v) = \sum_{k=i-p}^{i} \sum_{l=j-q}^{j} \boldsymbol{P}_{k,l} R_{k,l}^{p,q}(u,v) = \frac{\displaystyle\sum_{k=i-p}^{i} \sum_{l=j-q}^{j} \omega_{k,l} \boldsymbol{P}_{k,l} N_{k,p}(u) N_{l,q}(v)}{\displaystyle\sum_{k=i-p}^{i} \sum_{l=j-q}^{j} \omega_{k,l} N_{k,p}(u) N_{l,q}(v)},$$

$$(u,v) \in [u_i, u_{i+1}) \times [v_j, v_{j+1}).$$

这表明 NURBS 曲面为分片 $p \times q$ 次有理多项式参数曲面.

(5) **强凸包性质**: 由于在区间 $[u_i, u_{i+1}) \times [v_j, v_{j+1})$ 上, $(p+1) \times (q+1)$ 个 $p \times q$ 次有理 B 样条基函数 $R_{k,l}^{p,q}(u,v)(k=i-p, i-p+1, \cdots, i, l=j-q, j-q+1, \cdots, j)$ 具有单位分解性与非负性, 从而此片曲面上的每一点 $\boldsymbol{R}(u,v)$ 都是这 $(p+1) \times (q+1)$ 个控制顶点 $\boldsymbol{P}_{k,l}(k=i-p, i-p+1, \cdots, i, l=j-q, j-q+1, \cdots, j)$ 的凸组合, 从而落在它们所构成的凸包中, 这就是 NURBS 曲面的强凸包性.

(6) **局部调整性质**: 由于 $p \times q$ 次 B 样条基函数 $R_{i,j}^{p,q}(u,v)$ 的局部支集为 $[u_i, u_{i+p+1}) \times [v_j, v_{j+q+1})$, 因此控制顶点 $\boldsymbol{P}_{i,j}$ 及其相应的权因子 $\omega_{i,j}$ 只对在区域

$$([u_i, u_{i+p+1}) \times [v_j, v_{j+q+1})) \cap ([u_p, u_{m+1}] \times [v_q, v_{n+1}])$$

上定义的 NURBS 曲面有贡献. 换句话说, 调整控制顶点 $\boldsymbol{P}_{i,j}$ 或权因子 $\omega_{i,j}$, 只影响 NURBS 曲面在

$$([u_i, u_{i+p+1}) \times [v_j, v_{j+q+1})) \cap ([u_p, u_{m+1}] \times [v_q, v_{n+1}])$$

上相应的曲面片, 而不影响其余部分曲面.

(7) **边界性质**: NURBS 曲面的四条边界线是四条 NURBS 曲线, 它们的控制顶点和权因子分别由相关的部分控制顶点和权因子线性组合而成.

例 8.7 利用节点向量

$$\boldsymbol{U} = \boldsymbol{V} = \{-3, -2, -1, 0, 1, 2, 3, 4\},$$

控制顶点

$$\boldsymbol{P}_{0,0} = \left(0, 0, \frac{1}{8}\right), \quad \boldsymbol{P}_{0,1} = \left(1, 0, \frac{1}{4}\right), \quad \boldsymbol{P}_{0,2} = \left(2, 0, \frac{1}{4}\right), \quad \boldsymbol{P}_{0,3} = (3, 0, 0),$$

$$\boldsymbol{P}_{1,0} = \left(0, 1, \frac{1}{4}\right), \quad \boldsymbol{P}_{1,1} = \left(1, 2, \frac{1}{2}\right), \quad \boldsymbol{P}_{1,2} = \left(2, 1, \frac{1}{2}\right), \quad \boldsymbol{P}_{1,3} = \left(3, 1, \frac{1}{4}\right),$$

$$\boldsymbol{P}_{2,0} = \left(0, 2, \frac{1}{4}\right), \quad \boldsymbol{P}_{2,1} = \left(1, 2, \frac{1}{2}\right), \quad \boldsymbol{P}_{2,2} = \left(2, 2, \frac{1}{2}\right), \quad \boldsymbol{P}_{2,3} = \left(3, 2, \frac{1}{4}\right),$$

$$\boldsymbol{P}_{3,0} = (0, 3, 0), \quad \boldsymbol{P}_{3,1} = \left(1, 3, \frac{1}{4}\right), \quad \boldsymbol{P}_{3,2} = \left(2, 3, \frac{1}{4}\right), \quad \boldsymbol{P}_{3,3} = (3, 3, 0)$$

与权因子

$$\omega_{0,0} = 1, \quad \omega_{0,1} = 0, \quad \omega_{0,2} = 1, \quad \omega_{0,3} = 1,$$

$$\omega_{1,0} = 1, \quad \omega_{1,1} = 1, \quad \omega_{1,2} = 1, \quad \omega_{1,3} = 1,$$

$$\omega_{2,0} = 1, \quad \omega_{2,1} = 2, \quad \omega_{2,2} = 1, \quad \omega_{2,3} = 1,$$

$$\omega_{3,0} = 1, \quad \omega_{3,1} = 2, \quad \omega_{3,2} = 1, \quad \omega_{3,3} = 1,$$

定义的双三次 NURBS 曲面如图 8.10 所示, 其边界 NURBS 曲线是由控制网格中相应的控制顶点及其权因子的线性组合所确定的. 由于曲面的参数域为 $[0,1] \times [0,1]$, 因此该 NURBS 曲面本质上是一片有理多项式参数曲面.

(8) **重节点性质**.

(a) **NURBS 曲面的连续阶性质**: 由基函数的连续阶性质, 当 u 方向的某节点 u_k 为 p_k 重时, NURBS 曲面的等参线 $\boldsymbol{R}(u, v^*)$ 在 $u = u_k$ 处的连续阶为 $p - p_k$. 同样, 当 v 方向的某节点 v_l 为 q_l 重时, NURBS 曲面的等参线 $\boldsymbol{R}(u^*, v)$ 在 $v = v_l$ 处的连续阶为 $q - q_l$.

(b) **NURBS 曲面的插值性质**: 当节点向量 $\boldsymbol{U}$ 中的内节点 u_i 为 p 重, 且节点向量 $\boldsymbol{V}$ 中的内节点 v_j 为 q 重时, 设 $\omega_{i-1,j-1} \neq 0$, 只有 $p \times q$ 次有理 B 样条基函数 $R_{i-1,j-1}^{p,q}(u, v)$ 在点 (u_i, v_j) 处取值为 1, 其余所有基函数在点 (u_i, v_j) 处取值都

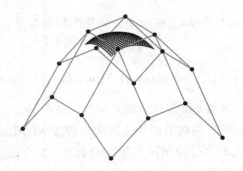

图 8.10 双三次 NURBS 曲面

为 0. 这说明此时 NURBS 曲面插值于该基函数对应的控制顶点 $\boldsymbol{P}_{i-1,j-1}$，且满足 $\boldsymbol{R}(u_i,v_j)=\boldsymbol{P}_{i-1,j-1}$.

当节点向量 $\boldsymbol{U}$ 中的端点节点 u_i 的重数为 $p+1$(或当 u_i 为内节点时其重数为 p)，而且节点向量 $\boldsymbol{V}$ 中的端点节点 v_j 的重数为 $q+1$ 时，只有一个定义在相应节点向量上的 $p\times q$ 次有理 B 样条基函数在点 (u_i,v_j) 时取值为 1(设此基函数对应的权因子不为零)，其余所有基函数在点 (u_i,v_j) 时取值都为 0. 这说明，NURBS 曲面在点 (u_i,v_j) 处插值于此基函数对应的控制顶点. 当 u_i 与 v_j 都是边界节点时，B 样条曲面在点 (u_i,v_j) 处插值于控制网格的角点.

当节点向量 $\boldsymbol{U},\boldsymbol{V}$ 的每一个端点节点都分别为 $(p+1)$ 重和 $(q+1)$ 重，且 $\omega_{0,0}\neq 0,\omega_{m,0}\neq 0,\omega_{0,n}\neq 0,\omega_{m,n}\neq 0$ 时，NURBS 曲面插值于它的控制网格的四个角点

$$\boldsymbol{R}(u_0,v_0)=\boldsymbol{P}_{0,0},\quad \boldsymbol{P}(u_0,v_{n+1})=\boldsymbol{P}_{0,n},$$
$$\boldsymbol{P}(u_{m+1},v_0)=\boldsymbol{P}_{m,0},\quad \boldsymbol{P}(u_{m+1},v_{n+1})=\boldsymbol{P}_{m,n},$$

此时 NURBS 曲面具有角点插值性.

特别地，当 $\boldsymbol{U},\boldsymbol{V}$ 都为准均匀节点向量时，NURBS 曲面插值于它的控制网格的四个角点，且其四条边界曲线恰是由控制网格四边的控制顶点与其权因子所定义的准均匀 p 次或 q 次 NURBS 曲线.

(c) **NURBS 曲面的退化性质**: 由节点向量

$$\boldsymbol{U}=\{\underbrace{0,\cdots,0}_{(p+1)\,\text{重}},\underbrace{1,\cdots,1}_{(p+1)\,\text{重}}\},\quad \boldsymbol{V}=\{\underbrace{0,\cdots,0}_{(q+1)\,\text{重}},\underbrace{1,\cdots,1}_{(q+1)\,\text{重}}\}$$

定义的 $p\times q$ 次 NURBS 曲面退化为 $p\times q$ 次有理 Bézier 曲面.

当内部节点出现 (如下重节点为端点节点时其重数要求为 $p+1$ 或 $q+1$)

$$\{u_{i-1},\underbrace{u_i,\cdots,u_i}_{p\,\text{重}},\underbrace{u_{i+1},\cdots,u_{i+1}}_{p\,\text{重}},u_{i+2}\},\quad \{v_{j-1},\underbrace{v_j,\cdots,v_j}_{q\,\text{重}},\underbrace{v_{j+1},\cdots,v_{j+1}}_{q\,\text{重}},v_{j+2}\}$$

时, 定义在胞腔 $[u_i, u_{i+1}] \times [v_j, v_{j+1}]$ 上的 $p \times q$ 次 NURBS 曲面 (经参数变换后) 退化为 $p \times q$ 次有理 Bézier 曲面.

(9) **de Boor 算法**: 对 $p \times q$ 次 NURBS 曲面 (8.25), 借助其齐次坐标形式的 de Boor 算法, 对参数 $(u, v) \in [u_k, u_{k+1}] \times [v_l, v_{l+1}] \subset [u_p, u_{m+1}] \times [v_q, v_{n+1}]$, 计算曲面上一点 $\boldsymbol{P}(u, v)$ 的 de Boor 算法如下

$$
\begin{cases}
\omega_{i,j}^{(0,0)}(u, v) = \omega_{i,j}^{(0,0)} = \omega_{i,j}, \\
\omega_{i,j}^{(r,s)}(u, v) = (1 - \alpha_i^{(r)})(1 - \beta_j^{(s)})\omega_{i-1,j-1}^{(r-1,s-1)}(u, v) + \\
\qquad (1 - \alpha_i^{(r)})\beta_j^{(s)}\omega_{i-1,j}^{(r-1,s-1)}(u, v) + \\
\qquad \alpha_i^{(r)}(1 - \beta_j^{(s)})\omega_{i,j-1}^{(r-1,s-1)}(u, v) + \alpha_i^{(r)}\beta_j^{(s)}\omega_{i,j}^{(r-1,s-1)}(u, v),
\end{cases} \tag{8.27}
$$

$$
\begin{cases}
\boldsymbol{P}_{i,j}^{(0,0)}(u, v) = \boldsymbol{P}_{i,j}^{(0,0)} = \boldsymbol{P}_{i,j}, \\
\boldsymbol{P}_{i,j}^{(r,s)}(u, v) = \dfrac{1}{\omega_{i,j}^{(r,s)}(u, v)} \Big[(1 - \alpha_i^{(r)})(1 - \beta_j^{(s)})\omega_{i-1,j-1}^{(r-1,s-1)}(u, v)\boldsymbol{P}_{i-1,j-1}^{(r-1,s-1)}(u, v) + \\
\qquad (1 - \alpha_i^{(r)})\beta_j^{(s)}\omega_{i-1,j}^{(r-1,s-1)}(u, v)\boldsymbol{P}_{i-1,j}^{(r-1,s-1)}(u, v) + \\
\qquad \alpha_i^{(r)}(1 - \beta_j^{(s)})\omega_{i,j-1}^{(r-1,s-1)}(u, v)\boldsymbol{P}_{i,j-1}^{(r-1,s-1)}(u, v) + \\
\qquad \alpha_i^{(r)}\beta_j^{(s)}\omega_{i,j}^{(r-1,s-1)}(u, v)\boldsymbol{P}_{i,j}^{(r-1,s-1)}(u, v) \Big],
\end{cases} \tag{8.28}
$$

其中

$$
\alpha_i^{(r)} = \frac{u - u_i}{u_{i+p+1-r} - u_i}, \quad \beta_j^{(s)} = \frac{v - v_j}{v_{j+q+1-s} - v_j},
$$
$$
r = 1, 2, \cdots, p, \quad s = 1, 2, \cdots, q,
$$
$$
i = k - p + r, k - p + r + 1, \cdots, k, \quad j = l - p + s, l - p + s + 1, \cdots, l,
$$

点 $\boldsymbol{P}_{k,l}^{(p,q)}(u, v)$ 即为所求的 $\boldsymbol{R}(u, v)$.

当权因子都相等且不为零时, NURBS 曲面的 de Boor 算法退化为 B 样条曲面的 de Boor 算法. 当 NURBS 曲面退化为有理 Bézier 曲面时, 此算法退化为有理 Bézier 曲面的 de Casteljau 算法.

(10) **节点插入算法**: 参考 B 样条曲面与 NURBS 曲线的节点插入算法, NURBS 曲面的节点插入算法可类似推出, 在此不做赘述, 留作习题, 请读者自己推导.

(11) **单个权因子的极限性质**: 在控制顶点 $\boldsymbol{P}_{i,j}$ 的影响范围

$$([u_i, u_{i+p+1}] \times [v_j, v_{j+q+1}]) \cap ([u_p, u_{m+1}] \times [v_q, v_{n+1}])$$

内的参数 (u, v), 若对应的权因子 $\omega_{i,j}$ 趋于无穷, 则

$$\lim_{\omega_{i,j} \to +\infty} \boldsymbol{R}(u, v) = \boldsymbol{P}_{i,j}.$$

(12) **权因子的交比性质**: 设 NURBS 曲面 $\boldsymbol{R}(u,v)$ 的控制顶点 $\boldsymbol{P}_{i,j}$ 对应的权因子为 $\omega_{i,j}$, 对任一参数值

$$(u_0, v_0) \in ([u_i, u_{i+p+1}] \times [v_j, v_{j+q+1}]) \cap ([u_p, u_{m+1}] \times [v_q, v_{n+1}]),$$

设点 $\boldsymbol{S}_{i,j} = \boldsymbol{R}(u_0, v_0)$. 在控制顶点和其他权因子不改变的情况下, 当 $\omega_{i,j} = 0$ 时设曲面上对应参数 (u_0, v_0) 的点为 $\boldsymbol{Q}_{i,j} = \boldsymbol{R}(u_0, v_0)$, 当 $\omega_{i,j} = 1$ 时设曲面上对应参数 (u_0, v_0) 的点为 $\boldsymbol{M}_{i,j} = \boldsymbol{R}(u_0, v_0)$, 则有

$$\omega_{i,j} = \frac{|\boldsymbol{M}_{i,j}\boldsymbol{P}_{i,j}|}{|\boldsymbol{Q}_{i,j}\boldsymbol{M}_{i,j}|} : \frac{|\boldsymbol{S}_{i,j}\boldsymbol{P}_{i,j}|}{|\boldsymbol{Q}_{i,j}\boldsymbol{S}_{i,j}|}.$$

■ 习题 8

1. 取控制顶点

$$\boldsymbol{P}_0 = (1,0), \quad \boldsymbol{P}_1 = (1,1), \quad \boldsymbol{P}_2 = (0,1)$$

与权因子 $\omega_0 = 1, \omega_1 = 2, \omega_2 = 1$, 构造一条二次有理 Bézier 曲线 $\boldsymbol{R}(t)$. 利用二次有理 Bézier 曲线的形状不变因子, 判断曲线 $\boldsymbol{R}(t)$ 的形状, 并绘制图形.

2. 参考例 8.3 所构造的 $\frac{1}{4}$ 单位圆,

(1) 利用二次有理 Bézier 曲线的形状不变因子, 给出此 $\frac{1}{4}$ 单位圆的另外两种参数化表示;

(2) 构造另外三条二次有理 Bézier 曲线, 使它们分别表示 $\frac{1}{4}$ 单位圆, 且与例 8.3 中的 $\frac{1}{4}$ 单位圆一起构成整个单位圆;

(3) 构造一条二次 NURBS 曲线, 使其表示整个单位圆.

3. 怎样将二次有理 Bézier 曲线上一点的原参数值变换为新参数值, 同时保持曲线形状、次数与参数域不变?

4. 讨论有理 Bézier 曲线的控制顶点和权因子对曲线产生影响的异同之处.

5. 给定控制顶点

$$\boldsymbol{P}_0 = (-2,0), \quad \boldsymbol{P}_1 = (-1,2), \quad \boldsymbol{P}_2 = (1,2), \quad \boldsymbol{P}_3 = (2,0)$$

及权因子 $\omega_0 = 1, \omega_1 = 2, \omega_2 = 2, \omega_3 = 1$, 定义一条三次有理 Bézier 曲线 $\boldsymbol{R}(t)$. 对曲线 $\boldsymbol{R}(t)$,

(1) 绘制曲线的图形;

(2) 用 de Casteljau 算法计算曲线上参数 $t = \frac{1}{2}$ 对应的点 $\boldsymbol{R}\left(\frac{1}{2}\right)$, 并利用几何作图法描述计算过程;

(3) 将曲线 $R(t)$ 在参数 $t = \dfrac{1}{2}$ 处分割成两个子曲线段, 计算每个子曲线段的控制顶点与权因子, 并绘制图形描述分割过程.

6. 利用控制顶点

$$P_{0,0} = (1,0,0), \quad P_{1,0} = (1,1,0), \quad P_{2,0} = (0,1,0),$$
$$P_{0,1} = (1,0,1), \quad P_{1,1} = (1,1,1), \quad P_{2,1} = (0,1,1),$$
$$P_{0,2} = P_{1,2} = P_{2,2} = (0,0,1)$$

与权因子

$$\omega_{0,0} = 1, \quad \omega_{1,0} = 1, \quad \omega_{2,0} = 2,$$
$$\omega_{0,1} = 1, \quad \omega_{1,1} = 1, \quad \omega_{2,1} = 2,$$
$$\omega_{0,2} = 2, \quad \omega_{1,2} = 2, \quad \omega_{2,2} = 4,$$

构造一片双二次有理 Bézier 曲面 $R(u,v)$, 其为 $\dfrac{1}{8}$ 单位球面.

(1) 画出曲面图形;

(2) 计算曲面在角点 $(0,0)$ 处的切矢 $R_u(0,0), R_v(0,0)$;

(3) 给出曲面边界的有理 Bézier 曲线表示;

(4) 利用升阶性质, 将此曲面升阶为双三次有理 Bézier 曲面;

(5) 试构造另外七片双二次有理 Bézier 曲面, 使它们分别表示 $\dfrac{1}{8}$ 单位球面, 且与 $R(u,v)$ 一起构成整个单位球面;

(6) 构造一个双二次 NURBS 曲面, 使其表示整个单位球面.

7. 证明 NURBS 曲线与曲面的权因子交比性质.

8. 推导 NURBS 曲线的升阶算法.

9. 推导 NURBS 曲面的节点插入算法.

10. 利用节点向量

$$U = \{0,0,0,1,2,2,3,4,5,6,6,6\},$$

控制顶点

$$P_0 = (1,0), \quad P_1 = (1,1), \quad P_2 = (0,1), \quad P_3 = (-1,1), \quad P_4 = (-1,0),$$
$$P_5 = (-1,-1), \quad P_6 = (0,-1), \quad P_7 = (1,-1), \quad P_8 = (1,0)$$

与权因子

$$\omega_0 = 1, \quad \omega_1 = 1, \quad \omega_2 = 2, \quad \omega_3 = 1, \quad \omega_4 = 1,$$
$$\omega_5 = 1, \quad \omega_6 = 2, \quad \omega_7 = 1, \quad \omega_8 = 1,$$

构造一条二次 NURBS 曲线 $R(t)$. 对曲线 $R(t)$,

(1) 绘制曲线的图形;

(2) 讨论曲线在参数域上的连续阶与所插值的控制顶点;

(3) 当分别改变 P_0, ω_1, P_2 时, 讨论曲线所受影响的部分;

(4) 用 de Boor 算法计算曲线上参数 $t = \dfrac{3}{2}$ 对应的点 $R\left(\dfrac{3}{2}\right)$, 并利用几何作图法描述计算过程;

(5) 求两次插入节点 $\dfrac{3}{2}$ 后曲线的节点向量、控制顶点与权因子, 并与 de Boor 算法求值 $R\left(\dfrac{3}{2}\right)$ 进行比较;

(6) 若将节点向量设为 $U = \{0, 0, 0, 1, 1, 2, 2, 3, 3, 4, 4, 4\}$, 控制顶点与权因子保持不变, 绘制曲线图形, 并与第 2 题 (3) 的结果进行比较.

11. 讨论两条 NURBS 曲线之间的 C^1, C^2 参数连续条件和 G^1, G^2 几何连续条件.

12. 推导 NURBS 曲面在边界与角点处的切矢公式.

习题 8 典型习题
解答或提示

上机实验
练习 8 与答案

上机实验练习 8
程序代码

参考文献

[1] 苏步青, 刘鼎元. 计算几何. 上海: 上海科学技术出版社, 1981.

[2] 王仁宏, 梁学章. 多元函数逼近. 北京: 科学出版社, 1988.

[3] DEVORE R A, LORENTZ G G, Constructive Approximation. Heidelberg: Springer, 1993.

[4] 王仁宏, 施锡泉, 苏志勋, 等. 多元样条函数及其应用. 北京: 科学出版社, 1994.

[5] POWELL M J D. Approximation Theory and Methods. Cambridge, UK: Cambridge University Press, 1981.

[6] 蒋尔雄, 赵风光, 苏仰锋. 数值逼近. 2 版. 上海: 复旦大学出版社, 2008.

[7] 王仁宏, 李崇君, 朱春钢. 计算几何教程. 北京: 科学出版社, 2008.

[8] 吴宗敏, 苏仰锋, 数值逼近. 北京: 科学出版社, 2008.

[9] 李庆扬, 王能超, 易大义. 数值分析. 5 版. 北京: 清华大学出版社, 2008.

[10] CHENEY W, LIGHT W. A Course in Approximation Theory. Providence: American Mathematical Society, 2009.

[11] 王仁宏. 数值逼近. 2 版. 北京: 高等教育出版社, 2012.

[12] 冯玉瑜, 曾芳玲, 邓建松. 样条函数与逼近论. 合肥: 中国科学技术大学出版社, 2013.

[13] 李岳生, 黄友谦. 数值逼近. 北京: 人民教育出版社, 1978.

[14] 施法中. 计算机辅助几何设计与非均匀有理 B 样条. 北京: 高等教育出版社, 2001.

[15] 朱心雄. 自由曲线曲面造型技术. 北京: 科学出版社, 2000.

[16] PIEGL L, TILLER W. The NURBS Book. Berlin: Springer, 1996.

郑重声明

高等教育出版社依法对本书享有专有出版权。任何未经许可的复制、销售行为均违反《中华人民共和国著作权法》，其行为人将承担相应的民事责任和行政责任；构成犯罪的，将被依法追究刑事责任。为了维护市场秩序，保护读者的合法权益，避免读者误用盗版书造成不良后果，我社将配合行政执法部门和司法机关对违法犯罪的单位和个人进行严厉打击。社会各界人士如发现上述侵权行为，希望及时举报，本社将奖励举报有功人员。

反盗版举报电话 （010）58581999 58582371 58582488
反盗版举报传真 （010）82086060
反盗版举报邮箱 dd@hep.com.cn
通信地址 北京市西城区德外大街 4 号
　　　　　高等教育出版社法律事务与版权管理部
邮政编码 100120

防伪查询说明

用户购书后刮开封底防伪涂层，利用手机微信等软件扫描二维码，会跳转至防伪查询网页，获得所购图书详细信息。用户也可将防伪二维码下的 20 位密码按从左到右、从上到下的顺序发送短信至 106695881280，免费查询所购图书真伪。

反盗版短信举报

编辑短信"JB，图书名称，出版社，购买地点"发送至 10669588128

防伪客服电话

（010）58582300